VOLUME 3

GUIDORIZZI

Um Curso de
CÁLCULO

6ª edição

O GEN | Grupo Editorial Nacional – maior plataforma editorial brasileira no segmento científico, técnico e profissional – publica conteúdos nas áreas de ciências exatas, humanas, jurídicas, da saúde e sociais aplicadas, além de prover serviços direcionados à educação continuada e à preparação para concursos.

As editoras que integram o GEN, das mais respeitadas no mercado editorial, construíram catálogos inigualáveis, com obras decisivas para a formação acadêmica e o aperfeiçoamento de várias gerações de profissionais e estudantes, tendo se tornado sinônimo de qualidade e seriedade.

A missão do GEN e dos núcleos de conteúdo que o compõem é prover a melhor informação científica e distribuí-la de maneira flexível e conveniente, a preços justos, gerando benefícios e servindo a autores, docentes, livreiros, funcionários, colaboradores e acionistas.

Nosso comportamento ético incondicional e nossa responsabilidade social e ambiental são reforçados pela natureza educacional de nossa atividade e dão sustentabilidade ao crescimento contínuo e à rentabilidade do grupo.

VOLUME 3

Um Curso de
CÁLCULO

Hamilton Luiz Guidorizzi

Doutor em Matemática Aplicada
pela Universidade de São Paulo

6ª edição

- O autor deste livro e a editora empenharam seus melhores esforços para assegurar que as informações e os procedimentos apresentados no texto estejam em acordo com os padrões aceitos à época da publicação. Entretanto, tendo em conta a evolução das ciências, as atualizações legislativas, as mudanças regulamentares governamentais e o constante fluxo de novas informações sobre os temas que constam do livro, recomendamos enfaticamente que os leitores consultem sempre outras fontes fidedignas, de modo a se certificarem de que as informações contidas no texto estão corretas e de que não houve alterações nas recomendações ou na legislação regulamentadora.

- O autor e a editora se empenharam para citar adequadamente e dar o devido crédito a todos os detentores de direitos autorais de qualquer material utilizado neste livro, dispondo-se a possíveis acertos posteriores caso, inadvertida e involuntariamente, a identificação de algum deles tenha sido omitida.

- **Atendimento ao cliente: (11) 5080-0751 | faleconosco@grupogen.com.br**

- Direitos exclusivos para a língua portuguesa
  Copyright © 2022 by
  LTC | Livros Técnicos e Científicos Editora Ltda.
  Uma editora integrante do GEN | Grupo Editorial Nacional

- Travessa do Ouvidor, 11
  Rio de Janeiro — RJ — 20040-040
  www.grupogen.com.br

- Reservados todos os direitos. É proibida a duplicação ou reprodução deste volume, no todo ou em parte, sob quaisquer formas ou por quaisquer meios (eletrônico, mecânico, gravação, fotocópia, distribuição na internet ou outros), sem permissão, por escrito, da LTC | Livros Técnicos e Científicos Editora Ltda.

- Capa: MarCom | GEN
- Imagem: ©Marina Kleper |123RF.com
- Editoração eletrônica: EDEL
- Ficha catalográfica

CIP-BRASIL. CATALOGAÇÃO NA PUBLICAÇÃO
SINDICATO NACIONAL DOS EDITORES DE LIVROS, RJ

G972c
6. ed.
v. 3

Guidorizzi, Hamilton Luiz
Um curso de cálculo : volume 3 / Hamilton Luiz Guidorizzi ; [revisores técnicos Vera Lucia Antonio Azevedo, Ariovaldo José de Almeida] - 6. ed. - [Reimpr] - Rio de Janeiro : LTC, 2022.
: il. ; 24 cm.

Apêndice
Inclui bibliografia e índice
ISBN 978-85-216-3545-1

1. Matemática - Estudo e ensino. I. Azevedo, Vera Lucia Antonio. II. Almeida, Ariovaldo José de. III. Título.

18-50275   CDD: 510
                            CDU: 51
Leandra Felix da Cruz - Bibliotecária - CRB-7/6135

Aos meus filhos
Maristela e Hamilton

Prefácio

Este é o terceiro volume da obra *Um Curso de Cálculo*, que é continuação do Volume 2. Neste volume, no Capítulo 1, estudamos as funções de várias variáveis reais a valores vetoriais com relação a limite e derivação parcial. São vistos ainda os conceitos de rotacional e de divergente de um campo vetorial. Nos Capítulos 2 a 5 estudamos as integrais duplas e triplas. No Capítulo 6 introduzimos o conceito de integral de linha e, no Capítulo 7, estudamos os campos conservativos. O Capítulo 8 é dedicado ao Teorema de Green no plano. Os conceitos de área de superfície e de integral de superfície são abordados no Capítulo 9. Os Capítulos 10 e 11 são destinados aos teoremas da divergência (ou de Gauss) e de Stokes no espaço, respectivamente. Os teoremas da função inversa e da função implícita são tratados no Apêndice D.

Os exemplos foram colocados em número suficiente para a compreensão da matéria, e os exercícios dispostos em ordem crescente de dificuldade. Existem exercícios que apresentam certas sutilezas e que requerem, para suas resoluções, um maior domínio do assunto.

Mais uma vez, queremos agradecer às colegas Zara Issa Abud pela leitura cuidadosa do manuscrito, pelas várias sugestões e comentários, que foram muito importantes, e Myriam Sertã Costa pela inestimável ajuda na elaboração do Manual de Soluções. Queremos ainda lembrar que muitos foram os colegas, professores e alunos que, com críticas e sugestões, contribuíram para o aprimoramento das edições anteriores: a todos os meus sinceros agradecimentos. Ao Ciro Ghellere Guimarães um agradecimento especial pela elaboração da maior parte das figuras tridimensionais do livro.

Hamilton Luiz Guidorizzi

Agradecimentos especiais

Para esta nova edição, agradecemos a Vera Lucia Antonio Azevedo, professora adjunta I e coordenadora do curso de Matemática da Universidade Presbiteriana Mackenzie, a Ariovaldo José de Almeida, professor adjunto do curso de Matemática da Universidade Presbiteriana Mackenzie, pela revisão atenta dos quatro volumes, e a Ricardo Miranda Martins, professor associado da Universidade Estadual de Campinas (IMECC/Unicamp), pelos exercícios, planos de aula, material de pré-cálculo e vídeos de exercícios selecionados, elaborados com sua equipe, a saber: Alfredo Vitorino, Aline Vilela Andrade, Charles Aparecido de Almeida, Eduardo Xavier Miqueles, Juliana Gaiba Oliveira, Kamila da Silva Andrade, Matheus Bernardini de Souza, Mayara Duarte de Araújo Caldas, Otávio Marçal Leandro Gomide, Rafaela Fernandes do Prado e Régis Leandro Braguim Stábile.

Essa grande contribuição dos referidos professores/colaboradores mantém *Um Curso de Cálculo – volumes 1, 2, 3 e 4* uma obra conceituada e atualizada com as inovações pedagógicas.

LTC — Livros Técnicos e Científicos Editora

Material Suplementar

Este livro conta com os seguintes materiais suplementares, disponíveis no *site* do GEN | Grupo Editorial Nacional, mediante cadastro:

- Videoaulas exclusivas (livre acesso);
- Videoaulas com solução de exercícios selecionados (livre acesso);
- Pré-Cálculo (livre acesso);
- Exercícios (livre acesso);
- Manual de soluções (restrito a docentes);
- Planos de aula (restrito a docentes);
- Ilustrações da obra em formato de apresentação (restrito a docentes).

O acesso ao material suplementar é gratuito. Basta que o leitor se cadastre e faça seu login em nosso site (www.grupogen.com.br), clique no menu superior do lado direito e, após, em GEN-IO. Em seguida, clique no menu retrátil = e insira o código de acesso (PIN) localizado na orelha deste livro.

O acesso ao material suplementar online fica disponível até seis meses após a edição do livro ser retirada do mercado.

Caso haja alguma mudança no sistema ou dificuldade de acesso, entre em contato conosco pelo e-mail gendigital@grupogen.com.br.

GEN-IO (GEN | Informação Online) é o ambiente virtual de aprendizagem do GEN | Grupo Editorial Nacional

O que há de novo nesta 6ª edição

Recursos pedagógicos importantes foram desenvolvidos nesta edição para facilitar o ensino-aprendizagem de Cálculo. São eles:

- **Videoaulas exclusivas.** Vídeos com conteúdo essencial do tema abordado.

- **Videoaulas com solução de exercícios.** Conteúdo multimídia que contempla a solução de alguns exercícios selecionados.

- **Pré-Cálculo.** Revisão geral da matemática necessária para acompanhar o livro-texto, com exemplos e exercícios.

- **Exercícios.** Questões relacionadas diretamente com problemas reais, nas quais o estudante verá a grande importância da teoria matemática na sua futura profissão.

- **Planos de aula (acesso restrito a docentes).** Roteiros para nortear o docente na preparação de aulas subdivididos e nomeados da seguinte forma:

    - Cálculo 1 (volume 1),
    - Cálculo 2 (volumes 2 e 3) e
    - Cálculo 3 (volume 4).

Como usar os recursos pedagógicos deste livro

■ **Videoaulas exclusivas**

Videoaulas exclusivas (acesso livre): o ícone indica que, para o assunto destacado, há uma videoaula disponível *online* para complementar o conteúdo.

▪ Videoaulas com solução de exercícios

Videoaulas com solução de exercícios selecionados (acesso livre): o ícone indica que a solução detalhada do exercício está disponível *online*.

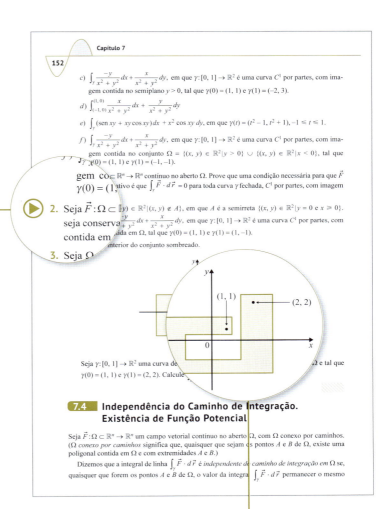

Figuras em formato de apresentação (acesso restrito a docentes): *slides* com as imagens da obra para serem usados por docentes em suas aulas/apresentações.

xiv O que há de novo nesta 6ª edição

■ **Pré-Cálculo**

Pré-Cálculo (acesso livre): Revisão geral de Matemática, com exemplos e exercícios.

■ **Exercícios**

Exercícios (acesso livre): Exercícios desafiadores que testam a aprendizagem.

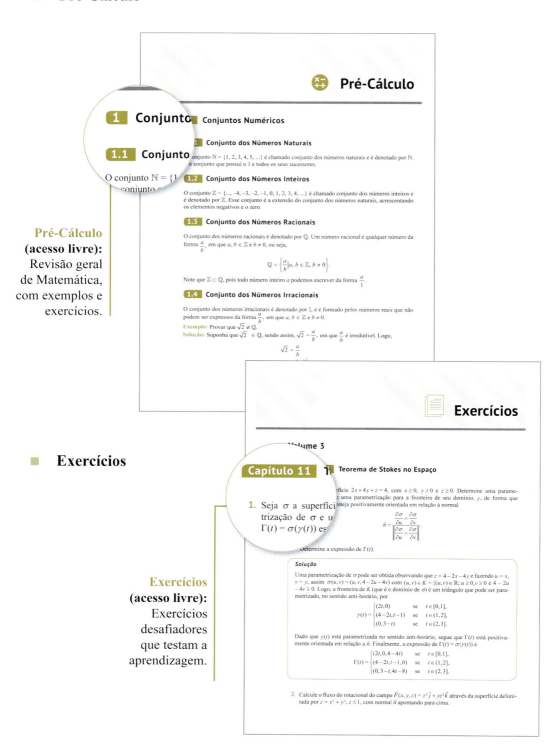

- **Planos de aula (acesso restrito a docentes)**

Plano de Aula – Cálculo 2

Cálculo 2 – Aula 22

Assunto
Teorema de Green.

Referência
Volume 3, Seções 8

- Teorema de Green (para retângulos): Sejam K o retângulo $\{(x,y) \in \mathbb{R}^2 \mid a \leq x \leq b, c \leq y \leq d\}$ e γ a fronteira de K orientada no sentido anti-horário. Suponhamos que $P(x,y)$ e $Q(x,y)$ sejam de classe C^1 num aberto Ω contendo K. Então

$$\int_\gamma P\,dx + Q\,dy = \iint_K \left(\frac{\partial Q}{\partial x} - \frac{\partial P}{\partial y}\right) dx\,dy$$

- Teorema de Green: Seja $K \subset \mathbb{R}^2$ um compacto, com interior não vazio, cuja fronteira é a imagem de uma curva $\gamma : [a,b] \to \mathbb{R}^2$, fechada, simples, C^1 por partes e orientada no sentido anti-horário. Sejam P e Q de classe C^1 num aberto contendo K. Então

$$\oint_\gamma P\,dx + Q\,dy = \iint_K \left(\frac{\partial Q}{\partial x} - \frac{\partial P}{\partial y}\right) dx\,dy$$

Observações importantes

- Usamos a notação $\oint_\gamma P\,dx + Q\,dy$ para indicar a integral de linha sobre uma curva fechada, orientada no sentido anti-horário. Assim, o teorema de Green se escreve como:

$$\oint_\gamma P\,dx + Q\,dy = \iint_K \left(\frac{\partial Q}{\partial x} - \frac{\partial P}{\partial y}\right) dx\,dy$$

- Sendo γ e K como no teorema de Green, podemos mostrar que a área de K é $\oint_\gamma x\,dy$.

Planos de aula (acesso restrito): Roteiros destinados aos docentes na preparação de aulas.

Vá além das páginas dos livros!

A LTC Editora, sempre conectada com as necessidades de docentes e estudantes, vem desenvolvendo soluções educacionais para o avanço do conhecimento e de práticas inovadoras de ensino e aprendizagem.

Conheça, por exemplo, os nossos cursos de Cálculo em videoaulas produzidos cuidadosamente para que o estudante possa assistir, praticar e consolidar conhecimentos. São eles:

- Pré-Cálculo
- Cálculo 1
- Cálculo 2
- Cálculo 3
- Cálculo 4

Trata-se de videoaulas completas com duração e didática especialmente planejadas para reter a atenção e a motivação do estudante.

Para mais informações, acesse
www.grupogen.com.br/videoaulas-calculo

Sumário geral

Volume 1

1. Números Reais
2. Funções
3. Limite e Continuidade
4. Extensões do Conceito de Limite
5. Teoremas do Anulamento, do Valor Intermediário e de Weierstrass
6. Funções Exponencial e Logarítmica
7. Derivadas
8. Funções Inversas
9. Estudo da Variação das Funções
10. Primitivas
11. Integral de Riemann
12. Técnicas de Primitivação
13. Mais Algumas Aplicações da Integral. Coordenadas Polares
14. Equações Diferenciais de 1ª Ordem de Variáveis Separáveis e Lineares
15. Teoremas de Rolle, do Valor Médio e de Cauchy
16. Fórmula de Taylor
17. Arquimedes, Pascal, Fermat e o Cálculo de Áreas

- Apêndice A Propriedade do Supremo
- Apêndice B Demonstrações dos Teoremas do Capítulo 5
- Apêndice C Demonstrações do Teorema da Seção 6.1 e da Propriedade (7) da Seção 2.2
- Apêndice D Funções Integráveis Segundo Riemann
- Apêndice E Demonstração do Teorema da Seção 13.4
- Apêndice F Construção do Corpo Ordenado dos Números Reais

Volume 2

1. Funções Integráveis
2. Função Dada por Integral
3. Extensões do Conceito de Integral
4. Aplicações à Estatística
5. Equações Diferenciais Lineares de 1ª e 2ª Ordens, com Coeficientes Constantes
6. Os Espaços $\mathbb{R}^n$
7. Função de uma Variável Real a Valores em $\mathbb{R}^n$. Curvas
8. Funções de Várias Variáveis Reais a Valores Reais
9. Limite e Continuidade
10. Derivadas Parciais

11 Funções Diferenciáveis
12 Regra da Cadeia
13 Gradiente e Derivada Direcional
14 Derivadas Parciais de Ordens Superiores
15 Teorema do Valor Médio. Fórmula de Taylor com Resto de Lagrange
16 Máximos e Mínimos
17 Mínimos Quadrados: Solução LSQ de um Sistema Linear. Aplicações ao Ajuste de Curvas

Apêndice A   Funções de uma Variável Real a Valores Complexos
Apêndice B   Uso da HP-48G, do Excel e do Mathcad

Volume 3

1 Funções de Várias Variáveis Reais a Valores Vetoriais
2 Integrais Duplas
3 Cálculo de Integral Dupla. Teorema de Fubini
4 Mudança de Variáveis na Integral Dupla
5 Integrais Triplas
6 Integrais de Linha
7 Campos Conservativos
8 Teorema de Green
9 Área e Integral de Superfície
10 Fluxo de um Campo Vetorial. Teorema da Divergência ou de Gauss
11 Teorema de Stokes no Espaço

Apêndice A   Teorema de Fubini
Apêndice B   Existência de Integral Dupla
Apêndice C   Equação da Continuidade
Apêndice D   Teoremas da Função Inversa e da Função Implícita
Apêndice E   Brincando no Mathcad

Volume 4

1 Sequências Numéricas
2 Séries Numéricas
3 Critérios de Convergência e Divergência para Séries de Termos Positivos
4 Séries Absolutamente Convergentes. Critério da Razão para Séries de Termos Quaisquer
5 Critérios de Cauchy e de Dirichlet
6 Sequências de Funções
7 Série de Funções
8 Série de Potências
9 Introdução às Séries de Fourier
10 Equações Diferenciais de 1ª ordem
11 Equações Diferenciais Lineares de Ordem n, com Coeficientes Constantes
12 Sistemas de Duas e Três Equações Diferenciais Lineares de 1ª Ordem e com Coeficientes Constantes

13	Equações Diferenciais Lineares de 2ª ordem, com Coeficientes Variáveis
14	Teoremas de Existência e Unicidade de Soluções para Equações Diferenciais de 1ª e 2ª Ordens
15	Tipos Especiais de Equações

Apêndice A	Teorema de Existência e Unicidade para Equação Diferencial de 1ª Ordem do Tipo $y' = f(x, y)$
Apêndice B	Sobre Séries de Fourier
Apêndice C	O Incrível Critério de Kummer

Sumário

1   Funções de Várias Variáveis Reais a Valores Vetoriais, 1
  1.1   Função de Várias Variáveis Reais a Valores Vetoriais, 1
  1.2   Campo Vetorial, 6
  1.3   Rotacional, 9
  1.4   Divergente, 19
  1.5   Limite e Continuidade, 30
  1.6   Derivadas Parciais, 31

2   Integrais Duplas, 33
  2.1   Soma de Riemann, 33
  2.2   Definição de Integral Dupla, 35
  2.3   Conjunto de Conteúdo Nulo, 36
  2.4   Uma Condição Suficiente para Integrabilidade de uma Função sobre um Conjunto Limitado, 38
  2.5   Propriedades da Integral, 41

3   Cálculo de Integral Dupla. Teorema de Fubini, 45
  3.1   Cálculo de Integral Dupla. Teorema de Fubini, 45

4   Mudança de Variáveis na Integral Dupla, 68
  4.1   Preliminares, 68
  4.2   Mudança de Variáveis na Integral Dupla, 72
  4.3   Massa e Centro de Massa, 91

5   Integrais Triplas, 95
  5.1   Integral Tripla: Definição, 95
  5.2   Conjunto de Conteúdo Nulo, 96
  5.3   Uma Condição Suficiente para Integrabilidade de uma Função sobre um Conjunto Limitado, 96
  5.4   Redução do Cálculo de uma Integral Tripla a uma Integral Dupla, 96
  5.5   Mudança de Variáveis na Integral Tripla. Coordenadas Esféricas, 105
  5.6   Coordenadas Cilíndricas, 119
  5.7   Centro de Massa e Momento de Inércia, 124

6   Integrais de Linha, 128
  6.1   Integral de um Campo Vetorial sobre uma Curva, 128
  6.2   Outra Notação para a Integral de Linha de um Campo Vetorial sobre uma Curva, 133
  6.3   Mudança de Parâmetro, 135

- 6.4 Integral de Linha sobre uma Curva de Classe C^1 por Partes, 137
- 6.5 Integral de Linha Relativa ao Comprimento de Arco, 141

7 Campos Conservativos, 145
- 7.1 Campo Conservativo: Definição, 145
- 7.2 Forma Diferencial Exata, 147
- 7.3 Integral de Linha de um Campo Conservativo, 149
- 7.4 Independência do Caminho de Integração. Existência de Função Potencial, 152
- 7.5 Condições Necessárias e Suficientes para um Campo Vetorial Ser Conservativo, 154
- 7.6 Derivação sob o Sinal de Integral. Uma Condição Suficiente para um Campo Irrotacional Ser Conservativo, 155
- 7.7 Conjunto Simplesmente Conexo, 163

8 Teorema de Green, 166
- 8.1 Teorema de Green para Retângulos, 166
- 8.2 Teorema de Green para Conjunto com Fronteira C^1 por Partes, 171
- 8.3 Teorema de Stokes no Plano, 174
- 8.4 Teorema da Divergência no Plano, 175

9 Área e Integral de Superfície, 182
- 9.1 Superfícies, 182
- 9.2 Plano Tangente, 185
- 9.3 Área de Superfície, 187
- 9.4 Integral de Superfície, 192

10 Fluxo de um Campo Vetorial. Teorema da Divergência ou de Gauss, 197
- 10.1 Fluxo de um Campo Vetorial, 197
- 10.2 Teorema da Divergência ou de Gauss, 208
- 10.3 Teorema da Divergência: Continuação, 214

11 Teorema de Stokes no Espaço, 220
- 11.1 Teorema de Stokes no Espaço, 220

Apêndice A Teorema de Fubini, 234
- A.1 Somas Superior e Inferior, 234
- A.2 Teorema de Fubini, 236

Apêndice B Existência de Integral Dupla, 239
- B.1 Preliminares, 239
- B.2 Uma Condição Suficiente para a Existência de Integral Dupla, 241

Apêndice C Equação da Continuidade, 244
- C.1 Preliminares, 244
- C.2 Interpretação para o Divergente, 247
- C.3 Equação da Continuidade, 248

Apêndice D   Teoremas da Função Inversa e da Função Implícita, 251
- D.1 Função Inversa, 251
- D.2 Diferenciabilidade da Função Inversa, 254
- D.3 Preliminares, 258
- D.4 Uma Propriedade da Função R, 261
- D.5 Injetividade de F em Ω_1, 262
- D.6 Um Teorema de Ponto Fixo, 263
- D.7 Prova de que o Conjunto $\Omega_2 = F(\Omega_1)$ É Aberto, 264
- D.8 Teorema da Função Inversa, 267
- D.9 Teorema da Função Implícita, 268

Apêndice E   Brincando no Mathcad, 273
- E.1 Noções Gerais, 273
- E.2 Valor Aproximado ou Valor Exato, 278
- E.3 Função de uma Variável: Criando Tabela, Gráfico e Cálculo de Raiz, 280
- E.4 Gráfico em Coordenadas Polares. Imagem de Curva Parametrizada no Plano, 284
- E.5 Máximo e Mínimo de Função, 287
- E.6 Cálculo de Integrais Definidas, 289
- E.7 Gráfico de Função de Duas Variáveis, 292
- E.8 Imagens de Superfície Parametrizada e de Curva Parametrizada no Espaço, 294

Respostas, Sugestões ou Soluções, 298

Bibliografia, 322

Índice, 323

Funções de Várias Variáveis Reais a Valores Vetoriais

Videoaulas video 1.1

1.1 Função de Várias Variáveis Reais a Valores Vetoriais

Sejam n e m dois naturais diferentes de zero. Uma função de n variáveis reais a valores em $\mathbb{R}^m$ é uma função $f: A \to \mathbb{R}^m$, em que A é um subconjunto não vazio de $\mathbb{R}^n$. Uma tal função associa a cada n-dupla ordenada $(x_1, x_2, ..., x_n) \in A$ um único vetor $f(x_1, x_2, ..., x_n)$ pertencente a $\mathbb{R}^m$. O conjunto A é o *domínio* de f. A *imagem* de f é o conjunto.

$$\text{Im} f = \{ f(x_1, x_2, ..., x_n) \in \mathbb{R}^m \mid (x_1, ..., x_n) \in A \}.$$

A imagem de f será, também, indicada por $f(A)$. Se B for um subconjunto de A, indicaremos, ainda, por $f(B)$ o conjunto de todos $f(x_1, x_2, ..., x_n)$ com $(x_1, x_2, ..., x_n) \in B$; diremos, então, que f transforma o conjunto B no conjunto $f(B) \subset \mathbb{R}^m$. As palavras *transformação* e *aplicação* são sinônimos da função.

Exemplo 1 $f: \mathbb{R}^2 \to \mathbb{R}^3$ dada por $f(u, v) = (x, y, z)$, em que

Videoaulas video 2.1

$$\begin{cases} x = u \\ y = v \\ z = u^2 + v^2 \end{cases}$$

é uma função com domínio $\mathbb{R}^2$ e com valores em $\mathbb{R}^3$. Esta função transforma o par ordenado (u, v) na terna $(u, v, u^2 + v^2)$. A imagem de f é o conjunto $\{(u, v, u^2 + v^2) \mid (u, v) \in \mathbb{R}^2\}$ que é igual a $\{(x, y, z) \in \mathbb{R}^3 \mid z = x^2 + y^2, (x, y) \in \mathbb{R}^2\}$.

A imagem de f coincide, então, com o gráfico da função dada por $z = x^2 + y^2$.

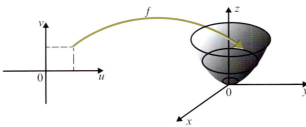

f transforma o plano uv na paraboloide $z = x^2 + y^2$

Capítulo 1

Exemplo 2 (*Coordenadas polares*.) Seja a função $\varphi(\theta, \rho) = (x, y)$ dada por

$$\begin{cases} x = \rho \cos \theta \\ y = \rho \,\text{sen}\, \theta \end{cases}$$

a) Desenhe o conjunto $\varphi(B)$, em que B é a reta $\rho = 2$.
b) Desenhe o conjunto $\varphi(B)$ onde B é o retângulo $0 \leq \rho \leq 2$ e $0 \leq \theta \leq 2\pi$.

Solução

a) $\varphi(B)$ é o conjunto dos pares (x, y), com $x = 2 \cos \theta$ e $y = 2 \,\text{sen}\, \theta$; $\varphi(B)$ é, então, a circunferência de centro na origem e raio 2.

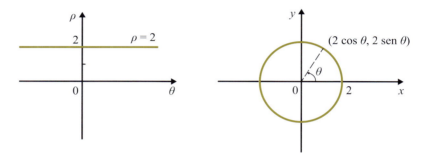

φ transforma a reta $\rho = 2$ na circunferência $x = 2 \cos \theta$, $y = 2 \,\text{sen}\, \theta$

b) Fixado ρ em $]0, 2]$, quando θ varia de 0 a 2π, o ponto $(\rho \cos \theta, \rho \,\text{sen}\, \theta)$ descreve a circunferência de raio ρ e centro na origem. A φ transforma, então, o retângulo $0 \leq \rho \leq 2$, $0 \leq \theta \leq 2\pi$ no círculo de raio 2 e centro na origem. Observe que $\varphi(\theta, 0) = (0, 0)$ para $0 \leq \theta \leq 2\pi$.

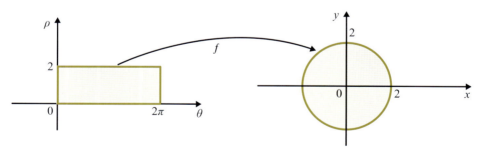

φ transforma o retângulo $0 \leq \theta \leq 2\pi$, $0 \leq \rho \leq 2$, no círculo $x^2 + y^2 \leq 4$

Seja $\varphi : \Omega \subset \mathbb{R}^2 \to \mathbb{R}^2$ dada por $(x, y) = \varphi(u, v)$ e seja $(u_0, v_0) \in \Omega$. Fixado v_0, podemos considerar a curva, no parâmetro u, dada por

① $$u \mapsto \varphi(u, v_0).$$

Referir-nos-emos a ① como *curva v_0-constante*. Do mesmo modo, podemos considerar a *curva u_0-constante*: $v \mapsto \varphi(u_0, v)$.

Funções de Várias Variáveis Reais a Valores Vetoriais

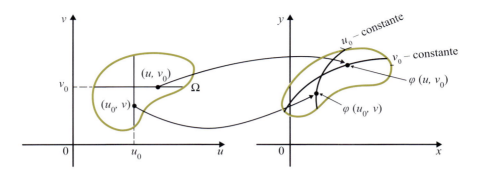

Quando (u_0, v) varia em Ω, $\varphi(u_0, v)$ descreve a curva u_0-constante.
Quando (u, v_0) varia em Ω, $\varphi(u, v_0)$ descreve a curva v_0-constante.

Exemplo 3 Seja $(x, y) = \varphi(u, v)$ dada por

$$\begin{cases} x = u \\ y = u^2 + v^2 \end{cases}$$

com $(u, v) \in \mathbb{R}^2$.

a) Desenhe as curvas $v = 1$ constante e $u = 1$ constante.
b) Desenhe a imagem de φ.

Solução

a) Para $v = 1$, $(x, y) = (u, u^2 + 1)$. Quando o ponto $(u, 1)$ descreve a reta $v = 1$, $(x, y) = (u, u^2 + 1)$ descreve a parábola $y = x^2 + 1$. Para $u = 1$, $(x, y) = (1, 1 + v^2)$. Quando $(1, v)$ descreve a reta $u = 1$ o ponto (x, y) descreve a semirreta $\{(1, y) \in \mathbb{R}^2 \mid y \geq 1\}$.

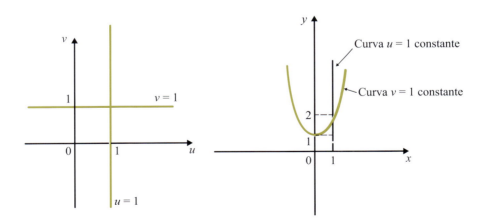

b) Para cada k constante, φ transforma a reta $v = k$ na parábola $y = x^2 + k^2$. Assim, a imagem de φ é o conjunto de todos (x, y) tais que $y \geq x^2$.

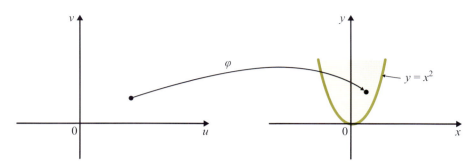

φ transforma o plano uv no conjunto de todos (x, y) tais que $y \geqslant x^2$

Exemplo 4 Considere a transformação $(u, v) = \varphi(x, y)$ dada por

$$\begin{cases} u = x - y \\ v = x + y \end{cases}$$

com $1 \leqslant x + y \leqslant 2$, $x \geqslant 0$ e $y \geqslant 0$. Desenhe a imagem de φ.

Solução

Observamos, inicialmente, que para cada k, com $1 \leqslant k \leqslant 2$, φ transforma o segmento $x + y = k$, $x \geqslant 0$ e $y \geqslant 0$, no segmento de extremidades $(-k, k)$ e (k, k).

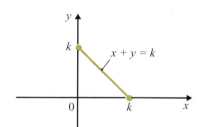
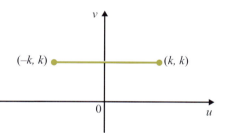

Observe: $\begin{cases} x + y = k \Rightarrow v = k \\ x = 0 \text{ e } y = k \Rightarrow (u, v) = (-k, k) \\ x = k \text{ e } y = 0 \Rightarrow (u, v) = (k, k) \end{cases}$

A imagem de φ é, então, o trapézio de vértices $(-1, 1)$, $(1, 1)$, $(2, 2)$ e $(-2, 2)$.

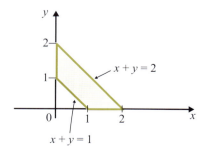
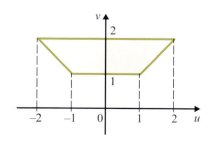

Exercícios 1.1

1. Considere a transformação $(x, y) = \varphi(\theta, \rho)$ dada por $x = \rho \cos \theta$ e $y = \rho \,\text{sen}\, \theta$. Desenhe o conjunto $\varphi(B)$, em que B é o retângulo $1 \leq \rho \leq 2$, $0 \leq \theta \leq 2\pi$.

2. Considere a transformação φ de $\mathbb{R}^2$ em $\mathbb{R}^2$ dada por $x = u + v$ e $y = u - v$. Desenhe $\varphi(B)$

    a) sendo B a reta $v = 0$.

    b) sendo B o quadrado $0 \leq u \leq 1$, $0 \leq v \leq 1$.

3. Mostre que a transformação φ do exercício anterior transforma o círculo $u^2 + v^2 \leq r^2$ no círculo $x^2 + y^2 \leq 2r^2$.

4. Seja f a transformação de $\mathbb{R}^2$ em $\mathbb{R}^3$ dada por $(x, y, z) = (u + v, u, v)$. Mostre que f transforma o plano uv no plano $x - y - z = 0$.

5. Seja $f(u, v) = (u, v, 1 - u - v)$, com $u \geq 0$, $v \geq 0$ e $u + v \leq 1$. Desenhe a imagem de f.

6. Seja $\sigma(u, v) = (x, y, z)$, com $x = u \cos v$, $y = u \,\text{sen}\, v$ e $z = u$.

    a) Mostre que a transformação σ transforma a reta $u = u_1$ ($u_1 \neq 0$ constante) numa circunferência. Desenhe tal circunferência no caso $u_1 = \dfrac{1}{2}$.

    b) Mostre que σ transforma a reta $v = v_1$ (v_1 constante) numa reta (no espaço xyz) passando pela origem.

    c) Desenhe $\sigma(B)$, em que B é o retângulo $0 \leq u \leq 1$ e $0 \leq v \leq 2\pi$.

7. Seja $\sigma(u, v) = (x, y, z)$, com $x = u \cos v$, $y = u \,\text{sen}\, v$ e $z = u^2$. Mostre que σ transforma a faixa $u \geq 0$, $0 \leq v \leq 2\pi$, no paraboloide $z = x^2 + y^2$.

8. Desenhe a imagem de $\sigma(u, v) = (\cos v, \text{sen}\, v, u)$, com $0 \leq u \leq 1$ e $0 \leq v \leq 2\pi$.

9. Desenhe a imagem de $\sigma(u, v) = (u, v, \sqrt{1 - u^2 - v^2})$, com $u^2 + v^2 \leq 1$.

10. Seja $\sigma(\theta, \rho) = (2\rho \cos \theta, \rho \,\text{sen}\, \theta)$. Mostre que σ transforma a reta $\rho = 1$ numa elipse. Desenhe tal elipse.

11. Seja σ a transformação do Exercício 10. Desenhe $\sigma(B)$, em que B é o retângulo $0 \leq \rho \leq 1$, $0 \leq \theta \leq 2\pi$.

12. Seja $\sigma(u, v, w) = (u \cos v, u \,\text{sen}\, v, w)$, $0 \leq u \leq 1$, $0 \leq v \leq 2\pi$ e $0 \leq w \leq 1$. Desenhe a imagem de σ.

13. Seja σ a transformação do exercício anterior. Verifique que σ transforma o retângulo $0 \leq u \leq 1$, $0 \leq v \leq 2\pi$ e $w = 1$, em um círculo. Desenhe tal círculo.

14. (*Coordenadas esféricas*) Seja $P = (x, y, z)$ e considere a terna (θ, ρ, φ), em que θ é o ângulo entre o semieixo positivo Ox e o vetor $\overrightarrow{OP_1} = (x, y, 0)$, ρ o comprimento do vetor $\overrightarrow{OP}$ e φ o ângulo entre o semieixo positivo Oz e o vetor $\overrightarrow{OP}$. Os números θ, ρ e φ são as *coordenadas esféricas* do ponto P. Verifique

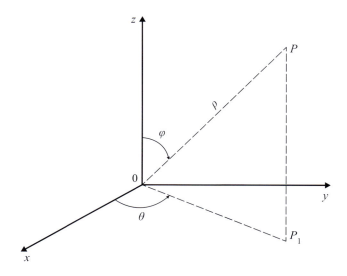

que as coordenadas esféricas (θ, ρ, φ) relacionam-se com as cartesianas do seguinte modo:

$$\begin{cases} x = \rho \operatorname{sen} \varphi \cos \theta \\ y = \rho \operatorname{sen} \varphi \operatorname{sen} \theta \\ z = \rho \cos \varphi. \end{cases}$$

15. Considere a transformação $\sigma(\theta, \rho, \varphi) = (x, y, z)$, em que $x = \rho \operatorname{sen} \varphi \cos \theta$, $y = \rho \operatorname{sen} \varphi \operatorname{sen} \theta$ e $z = \rho \cos \varphi$.

  a) Desenhe $\sigma(B)$, em que B é o conjunto $\rho = \rho_1$ ($\rho_1 > 0$ constante), $0 \leq \theta \leq 2\pi$ e $0 \leq \varphi \leq \pi$.
  b) Desenhe $\sigma(B)$, em que B é o paralelepípedo $0 \leq \rho \leq 1$, $0 \leq \theta \leq 2\pi$ e $0 \leq \varphi \leq \pi$.

1.2 Campo Vetorial

Seja $A \subset \mathbb{R}^n$ e consideremos uma transformação F de A em $\mathbb{R}^n$. Muitas vezes, levando em conta o significado físico ou geométrico de F, será conveniente interpretar $F(X)$, $X \in A$, como um *vetor aplicado* em X. Sempre que quisermos interpretar $F(X)$ desta forma, referir-nos-emos a F como um *campo vetorial* e utilizaremos, então, a notação $\vec{F}$.

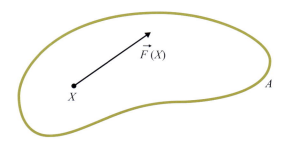

Exemplo 1 Represente geometricamente o campo vetorial $\vec{F}$ dado por $\vec{F}(x, y) = \vec{j}$.

Solução

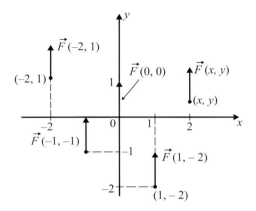

Trata-se de um campo vetorial constante; este campo associa, a cada ponto (x, y) de $\mathbb{R}^2$, o vetor $\vec{j} = (0, 1)$, aplicado em (x, y).

Exemplo 2 Faça a representação geométrica do campo vetorial $\vec{F}(x, y) = x\vec{i} + y\vec{j}$.

Solução

$\|F(x, y)\| = \sqrt{x^2 + y^2}$; segue que a intensidade do campo é a mesma nos pontos de uma mesma circunferência de centro na origem. Observe que a intensidade do campo no ponto (x, y) é igual ao raio da circunferência, de centro na origem, que passa por esse ponto.

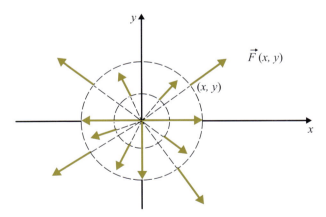

Exercícios 1.2

1. Represente geometricamente o campo vetorial dado.

    a) $\vec{v}(x, y) = x^2 \vec{j}$

    b) $\vec{h}(x, y) = \vec{i} + \vec{j}$

    c) $\vec{F}(x, y) = -y\vec{i} + x\vec{j}$ (Observe: $(x\vec{i} + y\vec{i}) \cdot (-y\vec{i} + x\vec{j}) = 0$)

Capítulo 1

d) $\vec{v}(x, y) = (1 - x^2)\vec{j}, |x| < 1.$

e) $\vec{F}(x, y) = \dfrac{x}{\sqrt{x^2 + y^2}}\vec{i} + \dfrac{y}{\sqrt{x^2 + y^2}}\vec{j}$

f) $\vec{v}(x, y) = \dfrac{-y}{\sqrt{x^2 + y^2}}\vec{i} + \dfrac{x}{\sqrt{x^2 + y^2}}\vec{j}$

g) $\vec{v}(x, y) = \dfrac{x}{x^2 + y^2}\vec{i} + \dfrac{y}{x^2 + y^2}\vec{j}$

2. Considere o campo vetorial $\vec{f}(x, y) = \vec{i} + (x - y)\vec{j}$. Desenhe $\vec{f}(x, y)$ nos pontos da reta

   a) $y = x$ *b)* $y = x - 1$ *c)* $y = x - 2$

3. Considere o campo vetorial $\vec{g}(x, y) = \vec{i} + xy\vec{j}$. Desenhe $\vec{g}(x, y)$ nos pontos da hipérbole $xy = 1$, com $x > 0$.

4. Seja $\vec{F} = \nabla f$, em que $f(x, y) = x + 2y$. Desenhe $\vec{F}(x, y)$, com (x, y) na reta $x + 2y = 1$.

5. Seja $\vec{F} = \nabla \phi$, em que $\phi(x, y) = y - x^2$. Desenhe $\vec{F}(x, y)$ com (x, y) na parábola $y = x^2$.

6. Seja $\vec{F} = \nabla f$, em que $f(x, y, z) = x^2 + y^2 + z^2$. Desenhe $\vec{F}(x, y, z)$, com $x^2 + y^2 + z^2 = 1$, $x > 0, y > 0$ e $z > 0$.

7. Seja $\vec{F} = \nabla f$, em que $f(x, y, z) = x + y + z$. Desenhe $\vec{F}(x, y, z)$, com $x + y + z = 1$, $x > 0$, $y > 0$ e $z > 0$.

8. Seja $V(x, y) = x^2 + y^2$. Desenhe um campo $\vec{F}(x, y)$ para o qual se tenha $\nabla V(x, y) \cdot \vec{F}(x, y) \leq 0$.

9. Sejam V e $\vec{F}$ como no exercício anterior. Seja $\gamma(t) = (x(t), y(t))$, $t \in I$, uma curva tal que, para todo t no intervalo I, $\gamma'(t) = \vec{F}(\gamma(t))$. Prove que $g(t) = V(\gamma(t))$ é decrescente em I. Conclua que se $\gamma(t_0)$, $t_0 \in I$, for um ponto da circunferência $x^2 + y^2 = r^2$, então, para todo $t \geq t_0, t \in I$, $\gamma(t)$ pertencerá ao círculo $x^2 + y^2 \leq r^2$. Interprete geometricamente.

10. Sejam $V(x, y) = x^2 + y^2$ e $\vec{F}(x, y) = P(x, y)\vec{i} + Q(x, y)\vec{j}$, com P e Q contínuas em $\mathbb{R}^2$, tais que, para todo $(x, y) \neq (0, 0)$, $\nabla V(x, y) \cdot \vec{F}(x, y) < 0$. Seja $\gamma(t) = (x(t), y(t)) \neq (0, 0)$, $t \geq 0$, tal que $\gamma'(t) = \vec{F}(\gamma(t))$.

  a) Prove que $g(t) = V(\gamma(t))$ é estritamente decrescente em $[0, +\infty[$. Interprete geometricamente.

  b) Sejam T, r e R, com $T > 0$ e $r < R$, reais dados. Suponha que $r \leq \|\gamma(t)\| \leq R$ para todo t em $[0, T]$. Seja M o valor máximo de $f(x, y) = \nabla V(x, y) \cdot \vec{F}(x, y)$ na coroa $r^2 \leq x^2 + y^2 \leq R^2$. (Tal M existe, pois f é contínua e a coroa um conjunto compacto.) Prove que, para todo t em $[0, T]$,

$$\int_0^t \nabla V(\gamma(t)) \cdot \gamma'(t)\,dt \leq Mt$$

    e, portanto, para todo t em $[0, T]$,

$$V(\gamma(t)) - V(\gamma(0)) \leq Mt.$$

c) Utilizando a última desigualdade do item b e observando que $M < 0$, prove que $\gamma(t)$ não pode permanecer na coroa $r^2 \leq x^2 + y^2 \leq R^2$ para todo $t \geq 0$.

d) Prove que $\lim_{t \to +\infty} V(\gamma(t))$ existe e é zero.

e) Prove que $\lim_{t \to +\infty} \gamma(t) = (0, 0)$. Interprete geometricamente.

11. Seja $\gamma(t) = (x(t), y(t))$ e suponha que, para todo $t \geq 0$,

$$\begin{cases} \dot{x}(t) = -y(t) - (x(t))^3 \\ \dot{y}(t) = x(t) - (y(t))^3 \end{cases}$$

Prove que $\gamma(t)$ tende a $(0, 0)$ quando $t \to +\infty$. (Sugestão: Utilize o exercício anterior.)

1.3 Rotacional

Consideremos o campo vetorial $\vec{F}(x, y, z) = P(x, y, z)\vec{i} + Q(x, y, z)\vec{j} + R(x, y, z)\vec{k}$ definido no aberto $\Omega \subset \mathbb{R}^3$. Suponhamos que P, Q e R admitam derivadas parciais em Ω. O *rotacional* de $\vec{F}$, que se indica por rot $\vec{F}$, é o campo vetorial definido em Ω e dado por

$$\operatorname{rot} \vec{F} = \left(\frac{\partial R}{\partial y} - \frac{\partial Q}{\partial z} \right) \vec{i} + \left(\frac{\partial P}{\partial z} - \frac{\partial R}{\partial x} \right) \vec{j} + \left(\frac{\partial Q}{\partial x} - \frac{\partial P}{\partial y} \right) \vec{k}$$

A expressão acima pode ser lembrada facilmente representando-a pelo "determinante":

$$\operatorname{rot} \vec{F} = \begin{vmatrix} \vec{i} & \vec{j} & \vec{k} \\ \frac{\partial}{\partial x} & \frac{\partial}{\partial y} & \frac{\partial}{\partial z} \\ P & Q & R \end{vmatrix}$$

$$= \begin{vmatrix} \frac{\partial}{\partial y} & \frac{\partial}{\partial z} \\ Q & R \end{vmatrix} \vec{i} - \begin{vmatrix} \frac{\partial}{\partial x} & \frac{\partial}{\partial z} \\ P & R \end{vmatrix} \vec{j} + \begin{vmatrix} \frac{\partial}{\partial x} & \frac{\partial}{\partial y} \\ P & Q \end{vmatrix} \vec{k}.$$

Os "produtos" que ocorrem nos "determinantes" de 2^a ordem devem ser interpretados como derivadas parciais: por exemplo, o "produto" de $\frac{\partial}{\partial y}$ por R é a derivada parcial $\frac{\partial R}{\partial y}$.

Podemos, ainda, expressar rot $\vec{F}$ como um "produto vetorial":

$$\operatorname{rot} \vec{F} = \nabla \wedge \vec{F}$$

em que $\nabla = \frac{\partial}{\partial x}\vec{i} + \frac{\partial}{\partial y}\vec{j} + \frac{\partial}{\partial z}\vec{k}$.

Consideremos, agora, o campo vetorial de $\Omega \subset \mathbb{R}^2$ em $\mathbb{R}^2$, Ω aberto, dado por $\vec{F}(x, y) = P(x, y)\vec{i} + Q(x, y)\vec{j}$ e suponhamos que P e Q admitam derivadas parciais em Ω. Neste caso, o rotacional de $\vec{F}$ é a transformação de Ω em $\mathbb{R}^3$ dada por

$$\text{rot } \vec{F} = \begin{vmatrix} \vec{i} & \vec{j} & \vec{k} \\ \frac{\partial}{\partial x} & \frac{\partial}{\partial y} & \frac{\partial}{\partial z} \\ P & Q & 0 \end{vmatrix}$$

$$= \left(\frac{\partial Q}{\partial x} - \frac{\partial P}{\partial y} \right) \vec{k}.$$

Exemplo 1 Seja $\vec{F}(x, y, z) = xy\vec{i} + yz^2\vec{j} + xyz\vec{k}$. Calcule rot $\vec{F}$.

Solução

$$\text{rot } \vec{F} = \begin{vmatrix} \vec{i} & \vec{j} & \vec{k} \\ \frac{\partial}{\partial x} & \frac{\partial}{\partial y} & \frac{\partial}{\partial z} \\ xy & yx^2 & xyz \end{vmatrix} = (xz - 2yz)\vec{i} + (0 - yz)\vec{j} + (0 - x)\vec{k},$$

ou seja,

$$\text{rot } \vec{F} = z(x - 2y)\vec{i} - yz\vec{j} - x\vec{k}.$$

Exemplo 2 Seja $\vec{F}(x, y) = Q(x, y)\vec{j}$. Suponha que, para todo $(x, y) \in \mathbb{R}^2$, $\frac{\partial Q}{\partial x}(x, y) = 0$.

a) Desenhe um campo satisfazendo as condições dadas.
b) Calcule rot $\vec{F}$.

Solução

a) Como, para todo (x, y), $\frac{\partial Q}{\partial x}(x, y) = 0$, segue que Q não depende de x, isto é, Q é constante sobre cada reta paralela ao eixo x.

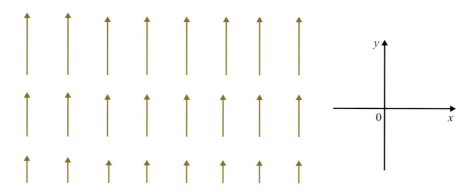

O campo acima satisfaz as condições dadas. Sugerimos ao leitor desenhar outros campos que satisfaçam as condições dadas.

b) rot $\vec{F}(x, y) = \frac{\partial Q}{\partial x}(x, y)\vec{k} = \vec{0}$, para todo $(x, y) \in \mathbb{R}^2$.

Exemplo 3 Seja $\vec{F}(x, y) = Q(x, y)\vec{j}$. Suponha que, para todo $(x, y) \in \mathbb{R}^2$, $\dfrac{\partial Q}{\partial x}(x, y) > 0$.

a) Desenhe um campo satisfazendo as condições dadas.
b) Calcule rot $\vec{F}$.

Solução

a) Segue da hipótese que, para cada y fixo, a função $x \mapsto Q(x, y)$ é estritamente crescente, isto é, $Q(x, y)$ é estritamente crescente sobre cada reta paralela ao eixo x.

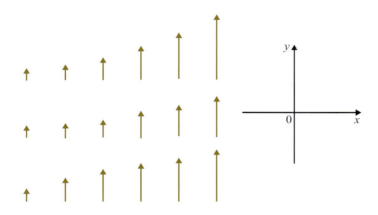

b) rot $\vec{F}(x, y) = \dfrac{\partial Q}{\partial x}(x, y) \vec{k} \neq \vec{0}$, para todo (x, y).

Consideremos, agora, um fluido em escoamento bidimensional com *campo de velocidade* $\vec{v}(x, y) = Q(x, y)\vec{j}$. ($\vec{v}(x, y)$ é a velocidade com que uma partícula do fluido passa pelo ponto (x, y).) Observe que as trajetórias descritas pelas partículas do fluido são retas paralelas ao eixo y. Suponhamos que rot $\vec{v}(x, y) \neq (0, 0)$. Para fixar o raciocínio, suporemos $Q(x, y) > 0$ e $\dfrac{\partial Q}{\partial x}(x, y) > 0$. O campo de velocidade $\vec{v}(x, y)$ tem, então, o aspecto daquele do exemplo anterior. É *razoável* esperar, então, que "qualquer pequena coisa" (com a forma de um pequeno disco) que flutue sobre o fluido *gire* à medida que se desloca sobre o fluido.

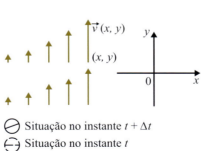

⊖ Situação no instante $t + \Delta t$
⊖ Situação no instante t

Consideremos novamente um fluido em escoamento bidimensional com *campo de velocidade*

$$\vec{v}(x, y) = P(x, y)\vec{i} + Q(x, y)\vec{j}.$$

As componentes P e Q são supostas de classe C^1.

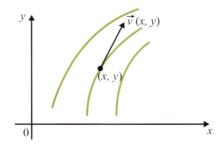

Nosso objetivo a seguir é dar uma interpretação para a componente $\dfrac{\partial Q}{\partial x} - \dfrac{\partial P}{\partial y}$ do rotacional de $\vec{v}$.

Sejam A e B duas partículas do fluido e suponhamos que no instante t_0 elas ocupem as posições (x_0, y_0) e $(x_0 + h, y_0)$, respectivamente, com $h > 0$. Indiquemos por $A(t)$ e $B(t)$ as posições ocupadas pelas partículas num instante t qualquer.

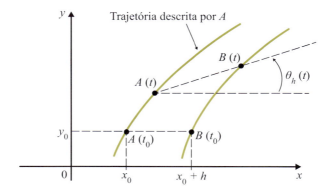

Seja $\theta_h(t)$ o ângulo (medido em radianos) que o segmento de extremidades $A(t)$ e $B(t)$ forma com o segmento de extremidades $A(t_0) = (x_0, y_0)$ e $B(t_0) = (x_0 + h, y_0)$. (O sentido positivo para a contagem do ângulo é o anti-horário.) Façamos

$$A(t) = (x_1(t), y_1(t)) \text{ e } B(t) = (x_2(t), y_2(t)).$$

Seja $\delta(t)$ a distância entre $A(t)$ e $B(t)$. Observe que, no instante t_0, $\delta(t_0) = h$.

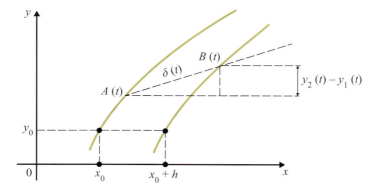

Temos:
$$\delta(t)\,\text{sen}\,\theta_h(t) = y_2(t) - y_1(t).$$

Derivando em relação a t, obtemos:

① $$\dot\delta(t)\,\text{sen}\,\theta_h(t) + \delta(t)\dot\theta_h(t)\cos\theta_h(t) = \dot y_2(t) - \dot y_1(t).$$

No instante t_0 temos:

② $$\theta_h(t_0) = 0,\ \delta(t_0) = h,\ \dot y_2(t_0) = Q(x_0 + h, y_0)\ \text{e}\ \dot y_1(t_0) = Q(x_0, y_0).$$

Observe que $\dot y_2(t_0)$ é a componente vertical da velocidade de B no instante t_0; logo,

$$\dot y_2(t_0) = Q(x_0 + h, y_0)$$

Da mesma forma,

$$\dot y_1(t_0) = Q(x_0, y_0).$$

Substituindo ② em ① vem:

③ $$\dot\theta_h(t_0) = \frac{Q(x_0 + h, y_0) - Q(x_0, y_0)}{h}$$

que é a *velocidade angular* do segmento de extremidades $A(t)$ e $B(t)$, no instante t_0.

Segue de ③ que

$$\lim_{h \to 0} \dot\theta_h(t_0) = \frac{\partial Q}{\partial x}(x_0, y_0).$$

Assim, para $h > 0$ suficientemente pequeno,

④ $$\dot\theta_h(t_0) \cong \frac{\partial Q}{\partial x}(x_0, y_0).$$

Observamos que se o movimento for *rígido* (isto é, a distância entre as partículas mantém-se constante durante o movimento) e com velocidade angular ω, então, para todo $h > 0$,

$$\dot\theta_h(t_0) = \omega$$

e, portanto,

$$\omega = \frac{\partial Q}{\partial x}(x_0, y_0).$$

Consideremos, agora, outra partícula C que no instante t_0 ocupe a posição

$$C(t_0) = (x_0, y_0 + k).$$

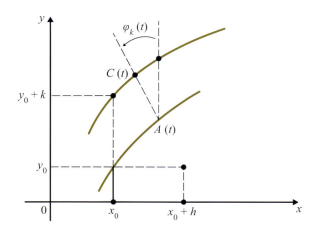

No instante t_0, $C(t_0) = (x_0, y_0 + k)$ e $A(t_0) = (x_0, y_0)$. Façamos $C(t) = (x_3(t), y_3(t))$. Sendo $\delta_1(t)$ a distância entre $C(t)$ e $A(t)$, vem:

$$\delta_1(t)\,\text{sen}\,\varphi_k(t) = x_1(t) - x_3(t).$$

Deixamos a seu cargo concluir que

$$\dot\varphi_k(t_0) = -\frac{P(x_0, y_0 + k) - P(x_0, y_0)}{k}$$

e, portanto,

$$\lim_{h \to 0} \dot\varphi_k(t_0) = \frac{\partial P}{\partial y}(x_0, y_0).$$

Para k suficientemente pequeno

⑤
$$\dot\varphi_k(t_0) \cong -\frac{\partial P}{\partial y}(x_0, y_0)$$

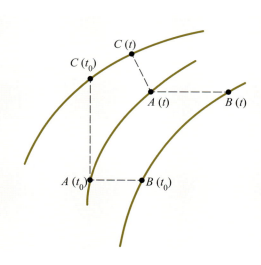

Segue de ④ e ⑤ que, para h e k suficientemente pequenos, a *soma das velocidades angulares*, no instante t_0, dos segmentos de extremidades $A(t)$ e $B(t)$, $A(t)$ e $C(t)$ é aproximadamente

$$\frac{\partial Q}{\partial x}(x_0, y_0) - \frac{\partial P}{\partial y}(x_0, y_0).$$

Observamos que chegaríamos ao mesmo resultado obtido acima se, no instante t_0, os vetores $B(t_0) - A(t_0)$ e $C(t_0) - A(t_0)$ fossem ortogonais, mas não necessariamente paralelos aos eixos coordenados. (Veja Exercício 7.)

Se o movimento for *rígido* com velocidade angular ω, teremos

$$2\omega = \frac{\partial Q}{\partial x}(x_0, y_0) - \frac{\partial P}{\partial y}(x_0, y_0) \quad \text{ou} \quad \omega = \frac{1}{2}\left[\frac{\partial Q}{\partial x}(x_0, y_0) - \frac{\partial P}{\partial y}(x_0, y_0)\right].$$

Exemplo 4 Suponhamos que a representação geométrica do campo $\vec{v}(x, y)$ tenha o seguinte aspecto.

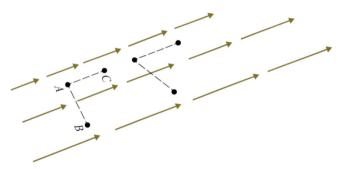

Observe que as trajetórias descritas pelas partículas são retas. O segmento de extremidades A e C desloca com velocidade angular nula, enquanto a do segmento AB é não nula. Devemos esperar então rot $\vec{v} \neq \vec{0}$.

Seja $\vec{F} : \Omega \subset \mathbb{R}^n \to \mathbb{R}^n$ ($n = 2,3$) um campo vetorial qualquer; dizemos que $\vec{F}$ é *irrotacional* se e somente se rot $\vec{F} = \vec{0}$ em Ω.

$$\boxed{\vec{F} \text{ irrotacional} \Leftrightarrow \text{rot } \vec{F} = \vec{0}.}$$

Exemplo 5 Considere o campo vetorial $\vec{F}(x, y) = -\dfrac{\vec{r}}{\|\vec{r}\|^2}$, em que $\vec{r} = x\vec{i} + y\vec{j}$.

a) Desenhe o campo.

b) Verifique que $\vec{F}$ é irrotacional.

Solução

a) $\|\vec{F}(x, y)\| = \dfrac{1}{\|\vec{r}\|}$ o que significa que a intensidade de $\vec{F}$ em (x, y) é o inverso da distância deste ponto à origem. Observe que a intensidade de $\vec{F}$ é constante sobre cada circunferência de centro na origem. O sentido de $\vec{F}(x, y)$ é do ponto (x, y) para a origem.

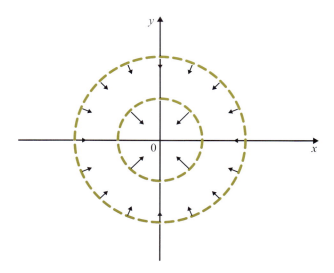

b) Imagine $\vec{F}$ como um campo de velocidade e olhe para as figuras a seguir:

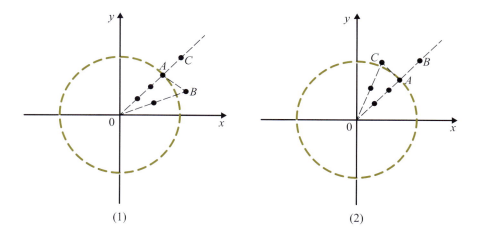

(1)   (2)

Na situação (1), o segmento determinado pelas partículas A e B se desloca com velocidade angular positiva (sentido anti-horário), enquanto o determinado por A e C se desloca com velocidade angular nula. Na situação (2), o segmento determinado por A e B se desloca com velocidade angular nula, enquanto o determinado por A e C se desloca com velocidade angular negativa (sentido horário). É razoável, então, esperar que $\vec{F}$ seja irrotacional (por quê?). E de fato o é, pois:

$$\operatorname{rot}\vec{F} = \begin{vmatrix} \vec{i} & \vec{j} & \vec{k} \\ \dfrac{\partial}{\partial x} & \dfrac{\partial}{\partial y} & \dfrac{\partial}{\partial z} \\ \dfrac{-x}{x^2+y^2} & \dfrac{-y}{x^2+y^2} & 0 \end{vmatrix} = \left[\dfrac{2xy}{(x^2+y^2)^2} - \dfrac{2xy}{(x^2+y^2)^2}\right]\vec{k} = \vec{0}.$$

Exemplo 6 Considere um fluido em escoamento bidimensional com campo de velocidade $\vec{v}(x, y) = -y\vec{i} + x\vec{j}$. Calcule rot $\vec{v}$ e interprete.

Solução

O escoamento não é irrotacional, pois,

$$\text{rot } \vec{v}(x, y) = \left[\frac{\partial}{\partial x}(x) - \frac{\partial}{\partial y}(-y)\right]\vec{k} = 2\vec{k} \neq \vec{0}.$$

Observe que $\vec{v}(x, y)$ é tangente, em (x, y), à circunferência, de centro na origem, que passa por esse ponto. *As partículas do fluido descrevem circunferências de centro na origem.* A velocidade escalar da partícula que se encontra na posição (x, y) é $\|\vec{v}(x, y)\| = \sqrt{x^2 + y^2}$. Segue que a velocidade angular da partícula que se encontra na posição (x, y) é 1 (radiano por unidade de tempo): *todas as partículas do fluido estão girando em torno da origem com a mesma velocidade angular.* Trata-se de um movimento rígido com velocidade angular 1.

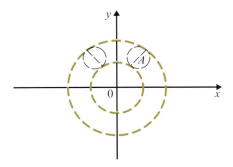

Observe que o círculo A gira em torno da origem, com um movimento de rotação em torno do seu próprio centro.

Exercícios 1.3

1. Calcule o rotacional.

    a) $\vec{F}(x, y, z) = -y\vec{i} + x\vec{j} + z\vec{k}$
    b) $\vec{F}(x, y, z) = x\vec{i} + y\vec{j} + xz\vec{k}$
    c) $\vec{F}(x, y, z) = yz\vec{i} + xz\vec{j} + xy\vec{k}$
    d) $\vec{F}(x, y) = (x^2 + y^2)\vec{i}$
    e) $\vec{F}(x, y) = xy\vec{i} - x^2\vec{j}$

2. Considere o *campo de força central* $\vec{g}(x, y) = f(\|\vec{r}\|)\vec{r}$, em que $f : \mathbb{R} \to \mathbb{R}$ é uma função derivável e $\vec{r} = x\vec{i} + y\vec{j}$. Calcule rot $\vec{g}$.

3. Seja $\varphi : \Omega \subset \mathbb{R}^2 \to \mathbb{R}$, Ω aberto, de classe C^2. Verifique que o campo vetorial $\vec{F} = \nabla\varphi$ é irrotacional.

Capítulo 1

4. Considere o escoamento bidimensional na região $\Omega = \{(x, y) \in \mathbb{R}^2 | -3 < x < 3, y \in \mathbb{R}\}$ com velocidade $\vec{v}(x, y) = \left(1 - \dfrac{x^2}{9}\right)\vec{j}$.

  a) Desenhe tal campo de velocidade.
  b) O escoamento é irrotacional?

5. Considere o escoamento bidimensional

$$\vec{v}(x, y) = \dfrac{-y}{x^2 + y^2}\vec{i} + \dfrac{x}{x^2 + y^2}\vec{j}.$$

  a) Desenhe tal campo.
  b) Calcule rot $\vec{v}$ e interprete.

6. Considere o escoamento

$$\vec{v}(x, y) = \dfrac{-y}{(x^2 + y^2)^\alpha}\vec{i} + \dfrac{x}{(x^2 + y^2)^\alpha}\vec{j}.$$

em que $\alpha > 0$ é uma constante. Verifique que rot $\vec{v}(x, y) \neq \vec{0}$ para $\alpha \neq 1$.

7. Seja $\vec{F} = P\vec{i} + Q\vec{j}$ um campo vetorial de $\mathbb{R}^2$ em $\mathbb{R}^2$, com P e Q diferenciáveis. Sejam $\vec{u} = \cos\alpha\,\vec{i} + \sen\alpha\,\vec{j}$ e $\vec{v} = -\sen\alpha\,\vec{i} + \cos\alpha\,\vec{j}$, em que $\alpha \neq 0$ é um real dado. Seja (s, t) as coordenadas de (x, y) no sistema de coordenadas $(0, \vec{u}, \vec{v})$, Assim $(x, y) = s\vec{u} + t\vec{v}$. Observe que $(x, y) = s\vec{u} + t\vec{v}$ é equivalente a $x = s\cos\alpha - t\sen\alpha$ e $y = s\sen\alpha + t\cos\alpha$.

a) Mostre que

$$\vec{F}(x, y) = [P(x, y)\cos\alpha + Q(x, y)\sen\alpha]\,\vec{u} + [Q(x, y)\cos\alpha - P(x, y)\sen\alpha]\,\vec{v}$$

b) Seja

$$\vec{F}_1(s, t) = P_1(s, t)\vec{u} + Q_1(s, t)\vec{v}$$

em que

$$P_1(s, t) = P(x, y)\cos\alpha + Q(x, y)\sen\alpha$$

e

$$Q_1(s, t) = Q(x, y)\cos\alpha - P(x, y)\sen\alpha$$

com $x = s\cos\alpha - t\sen\alpha$ e $y = s\sen\alpha + t\cos\alpha$. Mostre que

$$\dfrac{\partial Q_1}{\partial s}(s, t) - \dfrac{\partial P_1}{\partial t}(s, t) = \dfrac{\partial Q}{\partial x}(x, y) - \dfrac{\partial P}{\partial y}(x, y)$$

em que $(x, y) = s\vec{u} + t\vec{v}$. Interprete. (Observe que $\vec{F}_1(s, t) = \vec{F}(x, y)$, em que $(x, y) = s\vec{u} + t\vec{v}$.)

1.4 Divergente

Seja $\vec{F} = (F_1, F_2, ..., F_n)$ um campo vetorial definido no aberto $\Omega \subset \mathbb{R}^n$ e suponhamos que as componentes $F_1, F_2, ..., F_n$ admitam derivadas parciais em Ω. O *campo escalar*

$$\operatorname{div} \vec{F} : \Omega \to \mathbb{R}$$

dado por

$$\operatorname{div} \vec{F} = \frac{\partial F_1}{\partial x_1} + \frac{\partial F_2}{\partial x_2} + ... + \frac{\partial F_n}{\partial x_n}$$

denomina-se *divergente* de $\vec{F}$.

A notação $\nabla \cdot \vec{F}$ é frequentemente usada para indicar o divergente de $\vec{F}$; interpretamos $\nabla \cdot \vec{F}$ como o "produto escalar" do vetor $\nabla = \left(\dfrac{\partial}{\partial x_1}, \dfrac{\partial}{\partial x_2}, ..., \dfrac{\partial}{\partial x_n} \right)$ pelo campo vetorial $(F_1, F_2, ..., F_n)$, em que o "produto" de $\dfrac{\partial}{\partial x_i}$ por F_i deve ser entendido como a derivada parcial $\dfrac{\partial F_i}{\partial x_i}$:

$$\begin{aligned}\nabla \cdot \vec{F} &= \left(\frac{\partial}{\partial x_1}, \frac{\partial}{\partial x_2}, ..., \frac{\partial}{\partial x_n} \right) \cdot (F_1, F_2, ..., F_n) \\ &= \frac{\partial F_1}{\partial x_1} + \frac{\partial F_2}{\partial x_2} + ... + \frac{\partial F_n}{\partial x_n}.\end{aligned}$$

O símbolo $\nabla \varphi$ já foi utilizado anteriormente (Vol. 2) para representar o gradiente do campo escalar $\varphi : \Omega \subset \mathbb{R}^n \to \mathbb{R}$:

$$\nabla \varphi = \left(\frac{\partial \varphi}{\partial x_1}, \frac{\partial \varphi}{\partial x_2}, ..., \frac{\partial \varphi}{\partial x_n} \right).$$

Deste modo, o gradiente, divergente e rotacional podem ser representados simbolicamente pelos "produtos" $\nabla \varphi$, $\nabla \cdot \vec{F}$ e $\nabla \wedge \vec{F}$, respectivamente.

Vamos destacar, a seguir, as expressões do divergente nos casos $n = 2$ e $n = 3$. Se

$$\vec{F}(x, y) = P(x, y)\vec{i} + Q(x, y)\vec{j}$$

então

$$\boxed{\operatorname{div} \vec{F}(x, y) = \frac{\partial P}{\partial x}(x, y) + \frac{\partial Q}{\partial y}(x, y).}$$

Se

$$\vec{F}(x, y, z) = P(x, y, z)\vec{i} + Q(x, y, z)\vec{j} + R(x, y, z)\vec{k}$$

então

$$\boxed{\operatorname{div} \vec{F}(x, y, z) = \frac{\partial P}{\partial x}(x, y, z) + \frac{\partial Q}{\partial y}(x, y, z) + \frac{\partial R}{\partial z}(x, y, z).}$$

Capítulo 1

Exemplo 1 Seja $\vec{F}(x, y, z) = (x^2 + z)\vec{i} - y^2\vec{j} + (2x + 3y + z^2)\vec{k}$. Calcule div $\vec{F}$.

Solução

$$\text{div } \vec{F}(x, y, z) = \frac{\partial}{\partial x}(x^2 + z) + \frac{\partial}{\partial y}(-y^2) + \frac{\partial}{\partial z}(2x + 3y + z^2)$$

$$= 2x - 2y + 2z.$$

Assim

$$\text{div } \vec{F}(x, y, z) = 2x - 2y + 2z.$$

NÃO SE ESQUEÇA: div $\vec{F}(x, y, z)$ é *número*.

Exemplo 2 Calcule $\nabla \cdot \nabla \varphi$, em que $\varphi(x, y) = x^2 y$.

Solução

$$\nabla \varphi = \frac{\partial \varphi}{\partial x}\vec{i} + \frac{\partial \varphi}{\partial y}\vec{j} = 2xy\vec{i} + x^2\vec{j}.$$

$$\nabla \cdot \nabla \varphi = \left(\frac{\partial}{\partial x}, \frac{\partial}{\partial y}\right) \cdot (2xy, x^2)$$

$$= \frac{\partial}{\partial x}(2xy) + \frac{\partial}{\partial y}(x^2)$$

$$= 2y$$

Assim,

$$\nabla \cdot \nabla \varphi = 2y = \text{div}(\nabla \varphi).$$

Consideremos o campo escalar $\varphi: \Omega \subset \mathbb{R}^n \to \mathbb{R}$ e suponhamos que φ admita derivadas parciais até a 2ª ordem no aberto Ω. O campo escalar

$$\nabla^2 \varphi : \Omega \to \mathbb{R}$$

dado por

$$\nabla^2 \varphi = \nabla \cdot \nabla \varphi$$

denomina-se *laplaciano* de φ. Assim, o laplaciano de φ nada mais é do que o divergente do gradiente de φ. Como

$$\nabla \cdot \nabla \varphi = \left(\frac{\partial}{\partial x_1}, \frac{\partial}{\partial x_2}, ..., \frac{\partial}{\partial x_n}\right) \cdot \left(\frac{\partial \varphi}{\partial x_1}, \frac{\partial \varphi}{\partial x_2}, ..., \frac{\partial \varphi}{\partial x_n}\right)$$

$$= \frac{\partial^2 \varphi}{\partial x_1^2} + \frac{\partial^2 \varphi}{\partial x_2^2} + ... + \frac{\partial^2 \varphi}{\partial x_n^2}$$

resulta que o laplaciano de φ é dado por

$$\nabla^2 \varphi = \frac{\partial^2 \varphi}{\partial x_1^2} + \frac{\partial^2 \varphi}{\partial x_2^2} + ... + \frac{\partial^2 \varphi}{\partial x_n^2}$$

Exemplo 3 Seja $\varphi(x, y, z) = x^2 + y^2 + z^2$. Calcule o laplaciano de φ.

Solução

$$\nabla^2 \varphi = \frac{\partial^2 \varphi}{\partial x^2} + \frac{\partial^2 \varphi}{\partial y^2} + \frac{\partial^2 \varphi}{\partial z^2} = 6.$$

Exemplo 4 Seja $\vec{F}(x, y) = Q(x, y)\,\vec{j}$. Suponha que, para todo $(x, y) \in \mathbb{R}^2$, $\dfrac{\partial Q}{\partial y}(x, y) > 0$.

a) Desenhe um campo satisfazendo as condições dadas.
b) Calcule div $\vec{F}$.

Solução

a) Segue da hipótese que, para cada x fixo, a função $y \mapsto Q(x, y)$ é estritamente crescente, isto é, $Q(x, y)$ é estritamente crescente sobre cada reta paralela ao eixo y. Os campos dados a seguir satisfazem as condições dadas.

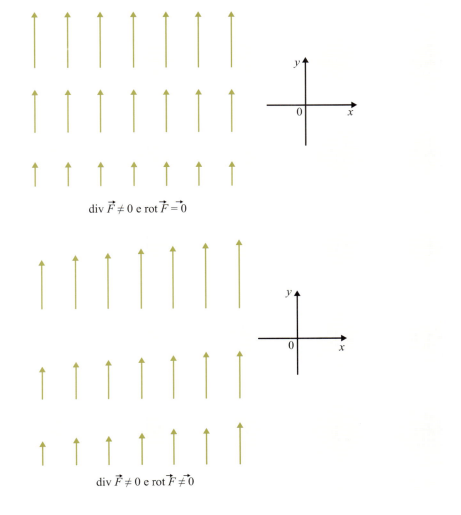

div $\vec{F} \neq 0$ e rot $\vec{F} = \vec{0}$

div $\vec{F} \neq 0$ e rot $\vec{F} \neq \vec{0}$

b) $\operatorname{div} \vec{F} = \dfrac{\partial Q}{\partial y}$

Exemplo 5 (*Interpretação para o divergente.*) Consideremos um fluido em escoamento bidimensional com campo de velocidade

$$\vec{v}(x, y) = P(x, y)\vec{i} + Q(x, y)\vec{j}$$

em que P e Q são supostas de classe C^1. Consideremos um retângulo de lados paralelos aos eixos e de comprimentos h e k suficientemente pequenos.

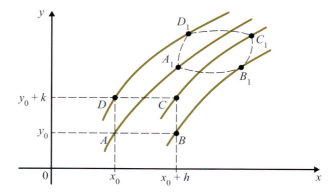

O fluido que no instante t_0 encontra-se no retângulo $ABCD$, no instante $t_0 + \Delta t$ encontrar-se-á no "paralelogramo curvilíneo" $A_1B_1C_1D_1$. Indiquemos por $V(t_0 + \Delta t)$ a área ocupada pelo fluido que, no instante t_0, ocupa o retângulo $ABCD$. Temos $V(t_0) = hk$. A seguir, vamos avaliar $V(t_0 + \Delta t)$, para Δt suficientemente pequeno, em que $V(t_0 + \Delta t)$ é a área do "paralelogramo curvilíneo" $A_1B_1C_1D_1$. Como estamos supondo h, k e Δt suficientemente pequenos, a área do "paralelogramo curvilíneo" $A_1B_1C_1D_1$ é aproximadamente a área do paralelogramo determinado pelos vetores $\overrightarrow{A_1B_1}$ e $\overrightarrow{A_1D_1}$. Temos:

①
$$P(x_0 + h, y_0) \cong P(x_0, y_0) + h\dfrac{\partial P}{\partial x}(x_0, y_0),$$

$$Q(x_0 + h, y_0) \cong Q(x_0, y_0) + h\dfrac{\partial Q}{\partial x}(x_0, y_0),$$

$$P(x_0, y_0 + k) \cong P(x_0, y_0) + k\dfrac{\partial P}{\partial y}(x_0, y_0)$$

e

$$Q(x_0, y_0 + k) \cong Q(x_0, y_0) + k\dfrac{\partial Q}{\partial y}(x_0, y_0).$$

Observação. $\dfrac{\partial Q}{\partial y}(x_0, y_0) = \lim\limits_{k \to 0} \dfrac{Q(x_0, y_0 + h) - Q(x_0, y_0)}{k}$. Daí para k suficientemente pequeno

$$\dfrac{\partial Q}{\partial y}(x_0, y_0) \cong \dfrac{Q(x_0, y_0 + k) - Q(x_0, y_0)}{k}.$$

Temos, também:

$$A_1 \cong (x_0 + \Delta t\, P(x_0, y_0), y_0 + \Delta t\, Q(x_0, y_0)) = (x_0, y_0) + \vec{v}(x_0, y_0)\Delta t.$$

② $\quad B_1 \cong (x_0 + h + \Delta t\, P(x_0 + h, y_0), y_0 + \Delta t\, Q(x_0 + h, y_0))$

e

$$D_1 \cong (x_0 + \Delta t\, P(x_0, y_0 + k), y_0 + k + \Delta t\, Q(x_0, y_0 + k)).$$

De ① e ② resulta:

$$B_1 - A_1 \cong \left(h + h\Delta t \frac{\partial P}{\partial x}(x_0, y_0),\, h\Delta t \frac{\partial Q}{\partial x}(x_0, y_0) \right)$$

e

$$D_1 - A_1 \cong \left(k\Delta t \frac{\partial P}{\partial y}(x_0, y_0),\, k + k\Delta t \frac{\partial Q}{\partial y}(x_0, y_0) \right).$$

Sabemos da geometria que a área do paralelogramo determinado pelos vetores $\overrightarrow{A_1B_1}$ e $\overrightarrow{A_1D_1}$ é a norma do produto vetorial $\overrightarrow{A_1B_1} \wedge \overrightarrow{A_1D_1}$. Temos

$$\overrightarrow{A_1B_1} \wedge \overrightarrow{A_1D_1} = \begin{vmatrix} \vec{i} & \vec{j} & \vec{k} \\ h + h\Delta t \frac{\partial P}{\partial x}(x_0, y_0) & h\Delta t \frac{\partial Q}{\partial x}(x_0, y_0) & 0 \\ k\Delta t \frac{\partial P}{\partial y}(x_0, y_0) & k + k\Delta t \frac{\partial Q}{\partial y}(x_0, y_0) & 0 \end{vmatrix} =$$

$$= \left\{ hk + hk\Delta t \frac{\partial Q}{\partial y}(x_0, y_0) + hk\Delta t \frac{\partial P}{\partial x}(x_0, y_0) \right.$$

$$\left. + hk(\Delta t)^2 \left[\frac{\partial P}{\partial x}(x_0, y_0) \frac{\partial Q}{\partial y}(x_0, y_0) - \frac{\partial P}{\partial y}(x_0, y_0) \frac{\partial Q}{\partial x}(x_0, y_0) \right] \right\} \vec{k}.$$

Assim,

$$V(t_0 + \Delta t) \cong hk + hk\Delta t \frac{\partial P}{\partial x}(x_0, y_0) + hk\Delta t \frac{\partial Q}{\partial y}(x_0, y_0)$$

$$+ hk(\Delta t)^2 \left[\frac{\partial P}{\partial x}(x_0, y_0) \frac{\partial Q}{\partial y}(x_0, y_0) - \frac{\partial P}{\partial y}(x_0, y_0) \frac{\partial Q}{\partial x}(x_0, y_0) \right].$$

Como $V(t_0) = hk$, é razoável esperar que

$$\boxed{\lim_{\Delta t \to 0} \frac{V(t_0 + \Delta t) - V(t_0)}{\Delta t} \cong V(t_0) \left[\frac{\partial P}{\partial x}(x_0, y_0) + \frac{\partial Q}{\partial y}(x_0, y_0) \right]}$$

ou seja,

$$\lim_{\Delta t \to 0} \frac{V(t_0 + \Delta t) - V(t_0)}{\Delta t} \cong V(t_0) \, \text{div} \, \vec{v}(x_0, y_0).$$

e, portanto,

$$\text{div} \, \vec{v}(x_0, y_0) \cong \frac{1}{V(t_0)} V'(t_0)$$

Podemos, então, interpretar div $\vec{v}(x_0, y_0)$ como uma *taxa de variação de área por unidade de tempo e unidade de área no ponto* (x_0, y_0).

Suponhamos h, k e Δt positivos e suficientemente pequenos. Se div $\vec{v}(x_0, y_0) > 0$, devemos esperar $V(t_0 + \Delta t) > V(t_0)$, isto é, a área está aumentando. Se div $\vec{v}(x_0, y_0) < 0$, devemos esperar $V(t_0 + \Delta t) < V(t_0)$, isto é, a área está diminuindo. (Veja Apêndice C.)

Exemplo 6 Suponha que o campo $\vec{v}(x_0, y_0)$ tenha o seguinte aspecto:

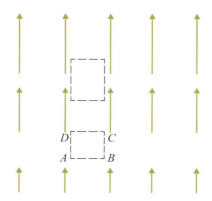

As velocidades das partículas que se encontram sobre o lado DC são iguais entre si e maiores que as velocidades daquelas que se encontram sobre o lado AB. As partículas que no instante t ocupam o retângulo $ABCD$, no instante $t + \Delta t$, com $\Delta t > 0$, deverão ocupar um retângulo de área maior. Devemos esperar então div $\vec{v}(x_0, y_0) > 0$.

Exemplo 7 (*Equação da continuidade*.) Considere um fluido em escoamento num aberto Ω do $\mathbb{R}^3$, com velocidade $\vec{v}(x, y, z, t)$ no ponto (x, y, z) e no instante t, com t num intervalo aberto I. Seja $\rho(x, y, z, t)$ a densidade do fluido no ponto (x, y, z) e no instante t. Suponha que as componentes, de $\vec{v}$ e ρ sejam de classe C^1. Admita, ainda, que em Ω não haja fontes nem sorvedouros de massa. Mostre que é razoável esperar que $\vec{v}$ e ρ satisfaçam a equação

$$\text{div}(\rho \vec{v}) + \frac{\partial \rho}{\partial t} = 0$$

em que o divergente deve ser calculado em relação às variáveis x, y, z. (Neste exemplo, a velocidade no ponto (x, y, z) depende do tempo. Sugerimos ao leitor dar exemplo de um escoamento em que a velocidade no ponto (x, y, z) esteja variando com o tempo.)

Solução

Consideremos o campo vetorial dado por

$$\vec{u}(x, y, z, t) = \rho(x, y, z, t)\vec{v}(x, y, z, t)$$

com $\vec{u} = u_1\vec{i} + u_2\vec{j} + u_3\vec{k}$, em que $u_1 = \rho v_1$, $u_2 = \rho v_2$ e $u_3 = \rho v_3$, sendo v_1, v_2 e v_3 as componentes de $\vec{v}$.

Imaginemos em Ω um retângulo paralelo ao plano xz, centrado no ponto (x, y, z), e de lados Δx e Δz. Observe que uma partícula que se encontra, no instante t, sobre o retângulo, no instante $t + \Delta t$ encontrar-se-á, aproximadamente, a uma distância $v_2(x, y, z, t) \Delta t$ do retângulo (para fixar o raciocínio supomos $v_2(x, y, z, t) > 0$). Deste modo, o volume de fluido que passa através do retângulo, no tempo Δt, é aproximadamente $v_2(x, y, z, t) \Delta x \Delta z \Delta t$ e a massa que passa através do mesmo retângulo, no tempo Δt, será, então, aproximadamente

$$\rho v_2 \Delta x \Delta z \Delta t = u_2 \Delta x \Delta z \Delta t.$$

Observe que, sendo $v_2(x, y, z, t) > 0$, a massa flui da esquerda para a direita; se $v_2(x, y, z, t) < 0$ então a massa estaria fluindo da direita para a esquerda.

Imaginemos, agora, em Ω, um paralelepípedo centrado no ponto (x, y, z), com arestas Δx, Δy e Δz, suficientemente pequenas, e de faces paralelas aos planos coordenados.

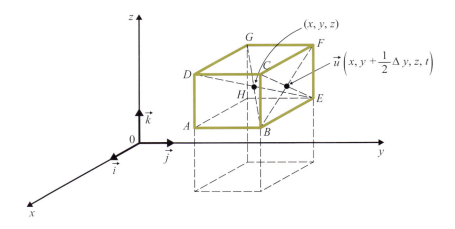

Estamos interessados em avaliar a diferença entre a massa de fluido que sai e a que penetra no paralelepípedo, na unidade de tempo. No ponto (x, y, z) e no instante t a componente do vetor $\vec{u}$, na direção $\vec{j}$, é $u_2(x, y, z, t)$; no centro da face $BCFE$, a componente, na direção $\vec{j}$, de $\vec{u}$, é aproximadamente "$u_2 + \dfrac{1}{2}\dfrac{\partial u_2}{\partial y}\Delta y$" e no centro da face $AHGD$ a componente, na direção $\vec{j}$, é aproximadamente "$u_2 - \dfrac{1}{2}\dfrac{\partial u_2}{\partial y}\Delta y$".

A massa que passa, por unidade de tempo, através da face $BCFE$ é aproximadamente

① $$\left(u_2 + \dfrac{1}{2}\dfrac{\partial u_2}{\partial y}\Delta y\right)\Delta x \Delta z$$

e que passa através da face $AHGD$ é aproximadamente

② $$\left(u_2 - \frac{1}{2}\frac{\partial u_2}{\partial y}\Delta y\right)\Delta x\,\Delta z.$$

Assim
$$①-② = \frac{\partial u_2}{\partial y}\Delta x\,\Delta y\,\Delta z$$

é uma avaliação para a diferença entre a massa que sai através da face $BCFE$ e a que penetra através da face $AHGD$, por unidade de tempo.

Com um raciocínio análogo sobre as outras faces resulta que

$$\boxed{\operatorname{div}\vec{u}\,\Delta x\Delta y\,\Delta z = \left(\frac{\partial u_1}{\partial x} + \frac{\partial u_2}{\partial y} + \frac{\partial u_3}{\partial z}\right)\Delta x\Delta y\,\Delta z}$$

é uma avaliação para a diferença entre a massa que sai e a que penetra no paralelepípedo, por unidade de tempo, no instante t.

Por outro lado, no ponto (x, y, z) e no instante t, a densidade está variando a uma taxa $\frac{\partial \rho}{\partial t}$: se $\frac{\partial \rho}{\partial t} > 0$ a massa dentro do paralelepípedo está aumentando a uma taxa aproximada de $\frac{\partial \rho}{\partial t}\Delta x\,\Delta y\,\Delta z$, por unidade de tempo; se $\frac{\partial \rho}{\partial t} < 0$, a massa dentro do paralelepípedo está decrescendo a uma taxa de $\frac{\partial \rho}{\partial t}\Delta x\,\Delta y\,\Delta z$, por unidade de tempo.

Como estamos supondo que em Ω não há fontes nem sorvedouros de massa, e tendo em vista o "princípio da conservação da massa" é razoável, então, esperar que

③ $$\operatorname{div}\vec{u}\,\Delta x\Delta y\,\Delta z = -\frac{\partial \rho}{\partial t}\Delta x\Delta y\,\Delta z$$

ou seja,
$$\operatorname{div}\vec{u} + \frac{\partial \rho}{\partial t} = 0;$$

ou, ainda,

④ $$\operatorname{div}(\rho\vec{v}) + \frac{\partial \rho}{\partial t} = 0,$$

pois, $\vec{u} = \rho\vec{v}$. (A razão do sinal *menos* que ocorre em ③ é a seguinte: se $\operatorname{div}\vec{u} > 0$ a massa dentro do paralelepípedo está diminuindo (a massa que sai é maior que a que penetra) e, neste caso, deveremos ter $\frac{\partial \rho}{\partial t} < 0$ e, portanto, $\operatorname{div}\vec{u} = -\frac{\partial \rho}{\partial t}$. Mesma análise para o caso $\operatorname{div}\vec{u} < 0$.)

Se ρ não depende do tempo, a equação da continuidade se reduz a

$$\operatorname{div}\rho\vec{v} = 0.$$

Neste caso, *a massa que sai do paralelepípedo deve ser igual à que penetra.*

Funções de Várias Variáveis Reais a Valores Vetoriais

Se $\rho(x, y, z, t)$ for constante (neste caso, diremos que o fluido é *incompressível*) a equação da continuidade se reduz a

$$\text{div } \vec{v} = 0$$

quer $\vec{v}$ dependa do tempo ou não. Neste caso, o *volume do fluido que sai do paralelepípedo deve ser igual ao que penetra*. (Veja Apêndice C.)

CUIDADO. Em ④ o divergente deve ser calculado em relação às variáveis x, y e z, isto é:

$$\text{div } \rho\vec{v} = \frac{\partial}{\partial x}(\rho v_1) + \frac{\partial}{\partial y}(\rho v_2) + \frac{\partial}{\partial z}(\rho v_3).$$

Exercícios 1.4

1. Calcule o divergente do campo vetorial dado.

   a) $\vec{v}(x, y) = -y\,\vec{i} + x\,\vec{j}$
   b) $\vec{u}(x, y, z) = x\,\vec{i} + y\,\vec{j} + z\,\vec{k}$
   c) $\vec{F}(x, y, z) = (x^2 - y^2)\,\vec{i} + \text{sen}(x^2 + y^2)\,\vec{j} + \text{arctg } z\,\vec{k}$
   d) $\vec{F}(x, y, z) = (x^2 + y^2 + z^2)\,\text{arctg}(x^2 + y^2 + z^2)\,\vec{k}$

2. O que é mais razoável esperar: div $\vec{F} = 0$ ou div $\vec{F} \neq 0$?

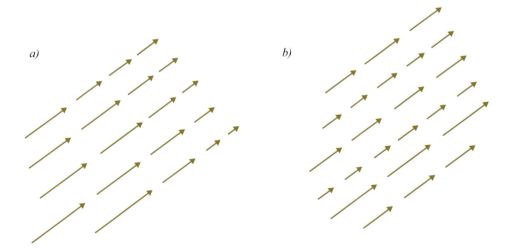

3. Considere um fluido em escoamento com velocidade $\vec{v}(x, y, z) = y\,\vec{j}$, $y > 0$.

   a) O fluido é incompressível? Por quê?
   b) Determine ρ, que só dependa de y, que satisfaça a equação da continuidade.
   c) Suponha que a densidade ρ do fluido só dependa de y e de t. Mostre que ρ deve satisfazer a equação

   $$\frac{\partial \rho}{\partial t} + y\frac{\partial \rho}{\partial y} = -\rho.$$

Capítulo 1

4. Considere um escoamento no aberto Ω de $\mathbb{R}^3$, com velocidade $\vec{v}(x, y, z)$, cujas componentes são supostamente de classe C^1 em Ω. Suponha que $\vec{v}$ *derive de um potencial* (isto é, que existe $\varphi: \Omega \to \mathbb{R}$, com $\nabla \varphi = \vec{v}$ em Ω).

a) Prove que $\vec{v}$ é irrotacional.

b) Prove que se $\vec{v}$ for incompressível, então $\nabla^2 \varphi = 0$.

5. Calcule o laplaciano da função φ dada.

a) $\varphi(x, y) = xy$

b) $\varphi(x, y) = \ln(x^2 + y^2)$

c) $\varphi(x, y) = \operatorname{arctg} \dfrac{x}{y}$, $y > 0$

d) $\varphi(x, y) = \dfrac{1}{4} e^{x^2 - y^2}$

6. Seja $\varphi(x, y) = f(x^2 + y^2)$, em que $f(u)$ é uma função real, de uma variável real e derivável até a 2ª ordem. Suponha que $\nabla^2 \varphi = 0$.

a) Mostre que $u f''(u) = -f'(u)$, $u > 0$.

b) Determine uma f não constante, para que se tenha $\nabla^2 \varphi = 0$.

7. $\varphi(x, y)$ é uma função cujo gradiente tem a representação geométrica abaixo:

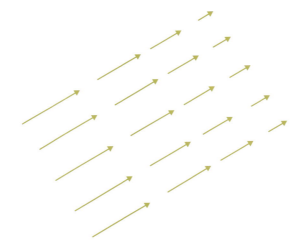

O que é mais razoável: $\nabla^2 \varphi = 0$ ou $\nabla^2 \varphi \neq 0$?

8. Seja $\vec{F} = P\vec{i} + Q\vec{j}$ um campo vetorial de $\mathbb{R}^2$ em $\mathbb{R}^2$, com P e Q diferenciáveis. Sejam $\vec{u} = \cos \alpha \vec{i} + \operatorname{sen} \alpha \vec{j}$ e $\vec{v} = -\operatorname{sen} \alpha \vec{i} + \cos \alpha \vec{j}$, em que $\alpha \neq 0$ é um real dado. Seja (s, t) as coordenadas de (x, y) no sistema $(0, \vec{u}, \vec{v})$. Assim, $(x, y) = s\vec{u} + t\vec{v}$. Observe que $(x, y) = s\vec{u} + t\vec{v}$ é equivalente a $x = s \cos \alpha - t \operatorname{sen} \alpha$ e $y = s \operatorname{sen} \alpha + t \cos \alpha$.

a) Mostre que

$$\vec{F}(x, y) = [P(x, y) \cos \alpha + Q(x, y) \operatorname{sen} \alpha] \vec{u} + [Q(x, y) \cos \alpha - P(x, y) \operatorname{sen} \alpha] \vec{v}.$$

b) Seja

$$\vec{F}_1(s, t) = P_1(s, t) \vec{u} + Q_1(s, t) \vec{v}$$

em que

$$P_1(s, t) = P(x, y) \cos \alpha + Q(x, y) \operatorname{sen} \alpha$$

e
$$Q_1(s, t) = Q(x, y) \cos \alpha - P(x, y) \operatorname{sen} \alpha,$$

com $x = s \cos \alpha - t \operatorname{sen} \alpha$ e $y = s \operatorname{sen} \alpha + t \cos \alpha$. Mostre que

$$\frac{\partial P_1}{\partial s}(s, t) + \frac{\partial Q_1}{\partial t}(s, t) = \frac{\partial P}{\partial x}(x, y) + \frac{\partial Q}{\partial y}(x, y).$$

Interprete.

9. Sejam $\vec{u}, \vec{v} : \Omega \subset \mathbb{R}^3 \to \mathbb{R}^3$ dois campos vetoriais e $\varphi : \Omega \to \mathbb{R}$ um campo escalar. Em cada caso, faça hipóteses adequadas sobre φ, $\vec{u}$ e $\vec{v}$ e prove (suponha $\vec{u} = P\vec{i} + Q\vec{j} + R\vec{k}$ e $\vec{v} = P_1\vec{i} + Q_1\vec{j} + R_1\vec{k}$):

a) rot $(\vec{u} + \vec{v}) = $ rot $\vec{u} + $ rot $\vec{v}$
b) div $(\vec{u} + \vec{v}) = $ div $\vec{u} + $ div $\vec{v}$
c) div $\varphi \vec{u} = \varphi$ div $\vec{u} + \nabla \varphi \cdot \vec{u}$
d) rot $\varphi \vec{u} = \varphi$ rot $\vec{u} + \nabla \varphi \wedge \vec{u}$
e) div rot $\vec{u} = 0$
f) rot (rot $\vec{u}$) $= \nabla($div $\vec{u}) - \nabla^2 \vec{u}$, em que $\nabla^2 \vec{u} = (\nabla^2 P, \nabla^2 Q, \nabla^2 R)$.

10. Seja $\vec{w} = (w_1, w_2, w_3)$ um campo vetorial definido no aberto Ω de $\mathbb{R}^3$. Prove que div $\vec{w} = 0$ é uma *condição necessária* para que exista um campo vetorial $\vec{u} = (u_1, u_2, u_3)$, com componentes de classe C^2, em Ω, tal que rot $\vec{u} = \vec{w}$.

11. Sejam $\vec{F}$ e $\vec{G}$ dois campos vetoriais definidos no aberto $\Omega \subset \mathbb{R}^3$, cujas componentes admitem derivadas parciais em Ω. Prove que

$$\operatorname{div}(\vec{F} \wedge \vec{G}) = \vec{G} \cdot (\nabla \wedge \vec{F}) - \vec{F} \cdot (\nabla \wedge \vec{G})$$

12. (*Divergente em coordenadas polares.*) Seja Ω um aberto contido no semiplano $y > 0$ e seja $\vec{F}(x, y) = P(x, y)\vec{i} + Q(x, y)\vec{j}$, $(x, y) \in \Omega$, com P e Q de classe C^1. Seja $P_1(\theta, \rho) = P(x, y)$ e $Q_1(\theta, \rho) = Q(x, y)$, com $x = \rho \cos \theta$ e $y = \rho \operatorname{sen} \theta$.

a) Mostre que

$$\frac{\partial P}{\partial x}(x, y) = -\frac{1}{\rho} \operatorname{sen} \theta \frac{\partial P_1}{\partial \theta}(\theta, \rho) + \cos \theta \frac{\partial P_1}{\partial \rho}(\theta, \rho)$$

e

$$\frac{\partial Q}{\partial y}(x, y) = \frac{1}{\rho} \cos \theta \frac{\partial Q_1}{\partial \theta}(\theta, \rho) + \operatorname{sen} \theta \frac{\partial Q_1}{\partial \rho}(\theta, \rho)$$

com $x = \rho \cos \theta$ e $y = \rho \operatorname{sen} \theta$.

b) Conclua que

$$\operatorname{div} \vec{F}(x, y) = \operatorname{sen} \theta \left[-\frac{1}{\rho} \frac{\partial P_1}{\partial \theta}(\theta, \rho) + \frac{\partial Q_1}{\partial \rho}(\theta, \rho) \right]$$
$$+ \cos \theta \left[\frac{1}{\rho} \frac{\partial Q_1}{\partial \rho}(\theta, \rho) + \frac{\partial P_1}{\partial \theta}(\theta, \rho) \right]$$

em que $x = \rho \cos \theta$ e $y = \rho \operatorname{sen} \theta$.

13. Seja $\varphi(x, y) = f\left(\dfrac{x}{y}\right)$, $y > 0$, em que $f(u)$ é uma função de uma variável real derivável até a 2ª ordem. Suponha $\nabla^2 \varphi = 0$.

a) Mostre que $(1 + u^2) f''(u) + 2u f'(u) = 0$

b) Determine uma f para que se tenha $\nabla^2 \varphi = 0$, com f não constante.

$\left(\text{Sugestão. Suponha } f'(u) > 0 \text{ e observe que } (\ln f'(u))' = \dfrac{f''(u)}{f'(u)}.\right)$

1.5 Limite e Continuidade

Sejam $F: A \subset \mathbb{R}^n \to \mathbb{R}^m$, P um ponto de acumulação de A e $L \in \mathbb{R}^m$. Definimos:

$$\lim_{X \to P} F(X) = L \Leftrightarrow \begin{cases} \forall \varepsilon > 0, \exists \delta > 0 \text{ tal que, para todo } X \in A \\ 0 < \|X - P\| < \delta \Rightarrow \|F(X) - L\| < \varepsilon. \end{cases}$$

Se P for ponto de acumulação de A, com $P \in A$, definimos:

$$F \text{ contínua em } A \Leftrightarrow \lim_{X \to P} F(X) = F(P)$$

Suponhamos $F = (F_1, F_2, \ldots, F_m)$ e $L = (L_1, L_2, \ldots, L_m)$. Deixamos a cargo do leitor provar que $\lim_{X \to P} F(X) = L$ se e somente se $\lim_{X \to P} F_j(X) = L_j$, para $j = 1, 2, \ldots, m$.

Fica, ainda, a cargo do leitor provar que F será contínua em P se e somente se as suas componentes o forem.

Exercícios 1.5

1. Prove:

a) $\lim_{X \to P} F(X) = \vec{0} \Leftrightarrow \lim_{X \to P} \|F(X)\| = 0$. ($\vec{0}$ é o vetor nulo de $\mathbb{R}^m$.)

b) $\lim_{X \to P} F(X) = L \Leftrightarrow \lim_{X \to P} \|F(X) - L\| = 0$.

c) $\lim_{H \to \vec{0}} F(P + H) = L \Leftrightarrow \lim_{X \to P} F(X) = L$.

2. Sejam $G: A \subset \mathbb{R}^n \to \mathbb{R}^m$ e $F: B \subset \mathbb{R}^m \to \mathbb{R}^p$, com Im $G \subset B$. Suponha G contínua em $P \in A$ e F contínua em $G(P)$. Prove que a composta $H(X) = F(G(X))$ é contínua em P.

3. Seja $F: \Omega \subset \mathbb{R}^n \to \mathbb{R}^m$ e seja P um ponto de acumulação de Ω. Suponha que exista $M > 0$ tal que, para todo $X \in \Omega$, $\|F(X) - L\| \leq M \|X - P\|$, em que $L \in \mathbb{R}^m$ é um vetor fixo. Calcule $\lim_{X \to P} F(X)$ e justifique.

4. Suponha que $\lim_{X \to P} F(X) = L$, com $L \neq 0$. Prove que existe $r > 0$ tal que

$$0 < \|X - P\| < r \Leftrightarrow \|F(X)\| > \dfrac{\|L\|}{2}.$$

1.6 Derivadas Parciais

Seja $F : \Omega \subset \mathbb{R}^2 \to \mathbb{R}^m$ dada por $F(x, y) = (F_1(x, y), F_2(x, y), \ldots, F_m(x, y))$ e seja $(x_0, y_0) \in \Omega$. O limite

① $$\frac{\partial F}{\partial x}(x_0, y_0) = \lim_{h \to 0} \frac{F(x_0 + h, y_0) - F(x_0, y_0)}{h}$$

quando existe, denomina-se *derivada parcial* de F no ponto (x_0, y_0), em relação a x. Observe que ① nada mais é do que a derivada, em x_0, da função de uma variável real a valores em $\mathbb{R}^m$ dada por

$$x \mapsto F(x, y_0).$$

Segue, conforme aprendemos no Vol. 2, que ① existirá se e somente se as derivadas parciais $\frac{\partial F_j}{\partial x}(x_0, y_0)$ ($j = 1, 2, \ldots, m$) existirem; além disso, se ① existir

$$\frac{\partial F}{\partial x}(x_0, y_0) = \left(\frac{\partial F_1}{\partial x}(x_0, y_0), \frac{\partial F_2}{\partial x}(x_0, y_0), \ldots, \frac{\partial F_m}{\partial x}(x_0, y_0) \right).$$

Deixamos para o leitor definir $\frac{\partial F}{\partial x}(x_0, y_0)$ e estender o conceito de derivada parcial para funções de $\Omega \subset \mathbb{R}^n$ em $\mathbb{R}^m$.

Exemplo 1 Calcule $\frac{\partial \vec{F}}{\partial x}$ e $\frac{\partial \vec{F}}{\partial y}$, em que $\vec{F}(x, y) = (x^2 + y^2)\vec{i} + \ln(xy)\vec{j}$.

Solução

$$\frac{\partial \vec{F}}{\partial x}(x, y) = \frac{\partial}{\partial x}(x^2 + y^2)\vec{i} + \frac{\partial}{\partial x}(\ln xy)\vec{j}$$

$$= 2x\vec{i} + \frac{1}{x}\vec{j}.$$

$$\frac{\partial \vec{F}}{\partial x}(x, y) = \frac{\partial}{\partial y}(x^2 + y^2)\vec{i} + \frac{\partial}{\partial y}(\ln xy)\vec{j}$$

$$= 2y\vec{i} + \frac{1}{x}\vec{j}.$$

Exemplo 2 (*Interpretação geométrica da derivada parcial para uma transformação de $\Omega \subset \mathbb{R}^2$ em $\mathbb{R}^2$.*) Seja $F : \Omega \subset \mathbb{R}^2 \to \mathbb{R}^2$ e seja (x_0, y_0) um ponto de Ω. Consideremos a curva y_0-constante dada por $x \to F(x, y_0)$.

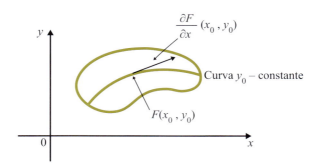

$\frac{\partial F}{\partial x}(x_0, y_0)$ é um vetor tangente a tal curva no ponto $F(x_0, y_0)$. (Veja 7.5 do Vol. 2.)

Dizemos que $F : \Omega \subset \mathbb{R}^n \to \mathbb{R}^m$, Ω aberto, é de *classe C^r em Ω* se F admitir todas as derivadas parciais de ordem r contínuas em Ω. Segue do que vimos na seção anterior que F será de classe C^r em Ω se e somente se suas componentes o forem.

Seja $F: A \subset \mathbb{R}^n \to \mathbb{R}^m$, em que A é um conjunto qualquer, não necessariamente aberto. Dizemos que F é de classe C^r em A se existir uma função $G : \Omega \subset \mathbb{R}^n \to \mathbb{R}^m$, de classe C^r, com Ω aberto e contendo A, tal que, para todo $X \in A$,

$$F(X) = G(X).$$

(**Observação.** É comum referir-se a F como a *restrição* de G ao conjunto A.)

2

CAPÍTULO

Integrais Duplas

2.1 Soma de Riemann

Seja o retângulo $R = \{(x, y) \in \mathbb{R}^2 \mid a \leq x \leq b, c \leq y \leq d\}$, em que $a < b$ e $c < d$ são números reais dados. Seja $P_1: a = x_0 < x_1 < x_2 < ... < x_n = b$ e $P_2: c = y_0 < y_1 < y_2 < ... < y_m = d$ partições de $[a, b]$ e $[c, d]$, respectivamente. O conjunto

$$P = \{(x_i, y_j) \mid i = 0, 1, 2, ..., n, \ j = 0, 1, 2, ..., m\}$$

denomina-se *partição* do retângulo R. Uma partição P de R determina mn retângulos $R_{ij} = \{(x, y) \in \mathbb{R}^2 \mid x_{i-1} \leq x \leq x_i, y_{j-1} \leq y \leq y_j\}$.

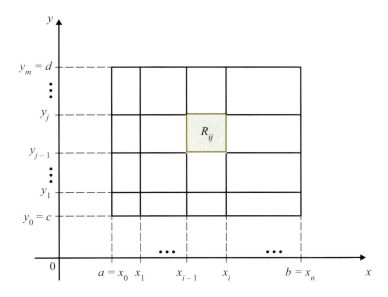

Seja $B \subset \mathbb{R}^2$; dizemos que B é *limitado* se existir um retângulo R, com $B \subset R$. Seja $f : B \subset \mathbb{R}^2 \to \mathbb{R}$, com B limitado. Assim, existe um retângulo

$$R = \{(x, y) \in \mathbb{R}^2 \mid a \leq x \leq b, c \leq y \leq d\}$$

que contém B. Seja $P = \{(x_i, y_j) \mid i = 0, 1, 2, ..., n, j = 0, 1, 2, ..., m\}$ uma partição de R. Para cada par de índices (i, j), seja $X_{ij} = (r_{ij}, s_{ij})$ um ponto escolhido arbitrariamente no retângulo R_{ij}. Pois bem, o número

① $$\sum_{i=1}^{n}\sum_{j=1}^{m} f(X_{ij}) \Delta x_i \Delta y_j$$

em que $f(X_{ij})$ deve ser substituído por zero se $X_{ij} \notin B$, denomina-se *soma de Riemann* de f, relativa à partição P e aos pontos X_{ij}.

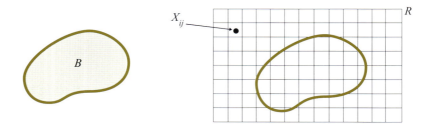

$X_{ij} \notin B$; $f(X_{ij})$ deve ser substituído por zero na soma ①.

Observe que se $f(X_{ij}) > 0$, $f(X_{ij}) \Delta x_i \Delta y_j$ será o volume do paralelepípedo de altura $f(X_{ij})$ e cuja base é o retângulo R_{ij}.

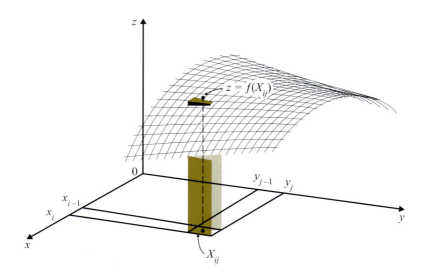

Seja $P = \{(x_i, y_j) \mid i = 0, 1, 2, ..., n, j = 0, 1, 2, ..., m\}$ uma partição do retângulo R. No que segue, indicaremos por Δ o maior dos números $\Delta x_1, \Delta x_2, ..., \Delta x_n, \Delta y_1, \Delta y_2, ..., \Delta y_m$. Observe que todos Δx_i e todos Δy_j tendem a zero, quando Δ tende a zero.

2.2 Definição de Integral Dupla

Seja $f(x, y)$ uma função definida no conjunto limitado B e L um número real. Dizemos que a soma de Riemann

$$\sum_{i=1}^{n}\sum_{j=1}^{m} f(X_{ij})\Delta x_i \Delta y_j$$

tende a L, quando Δ tende a zero, e escrevemos

$$\lim_{\Delta \to 0} \sum_{i=1}^{n}\sum_{j=1}^{m} f(X_{ij})\Delta x_i \Delta y_j = L$$

se para todo $\varepsilon > 0$ dado, existir $\delta > 0$, que só dependa de ϵ mas não da escolha de X_{ij}, tal que

$$\left| \sum_{i=1}^{n}\sum_{j=1}^{m} f(X_{ij})\Delta x_i \Delta y_j - L \right| < \varepsilon$$

para toda partição P, com $\Delta < \delta$.

Tal número L, que quando existe é único (verifique), denomina-se *integral dupla* (segundo Riemann) de f sobre B e indica-se por $\iint_B f(x, y)\, dx\, dy$. Assim

$$\iint_B f(x, y)\, dx\, dy = \lim_{\Delta \to 0} \sum_{i=1}^{n}\sum_{j=1}^{m} f(X_{ij})\Delta x_i \Delta y_j$$

Se $\iint_B f(x, y)\, dx\, dy$ existe, então diremos que f é *integrável* (segundo Riemann) em B. Definimos a *área* de B por

$$\text{área de } B = \iint_B dx\, dy$$

desde que a integral exista. Deixamos a cargo do leitor a justificação para esta definição.

Seja $f(x, y)$ integrável em B, com $f(x, y) \geq 0$ em B. Seja o conjunto

$$A = \{(x, y, z) \in \mathbb{R}^3 \mid (x, y \in B, 0 \leq z \leq f(x, y)\}.$$

Definimos o *volume* de A por

$$\text{volume de } A = \iint_B f(x, y)\, dx\, dy.$$

Exemplo $f(x, y) = k$, k constante, é integrável no retângulo

$$R = \{(x, y) \in \mathbb{R}^2 \mid a \leq x \leq b, c \leq y \leq d\} \text{ e}$$

$$\iint_R k\, dx\, dy = k(b - a)(d - c).$$

Solução

Para toda partição P de R

$$\sum_{i=1}^{n}\sum_{j=1}^{m} f(X_{ij})\Delta x_i \Delta y_j = \sum_{i=1}^{n}\sum_{j=1}^{m} k\Delta x_i \Delta y_j$$

$$= k\sum_{i=1}^{n}\sum_{j=1}^{m} \Delta x_i \Delta y_j$$

$$= k(b-a)(d-c).$$

Segue que

$$\lim_{\Delta \to 0}\sum_{i=1}^{n}\sum_{j=1}^{m} k\Delta x_i \Delta y_j = k(b-a)(d-c),$$

ou seja,

$$\iint_R k\, dx\, dy = k(b-a)(d-c)$$

Se $k > 0$, $\iint_R k\, dx\, dy$ é o volume do paralelepípedo $a \leq x \leq b$, $c \leq y \leq d$ e $0 \leq z \leq k$.

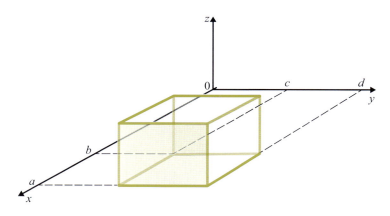

Para podermos enunciar uma condição suficiente para integrabilidade, precisamos antes definir conjunto de *conteúdo nulo*; é o que veremos na próxima seção.

2.3 Conjunto de Conteúdo Nulo

Seja D um subconjunto de $\mathbb{R}^2$. Dizemos que D tem *conteúdo nulo* se para todo $\varepsilon > 0$ dado existir um número finito de retângulos $A_1, A_2, ..., A_n$ tais que

$$D \subset A_1 \cup A_2 \cup ... \cup A_n$$

e

$$\sum_{i=1}^{n} m(A_i) < \varepsilon$$

em que $m(A_i)$ é a área do retângulo A_i.

Grosso modo, dizer que *D* tem *conteúdo nulo* significa que *D* pode ser coberto por um número finito de retângulos cuja soma das áreas seja tão pequena quanto se queira. Conjunto de conteúdo nulo tem área zero, como veremos mais adiante. (Veja propriedade IV da Seção 2.5.)

Exemplo Seja $f : [a, b] \to \mathbb{R}$ contínua em $[a, b]$. Prove que o gráfico de f tem conteúdo nulo.

Solução

Sendo f contínua em $[a, b]$, f será integrável em $[a, b]$. Então, dado $\varepsilon > 0$, existe $\delta > 0$ (com δ dependendo apenas de ϵ e não da escolha dos c_i em $[x_{i-1}, x_i]$) tal que

$$\left| \sum_{i=1}^{n} f(c_i) \Delta x_i - \int_{a}^{b} f(x) dx \right| < \frac{\varepsilon}{2}$$

para toda partição de $[a, b]$, com máx $\Delta x_i < \delta$. Sejam s_i e t_i, respectivamente, os pontos de máximo e de mínimo de f em $[x_{i-1}, x_i]$. Segue que, para toda partição de $[a, b]$, com máx $\Delta x_i < \delta$,

$$\left| \sum_{i=1}^{n} f(s_i) \Delta x_i - \int_{a}^{b} f(x) dx \right| < \frac{\varepsilon}{2}$$

e

$$\left| \sum_{i=1}^{n} f(t_i) \Delta x_i - \int_{a}^{b} f(x) dx \right| < \frac{\varepsilon}{2}.$$

Assim, para toda partição $P : a = x_0 < x_1 < x_2 < ... < x_{n-1} < x_n = b$, com máx $\Delta x_i < \delta$,

$$\sum_{i=1}^{n} [f(s_i) - f(t_i)] \Delta x_i < \varepsilon \text{ (verifique)}.$$

Suponhamos $f(s_i) \neq f(t_i)$ para $i = 1, 2, ..., n$. Segue que a área do retângulo A_i é

$$[f(s_i) - f(t_i)] \Delta x_i, i = 1, 2, ..., n$$

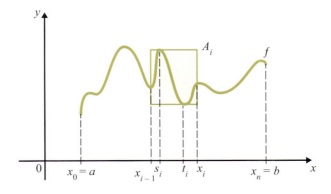

Observe que os retângulos $A_1, A_2, ..., A_n$, cobrem o gráfico de f e, além disso, a soma das áreas destes retângulos é menor que ε. Portanto, o gráfico de f tem conteúdo nulo. Deixamos o leitor pensar na demonstração no caso em que exista i tal $f(s_i) = f(t_i)$.

Seja $\gamma : [a, b] \to \mathbb{R}^2$ uma curva de classe C^1 em $[a, b]$. (Lembre-se: γ de classe C^1 em $[a, b]$ significa que γ tem derivada contínua em $[a, b]$.) Pode ser provado (veja referência bibliográfica [20]) que a imagem de γ tem conteúdo nulo. No que segue, admitiremos tal resultado.

Seja $\gamma : [a, b] \to \mathbb{R}^2$ uma curva. Dizemos que γ é de classe C^1 por partes se γ for contínua e se existir uma partição de $[a, b]$, $a = t_0 < t_1 < t_2 < ... < t_n = b$, e curvas de classe C^1

$$\gamma_i : [t_{i-1}, t_i] \to \mathbb{R}^2 \qquad (i = 1, 2, ..., n)$$

tais que

$$\gamma(t) = \gamma_i(t) \text{ em }]t_{i-1}, t_i[.$$

γ é de classe C^1 por partes

Tendo em vista que a reunião de um número finito de conjuntos de conteúdo nulo tem conteúdo nulo (verifique), resulta que a *imagem de uma curva* $\gamma : [a, b] \to \mathbb{R}^2$ *de classe C^1 por partes tem conteúdo nulo*.

Exercícios 2.3

1. Sejam A e B subconjuntos do $\mathbb{R}^2$, com $A \subset B$. Prove que se B tiver conteúdo nulo, então A também terá.

2. Prove que o conjunto vazio tem conteúdo nulo.

3. Prove que todo subconjunto do $\mathbb{R}^2$ com um número finito de pontos tem conteúdo nulo.

2.4 Uma Condição Suficiente para Integrabilidade de uma Função sobre um Conjunto Limitado

Seja $B \subset \mathbb{R}^2$ e seja (x_0, y_0) um ponto do $\mathbb{R}^2$ que pode pertencer ou não a B. Dizemos que (x_0, y_0) é um *ponto de fronteira* de B se **toda** bola aberta de centro (x_0, y_0) contiver pelo menos um ponto de B e pelo menos um ponto não pertencente a B. O conjunto de todos os pontos de fronteira de B denomina-se *fronteira de B*.

Exemplo 1 Seja $B = \{(x, y) \in \mathbb{R}^2 \mid x^2 + y^2 < 1\}$. A fronteira de B é o conjunto $\{(x, y) \in \mathbb{R}^2 \mid x^2 + y^2 = 1\}$.

Exemplo 2 Seja $B = \{(x, y) \in \mathbb{R}^2 \mid x^2 \leq y \leq x^2 + 1, 0 \leq x \leq 1\}$. A fronteira de B é o conjunto

$$G_g \cup G_h \cup \{(0, y) \in \mathbb{R}^2 \mid 0 \leq y \leq 1\} \cup \{(1, y) \in \mathbb{R}^2 \mid 1 \leq y \leq 2\}$$

em que G_g e G_h são, respectivamente, os gráficos das funções $g(x) = x^2$ e $h(x) = x^2 + 1$, com $0 \leq x \leq 1$. (Sugerimos ao leitor desenhar o conjunto B.) Observe que a fronteira de B tem conteúdo nulo. (Por quê?)

O próximo teorema, cuja demonstração encontra-se no Apêndice B, fornece-nos uma condição suficiente para que uma função seja integrável sobre um conjunto limitado. Antes de enunciar tal teorema, lembramos que f se diz *limitada* em B se existirem reais α e β tais que, para todo $(x, y) \in B$, $\alpha \leq f(x, y) \leq \beta$.

Teorema. Seja $B \subset \mathbb{R}^2$ um conjunto limitado e seja $f: B \to \mathbb{R}$ uma função contínua e limitada. Nestas condições, se a fronteira de B tiver conteúdo nulo, então f será integrável em B.

Observação. No teorema acima, a hipótese "f é contínua" pode ser substituída por "f é contínua em todos os pontos de B, exceto nos pontos de um conjunto de conteúdo nulo".

Pelo que vimos na seção anterior, se a fronteira de B for igual a $M \cup N$, em que M é a reunião de um número finito de gráficos de funções contínuas definidas em intervalos fechados e N a reunião de um número finito de imagens de curvas de classe C^1 definidas em intervalos fechados, então a fronteira de B terá conteúdo nulo.

Exemplo 3 Sejam $f(x, y) = x + y$ e B o conjunto de todos (x, y) tais que $x^2 + y^2 \leq 1$. A função f é integrável em B? Por quê?

Solução

f é contínua e limitada em B (verifique). Por outro lado, a fronteira de B é a imagem da curva de classe C^1 dada por $x = \cos t$, $y = \operatorname{sen} t$, $t \in [0, 2\pi]$; logo a fronteira de B tem conteúdo nulo. Segue do teorema anterior que f é integrável em B, isto é, a integral

$$\iint_B (x + y)\, dx\, dy.$$

existe.

Exemplo 4 A função f do exemplo anterior é integrável no conjunto

$$B = \{(x, y) \in \mathbb{R}^2 \mid x^2 \leq y \leq 1 + x^2, -1 \leq x \leq 1\}?$$

Por quê?

Solução

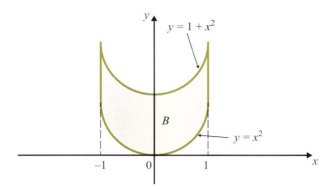

f é contínua em B e é limitada em B (verifique). A fronteira de B tem conteúdo nulo, pois é a reunião dos conjuntos D_1, D_2, D_3 e D_4, em que D_1 é o gráfico de $y = x^2, -1 \leq x \leq 1$; D_2 o gráfico de $y = 1 + x^2, -1 \leq x \leq 1$; D_3 a imagem da curva $x = 1, y = t, 1 \leq t \leq 2$; D_4 a imagem da curva $x = -1, y = t, 1 \leq t \leq 2$. (Observe que as funções $y = x^2$ e $y = 1 + x^2$ são contínuas e as curvas mencionadas são de classe C^1.) Segue que f é integrável em B.

Exemplo 5 Seja B o círculo $x^2 + y^2 \leq 1$. Seja $f: B \to \mathbb{R}$ dada por

$$f(x, y) = \begin{cases} 1 & \text{se } y \geq 0 \\ -1 & \text{se } y < 0. \end{cases}$$

f é integrável em B? Por quê?

Solução

A fronteira de B tem conteúdo nulo. A função f é limitada em B (para todo $(x, y) \in B$, $-1 \leq f(x, y) \leq 1$) e é descontínua apenas nos pontos $(x, 0), -1 \leq x \leq 1$. Como o conjunto dos pontos de descontinuidade tem conteúdo nulo, segue que f é integrável em B.

Exemplo 6 Seja B o quadrado $-1 \leq x \leq 1, -1 \leq y \leq 1$. Seja $f: B \to \mathbb{R}$ dada por

$$f(x, y) = \begin{cases} \dfrac{x^2}{x^2 + y^2} & \text{se } (x, y) \neq (0, 0) \\ 1 & \text{se } (x, y) = (0, 0). \end{cases}$$

f é integrável em B? Por quê?

Solução

A fronteira de B tem conteúdo nulo (verifique). f é limitada em B, pois, para todo $(x, y) \in B$, $0 \leq f(x, y) \leq 1$. A f só é descontínua em $(0, 0)$; logo, o conjunto dos pontos de descontinuidade tem conteúdo nulo. Segue que f é integrável em B.

2.5 Propriedades da Integral

A seguir, vamos enunciar sem demonstração algumas das principais propriedades da integral.

Sejam f e g integráveis em B e seja k uma constante. Nestas condições, tem-se:

I) $f + g$ e kf são integráveis e

   a) $\iint_B [f(x, y) + g(x, y)] \, dx \, dy = \iint_B f(x, y) \, dx \, dy + \iint_B g(x, y) \, dx \, dy$

   b) $\iint_B kf(x, y) \, dx \, dy = k \iint_B f(x, y) \, dx \, dy$.

II) $f(x, y) \geq 0$ em $B \Rightarrow \iint_B f(x, y) \, dx \, dy \geq 0$.

III) $f(x, y) \leq g(x, y)$ em $B \Rightarrow \iint_B f(x, y) \, dx \, dy \leq \iint_B g(x, y) \, dx \, dy$.

IV) se B tiver conteúdo nulo, então

$$\iint_B f(x, y) \, dx \, dy = 0.$$

V) se o conjunto $\{(x, y) \in B \mid f(x, y) \neq g(x, y)\}$ tiver conteúdo nulo, então

$$\iint_B f(x, y) \, dx \, dy = \iint_B g(x, y) \, dx \, dy.$$

VI) se f for integrável em B_1 e $B \cap B_1$ tiver conteúdo nulo, então

$$\iint_{B \cup B_1} f(x, y) \, dx \, dy = \iint_B f(x, y) \, dx \, dy + \iint_{B_1} f(x, y) \, dx \, dy.$$

Antes de enunciarmos e provarmos a propriedade do valor médio para integrais, vamos relembrar as definições de conjunto fechado e de conjunto compacto apresentadas no Vol. 2.

Seja $B \subset \mathbb{R}^2$. Dizemos que B é um conjunto *fechado* se o seu complementar $\{(x, y) \in \mathbb{R}^2 \mid (x, y) \notin B\}$ for aberto. Deixamos a seu cargo verificar que *B é fechado se e somente se B contiver todos os seus pontos de fronteira*.

Seja $B \subset \mathbb{R}^2$. Dizemos que B é um conjunto *compacto* se B for fechado e limitado.

VII) (*Propriedade do valor médio para integrais.*)

Suponhamos f contínua em $B \subset \mathbb{R}^2$, em que B é um conjunto compacto com fronteira de conteúdo nulo. Suponhamos, ainda, que dois pontos quaisquer de B podem ser ligados por uma curva contínua, com imagem contida em B. Nestas condições, existe pelo menos um ponto $(r, s) \in B$ tal que

$$\iint_B f(x, y) \, dx \, dy = \alpha f(r, s)$$

em que α é a área de B. (Interprete, geometricamente, supondo $f(x, y) \geq 0$.)

Demonstração

Como f é contínua e B compacto, pelo teorema de Weierstrass existem (x_0, y_0) e (x_1, y_1) em B tais que

$$f(x_0, y_0) \leq f(x, y) \leq f(x_1, y_1)$$

para todo (x, y) em B. Daí,

$$\iint_B f(x_0, y_0)\, dx\, dy \leq \iint_B f(x, y)\, dx\, dy \leq \iint_B f(x_1, y_1)\, dx\, dy$$

e, portanto,

① $$\alpha f(x_0, y_0) \leq \iint_B f(x, y)\, dx\, dy \leq \alpha f(x_1, y_1)$$

em que α é a área de B. Se $\alpha = 0$, então teremos, também, $\iint_B f(x, y)\, dx\, dy = 0$; logo, para todo (r, s) em B

$$\iint_B f(x, y)\, dx\, dy = \alpha f(r, s).$$

Suponhamos, então, $\alpha \neq 0$. Segue de ① que

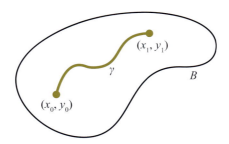

$$f(x_0, y_0) \leq \frac{\iint_B f(x, y)\, dx\, dy}{\alpha} \leq f(x_1, y_1).$$

Segue da hipótese que existe uma curva contínua $\gamma : [a, b] \to B$ tal que

$$\gamma(a) = (x_0, y_0) \text{ e } \gamma(b) = (x_1, y_1).$$

Seja $g : [a, b] \to \mathbb{R}$ dada por

$$g(t) = f(\gamma(t)).$$

Como f e γ são contínuas, g será, também, contínua. Como

$$g(a) = f(\gamma(a)) = f(x_0, y_0) \text{ e } g(b) = f(\gamma(b)) = f(x_1, y_1)$$

resulta

$$g(a) \leq S \leq g(b)$$

em que

$$S = \frac{\iint_B f(x, y)\, dx\, dy}{\alpha}$$

Como g é contínua em $[a, b]$, pelo teorema do valor intermediário existe t_0 em $[a, b]$ tal que

$$g(t_0) = S.$$

Fazendo $(r, s) = \gamma(t_0)$ e lembrando que

$$g(t_0) = f(\gamma(t_0)) = f(r, s)$$

resulta

$$f(r, s) = S,$$

ou seja,

$$\iint_B f(x, y)\,dx\,dy = \alpha\, f(r, s).$$ ∎

Para finalizar a seção, vamos definir integral de uma função f sobre um conjunto B quando f estiver definida em todos os pontos de B, exceto nos pontos de um conjunto de conteúdo nulo contido em B.

Seja B um conjunto compacto com fronteira de conteúdo nulo. Seja $f(x, y)$ uma função definida em todos os pontos de B, exceto nos pontos de um conjunto D de conteúdo nulo, com D contido em B. Seja $g : B \to \mathbb{R}$ tal que $f(x, y) = g(x, y)$, para todo $(x, y) \notin D$. Definimos

$$\iint_B f(x, y)\,dx\,dy = \iint_B g(x, y)\,dx\,dy$$

desde que a integral do segundo membro exista.

Observe que a integral acima está bem definida, pois se h for outra função de B em $\mathbb{R}$ tal que $h(x, y) = f(x, y)$ em todo $(x, y) \notin D$, com h integrável em B, então

$$\iint_B h(x, y)\,dx\,dy = \iint_B g(x, y)\,dx\,dy$$

Por quê?

Exemplo 1 Seja B o círculo $x^2 + y^2 \leq 1$. Sejam $f(x, y) = \dfrac{x^2}{x^2 + y^2}$, $(x, y) \neq (0, 0)$, e seja $g : B \to \mathbb{R}$ dada por

$$g(x, y) = \begin{cases} \dfrac{x^2}{x^2 + y^2} & \text{se } (x, y) \neq (0, 0) \\ 0 & \text{se } (x, y) = (0, 0). \end{cases}$$

Como g é integrável em B (verifique), segue que $\iint_B \dfrac{x^2}{x^2 + y^2}\,dx\,dy$ existe e

$$\iint_B \dfrac{x^2}{x^2 + y^2}\,dx\,dy = \iint_B g(x, y)\,dx\,dy.$$

Exemplo 2 Seja B o círculo $x^2 + y^2 \leq 1$ e seja D a fronteira de B, isto é, $D = \{(x, y) \in \mathbb{R}^2 \mid x^2 + y^2 = 1\}$. Sejam

$$f(x, y) = \frac{\text{sen}(1 - x^2 - y^2)}{1 - x^2 - y^2}, (x, y) \notin D,$$

e $g : B \to \mathbb{R}$ dada por

$$g(x, y) = \begin{cases} \dfrac{\text{sen}(1 - x^2 - y^2)}{1 - x^2 - y^2} & \text{se } (x, y) \notin D, \\ 1 & \text{se } (x, y) \in D. \end{cases}$$

A função g é limitada em B, pois para todo $(x, y) \in B$, $|g(x, y)| \leq 1$ (verifique) e é contínua em todo (x, y), com $x^2 + y^2 < 1$. Como D tem conteúdo nulo, segue que g é integrável em B. Assim,

$$\iint_B \frac{\text{sen}(1 - x^2 - y^2)}{1 - x^2 - y^2} \, dx \, dy = \iint_B g(x, y) \, dx \, dy.$$

(Deixamos a seu cargo verificar que g é contínua em todos os pontos de B.)

3

CAPÍTULO

Cálculo de Integral Dupla. Teorema de Fubini

Videoaulas ▶ vídeo 6.1

3.1 Cálculo de Integral Dupla. Teorema de Fubini

Seja o retângulo $R = \{(x, y) \in \mathbb{R}^2 \mid a \leq x \leq b, c \leq y \leq d\}$ e seja $f(x, y)$ integrável em R. Para cada y fixo em $[c, d]$, podemos considerar a função na variável x, definida em $[a, b]$ e dada por

①
$$x \mapsto f(x, y).$$

Se, para cada $y \in [c, d]$, ① for integrável em $[a, b]$, podemos, então, considerar a função dada por

$$\alpha(y) = \int_a^b f(x, y)\,dx,\ y \in [c, d].$$

Vejamos uma interpretação geométrica para $\alpha(y)$ no caso $f(x, y) \geq 0$ em R.

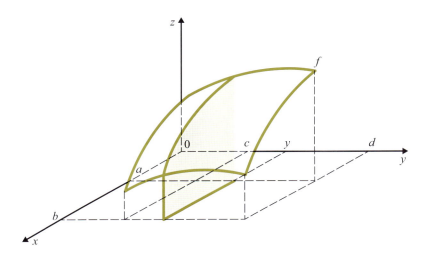

$\alpha(y) = \int_a^b f(x, y)\,dx$ é a área da região sombreada

Capítulo 3

O teorema que enunciamos a seguir e cuja demonstração é deixada para o Apêndice A, conta-nos que se $f(x, y)$ for integrável em R e se, para todo $y \in [c, d]$, $\int_a^b f(x, y)\,dx$ existir, então $\alpha(y)$ será integrável em $[c, d]$ e

$$\iint_R f(x, y)\,dx\,dy = \int_c^d \left[\int_a^b f(x, y)\,dx \right] dy$$

ou

$$\iint_R f(x, y)\,dx\,dy = \int_c^d \alpha(y)\,dy$$

Segue da igualdade acima que se $f(x, y) \geq 0$ em R, então $\int_c^d \alpha(y)\,dy$ será o volume do conjunto limitado pelo gráfico de f e pelos planos $x = a$, $x = b$, $y = c$, $y = d$ e $z = 0$, que concorda com a definição apresentada na Seção 13.3 do Vol. 1.

Teorema (de Fubini). Seja $f(x, y)$ integrável no retângulo $R = \{(x, y) \in \mathbb{R}^2 | a \leq x \leq b, c \leq y \leq d\}$. Suponhamos que $\int_a^b f(x, y)\,dx$ exista, para todo $y \in [c, d]$, e que $\int_a^b f(x, y)\,dy$ exista, para todo $x \in [a, b]$. Então

$$\iint_R f(x, y)\,dx\,dy = \int_c^d \left[\int_a^b f(x, y)\,dx \right] dy = \int_a^b \left[\int_c^d f(x, y)\,dy \right] dx.$$

Exemplo 1 Calcule $\iint_R (x + y)\,dx\,dy$, em que R é o retângulo $1 \leq x \leq 2$, $0 \leq y \leq 1$.

Solução

Pelo teorema de Fubini

$$\iint_R (x + y)\,dx\,dy = \int_0^1 \alpha(y)\,dy$$

em que $\alpha(y) = \int_1^2 (x + y)\,dx$. Para cada y fixo em $[0, 1]$, temos:

$$\alpha(y) = \int_1^2 (x + y)\,dx = \left[\frac{x^2}{2} + xy \right]_1^2 = \left(\frac{4}{2} + 2y \right) - \left(\frac{1}{2} + y \right),$$

ou seja,

$$\alpha(y) = \frac{3}{2} + y. \text{ (Interprete geometricamente } \alpha(y).)$$

Então,

$$\iint_R (x + y)\,dx\,dy = \int_0^1 \left[\int_1^2 (x + y)\,dx \right] dy = \int_0^1 \left[\frac{x^2}{2} + xy \right]_1^2 dy = \int_0^1 \left(\frac{3}{2} + y \right) dy.$$

Como $\int_0^1 \left(\dfrac{3}{2} + y\right) dy = \left[\dfrac{3}{2}y + \dfrac{y^2}{2}\right]_0^1 = 2$, resulta

$$\iint_R (x + y)\, dx\, dy = 2.$$

Interprete geometricamente $\iint_R (x + y)\, dx\, dy$.

Vamos, agora, efetuar o cálculo da integral acima, invertendo a ordem de integração.

$$\iint_R (x + y)\, dx\, dy = \int_1^2 \beta(x)\, dx, \text{ em que } \beta(x) = \int_0^1 (x + y)\, dy.$$

Assim,

$$\iint_R (x+y)\,dx\,dy = \int_1^2 \left[\int_0^1 (x+y)\,dy\right] dx = \int_1^2 \left[xy + \dfrac{y^2}{2}\right]_0^1 dx = \int_1^2 \left(x + \dfrac{1}{2}\right) dx.$$

Ou seja,

$$\iint_R (x+y)\,dx\,dy = 2.$$

Observação. A notação $\int_c^d \int_a^b f(x,y)\,dx\,dy$ é usada para indicar a integral *iterada* $\int_c^1 \left[\int_a^2 f(x,y)\,dx\right] dy$, isto é,

$$\int_c^d \int_a^b f(x,y)\,dx\,dy = \int_c^d \left[\int_a^b f(x,y)\,dx\right] dy.$$

Por outro lado,

$$\int_a^b \int_c^d f(x,y)\,dy\,dx = \int_a^b \left[\int_c^d f(x,y)\,dy\right] dx.$$

Exemplo 2 Calcule

a) $\int_{-1}^1 \int_0^2 xy^2\, dx\, dy$.

b) $\int_0^2 \int_{-1}^1 xy^2\, dy\, dx$.

Solução

a) $\int_{-1}^1 \int_0^2 xy^2\,dx\,dy = \int_{-1}^1 \left[\int_0^2 xy^2\,dx\right] dy = \int_{-1}^1 \left[\dfrac{x^2}{2} y^2\right]_0^2 dy = \int_{-1}^1 2y^2\, dy.$

Como $\int_{-1}^1 2y^2\, dy = 4\int_0^1 y^2\, dy = \dfrac{4}{3}$, resulta $\int_{-1}^1 \int_0^2 xy^2\, dx\, dy = \dfrac{4}{3}$.

b) $\int_0^2 \int_{-1}^1 xy^2\,dy\,dx = \int_0^2 \left[\int_{-1}^1 xy^2\,dy\right] dx = 2\int_0^2 \left[\int_0^1 xy^2\,dy\right] dx$

$= 2\int_0^2 \left[x \dfrac{y^3}{3}\right]_0^1 dx = \dfrac{2}{3} \int_0^2 x\, dx.$

Como $\int_0^2 x\, dx = 2$, resulta $\int_0^2 \int_{-1}^1 xy^2\, dy\, dx = \dfrac{4}{3}$.

Capítulo 3

Exemplo 3 Calcule o volume do conjunto de todos (x, y, z) tais que $0 \leq x \leq 1$, $0 \leq y \leq 1$ e $0 \leq z \leq x^2 + y^2$.

Solução

O volume de tal conjunto é

$$\iint_B (x^2 + y^2)\, dx\, dy$$

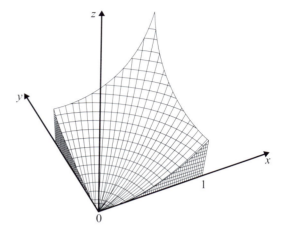

em que B é o retângulo $0 \leq x \leq 1$, $0 \leq y \leq 1$. Temos:

$$\iint_B (x^2 + y^2)\, dx\, dy = \int_0^1 \left[\int_0^1 (x^2 + y^2)\, dx\right] dy = \int_0^1 \left[\frac{x^3}{3} + xy^2\right]_0^1 dy = \int_0^1 \left(\frac{1}{3} + y^2\right) dy.$$

Como $\int_0^1 \left[\frac{1}{3} + y^2\right] dy = \left[\frac{1}{3} y + \frac{y^3}{3}\right]_0^1 = \frac{2}{3}$ resulta $\iint_B (x^2 + y^2)\, dx\, dy = \frac{2}{3}$.

Exemplo 4 Calcule $\iint_B xy\, dx\, dy$, em que B é o conjunto de todos (x, y) tais que $0 \leq x \leq 1$, $0 \leq y \leq x^2$.

Solução

Seja R o retângulo $0 \leq x \leq 1$, $0 \leq y \leq 1$. Seja $F(x, y)$ definida em R e dada por

$$F(x, y) = \begin{cases} xy & \text{se } (x, y) \in B \\ 0 & \text{se } (x, y) \notin B. \end{cases}$$

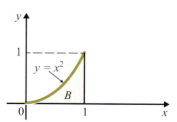

Assim,

$$\iint_B xy\, dx\, dy = \iint_R F(x, y)\, dx\, dy.$$

Pelo teorema de Fubini,

$$\iint_R F(x, y)\,dx\,dy = \int_0^1 \left[\int_0^1 F(x, y)\,dy\right] dx.$$

Para cada x fixo em $[0, 1]$,

$$\beta(x) = \int_0^1 F(x, y)\,dy = \int_0^{x^2} F(x, y)\,dy + \int_{x^2}^1 F(x, y)\,dy.$$

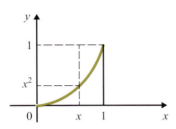

Como $F(x, y) = 0$ para $x^2 \leqslant y \leqslant 1$, resulta

$$\beta(x) = \int_0^{x^2} F(x, y)\,dy = \int_0^{x^2} xy\,dy.$$

Segue que

$$\iint_B xy\,dx\,dy = \int_0^1 \left[\int_0^{x^2} xy\,dy\right] dx.$$

Como

$$\int_0^{x^2} xy\,dy = \left[x\frac{y^2}{2}\right]_0^{x^2} = \frac{x^5}{2}$$

resulta

$$\iint_B xy\,dx\,dy = \int_0^1 \frac{x^5}{2}\,dx = \frac{1}{12}.$$

Observação. $\beta(x) = \int_0^{x^2} xy\,dy$ é a área da região sombreada. Por outro lado,

$$\iint_B xy\,dx\,dy = \int_0^1 \beta(x)\,dx = \int_0^1 \left[\int_0^{x^2} xy\,dy\right] dx$$

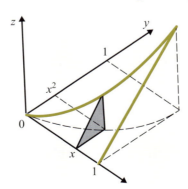

é o volume do conjunto de todos (x, y, z) tais que $0 \leqslant x \leqslant 1$, $0 \leqslant y \leqslant x^2$ e $0 \leqslant z \leqslant xy$.

Vamos, agora, calcular $\iint_B xy\, dx\, dy$, invertendo a ordem de integração. Temos:

$$\iint_R F(x, y)\, dx\, dy = \int_0^1 \left[\int_0^1 F(x, y)\, dx \right] dy.$$

Para cada y fixo em $[0, 1]$,

$$\alpha(y) = \int_0^1 F(x, y)\, dx$$
$$= \int_0^{\sqrt{y}} F(x, y)\, dx + \int_{\sqrt{y}}^1 F(x, y)\, dx.$$

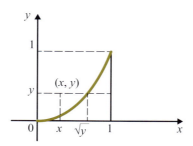

Como $F(x, y) = 0$ para $0 \leq x \leq \sqrt{y}$, resulta

$$\alpha(y) = \int_{\sqrt{y}}^1 F(x, y)\, dx = \int_{\sqrt{y}}^1 xy\, dx.$$

(Observe que $(x, y) \notin B$ para $0 \leq x < \sqrt{y}$, logo $F(x, y) = 0$ para $0 \leq x < \sqrt{y}$.) Segue que

$$\iint_B F(x, y)\, dx\, dy = \int_0^1 \left[\int_{\sqrt{y}}^1 xy\, dx \right] dy,$$

ou seja,

$$\iint_B xy\, dx\, dy = \int_0^1 \left[\int_{\sqrt{y}}^1 xy\, dx \right] dy.$$

Tendo em vista que

$$\int_{\sqrt{y}}^1 xy\, dx = \left[\frac{x^2}{2} y \right]_{\sqrt{y}}^1 = \frac{y}{2} - \frac{y^2}{2}$$

resulta

$$\iint_B xy\, dx\, dy = \int_0^1 \left(\frac{y}{2} - \frac{y^2}{2} \right) dy = \frac{1}{12}.$$

Com raciocínio análogo ao do exemplo anterior, provam-se as seguintes consequências do teorema de Fubini.

Corolário 1. Sejam $c(x)$ e $d(x)$ duas funções contínuas em $[a, b]$ e tais que, para todo x em $[a, b]$, $c(x) \leq d(x)$. Seja B o conjunto de todos (x, y) tais que $a \leq x \leq b$ e $c(x) \leq y \leq d(x)$. Nestas condições, se $f(x, y)$ for contínua em B, então

$$\iint_B f(x, y)\,dx\,dy = \int_a^b \left[\int_{c(x)}^{d(x)} f(x, y)\,dy \right] dx.$$

$$\iint_B f(x, y)\,dx\,dy = ?$$

Primeiro calcula-se, para cada x fixo em $[a, b]$, a integral de $f(x, y)$ no intervalo $[c(x), d(x)]$:

$$\beta(x) = \int_{c(x)}^{d(x)} f(x, y)\,dy.$$

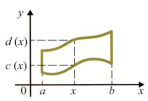

Tem-se, então:

$$\iint_B f(x, y)\,dx\,dy = \int_a^b \beta(x)\,dx = \int_a^b \left[\int_{c(x)}^{d(x)} f(x, y)\,dy \right] dx.$$

Corolário 2. Sejam $a(y)$ e $b(y)$ duas funções contínuas em $[c, d]$ e tais que, para todo $y \in [c, d]$, $a(y) \leq b(y)$. Seja B o conjunto de todos (x, y) tais que $c \leq y \leq d$, $a(y) \leq x \leq b(y)$. Nestas condições, se $f(x, y)$ for contínua em B, então

$$\iint_B f(x, y)\,dx\,dy = \int_c^d \left[\int_{a(y)}^{b(y)} f(x, y)\,dx \right] dy.$$

$$\iint_B f(x, y)\,dx\,dy = ?$$

Primeiro calcula-se, para cada y fixo em $[c, d]$, a integral de $f(x, y)$ no intervalo $[a(y), b(y)]$:

$$\alpha(x) = \int_{a(y)}^{b(y)} f(x, y)\,dx.$$

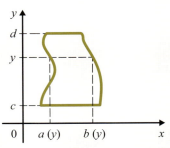

Em seguida, calcula-se a integral de $a(y)$, para y variando em $[c, d]$:

$$\iint_B f(x, y)\,dx\,dy = \int_c^d \alpha(y)\,dy = \int_c^d \left[\int_{a(y)}^{b(y)} f(x, y)\,dx \right] dy.$$

Capítulo 3

Exemplo 5 Calcule $\iint_B (x-y)\,dx\,dy$, em que B é o semicírculo $x^2 + y^2 \leq 1$, $x \geq 0$.

Solução

Para cada x em $[0, 1]$,

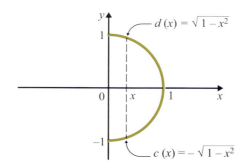

$$\beta(x) = \int_{c(x)}^{d(x)} (x-y)\,dy = \int_{-\sqrt{1-x^2}}^{\sqrt{1-x^2}} (x-y)\,dy = \left[xy - \frac{y^2}{2}\right]_{-\sqrt{1-x^2}}^{\sqrt{1-x^2}},$$

ou seja,

$$\beta(x) = 2x\sqrt{1-x^2}.$$

Então,

$$\iint_B (x-y)\,dx\,dy = \int_0^1 \beta(x)\,dx = \int_0^1 \left[\int_{-\sqrt{1-x^2}}^{\sqrt{1-x^2}} (x-y)\,dy\right] dx$$

ou seja,

$$\iint_B (x-y)\,dx\,dy = \int_0^1 2x\sqrt{1-x^2}\,dx.$$

Façamos a mudança de variável

$$\begin{cases} u = 1 - x^2;\ du = -2x\,dx \\ x = 0;\ u = 1 \\ x = 1;\ u = 0. \end{cases}$$

Assim,

$$\int_0^1 2x\sqrt{1-x^2}\,dx = \int_0^1 \sqrt{u}\,du = \frac{2}{3}.$$

Portanto,

$$\iint_B (x-y)\,dx\,dy = \frac{2}{3}.$$

Vamos, agora, calcular $\iint_B (x-y)\,dx\,dy$ invertendo a ordem de integração.

Para cada y em $[-1, 1]$,

$$\alpha(y) = \int_0^{b(y)} (x - y)\,dx = \int_0^{\sqrt{1-y^2}} (x - y)\,dx$$

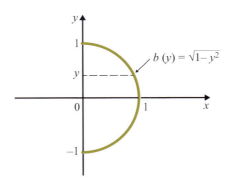

(Observe que $a(y) = 0$.)

ou seja,

$$\alpha(y) = \left[\frac{x^2}{2} - xy\right]_0^{\sqrt{1-y^2}} = \frac{1-y^2}{2} - y\sqrt{1-y^2}.$$

Então,

$$\iint_B (x-y)\,dx\,dy = \int_{-1}^1 \alpha(y)\,dy = \int_{-1}^1 \left[\int_0^{\sqrt{1-y^2}} (x-y)\,dx\right]dy,$$

ou seja,

$$\iint_B (x-y)\,dx\,dy = \int_{-1}^1 \left[\frac{1-y^2}{2} - y\sqrt{1-y^2}\right]dy$$

Observe que $\int_{-1}^1 y\sqrt{1-y^2}\,dy = 0$, pois o integrando é uma função ímpar; por outro lado, como $\frac{1-y^2}{2}$ é uma função par, resulta

$$\int_{-1}^1 \frac{1-y^2}{2}\,dy = \int_0^1 (1-y^2)\,dy = \frac{2}{3}.$$

Portanto, $\iint_B (x-y)\,dx\,dy = \frac{2}{3}$.

Exemplo 6 Calcule o volume do conjunto de todos (x, y, z) tais que $x \geqslant 0$, $y \geqslant 0$, $x + y \leqslant 1$ e $0 \leqslant z \leqslant 1 - x^2$.

Solução

O volume do conjunto é

$$\iint_B f(x, y)\,dx\,dy$$

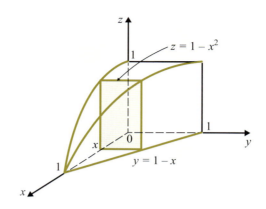

$\beta(x) = \int_0^{1-x}(1-x^2)\,dy$ é a área da região sombreada

em que $f(x, y) = 1 - x^2$ e B o triângulo $x \geq 0$, $y \geq 0$ e $x + y \leq 1$. Para cada x fixo em $[0, 1]$,

$$\beta(x) = \int_0^{1-x}(1-x^2)\,dy = (1-x^2)\int_0^{1-x}dy.$$

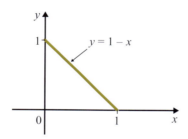

Assim, $\int_0^{1-x}(1-x^2)\,dy = (1-x^2)(1-x) = 1 - x - x^2 + x^3$. Segue que

$$\iint_B (1-x^2)\,dx\,dy = \int_0^1 \beta(x)\,dx = \int_0^1\left[\int_0^{1-x}(1-x^2)\,dy\right]dx,$$

ou seja,

$$\iint_B (1-x^2)\,dx\,dy = \int_0^1 (1 - x - x^2 + x^3)\,dx = \frac{5}{12}.$$

Exemplo 7 Calcule $\iint_B xy\,dx\,dy$, em que B é o triângulo de vértices $(-1, 0)$, $(0, 1)$ e $(1, 0)$.

Solução

$$\iint_B xy\,dx\,dy = \int_0^1\left[\int_{a(y)}^{b(y)} xy\,dx\right]dy.$$

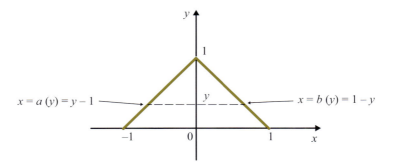

Como $a(y) = y - 1$ e $b(y) = 1 - y$, resulta

$$\int_{a(y)}^{b(y)} xy\,dx = \int_{y-1}^{1-y} xy\,dx = \left[\frac{x^2}{2}y\right]_{y-1}^{1-y} = \frac{(1-y)^2 y}{2} - \frac{(y-1)^2 y}{2} = 0.$$

Assim,

$$\iint_B xy\,dx\,dy = \int_0^1 \left[\int_{y-1}^{1-y} xy\,dx\right] dy = 0.$$

(Interprete, geometricamente, este resultado.)

Vamos, agora, calcular a integral invertendo a ordem de integração. Seja B_1 o triângulo de vértices $(-1, 0)$, $(0, 0)$ e $(0, 1)$; B_2 o de vértices $(0, 0)$, $(1, 0)$ e $(0, 1)$. Temos:

$$\iint_B xy\,dx\,dy = \iint_{B_1} xy\,dx\,dy + \iint_{B_2} xy\,dx\,dy.$$

$$\iint_{B_1} xy\,dx\,dy = \int_{-1}^0 \left[\int_0^{1+x} xy\,dy\right] dx = \int_{-1}^0 \frac{x(1+x)^2}{2}\,dx$$

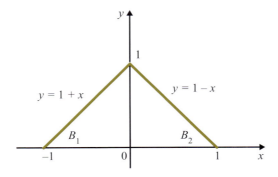

e

$$\iint_{B_2} xy\,dx\,dy = \int_0^1 \left[\int_0^{1-x} xy\,dy\right] dx = \int_0^1 \frac{x(1-x)^2}{2}\,dx.$$

Assim,

$$\iint_B xy\,dx\,dy = \frac{1}{2}\left[\int_{-1}^0 (x + 2x^2 + x^3)\,dx + \int_0^1 (x - 2x^2 + x^3\,dx\right] = 0.$$

Capítulo 3

Exemplo 8 Calcule $\iint_B e^{-y^2}\,dx\,dy$, em que B é o triângulo de vértices $(0, 0)$, $(1, 1)$ e $(0, 1)$.

Solução

$$\iint_B e^{-y^2}\,dx\,dy = \int_0^1 \left[\int_0^{b(y)} e^{-y^2}\,dx\right] dy.$$

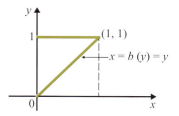

Como

$$\int_0^{b(y)} e^{-y^2}\,dx = \int_0^y e^{-y^2}\,dx = ye^{-y^2}$$

resulta

$$\iint_B e^{-y^2}\,dx\,dy = \int_0^1 ye^{-y^2}\,dy = \left[-\frac{1}{2}\cdot e^{-y^2}\right]_0^1$$

ou seja,

$$\iint_B e^{-y^2}\,dx\,dy = \frac{1}{2}(1 - e^{-1}).$$

Verifique como as coisas se complicariam, invertendo a ordem de integração.

Exemplo 9 Inverta a ordem de integração e calcule $\int_0^1\left[\int_{\sqrt{y}}^1 \operatorname{sen} x^3\,dx\right] dy$.

Solução

Precisamos primeiro descobrir a região de integração. Na integral

$$\int_0^1\left[\int_{\sqrt{y}}^1 \operatorname{sen} x^3\,dx\right] dy.$$

o y está variando no intervalo $[0, 1]$ e, para cada y fixo em $[0, 1]$, x varia de $\sqrt{y}$ até 1. A região de integração é, então, o conjunto

$$B = \{(x, y) \in \mathbb{R}^2 \mid 0 \leq y \leq 1, \sqrt{y} \leq x \leq 1\}.$$

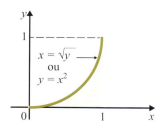

Temos:

$$\int_0^1 \left[\int_{\sqrt{y}}^1 \operatorname{sen} x^3\, dx \right] dy = \int_0^1 \left[\int_0^{x^2} \operatorname{sen} x^3\, dy \right] dx.$$

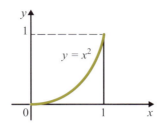

Como

$$\int_0^{x^2} \operatorname{sen} x^3\, dy = \operatorname{sen} x^3 \int_0^{x^2} dy = \operatorname{sen} x^3 \left[y \right]_0^{x^2} = x^2 \operatorname{sen} x^3$$

resulta

$$\int_0^1 \left[\int_0^{x^2} \operatorname{sen} x^3\, dy \right] dx = \int_0^1 x^2 \operatorname{sen} x^3\, dx = \left[-\frac{1}{3} \cos x^3 \right]_0^1$$

ou seja,

$$\int_0^1 \left[\int_0^{x^2} \operatorname{sen} x^3\, dy \right] dx = \frac{1}{3}(1 - \cos 1).$$

Exemplo 10 Inverta a ordem de integração na integral $\int_0^1 \left[\int_x^{\sqrt{2-x^2}} f(x, y)\, dy \right] dx$, em que $f(x, y)$ é suposta contínua em $\mathbb{R}^2$.

Solução

Primeiro vamos determinar a região de integração. Na integral

$$\int_0^1 \left[\int_x^{\sqrt{2-x^2}} f(x, y)\, dy \right] dx$$

o x está variando em $[0, 1]$ e, para cada x fixo em $[0, 1]$, y varia de x até $\sqrt{2 - x^2}$. A região de integração é, então, o conjunto B de todos (x, y) tais que $0 \leq x \leq 1$, $x \leq y \leq \sqrt{2 - x^2}$, ou seja, B é a região do plano compreendida entre os gráficos das funções $y = x$ e $y = \sqrt{2 - x^2}$, com $0 \leq x \leq 1$.

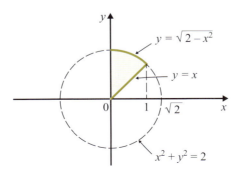

Temos

$$\int_0^1 \left[\int_x^{\sqrt{2-x^2}} f(x,y)\,dy \right] dx = \iint_{B_1} f(x,y)\,dx\,dy + \iint_{B_2} f(x,y)\,dx\,dy$$

em que B_1 é o triângulo de vértices $(0, 0)$, $(1, 1)$ e $(0, 1)$ e B_2 o conjunto de todos (x, y) tais que $0 \leq x \leq 1$, $1 \leq y \leq \sqrt{2-x^2}$.

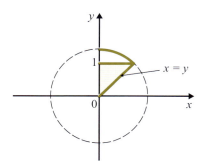
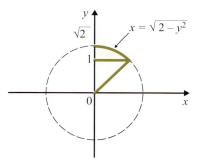

$$\iint_{B_1} f(x,y)\,dx\,dy = \int_0^1 \left[\int_0^y f(x,y)\,dx \right] dy$$

e

$$\iint_{B_2} f(x,y)\,dx\,dy = \int_1^{\sqrt{2}} \left[\int_0^{\sqrt{2-y^2}} f(x,y)\,dx \right] dy.$$

Assim,

$$\int_0^1 \left[\int_x^{\sqrt{2-x^2}} f(x,y)\,dy \right] dx = \int_0^1 \left[\int_0^y f(x,y)\,dx \right] dy + \int_1^{\sqrt{2}} \left[\int_0^{\sqrt{2-y^2}} f(x,y)\,dx \right] dy.$$

Exemplo 11 Utilizando integral dupla, calcule a área da região compreendida entre os gráficos das funções $y = x$ e $y = -x^2 + x + 1$, com $-1 \leq x \leq 1$.

Solução

Seja B a região dada. Temos: área de $B = \iint_B dx\,dy$. (Veja Seção 2.2.)

$$\iint_B dx\,dy = \int_{-1}^1 \left[\int_x^{-x^2+x+1} dy \right] dx.$$

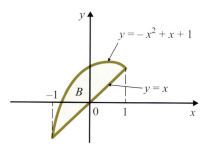

Como

$$\int_x^{-x^2+x+1} dy = [y]_x^{-x^2+x+1} = -x^2+x+1-x = x^2+1$$

resulta

$$\iint_B dx\,dy = \int_{-1}^1 (-x^2+1)\,dx = \frac{4}{3}.$$

Portanto, a área da região dada é $\frac{4}{3}$.

Exemplo 12 Inverta a ordem de integração na integral

$$\int_0^3 \left[\int_x^{4x-x^2} f(x,y)\,dy \right] dx.$$

Solução

Primeiro precisamos descobrir a região de integração. Para cada x fixo no intervalo $[0, 3]$, y deve variar de x até $4x - x^2$: a região de integração é o conjunto

$$B = \{(x, y) \in \mathbb{R}^2 \mid 0 \leq x \leq 3 \text{ e } x \leq y \leq 4x - x^2\}$$

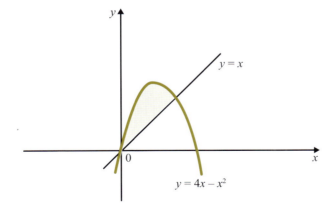

Precisamos expressar x em função de y. Temos

$$y = 4x - x^2 \Leftrightarrow x^2 - 4x + y = 0.$$

Segue que

$$x = \frac{4 \pm \sqrt{16-4y}}{2},$$

ou seja,

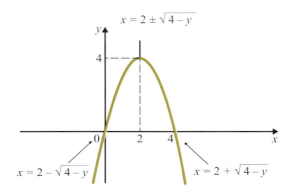

Para inverter a ordem de integração vamos precisar dividir a região de integração em duas regiões.

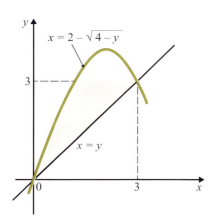
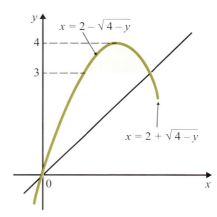

Temos, então:

$$\int_0^3 \left[\int_x^{4x-x^2} f(x,y)\,dy \right] dx = \int_0^3 \left[\int_{2-\sqrt{4-y}}^{y} f(x,y)\,dx \right] dy + \int_3^4 \left[\int_{2-\sqrt{4-y}}^{2+\sqrt{4-y}} f(x,y)\,dx \right] dy.$$

Exemplo 13 Inverta a ordem de integração na integral

$$\int_0^\pi \left[\int_0^{\operatorname{sen} x} f(x,y)\,dy \right] dx.$$

Solução

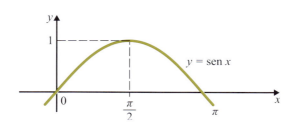

A região de integração é o conjunto
$$B = \{(x, y) \in \mathbb{R}^2 \mid 0 \leq x \leq \pi, 0 \leq y \leq \operatorname{sen} x\}.$$
Precisamos expressar x em função de y.
$$y = \operatorname{sen} x, \; 0 \leq x \leq \frac{\pi}{2},$$
é equivalente a
$$x = \operatorname{arcsen} y, \; 0 \leq y \leq 1.$$
Por outro lado,
$$y = \operatorname{sen} x \Leftrightarrow y = \operatorname{sen}(\pi - x).$$
Como
$$\frac{\pi}{2} \leq x \leq \pi \Leftrightarrow 0 \leq \pi - x \leq \frac{\pi}{2}$$
resulta
$$\pi - x = \operatorname{arcsen} y,$$
ou seja,
$$x = \pi - \operatorname{arcsen} y.$$

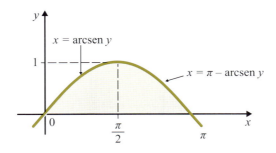

Logo,
$$\int_0^\pi \left[\int_0^{\operatorname{sen} x} f(x, y)\, dy \right] dx = \int_0^1 \left[\int_{\operatorname{arcsen} y}^{\pi - \operatorname{arcsen} y} f(x, y)\, dx \right] dy.$$

Exemplo 14 Inverta a ordem de integração na integral
$$\int_0^a \left[\int_{e^x - e^{-x}}^{\frac{1}{2} e^x} f(x, y)\, dy \right] dx$$
em que $0 < a \leq \ln \sqrt{2}$.

Capítulo 3

Solução

A região de integração é o conjunto

$$\{(x, y) \in \mathbb{R}^2 \mid 0 \leqslant x \leqslant a,\ e^x - e^{-x} \leqslant y \leqslant \tfrac{1}{2} e^x\}.$$

$$e^x - e^{-x} = \frac{1}{2} \Leftrightarrow 2(e^x)^2 - e^x - 2 = 0$$

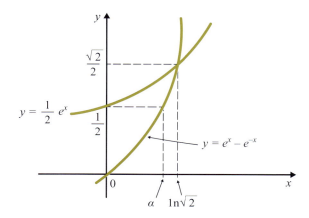

e, portanto,

$$e^x = \frac{1 + \sqrt{17}}{4}.$$

Logo,

$$x = \ln \frac{1 + \sqrt{17}}{4} = \alpha.$$

Vamos, agora, expressar x em função de y.

$$y = \frac{1}{2} e^x \Leftrightarrow x = \ln 2y.$$

Por outro lado,

$$y = e^x - e^{-x} \Leftrightarrow (e^x)^2 - e^x y - 1 = 0$$

e, portanto,

$$e^x = \frac{y \pm \sqrt{y^2 + 4}}{2}.$$

Como

$$\sqrt{y^2 + 4} \geqslant |y| \text{ e } e^x > 0$$

o sinal $-$ na expressão acima deve ser descartado. Logo,

$$y = e^x - e^{-x} \Leftrightarrow x = \ln \frac{y + \sqrt{y^2 + 4}}{2}.$$

$1^{\underline{o}}$ caso: $0 < a < \ln \dfrac{1 + \sqrt{17}}{4}$.

Temos:

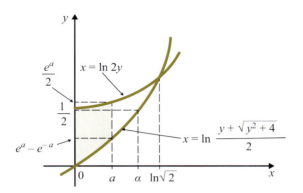

$$\int_0^a \left[\int_{e^x - e^{-x}}^{\frac{1}{2}e^x} f(x, y)\, dy \right] dx = \int_0^{e^a - e^{-a}} \left[\int_0^{\ln \frac{y + \sqrt{y^2 + 4}}{2}} f(x, y)\, dx \right] dy$$

$$+ \int_{e^a - e^{-a}}^{\frac{1}{2}} \left[\int_0^a f(x, y)\, dx \right] dy + \int_{\frac{1}{2}}^{\frac{1}{2}e^a} \left[\int_{\ln 2y}^a f(x, y)\, dx \right] dy.$$

$2^{\underline{o}}$ caso: $a = \alpha = \ln \dfrac{1 + \sqrt{17}}{4}$.

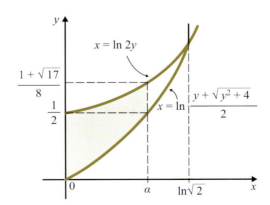

Observe que

$$\dfrac{1}{2} e^\alpha = \dfrac{1 + \sqrt{17}}{8}.$$

A integral dada será, então, igual a

$$\int_0^{\frac{1}{2}} \left[\int_0^{\ln\frac{y+\sqrt{y^2+4}}{2}} f(x,y)\,dx \right] dy + \int_{\frac{1}{2}}^{\frac{1+\sqrt{17}}{8}} \left[\int_{\ln 2y}^{a} f(x,y)\,dx \right] dy.$$

3º caso: $\alpha < a \leqslant \ln\sqrt{2}$.

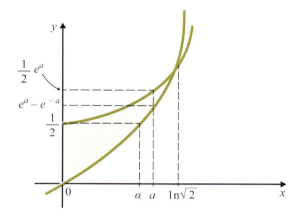

Neste caso a integral dada será igual a

$$\int_0^{\frac{1}{2}} \left[\int_0^{\ln\frac{y+\sqrt{y^2+4}}{2}} f(x,y)\,dx \right] dy + \int_{\frac{1}{2}}^{e^a - e^{-a}} \left[\int_{\ln 2y}^{\ln\frac{y+\sqrt{y^2+4}}{2}} f(x,y)\,dx \right] dy$$

$$+ \int_{e^a - e^{-a}}^{\frac{1}{2}e^a} \left[\int_{\ln 2y}^{a} f(x,y)\,dx \right] dy.$$

Observação. Para $a = \ln\sqrt{2}$, a última integral se anula.

Exercícios 3.1

1. Seja A o retângulo $1 \leqslant x \leqslant 2$, $0 \leqslant y \leqslant 1$. Calcule $\iint_A f(x,y)\,dx\,dy$, sendo $f(x,y)$ igual a

a) $x + 2y$
b) $x - y$
c) $\sqrt{x+y}$
d) $\dfrac{1}{x+y}$
e) 1
f) $x \cos xy$
g) $y \cos xy$
h) $\dfrac{1}{(x+y)^2}$
i) $y\,e^{xy}$
j) xy^2
l) $x \operatorname{sen} \pi y$
m) $\dfrac{1}{1 + x^2 + 2xy + y^2}$

Cálculo de Integral Dupla. Teorema de Fubini

2. Sejam $f(x)$ e $g(y)$ duas funções contínuas, respectivamente, nos intervalos $[a, b]$ e $[c, d]$. Prove que

$$\iint_A f(x)g(y)\,dx\,dy = \left(\int_a^b f(x)\,dx\right)\left(\int_c^d g(y)\,dy\right)$$

em que A é o retângulo $a \leq x \leq b$, $c \leq y \leq d$.

3. Utilizando o Exercício 2, calcule

  a) $\iint_A xy^2\,dx\,dy$, em que A é o retângulo $1 \leq x \leq 2$, $2 \leq y \leq 3$.

  b) $\iint_A x\cos 2y\,dx\,dy$, em que A é o retângulo $0 \leq x \leq 1$, $-\frac{\pi}{4} \leq y \leq \frac{\pi}{4}$.

  c) $\iint_A x \ln y\,dx\,dy$, em que A é o retângulo $0 \leq x \leq 2$, $1 \leq y \leq 2$.

  d) $\iint_A xy\,e^{x^2-y^2}\,dx\,dy$, em que A é o retângulo $-1 \leq x \leq 1$, $0 \leq y \leq 3$.

  e) $\iint_A \frac{\text{sen}^2 x}{1 + 4y^2}\,dx\,dy$, em que A é o retângulo $0 \leq x \leq \frac{\pi}{2}$, $0 \leq y \leq \frac{1}{2}$.

  f) $\iint_A \frac{xy\,\text{sen}\,x}{1 + 4y^2}\,dx\,dy$, em que A é o retângulo $0 \leq x \leq \frac{\pi}{2}$, $0 \leq y \leq 1$.

4. Calcule o volume do conjunto dado.

  a) $\{(x, y, z) \in \mathbb{R}^3 \mid 0 \leq x \leq 1, 0 \leq y \leq 1, 0 \leq z \leq x + 2y\}$.

  b) $\{(x, y, z) \in \mathbb{R}^3 \mid 0 \leq x \leq 2, 1 \leq y \leq 2, 0 \leq z \leq \sqrt{xy}\}$.

  c) $\{(x, y, z) \in \mathbb{R}^3 \mid 0 \leq x \leq 1, 0 \leq y \leq 1, 0 \leq z \leq xy\,e^{x^2 - y^2}\}$.

  d) $\{(x, y, z) \in \mathbb{R}^3 \mid 0 \leq x \leq 1, 0 \leq y \leq 1, x^2 + y^2 \leq z \leq 2\}$.

  e) $\{(x, y, z) \in \mathbb{R}^3 \mid 1 \leq x \leq 2, 0 \leq y \leq 1, x + y \leq z \leq x + y + 2\}$.

  f) $\{(x, y, z) \in \mathbb{R}^3 \mid 0 \leq x \leq 1, 0 \leq y \leq 1, 1 \leq z \leq e^{x+y}\}$.

5. Calcule $\iint_B y\,dx\,dy$, em que B é o conjunto dado.

  a) B é o triângulo de vértices $(0, 0)$, $(1, 0)$ e $(1, 1)$.

  b) $B = \{(x, y) \in \mathbb{R}^2 \mid -1 \leq x \leq 1, 0 \leq y \leq x + 2\}$.

  c) B é o conjunto de todos (x, y) tais que $x^2 + 4y^2 \leq 1$.

  d) B é o triângulo de vértices $(0, 0)$, $(1, 0)$ e $(2, 1)$.

  e) B é a região compreendida entre os gráficos de $y = x$ e $y = x^2$, com $0 \leq x \leq 2$.

  f) B é o paralelogramo de vértices $(-1, 0)$, $(0, 0)$, $(1, 1)$ e $(0, 1)$.

  g) B é o semicírculo $x^2 + y^2 \leq 4$, $y \geq 0$.

  h) $B = \{(x, y) \in \mathbb{R}^2 \mid x \geq 0, x^5 - x \leq y \leq 0\}$.

6. Calcule $\iint_B f(x, y)\,dx\,dy$ sendo dados:

  a) $f(x, y) = x \cos y$ e $B = \{(x, y) \in \mathbb{R}^2 \mid x \geq 0, x^2 \leq y \leq \pi\}$.

b) $f(x, y) = xy$ e $B = \{(x, y) \in \mathbb{R}^2 | x^2 + y^2 \leq 2, y \leq x \text{ e } x \geq 0\}$.

c) $f(x, y) = x$ e B o triângulo de vértices $(0, 0)$, $(1, 1)$ e $(2, 0)$.

d) $f(x, y) = xy\sqrt{x^2 + y^2}$ e B o retângulo $0 \leq x \leq 1$, $0 \leq y \leq 1$.

e) $f(x, y) = x + y$ e B o paralelogramo de vértices $(0, 0)$, $(1, 1)$, $(3, 1)$ e $(2, 0)$.

f) $f(x, y) = \dfrac{1}{\ln y}$ e $B = \left\{(x, y) \in \mathbb{R}^2 \middle| 2 \leq y \leq 3, 0 \leq x \leq \dfrac{1}{y}\right\}$.

▶ g) $f(x, y) = xy \cos x^2$ e $B = \{(x, y) \in \mathbb{R}^2 | 0 \leq x \leq 1, x^2 \leq y \leq 1\}$.

h) $f(x, y) = (\cos 2y)\sqrt{4 - \text{sen}^2 x}$ e B o triângulo de vértices $(0, 0)$, $\left(0, \dfrac{\pi}{2}\right)$ e $\left(\dfrac{\pi}{2}, \dfrac{\pi}{2}\right)$.

i) $f(x, y) = x + y$ e B a região compreendida entre os gráficos das funções $y = x$ e $y = e^x$, com $0 \leq x \leq 1$.

j) $f(x, y) = y^3 e^{xy^2}$ e B o retângulo $0 \leq x \leq 1$, $1 \leq y \leq 2$.

l) $f(x, y) = x^5 \cos y^3$ e $B = \{(x, y) \in \mathbb{R}^2 | y \geq x^2, x^2 + y^2 \leq 2\}$.

m) $f(x, y) = x^2$ e B o conjunto de todos (x, y) tais que $x \leq y \leq -x^2 + 2x + 2$.

n) $f(x, y) = x$ e B a região compreendida entre os gráficos de $y = \cos x$ e $y = 1 - \cos x$, com $0 \leq x \leq \dfrac{\pi}{2}$.

o) $f(x, y) = 1$ e B a região compreendida entre os gráficos de $y = \text{sen } x$ e $y = 1 - \cos x$, com $0 \leq x \leq \dfrac{\pi}{2}$.

p) $f(x, y) = \sqrt{1 + y^3}$ e $B = \{(x, y) \in \mathbb{R}^2 | \sqrt{x} \leq y \leq 1\}$.

q) $f(x, y) = x$ e B o conjunto de todos (x, y) tais que $y \geq x^2$ e $x \leq y \leq x + 2$.

r) $f(x, y) = \dfrac{y}{x + y^2}$ e B o conjunto de todos (x, y) tais que $1 \leq x \leq 4$ e $0 \leq y \leq \sqrt{x}$.

7. Inverta a ordem de integração.

a) $\int_0^1 \left[\int_0^x f(x, y)\, dy \right] dx$.

b) $\int_0^1 \left[\int_{x^2}^x f(x, y)\, dy \right] dx$.

c) $\int_0^1 \left[\int_{-\sqrt{y}}^{\sqrt{y}} f(x, y)\, dx \right] dy$.

d) $\int_1^e \left[\int_{\ln x}^x f(x, y)\, dy \right] dx$.

e) $\int_0^1 \left[\int_y^{y+3} f(x, y)\, dx \right] dy$.

f) $\int_{-1}^1 \left[\int_{-\sqrt{1-x^2}}^{\sqrt{1-x^2}} f(x, y)\, dy \right] dx$

g) $\int_{-1}^1 \left[\int_{x^2}^{\sqrt{2-x^2}} f(x, y)\, dy \right] dx$.

h) $\int_0^1 \left[\int_{y-1}^{2-2y} f(x, y)\, dx \right] dy$.

i) $\int_0^1 \left[\int_{x^2}^1 f(x, y)\, dy \right] dx$.

j) $\int_0^1 \left[\int_{e^{y-1}}^{e^y} f(x, y)\, dx \right] dy$.

l) $\int_0^1 \left[\int_{2x}^{x+1} f(x, y)\, dy \right] dx.$ *m)* $\int_0^{\frac{\pi}{4}} \left[\int_0^{\operatorname{tg} x} f(x, y)\, dy \right] dx.$

n) $\int_0^1 \left[\int_{\sqrt{x-x^2}}^{\sqrt{2x}} f(x, y)\, dy \right] dx.$ *o)* $\int_0^{3a} \left[\int_{\frac{\sqrt{3}}{3}x}^{\sqrt{4ax-x^2}} f(x, y)\, dy \right] dx \ (a > 0).$

p) $\int_0^{\pi} \left[\int_0^{\operatorname{sen} x} f(x, y)\, dy \right] dx.$ *q)* $\int_0^{\frac{\pi}{4}} \left[\int_{\operatorname{sen} x}^{\cos x} f(x, y)\, dy \right] dx.$

r) $\int_{-1}^{2} \left[\int_{\sqrt{\frac{7+5y^2}{3}}}^{\frac{y+7}{3}} f(x, y)\, dx \right] dy.$ *s)* $\int_0^3 \left[\int_{x^2-2x}^{\sqrt{3x}} f(x, y)\, dy \right] dx.$

8. Calcule o volume do conjunto dado. (Sugerimos ao leitor desenhar o conjunto.)

a) $x^2 + y^2 \leqslant 1$ e $x + y + 2 \leqslant z \leqslant 4.$
b) $x \geqslant 0, y \geqslant 0, x + y \leqslant 1$ e $0 \leqslant z \leqslant x^2 + y^2.$
c) $0 \leqslant y \leqslant 1 - x^2$ e $0 \leqslant z \leqslant 1 - x^2.$
d) $x^2 + y^2 + 3 \leqslant z \leqslant 4.$
e) $x^2 + 4y^2 \leqslant 4$ e $x + y \leqslant z \leqslant x + y + 1.$
f) $x \geqslant 0, x \leqslant y \leqslant 1$ e $0 \leqslant z \leqslant e^{y^2}.$
g) $x^2 + y^2 \leqslant a^2$ e $y^2 + z^2 \leqslant a^2$ $(a > 0).$
h) $x^2 + y^2 \leqslant z \leqslant 1 - x^2.$
i) $x + y + z \leqslant 1, x \geqslant 0, y \geqslant 0$ e $z \geqslant 0.$
j) $x \leqslant y \leqslant 1, x \geqslant 0, z \geqslant 0$ e $z^2 + x^4 + x^2y^2 \leqslant 2x^2.$
l) $x^2 + y^2 \leqslant z \leqslant 2x.$
m) $x \leqslant z \leqslant 1 - y^2$ e $x \geqslant 0.$
n) $4x + 2y \leqslant z \leqslant 3x + y + 1, x \geqslant 0$ e $y \geqslant 0.$
o) $0 \leqslant z \leqslant \operatorname{sen} y^3$ e $\sqrt{x} \leqslant y \leqslant \sqrt[3]{\pi}.$

9. Utilizando integral dupla, calcule a área do conjunto B dado.

a) B é o conjunto de todos (x, y) tais que $\ln x \leqslant y \leqslant 1 + \ln x, y \geqslant 0$ e $x \leqslant e.$
b) $B = \{(x, y) \in \mathbb{R}^2 \mid x^3 \leqslant y \leqslant \sqrt{x}\}.$
c) B é determinado pelas desigualdades $xy \leqslant 2, x \leqslant y \leqslant x + 1$ e $x \geqslant 0.$
d) $B = \left\{(x, y) \in \mathbb{R}^2 \,\middle|\, x > 0, \dfrac{4}{x} \leqslant 3y \leqslant -3x^2 + 7x\right\}.$
e) B é limitado pelas curvas $y = x^2 - x$ e $x = y^2 - y.$

CAPÍTULO 4

Mudança de Variáveis na Integral Dupla

Videoaulas — vídeo 7.1

4.1 Preliminares

Seja $(x, y) = \varphi(u, v)$, $(u, v) \in \Omega$, uma transformação de classe C^1 no aberto $\Omega \subset \mathbb{R}^2$. Seja A um retângulo, de lados paralelos aos eixos, contido em Ω.

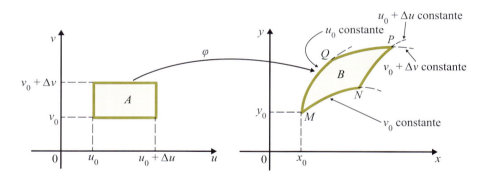

Seja $B = \varphi(A) = \{\varphi(u, v) \in \mathbb{R}^2 \mid (u, v) \in A\}$. Assim, φ transforma o retângulo A no conjunto B. Estamos interessados, a seguir, em avaliar a área de B, supondo Δu e Δv suficientemente pequenos.

Observamos, inicialmente, que se $\gamma(t) = (x(t), y(t))$ for uma curva de classe C^1, o comprimento $s = s(t)$ do arco de extremidades $\gamma(a)$ e $\gamma(t)$ (a fixo) é (veja Vol. 2)

$$s(t) = \int_a^t \|\gamma'(u)\| \, du.$$

Pelo teorema fundamental do cálculo (observe que $\|\gamma'(u)\|$ é contínua, pois estamos supondo γ de classe C^1)

$$\frac{ds}{dt} = \|\gamma'(t)\|$$

e, assim, a diferencial de $s = s(t)$ será

$$ds = \|\gamma'(t)\| dt.$$

Deste modo, teremos

$$\Delta s \cong \|\gamma'(t)\| \Delta t$$

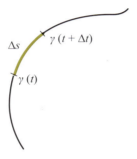

em que Δs é o comprimento do arco de extremidades $\gamma(t)$ e $\gamma(t + \Delta t)$, com $\Delta t \geq 0$. Evidentemente, a aproximação será tanto melhor quanto menor for Δt.

Como $\gamma'(t)$ é um vetor tangente à curva γ, em $\gamma(t)$, segue que $\gamma'(t) \Delta t$ será, também, tangente a esta curva em $\gamma(t)$; além disso, o seu comprimento $\|\gamma'(t) \Delta t\| = \|\gamma'(t)\| \Delta t$ é aproximadamente o comprimento do arco de extremidades $\gamma(t)$ e $\gamma(t + \Delta t)$.

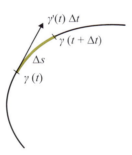

Voltemos, agora, ao nosso conjunto B. A derivada $\dfrac{\partial \varphi}{\partial v}(u_0, v_0)$ desempenha (em relação à curva $v \mapsto \varphi(u_0, v)$) o mesmo papel que $\gamma'(t)$. Pelo que vimos acima.

$$\left\|\frac{\partial \varphi}{\partial v}(u_0, v_0)\right\| \Delta v$$

é aproximadamente o comprimento do arco MQ. Do mesmo modo,

$$\left\|\frac{\partial \varphi}{\partial u}(u_0, v_0)\right\| \Delta u$$

é aproximadamente o comprimento do arco MN.

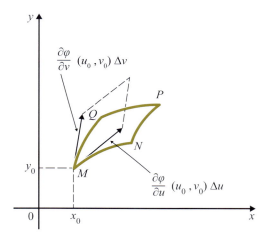

Conforme você aprendeu em vetores, a área do paralelogramo determinado pelos vetores $\frac{\partial \varphi}{\partial u}(u_0, v_0) \Delta u$ e $\frac{\partial \varphi}{\partial v}(u_0, v_0) \Delta v$ é:

$$\left\| \left(\frac{\partial \varphi}{\partial u}(u_0, v_0) \Delta u \right) \wedge \left(\frac{\partial \varphi}{\partial v}(u_0, v_0) \Delta v \right) \right\| = \left\| \frac{\partial \varphi}{\partial u}(u_0, v_0) \wedge \frac{\partial \varphi}{\partial v}(u_0, v_0) \right\| \Delta u \Delta v.$$

Assim,

$$\text{área de } B \cong \left\| \frac{\partial \varphi}{\partial u}(u_0, v_0) \wedge \frac{\partial \varphi}{\partial v}(u_0, v_0) \right\| \Delta u \Delta v.$$

Seja, agora, $(\bar{u}, \bar{v})$ um ponto qualquer no retângulo A ($u_0 \leqslant \bar{u} \leqslant u_0 + \Delta u$ e $v_0 \leqslant \bar{v} \leqslant v_0 + \Delta v$); tendo em vista a continuidade de $\frac{\partial \varphi}{\partial u}$ e $\frac{\partial \varphi}{\partial v}$ e supondo Δu e Δv suficientemente pequenos, teremos:

$$\frac{\partial \varphi}{\partial u}(\bar{u}, \bar{v}) \cong \frac{\partial \varphi}{\partial u}(u_0, v_0) \text{ e } \frac{\partial \varphi}{\partial v}(\bar{u}, \bar{v}) \cong \frac{\partial \varphi}{\partial v}(u_0, v_0).$$

Segue que, para todo $(\bar{u}, \bar{v}) \in A$,

$$\text{área de } B \cong \left\| \frac{\partial \varphi}{\partial u}(\bar{u}, \bar{v}) \wedge \frac{\partial \varphi}{\partial v}(\bar{u}, \bar{v}) \right\| \Delta u \Delta v.$$

Deste modo, o número $\left\| \frac{\partial \varphi}{\partial u}(u, v) \wedge \frac{\partial \varphi}{\partial v}(u, v) \right\|$ pode ser interpretado como um fator de ampliação (ou contração) *local* de área.

De $(x, y) = \varphi(u, v)$, $x = x(u, v)$ e $y = y(u, v)$, segue

$$\frac{\partial \varphi}{\partial u}(u, v) \wedge \frac{\partial \varphi}{\partial v}(u, v) = \begin{vmatrix} \vec{i} & \vec{j} & \vec{k} \\ \frac{\partial x}{\partial u} & \frac{\partial y}{\partial u} & 0 \\ \frac{\partial x}{\partial v} & \frac{\partial y}{\partial v} & 0 \end{vmatrix} = \begin{vmatrix} \frac{\partial x}{\partial u} & \frac{\partial y}{\partial u} \\ \frac{\partial x}{\partial v} & \frac{\partial y}{\partial v} \end{vmatrix} \vec{k}.$$

Como

$$\begin{vmatrix} \frac{\partial x}{\partial u} & \frac{\partial y}{\partial u} \\ \frac{\partial x}{\partial v} & \frac{\partial y}{\partial v} \end{vmatrix} = \begin{vmatrix} \frac{\partial x}{\partial u} & \frac{\partial x}{\partial v} \\ \frac{\partial y}{\partial u} & \frac{\partial y}{\partial v} \end{vmatrix}$$

resulta

$$\frac{\partial \varphi}{\partial u}(u, v) \wedge \frac{\partial \varphi}{\partial v}(u, v) = \begin{vmatrix} \frac{\partial x}{\partial u} & \frac{\partial x}{\partial v} \\ \frac{\partial y}{\partial u} & \frac{\partial y}{\partial v} \end{vmatrix} \vec{k}$$

em que

$$\frac{\partial(x, y)}{\partial(u, v)} = \begin{vmatrix} \frac{\partial x}{\partial u} & \frac{\partial x}{\partial v} \\ \frac{\partial y}{\partial u} & \frac{\partial y}{\partial v} \end{vmatrix}$$

é o determinante jacobiano da transformação $(x, y) = \varphi(u, v)$. Assim,

$$\boxed{\left\| \frac{\partial \varphi}{\partial u}(u, v) \wedge \frac{\partial \varphi}{\partial v}(u, v) \right\| = \left| \frac{\partial(x, y)}{\partial(u, v)} \right|}$$

isto é, a norma do vetor $\frac{\partial \varphi}{\partial u}(u, v) \wedge \frac{\partial \varphi}{\partial v}(u, v)$ é igual ao módulo do determinante jacobiano da transformação $(x, y) = \varphi(u, v)$.

Exemplo Considere a transformação φ dada por $x = \rho \cos \theta$ e $y = \rho \operatorname{sen} \theta$ (coordenadas polares).

a) Calcule o determinante jacobiano.
b) Seja A um retângulo (no plano $\rho\theta$) situado no 1º quadrante, de lados paralelos aos eixos, e com comprimentos $\Delta\rho$ e $\Delta\theta$. Avalie a área de $B = \varphi(A)$.

Solução

a)

$$\frac{\partial(x, y)}{\partial(\rho, \theta)} = \begin{vmatrix} \frac{\partial x}{\partial \rho} & \frac{\partial x}{\partial \theta} \\ \frac{\partial y}{\partial \rho} & \frac{\partial y}{\partial \theta} \end{vmatrix} = \begin{vmatrix} \cos \theta & -\rho \operatorname{sen} \theta \\ \operatorname{sen} \theta & \rho \cos \theta \end{vmatrix} = \rho.$$

b)

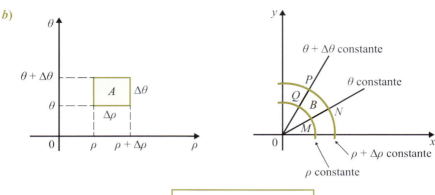

área de $B \cong \rho\, \Delta\rho\, \Delta\theta$

pois, $\left\| \dfrac{\partial \varphi}{\partial \rho}(\rho, \theta) \wedge \dfrac{\partial \varphi}{\partial \theta}(\rho, \theta) \right\| = \left| \dfrac{\partial (x, y)}{\partial (\rho, \theta)} \right| = \rho$. Observe que o comprimento do segmento MN é $\Delta\rho$ e o do arco MQ é $\rho\Delta\theta$. Deste modo, a área de B é aproximadamente a área de um retângulo de lados $\Delta\rho$ e $\rho\Delta\theta$.

4.2 Mudança de Variáveis na Integral Dupla

Seja $\varphi: \Omega \subset \mathbb{R}^2 \to \mathbb{R}^2$, Ω aberto, uma transformação de classe C^1 e seja B_{uv} um subconjunto de Ω. Seja B a imagem de B_{uv} pela transformação φ. Suponhamos, por um momento, que B_{uv} seja um retângulo de lados paralelos aos eixos e que φ seja injetora no interior de B_{uv}. (O *interior* de B_{uv} é, por definição, o conjunto formado pelos pontos interiores de B_{uv}.) Seja

$$P = \{(u_i, v_j) \mid i = 0, 1, 2, \ldots, n \text{ e } j = 0, 1, 2, \ldots, m\}$$

uma partição de B_{uv}.

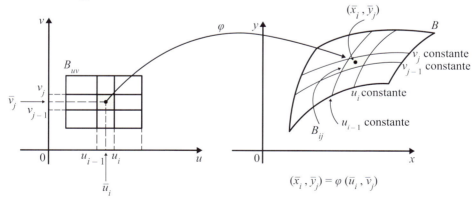

Seja R_{ij} o retângulo $u_{i-1} \leq u \leq u_i$, $v_{j-1} \leq v \leq v_j$ e seja B_{ij} a imagem de R_{ij} pela φ. Temos:

$$\text{área de } B_{ij} \cong \left\| \dfrac{\partial \varphi}{\partial u}(\overline{u}_i, \overline{v}_j) \wedge \dfrac{\partial \varphi}{\partial v}(\overline{u}_i, \overline{v}_j) \right\| \Delta u_i \Delta v_j.$$

Consideremos, agora, uma função $f(x, y)$, a valores reais, contínua em B. Indicando por $\alpha(B_{ij})$ a área de B_{ij}, devemos ter

① $$\iint_B f(x, y)\,dx\,dy \cong \sum_{i=1}^{n}\sum_{j=1}^{m} f(\overline{x}_i, \overline{y}_j)\alpha(B_{ij})$$

sendo razoável esperar que a soma do 2º membro tenda para a integral do 1º membro quando Δ tende a zero, em que Δ é o maior dos números Δu_i e Δv_j, $i = 1, 2, ..., n$ e $j = 1, 2, ..., m$. Como

$$\alpha(B_{ij}) \cong \left\| \frac{\partial \varphi}{\partial u}(\overline{u}_i, \overline{v}_j) \wedge \frac{\partial \varphi}{\partial v}(\overline{u}_i, \overline{v}_j) \right\| \Delta u_i \Delta v_j$$

e

$$(\overline{x}_i, \overline{v}_j) = \varphi(\overline{u}_i, \overline{v}_j)$$

resulta que a soma que aparece em ① é aproximadamente

② $$\sum_{i=1}^{n}\sum_{j=1}^{m} f(\varphi(\overline{u}_i, \overline{v}_j)) \left\| \frac{\partial \varphi}{\partial u}(\overline{u}_i, \overline{v}_j) \wedge \frac{\partial \varphi}{\partial v}(\overline{u}_i, \overline{v}_j) \right\| \Delta u_i \Delta v_j.$$

Da continuidade de $f(\varphi(u, v)) \left\| \frac{\partial \varphi}{\partial u}(u, v) \wedge \frac{\partial \varphi}{\partial v}(u, v) \right\|$ no retângulo B_{uv}, segue que ② tende a

$$\iint_{B_{uv}} f(\varphi(u, v)) \left\| \frac{\partial \varphi}{\partial u}(u, v) \wedge \frac{\partial \varphi}{\partial v}(u, v) \right\| du\,dv$$

quando Δ tende a zero. É razoável, então, esperar que

$$\iint_B f(x, y))\,dx\,dy = \iint_{B_{uv}} f(\varphi(u, v)) \left\| \frac{\partial \varphi}{\partial u}(u, v) \wedge \frac{\partial \varphi}{\partial v}(u, v) \right\| du\,dv$$

ou

③ $$\iint_B f(x, y)\,dx\,dy = \iint_{B_{uv}} f(\varphi(u, v)) \left| \frac{\partial(x, y)}{\partial(u, v)} \right| du\,dv$$

pois, como vimos na seção anterior,

$$\left\| \frac{\partial \varphi}{\partial u}(u, v) \wedge \frac{\partial \varphi}{\partial v}(u, v) \right\| = \left| \frac{\partial(x, y)}{\partial(u, v)} \right|.$$

O próximo teorema que enunciaremos sem demonstração (para demonstração veja referência bibliográfica [33]) conta-nos que impor condições a f, φ e B_{uv} são suficientes impor para que ③ se verifique.

Notação

Seja A um conjunto. O conjunto dos pontos interiores de A será indicado por $\mathring{A}$.

Capítulo 4

Teorema (de mudança de variáveis na integral dupla). Seja $\varphi: \Omega \subset \mathbb{R}^2 \to \mathbb{R}^2$, Ω aberto, de classe C^1, sendo φ dada por $(x, y) = \varphi(u, v)$, com $x = x(u, v)$ e $y = y(u, v)$. Seja $B_{uv} \subset \Omega$, B_{uv} compacto e com fronteira de conteúdo nulo. Seja B a imagem de B_{uv}, isto é, $B = \varphi(B_{uv})$. Suponhamos que $\varphi(\mathring{B}_{uv}) = \mathring{B}$. Suponhamos, ainda, que φ seja inversível no interior de B_{uv} e que, para todo $(u, v) \in \mathring{B}_{uv}, \dfrac{\partial(x, y)}{\partial(u, v)} \neq 0$. Nestas condições, se $f(x, y)$ for integrável em B, então

$$\iint_B f(x, y)\, dx\, dy = \iint_{B_{uv}} f(\varphi(u, v)) \left| \frac{\partial(x, y)}{\partial(u, v)} \right| du\, dv.$$

$$\iint_B f(x, y))\, dx\, dy = ?$$

$$\begin{cases} x = x(u, v),\, y = y(u, v);\, dx\, dy = \left| \dfrac{\partial(x, y)}{\partial(u, v)} \right| du\, dv. \\ \text{Determina-se } B_{uv} \text{ (no plano } uv\text{) tal que } B = \varphi(B_{uv}). \end{cases}$$

$$\iint_B f(x, y)\, dx\, dy = \iint_{B_{uv}} f(x(u, v), y(u, v)) \left| \frac{\partial(x, y)}{\partial(u, v)} \right| du\, dv.$$

Exemplo 1 Calcule $\iint_B \dfrac{\cos(x - y)}{\text{sen}(x + y)}\, dx\, dy$, em que B é o trapézio

$$1 \leqslant x + y \leqslant 2,\, x \geqslant 0 \text{ e } y \geqslant 0.$$

Solução

$$\iint_B \frac{\cos(x - y)}{\text{sen}(x + y)}\, dx\, dy = ?$$

Façamos a mudança de variável $u = x - y$, $v = x + y$. Temos:

$$\begin{cases} u = x - y \\ v = x + y \end{cases} \Leftrightarrow \begin{cases} x = \dfrac{u}{2} + \dfrac{v}{2} \\ y = \dfrac{v}{2} - \dfrac{u}{2} \end{cases}$$

De

$$\frac{\partial(x, y)}{\partial(u, v)} = \begin{vmatrix} \dfrac{\partial x}{\partial u} & \dfrac{\partial x}{\partial v} \\ \dfrac{\partial y}{\partial u} & \dfrac{\partial y}{\partial v} \end{vmatrix} = \begin{vmatrix} \dfrac{1}{2} & \dfrac{1}{2} \\ -\dfrac{1}{2} & \dfrac{1}{2} \end{vmatrix} = \frac{1}{2}$$

segue que

$$dx\,dy = \left|\frac{\partial(x,y)}{\partial(u,v)}\right|du\,dv = \frac{1}{2}du\,dv.$$

Observe que a transformação $(u,v) = \psi(x,y)$ dada por

$$\begin{cases} u = x - y \\ v = x + y \end{cases}$$

é a inversa de $(x,y) = \varphi(u,v)$ dada por

$$\begin{cases} x = \dfrac{u}{2} + \dfrac{v}{2} \\ y = \dfrac{v}{2} - \dfrac{u}{2} \end{cases}$$

e que φ é de classe C^1 em $\mathbb{R}^2$.

A seguir, vamos determinar B_{uv} de modo que $B = \varphi(B_{uv})$. Como ψ é a inversa de φ, segue, então, que B_{uv} é a imagem de B pela ψ.

$$\psi : \begin{cases} u = x - y \\ v = x + y \end{cases}$$

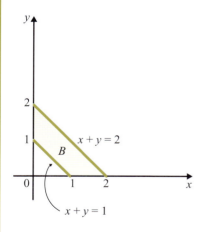
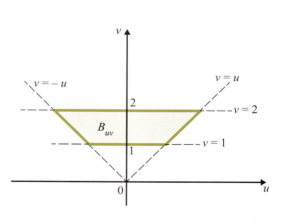

Observe que ψ transforma as retas $x+y=1$, $x+y=2$, $y=0$ e $x=0$, respectivamente, nas retas $v=1$, $v=2$, $v=u$ e $v=-u$. Observe, ainda, que $\varphi(\mathring{B}_{uv}) = \mathring{B}$.

Segue que

$$\iint_B \frac{\cos(x-y)}{\text{sen}(x+y)}dx\,dy = \iint_{B_{uv}} \frac{\cos u}{\text{sen}\,v} \cdot \underbrace{\frac{1}{2}du\,dv}_{dx\,dy} = \frac{1}{2}\int_1^2\left[\int_{-v}^{v} \frac{\cos u}{\text{sen}\,v}du\right]dv.$$

Capítulo 4

Como

$$\int_{-v}^{v} \frac{\cos u}{\operatorname{sen} v} du = \left[\frac{\operatorname{sen} u}{\operatorname{sen} v}\right]_{-v}^{v} = 2$$

segue que

$$\iint_{B} \frac{\cos(x-y)}{\operatorname{sen}(x+y)} dx\, dy = \int_{1}^{2} dv = 1.$$

Exemplo 2 (*Envolvendo coordenadas polares.*) Calcule

$$\iint_{B} \operatorname{sen}(x^2 + y^2)\, dx\, dy$$

em que B é o semicírculo $x^2 + y^2 \leq 1$, $y \geq 0$.

Solução

Façamos a mudança de variável

① $\quad \begin{cases} x = \rho \cos\theta \\ y = \rho \operatorname{sen}\theta \end{cases}; \quad dx\, dy = \left|\frac{\partial(x,y)}{\partial(\rho,\theta)}\right| d\rho\, d\theta.$

Temos:

$$\frac{\partial(x,y)}{\partial(\rho,\theta)} = \begin{vmatrix} \frac{\partial x}{\partial \rho} & \frac{\partial x}{\partial \theta} \\ \frac{\partial y}{\partial \rho} & \frac{\partial y}{\partial \theta} \end{vmatrix} = \begin{vmatrix} \cos\theta & -\rho\operatorname{sen}\theta \\ \operatorname{sen}\theta & \rho\cos\theta \end{vmatrix} = \rho.$$

Assim,

$$\boxed{dx\, dy = \rho\, d\rho\, d\theta} \qquad (\rho \geq 0).$$

Como este resultado irá ocorrer várias vezes, sugerimos ao leitor *decorá-lo*.

Vamos, agora, determinar $B_{\rho\theta}$ tal que $B = \varphi(B_{\rho\theta})$, em que φ é a transformação ①.

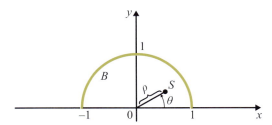

Para que o ponto S permaneça no semicírculo B é suficiente que θ pertença ao intervalo $[0, \pi]$ e ρ ao intervalo $[0, 1]$. Quando o ponto (ρ, θ) descreve o retângulo $B_{\rho\theta} = \{(\rho, \theta) \in \mathbb{R}^2 \mid 0 \leq \rho \leq 1, 0 \leq \theta \leq \pi\}$, o ponto S descreverá o semicírculo B. A φ transforma o retângulo $B_{\rho\theta}$ no semicírculo B.

Temos, então:

$$\iint_B \sen(x^2 + y^2)\,dx\,dy = \iint_{B_{\rho\theta}} \sen\rho^2 \cdot \overbrace{\rho\,d\rho\,d\theta}^{dx\,dy} = \int_{B_{\rho\theta}} \rho\sen\rho^2\,d\rho\,d\theta.$$

Como

$$\iint_{B_{\rho\theta}} \rho\sen\rho^2\,d\rho\,d\theta = \int_0^\pi \left[\int_0^1 \rho\sen\rho^2\,d\rho\right]d\theta = \pi\left[-\frac{1}{2}\cos\rho^2\right]_0^1$$

resulta

$$\iint_B \sen(x^2 + y^2)\,dx\,dy = \frac{\pi}{2}(1 - \cos 1).$$

Observação. Note que φ é de classe C^1 em $\mathbb{R}^2$; φ é inversível no interior de $B_{\rho\theta}$ e $\varphi(\mathring{B}_{\rho\theta}) = \mathring{B}$. Além disso, para todo $(\rho, \theta) \in \mathring{B}_{\rho\theta}$,

$$\frac{\partial(x, y)}{\partial(\rho, \theta)} = \rho \neq 0.$$

Observe que $\mathring{B}_{\rho\theta} = \{(\rho, \theta) \in \mathbb{R}^2 | 0 < \rho < 1, 0 < \theta < \pi\}$.

Exemplo 3 Calcule $\iint_B \sqrt{x^2 + y^2}\,dx\,dy$, em que B é o triângulo de vértices $(0, 0)$, $(1, 0)$ e $(1, 1)$.

Solução

A mudança de variáveis para coordenadas polares elimina a raiz do integrando, o que poderá facilitar as coisas. Vamos, então, tentar o cálculo da integral em coordenadas polares.

$$\begin{cases} x = \rho\cos\theta \\ y = \rho\sen\theta \end{cases}; \quad dx\,dy = \rho\,d\rho\,d\theta.$$

Vamos, agora, determinar $B_{\theta\rho}$.

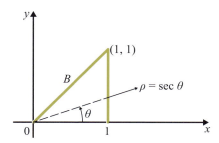

A equação da reta $x = 1$ é, em coordenadas polares, $\rho\cos\theta = 1$, ou seja, $\rho = \dfrac{1}{\cos\theta} = \sec\theta$. Deste modo, para cada θ fixo em $\left[0, \dfrac{\pi}{4}\right]$, ρ deverá variar de 0 a $\sec\theta$. $B_{\theta\rho}$ é, então, o conjunto de todos (θ, ρ) tais que $0 \leq \theta \leq \dfrac{\pi}{4}$, $0 \leq \rho \leq \sec\theta$.

Capítulo 4

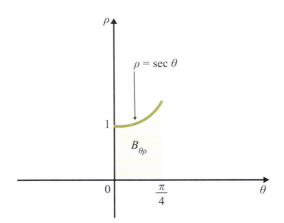

Temos:

$$\iint_B \sqrt{x^2 + y^2} \, dx \, dy = \iint_{B_{\theta\rho}} \rho \cdot \underbrace{\rho \, d\rho \, d\theta}_{dx\,dy} = \iint_{B_{\theta\rho}} \rho^2 \, d\rho \, d\theta.$$

Como

$$\iint_{B_{\rho\theta}} \rho^2 \, d\rho \, d\theta = \int_0^{\frac{\pi}{4}} \left[\int_0^{\sec\theta} \rho^2 \, d\rho \right] d\theta = \frac{1}{3} \int_0^{\frac{\pi}{4}} \sec^3\theta \, d\theta$$

$$= \frac{1}{6} [\sec\theta \, \text{tg}\,\theta + \ln(\sec\theta + \text{tg}\,\theta)]_0^{\frac{\pi}{4}}$$

resulta

$$\iint_B \sqrt{x^2 + y^2} \, dx \, dy = \frac{1}{6} \left[\sqrt{2} + \ln(1 + \sqrt{2}) \right].$$

(Veja: $\int \sec^3\theta \, d\theta = \int \sec\theta \sec^2\theta \, d\theta = \sec\theta \, \text{tg}\,\theta - \int \sec\theta \, \text{tg}\,\theta \, \text{tg}\,\theta \, d\theta$
$\qquad\qquad\qquad\qquad\quad \uparrow \; \uparrow$
$\qquad\qquad\qquad\qquad\quad f \; g'$
$= \sec\theta \, \text{tg}\,\theta - \int \sec^3\theta \, d\theta + \int \sec\theta \, d\theta;$

portanto,

$$2 \int \sec^3\theta \, d\theta = \sec\theta \, \text{tg}\,\theta + \ln|\sec\theta + \text{tg}\,\theta| + k_1$$

ou seja,

$$\int \sec^3\theta \, d\theta = \frac{1}{2} \Big[\sec\theta \, \text{tg}\,\theta + \ln|\sec\theta + \text{tg}\,\theta| \Big] + k.)$$

Mudança de Variáveis na Integral Dupla

Exemplo 4 Calcule $\int_0^1 \left[\int_0^x x\sqrt{x^2 + 3y^2}\, dy \right] dx$.

Solução

Primeiro vamos determinar a região de integração. Para cada x fixo em $[0, 1]$, y deve variar de 0 a x; a região B de integração é, então, o conjunto de todos (x, y) tais que $0 \leq x \leq 1$, $0 \leq y \leq x$, ou seja, B é o triângulo de vértices $(0, 0)$, $(1, 0)$ e $(1, 1)$. Assim,

$$\int_0^1 \left[\int_0^x x\sqrt{x^2 + 3y^2}\, dy \right] dx = \iint_B x\sqrt{x^2 + 3y^2}\, dx\, dy.$$

A mudança de variável

① $\qquad \begin{cases} x = \rho \cos\theta \\ \sqrt{3}\, y = \rho \sen\theta \end{cases} \qquad$ ou $\qquad \begin{cases} x = \rho \cos\theta \\ y = \dfrac{\sqrt{3}}{3} \rho \sen\theta \end{cases}$

elimina a raiz do integrando. (Observe que $x^2 + 3y^2 = \rho^2$.) Temos:

$$\frac{\partial(x, y)}{\partial(\theta, \rho)} = \begin{vmatrix} -\rho \sen\theta & \cos\theta \\ \dfrac{\sqrt{3}}{3} \rho \cos\theta & \dfrac{\sqrt{3}}{3} \sen\theta \end{vmatrix} = -\frac{\sqrt{3}}{3} \rho.$$

Assim

$$dx\, dy = \left| \frac{\partial(x, y)}{\partial(\theta, \rho)} \right| d\rho\, d\theta = \frac{\sqrt{3}}{3} \rho\, d\rho\, d\theta \quad (\rho \geq 0).$$

Vamos, agora, determinar $B_{\theta\rho}$.

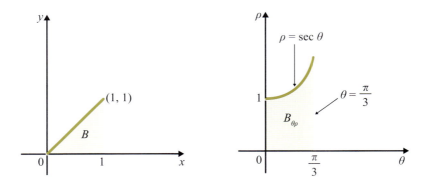

Observe que ① transforma a reta $x = 1$ na curva $\rho = \sec\theta$; por outro lado, ① transforma a reta $y = x$ na reta $\theta = \dfrac{\pi}{3}$.

Temos, então:

$$\iint_B x\sqrt{x^2+3y^2}\,dx\,dy = \iint_{B_{\theta\rho}} \frac{\sqrt{3}}{3}\rho^3 \cos\theta\,d\rho\,d\theta.$$

Como

$$\iint_{B_{\theta\rho}} \frac{\sqrt{3}}{3}\rho^3 \cos\theta\,d\rho\,d\theta = \frac{\sqrt{3}}{3}\int_0^{\frac{\pi}{3}}\left[\int_0^{\sec\theta}\rho^3\cos\theta\,d\rho\right]d\theta$$

$$= \frac{\sqrt{3}}{3}\int_0^{\frac{\pi}{3}}\left[\frac{\rho^4}{4}\cos\theta\right]_0^{\sec\theta}d\theta = \frac{\sqrt{3}}{12}\int_0^{\frac{\pi}{3}}\sec^3\theta\,d\theta$$

resulta

$$\iint_B x\sqrt{x^2+3y^2}\,dx\,dy = \frac{\sqrt{3}}{24}\left[\sec\theta\,\mathrm{tg}\,\theta + \ln(\sec\theta+\mathrm{tg}\,\theta)\right]_0^{\frac{\pi}{3}}$$

e, portanto,

$$\iint_B x\sqrt{x^2+3y^2}\,dx\,dy = \frac{\sqrt{3}}{24}\left[2\sqrt{3}+\ln(2+\sqrt{3})\right].$$

Exemplo 5 Calcule $\int_{-\infty}^{+\infty} e^{-x^2}\,dx$.

Solução

Façamos

$$I(r) = \int_{-r}^{r} e^{-x^2}\,dx = \int_{-r}^{r} e^{-y^2}\,dy \qquad (r>0).$$

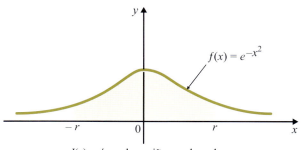

$I(r)$ = área da região sombreada

Temos:

$$[I(r)]^2 = \int_{-r}^{r} e^{-x^2}\,dx \int_{-r}^{r} e^{-y^2}\,dy = \int_{-r}^{r}\int_{-r}^{r} e^{-x^2-y^2}\,dx\,dy.$$

Mudança de Variáveis na Integral Dupla

Sejam B e B_1 os círculos inscrito e circunscrito, respectivamente, ao quadrado $-r \leq x \leq r$, $-r \leq y \leq r$; o raio de B é r e o de B_1 é $\sqrt{2}r$. Temos:

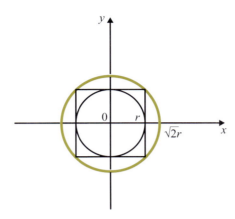

$$\iint_B e^{-x^2-y^2} \, dx \, dy \leq [I(r)]^2 \leq \iint_{B_1} e^{-x^2-y^2} \, dx \, dy.$$

Pela mudança de variável $x = \rho \cos \theta$, $y = \rho \, \text{sen} \, \theta$, obtemos

$$\iint_B e^{-x^2-y^2} \, dx \, dy = \int_0^{2\pi} \int_0^r e^{-\rho^2} \rho \, d\rho \, d\theta = \int_0^{2\pi} d\theta \int_0^r \rho e^{-\rho^2} d\rho = \pi[1 - e^{-r^2}].$$

De modo análogo,

$$\iint_{B_1} e^{-x^2-y^2} \, dx \, dy = \pi[1 - e^{-2r^2}].$$

Assim,

$$\pi[1 - e^{-r^2}] \leq [I(r)]^2 \leq \pi[1 - e^{-2r^2}]$$

ou

$$\sqrt{\pi[1 - e^{-r^2}]} \leq I(r) \leq \sqrt{\pi[1 - e^{-2r^2}]}.$$

Como

$$\lim_{r \to +\infty} \sqrt{\pi[1 - e^{-r^2}]} = \sqrt{\pi} = \lim_{r \to +\infty} \sqrt{\pi[1 - e^{-2r^2}]}$$

segue, pelo teorema do confronto,

$$\lim_{r \to +\infty} I(r) = \lim_{r \to +\infty} \int_{-r}^r e^{-x^2} dx = \sqrt{\pi},$$

ou seja,

$$\int_{-\infty}^{+\infty} e^{-x^2} dx = \sqrt{\pi}.$$

Capítulo 4

Exemplo 6 Calcule

$$\iint_B x\sqrt{x^2 + y^2}\, dx\, dy$$

em que B é o conjunto de todos (x, y) tais que

$$x^2 \leqslant y \leqslant x.$$

Solução

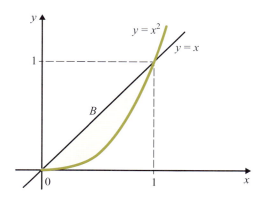

B é o conjunto sombreado. Vamos tentar uma mudança para coordenadas polares

$$\begin{cases} x = \rho \cos \theta \\ y = \rho \operatorname{sen} \theta \end{cases}$$

Vejamos, inicialmente, como fica a equação da parábola $y = x^2$ em coordenadas polares. Temos

$$\rho \operatorname{sen} \theta = (\rho \cos \theta)^2$$

daí

$$\rho = \frac{\operatorname{sen} \theta}{\cos^2 \theta},\ 0 \leqslant \theta < \frac{\pi}{2},$$

é a equação, em coordenadas polares, de $y = x^2$, $x \geqslant 0$.

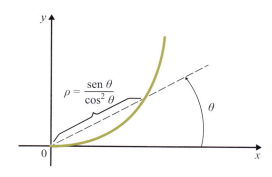

$B_{\theta\rho}$ é, então, o conjunto

$$0 \leq \theta \leq \frac{\pi}{4}, 0 \leq \rho \leq \frac{\operatorname{sen}\theta}{\cos^2\theta}.$$

$\left(\text{Para cada } \theta \text{ fixo em } \left[0, \frac{\pi}{4}\right], \rho \text{ deve variar de 0 até } \frac{\operatorname{sen}\theta}{\cos^2\theta}.\right)$ Temos, então,

$$\iint_B x\sqrt{x^2+y^2}\,dx\,dy = \iint_{B_{\theta\rho}} \rho^3 \cos\theta\,d\rho\,d\theta.$$

Vamos, agora, calcular a integral do 2º membro

$$\iint_{B_{\theta\rho}} \rho^3 \cos\theta\,d\rho\,d\theta = \int_0^{\frac{\pi}{4}}\left[\int_0^{\frac{\operatorname{sen}\theta}{\cos^2\theta}} \rho^3 \cos\theta\,d\rho\right]d\theta = \int_0^{\frac{\pi}{4}} \cos\theta\left[\frac{\rho^4}{4}\right]_0^{\frac{\operatorname{sen}\theta}{\cos^2\theta}}d\theta.$$

Assim

$$\iint_{B_{\theta\rho}} \rho^3 \cos\theta\,d\rho\,d\theta = \frac{1}{4}\int_0^{\frac{\pi}{4}} \frac{\operatorname{sen}^4\theta}{\cos^7\theta}\,d\theta.$$

Temos

$$\frac{\operatorname{sen}^4\theta}{\cos^7\theta} = \sec^3\theta \operatorname{tg}^4\theta = \sec^3\theta(\sec^2\theta-1)^2.$$

Daí

$$\int_0^{\frac{\pi}{4}} \frac{\operatorname{sen}^4\theta}{\cos^7\theta}\,d\theta = \int_0^{\frac{\pi}{4}}\left[\sec^7\theta - 2\sec^5\theta + \sec^3\theta\right]d\theta.$$

O cálculo da integral do 2º membro fica para o leitor. (*Sugestão*: Utilize a fórmula de recorrência

$$\int \sec^n x\,dx = \frac{1}{n-1}\sec^{n-2}x\operatorname{tg}x + \frac{n-2}{n-1}\int \sec^{n-2}x\,dx.$$

Veja Vol. 1.)

Exemplo 7 Calcule

$$\iint_B \sqrt{x^2+y^2}\,dx\,dy$$

em que B é o conjunto de todos (x, y) tais que

$$y \geq x - x^2 \text{ e } x^2 + y^2 - x \leq 0.$$

Capítulo 4

Solução

$$x^2 + y^2 - x = 0 \Leftrightarrow \left(x - \frac{1}{2}\right)^2 + y^2 = \frac{1}{4}.$$

A parábola $y = x - x^2$ e a circunferência $x^2 + y^2 - x = 0$ interceptam-se nos pontos $(0, 0)$ e $(1, 0)$. (Verifique.) Observamos que $y = x$ é a reta tangente à parábola no ponto $(0, 0)$.

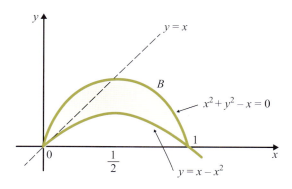

B é o conjunto sombreado. Vamos fazer uma mudança de variáveis para coordenadas polares. Vejamos como fica, em coordenadas polares, a equação $y = x - x^2$, $0 \leq x \leq 1$.

$$\rho \operatorname{sen} \theta = \rho \cos \theta - \rho^2 \cos^2 \theta$$

e, portanto,

$$\rho = \frac{\cos \theta - \operatorname{sen} \theta}{\cos^2 \theta}, \quad 0 \leq \theta \leq \frac{\pi}{4}$$

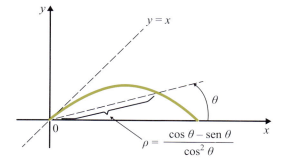

Observe que para cobrir o gráfico de $y = x - x^2$, $0 \leq x \leq 1$, θ deve variar de 0 a $\frac{\pi}{4}$. Fica a seu cargo verificar que

$$\rho = \cos \theta$$

é a equação, em coordenadas polares, da circunferência $x^2 + y^2 - x = 0$.

Para cobrir o conjunto B, θ deverá variar de 0 a $\dfrac{\pi}{2}$. Para cada θ fixo em $\left[0, \dfrac{\pi}{4}\right]$, ρ deverá variar de

$$\frac{\cos\theta - \operatorname{sen}\theta}{\cos^2\theta} \text{ a } \cos\theta.$$

Para cada θ fixo em $\left[\dfrac{\pi}{4}, \dfrac{\pi}{2}\right]$, ρ deverá variar de 0 a $\cos\theta$.

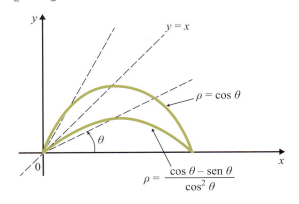

Temos

$$\iint_B \sqrt{x^2+y^2}\, dx\, dy = \iint_{B_{\theta\rho}} \sqrt{\rho^2}\, \underbrace{\rho\, d\rho\, d\theta}_{dx\,dy}.$$

Segue que

$$\iint_B \sqrt{x^2+y^2}\, dx\, dy = \int_0^{\frac{\pi}{4}}\left[\int_{\frac{\cos\theta-\operatorname{sen}\theta}{\cos^2\theta}}^{\cos\theta} \rho^2\, d\rho\right] d\theta + \int_{\frac{\pi}{4}}^{\frac{\pi}{2}}\left[\int_0^{\cos\theta} \rho^2\, d\rho\right] d\theta.$$

Daí

$$\iint_B \sqrt{x^2+y^2}\, dx\, dy = \frac{1}{3}\int_0^{\frac{\pi}{4}}\left[\cos^3\theta - \frac{(\cos\theta-\operatorname{sen}\theta)^3}{\cos^6\theta}\right] d\theta + \frac{1}{3}\int_{\frac{\pi}{4}}^{\frac{\pi}{2}} \cos^3\theta\, d\theta.$$

Fica a cargo do leitor o cálculo das integrais do 2º membro. (*Sugestão*:

$$\int \cos^3\theta\, d\theta = \int \cos\theta\,(1-\operatorname{sen}^2\theta)\, d\theta = \int (1-u^2)\, du \quad (u = \operatorname{sen}\theta);$$

$$-\int \frac{\operatorname{sen}\theta}{\cos^4\theta}\, d\theta = \int \frac{dv}{v^4} \quad (v = \cos\theta);$$

$$\int \frac{\operatorname{sen}^2\theta}{\cos^5\theta}\, d\theta = \int \sec^3\theta\,(\sec^2\theta - 1)\, d\theta$$

(utilize a fórmula de recorrência mencionada no exemplo anterior);

$$-\int \frac{\operatorname{sen}^3 \theta}{\cos^6 \theta} d\theta = -\int \frac{\operatorname{sen} \theta (1 - \cos^2 \theta)}{\cos^6 \theta} d\theta = \int \frac{1 - v^2}{v^6} dv \ (v = \cos \theta).)$$

Exemplo 8 Calcule

$$\iint_B x^2 \, dx \, dy$$

em que B é o conjunto $x^2 + 4y^2 \leq 1$.

Solução

Façamos a mudança de variáveis

① $$\begin{cases} x = \rho \cos \theta \\ 2y = \rho \operatorname{sen} \theta \end{cases}$$

ou seja,

$$\begin{cases} x = \rho \cos \theta \\ y = \frac{1}{2} \rho \operatorname{sen} \theta \end{cases}$$

Temos

$$\frac{\partial(x, y)}{\partial(\theta, \rho)} = \begin{vmatrix} -\rho \operatorname{sen} \theta & \cos \theta \\ \frac{1}{2} \rho \cos \theta & \frac{1}{2} \operatorname{sen} \theta \end{vmatrix} = -\frac{\rho}{2}.$$

Assim,

$$\left| \frac{\partial(x, y)}{\partial(\theta, \rho)} \right| = \frac{\rho}{2}$$

isto é, o módulo do determinante jacobiano é igual a $\frac{\rho}{2}$.

A mudança de variáveis ① transforma o retângulo

$$B_{\theta\rho} = \{(\theta, \rho) \mid 0 \leq \theta \leq 2\pi, 0 \leq \rho \leq 1\}$$

no conjunto B dado.

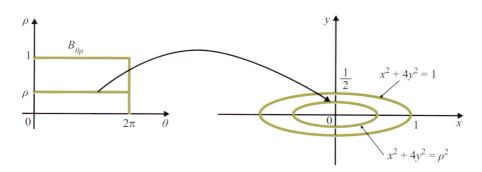

Observe que, para cada ρ fixo no intervalo $[0, 1]$, a mudança de variáveis ① transforma o segmento

$$\{(\theta, \rho) \mid 0 \leq \theta \leq 2\pi\}$$

na elipse

$$x^2 + 4y^2 = \rho^2.$$

Temos, então,

$$\iint_B x^2 \, dx \, dy = \iint_{B_{\theta\rho}} \rho^2 \cos^2 \theta \underbrace{\left(\frac{\rho}{2} d\rho \, d\theta\right)}_{dx\,dy}$$

e, portanto,

$$\iint_B x^2 \, dx \, dy = \frac{1}{2} \int_0^{2\pi} \cos^2 \theta \, d\theta \int_0^1 \rho^3 \, d\rho = \frac{\pi}{8}.$$

Exemplo 9 Calcule

$$\iint_B \sqrt{2x - x^2 - y^2} \, dx \, dy$$

em que B é o círculo $x^2 + y^2 - x \leq 0$.

Solução

$$2x - x^2 - y^2 = 1 - (x-1)^2 - y^2$$

Façamos

①
$$\begin{cases} x - 1 = \rho \cos \theta \\ y = \rho \, \text{sen} \, \theta \end{cases}$$

o que significa que estamos tomando coordenadas polares com polo no ponto $(1, 0)$.

Substituindo ① na equação $x^2 + y^2 - x = 0$ obtemos

$$\rho = -\cos \theta, \frac{\pi}{2} \leq \theta \leq \frac{3\pi}{2}$$

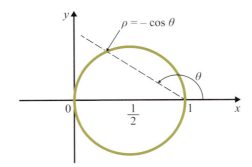

Capítulo 4

Para cada θ fixo em $\left[\dfrac{\pi}{2}, \dfrac{3\pi}{2}\right]$, ρ deverá variar de 0 a $-\cos\theta$. $\Big($Observe que $-\cos\theta \geqslant 0$ em $\left[\dfrac{\pi}{2}, \dfrac{3\pi}{2}\right]$.$\Big)$

Temos
$$dx\,dy = \rho\,d\rho\,d\theta.$$

Então,
$$\iint_B \sqrt{2x - x^2 - y^2}\,dx\,dy = \iint_{B_{\theta\rho}} \rho\sqrt{1-\rho^2}\,d\rho\,d\theta$$

e, portanto,
$$\iint_B \sqrt{2x - x^2 - y^2}\,dx\,dy = \int_{\frac{\pi}{2}}^{\frac{3\pi}{2}}\left[\int_0^{-\cos\theta} \rho\sqrt{1-\rho^2}\,d\rho\right]d\theta.$$

Para calcular $\int \rho\sqrt{1-\rho^2}\,d\rho$ façamos a mudança de variável $u = 1 - \rho^2$ e, portanto, $du = -2\rho\,d\rho$. Então,
$$\int \rho\sqrt{1-\rho^2}\,d\rho = -\frac{1}{2}\int u^{\frac{1}{2}}\,du = -\frac{1}{3}u^{\frac{3}{2}} = -\frac{1}{3}[\sqrt{1-\rho^2}]^3.$$

Segue que
$$\iint_B \sqrt{2x - x^2 - y^2}\,dx\,dy = -\frac{1}{3}\int_{\frac{\pi}{2}}^{\frac{3\pi}{2}}\left[|\mathrm{sen}\,\theta|^3 - 1\right]d\theta.$$

(*Cuidado.* $\sqrt{\mathrm{sen}^2\,\theta} = |\mathrm{sen}\,\theta|$.) Temos, então,
$$\iint_B \sqrt{2x - x^2 - y^2}\,dx\,dy = \frac{\pi}{3} - \frac{1}{3}\int_{\frac{\pi}{2}}^{\frac{3\pi}{2}} |\mathrm{sen}\,\theta|^3\,d\theta.$$

Para calcular a integral que ocorre no 2º membro procedemos da seguinte forma:
$$\int_{\frac{\pi}{2}}^{\frac{3\pi}{2}} |\mathrm{sen}\,\theta|^3\,d\theta = \int_{\frac{\pi}{2}}^{\pi} \mathrm{sen}^3\,\theta\,d\theta - \int_{\pi}^{\frac{3\pi}{2}} \mathrm{sen}^3\,\theta\,d\theta$$

pois,
$$|\mathrm{sen}\,\theta| = \begin{cases} \mathrm{sen}\,\theta & \text{em } \left[\dfrac{\pi}{2}, \pi\right] \\ -\mathrm{sen}\,\theta & \text{em } \left[\pi, \dfrac{3\pi}{2}\right] \end{cases}.$$

Observando que $\mathrm{sen}^3\,\theta = \mathrm{sen}\,\theta\,(1 - \cos^2\,\theta)$, temos
$$\int_{\frac{\pi}{2}}^{\pi} \mathrm{sen}^3\,\theta\,d\theta = \int_{\frac{\pi}{2}}^{\pi}\left[\mathrm{sen}\,\theta - \mathrm{sen}\,\theta\,\cos^2\,\theta\right]d\theta = \left[-\cos\theta + \frac{1}{3}\cos^3\theta\right]_{\frac{\pi}{2}}^{\pi} = \frac{2}{3}$$

e
$$\int_{\pi}^{\frac{3\pi}{2}} \sen^3 \theta \, d\theta = -\frac{2}{3}.$$

Conclusão.
$$\iint_B \sqrt{2x - x^2 - y^2} \, dx \, dy = \frac{\pi}{3} - \frac{4}{9}.$$

Exercícios 4.2

1. Calcule

   a) $\iint_B (x^2 + 2y) \, dx \, dy$, em que B é o círculo $x^2 + y^2 \leq 4$.

   b) $\iint_B (x^2 + y^2) \, dx \, dy$, em que $B = \{(x, y) \in \mathbb{R}^2 \mid 1 \leq x^2 + y^2 \leq 4\}$.

   c) $\iint_B x^2 \, dx \, dy$, em que B é o conjunto $4x^2 + y^2 \leq 1$.

   d) $\iint_B \sen(4x^2 + y^2) \, dx \, dy$, em que B é o conjunto de todos (x, y) tais que $4x^2 + y^2 \leq 1$ e $y \geq 0$.

   e) $\iint_B e^{x^2 + y^2} \, dx \, dy$, em que B é o conjunto de todos (x, y) tais que $1 \leq x^2 + y^2 \leq 4$, $-x \leq y \leq x$, $x \geq 0$.

   f) $\iint_B \frac{\sqrt[3]{y - x}}{1 + y + x} \, dx \, dy$, em que B é o triângulo de vértices $(0, 0)$, $(1, 0)$ e $(0, 1)$.

   g) $\iint_B x \, dx \, dy$, em que B é o conjunto, no plano xy, limitado pela cardioide $\rho = 1 - \cos \theta$.

   h) $\iint_B \frac{e^{y - x^2}}{y - x^2} \, dx \, dy$, em que B é o conjunto de todos (x, y) tais que $1 + x^2 \leq y \leq 2 + x^2$, $y \geq x + x^2$ e $x \geq 0$.

   i) $\iint_B x \, dx \, dy$, em que B é o círculo $x^2 + y^2 - x \leq 0$.

   j) $\iint_B \sqrt{x^2 + y^2} \, dx \, dy$, em que B é o quadrado $0 \leq x \leq 1$, $0 \leq y \leq 1$.

   l) $\iint_B y^2 \, dx \, dy$, em que $B = \{(x, y) \in \mathbb{R}^2 \mid x^2 + y^2 \leq 1, y \geq x \text{ e } x \geq 0\}$.

   m) $\iint_B (2y + y) \cos(x - y) \, dx \, dy$, em que B é o paralelogramo de vértices $(0, 0)$, $\left(\frac{\pi}{3}, \frac{\pi}{3}\right)$, $\left(\frac{2\pi}{3}, -\frac{\pi}{3}\right)$ e $\left(\frac{\pi}{3}, -\frac{2\pi}{3}\right)$.

2. Passe para coordenadas polares e calcule

   a) $\int_0^1 \left[\int_{x^2}^{\sqrt{2 - x^2}} \sqrt{x^2 + y^2} \, dy \right] dx$.

   b) $\int_0^1 \left[\int_0^{\sqrt{x - x^2}} x \, dy \right] dx$.

Capítulo 4

c) $\int_0^1 \left[\int_{1-\sqrt{1-x^2}}^{1+\sqrt{1-x^2}} xy \, dy \right] dx.$

d) $\int_0^a \left[\int_0^x \sqrt{x^2+y^2} \, dy \right] dx \quad (a > 0).$

e) $\int_0^a \left[\int_0^{\sqrt{a^2-x^2}} \sqrt{a^2-x^2-y^2} \, dy \right] dx \quad (a > 0).$

f) $\iint_B x \, dx \, dy$, em que B é a região, no plano xy, limitada pela curva (dada em coordenadas polares) $\rho = \cos 3\theta$, $-\frac{\pi}{6} \leq \theta \leq \frac{\pi}{6}$.

g) $\iint_B dx \, dy$, em que B é a região, no plano xy, limitada pela curva (em coordenadas polares) $\rho = \cos 2\theta$, $-\frac{\pi}{8} \leq \theta \leq \frac{\pi}{4}$.

h) $\iint_B xy \, dx \, dy$, em que B é o círculo $x^2 + y^2 - 2y \leq 0, x \geq 0$.

3. Calcule $\iint_B \sqrt[3]{y^2 - x^2} \, dx \, dy$, em que B é o paralelogramo de vértices $(0, 0)$, $\left(\frac{1}{2}, \frac{1}{2}\right)$, $(0, 1)$ e $\left(-\frac{1}{2}, \frac{1}{2}\right)$.

4. Calcule a área da região limitada pela elipse $\frac{x^2}{a^2} + \frac{y^2}{b^2} = 1$ $(a > 0$ e $b > 0)$.

5. Sejam $A = \{(x, y) \in \mathbb{R}^2 \mid 1 + x^2 \leq y \leq 2 + x^2, x \geq 0 \text{ e } y \geq x + x^2\}$ e $B = \{(u, v) \in \mathbb{R}^2 \mid 1 \leq v \leq 2, v \geq u \text{ e } u \geq 0\}$.

a) Verifique que $B = \varphi(A)$, em que $(u, v) = \varphi(x, y)$, com $u = x$ e $v = y - x^2$.
b) Verifique que a área de A é igual à área de B.

6. Seja B o conjunto $\frac{x^2}{a^2} + \frac{y^2}{b^2} \leq 1$, $a > 0$ e $b > 0$. Verifique que

$$\iint_B f(x, y) \, dx \, dy = ab \int_0^{2\pi} \left[\int_0^1 \rho f(a\rho \cos\theta, b\rho \, \text{sen}\,\theta) \, d\rho \right] d\theta.$$

7. Seja B o conjunto $(x - \alpha)^2 + (y - \beta)^2 \leq r^2$ $(r > 0, \alpha$ e β reais dados). Verifique que

$$\iint_B f(x, y) \, dx \, dy = \int_0^{2\pi} \left[\int_0^r \rho g(\theta, \rho) \, d\rho \right] d\theta$$

em que $g(\theta, \rho) = f(x, y)$, $x = \alpha + \rho \cos\theta$ e $y = \beta + \rho \, \text{sen}\,\theta$.

8. Considere a função $g(x, y) = f\left(\sqrt{x^2 + y^2}\right)$, em que $f(u)$ é uma função de uma variável real a valores reais, contínua em $[a, b]$, $0 \leq a < b$, e tal que $f(x) \geq 0$ para todo x em $[a, b]$. Seja B o conjunto

$$B = \{(x, y, z) \mid a^2 \leq x^2 + y^2 \leq b^2 \text{ e } 0 \leq z \leq g(x, y)\}$$

a) Verifique que B é gerado pela rotação em torno do eixo z do conjunto

$$\{(x, y, z) | a \leqslant x \leqslant b, y = 0 \text{ e } 0 \leqslant z \leqslant f(x)\}$$

b) Utilizando coordenadas polares mostre que o volume de B é

$$2\pi \int_a^b x f(x)\, dx.$$

c) Compare com a fórmula estabelecida na Seção 13.2 do Vol. 1.

4.3 Massa e Centro de Massa

Seja $B \subset \mathbb{R}^2$, B compacto e com fronteira de conteúdo nulo. Imaginemos B como uma chapa delgada. Por uma *função densidade superficial de massa* associada a B entendemos uma função $\delta : B \to \mathbb{R}$, contínua e positiva, tal que, para todo $B_1 \subset B$,

$$\boxed{\text{massa de } B_1 = \iint_{B_1} \delta(x, y)\, dx\, dy}$$

desde que a integral exista. Assim, se $\delta(x, y)$ é uma função densidade superficial de massa associada a B, então

$$\boxed{\text{massa de } B = \iint_B \delta(x, y)\, dx\, dy}$$

Se $\delta(x, y)$ for constante e igual a k, então a massa de B será igual ao produto de k pela área de B. Diremos, neste caso, que a chapa é *homogênea*; caso contrário, diremos que a chapa é *não homogênea*.

Seja B_1 um retângulo contido em B; pelo teorema do valor médio, existe $(s, t) \in B_1$ tal que

$$\iint_{B_1} \delta(x, y)\, dx\, dy = \delta(s, t) \text{ área de } B_1$$

ou seja,

$$\delta(s, t) = \frac{\text{massa de } B_1}{\text{área de } B_1}$$

Assim, $\delta(s, t)$ é a *densidade superficial média* (massa por unidade de área) de B_1. Seja, agora, (x_1, y_1) um ponto qualquer de B_1 e suponhamos que os lados de B_1 sejam suficientemente pequenos. Tendo em vista a continuidade de δ

$$\delta(x_1, y_1) \cong \frac{\text{massa de } B_1}{\text{área de } B_1}.$$

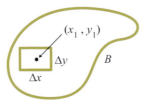

Capítulo 4

$$\Delta m \cong \delta(x_1, y_1) \Delta x \Delta y$$

em que Δm é a massa do retângulo B_1 de lados Δx e Δy.

Pela definição de integral, temos:

$$\text{massa de } B = \iint_B \delta(x, y) \, dx \, dy = \lim_{\Delta \to 0} \sum_{i=1}^{n} \sum_{j=1}^{m} \delta(s_i, t_j) \Delta x_i \Delta y_j.$$

É comum referir-se a $dm = \delta(x, y) \, dx \, dy$ como *elemento de massa*. Escreveremos, então,

$$\text{massa de } B = \iint_B dm$$

Vamos, agora, definir *centro de massa* de B. Tomemos, inicialmente, uma partição de B. Em cada retângulo R_{ij} ($i = 1, 2, ..., n; j = 1, 2, ..., m$) tomemos um ponto (s_i, t_j). A massa de R_{ij}

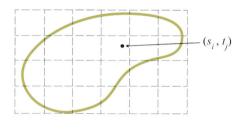

será aproximadamente $\delta(s_i, t_j) \Delta x_i \Delta y_j$ (lembre-se de que devemos tomar $\delta(s_i, t_j) = 0$ se (s_i, t_j) não pertencer a B). Concentremos, agora, toda a massa de R_{ij} no ponto (s_i, t_j). O centro de massa do sistema obtido é, conforme aprendemos no Vol. 1, o ponto $(\overline{x}_c, \overline{y}_c)$, em que

$$\overline{x}_c \cong \frac{\sum_{i=1}^{n} \sum_{j=1}^{m} s_i \delta(s_i, t_j) \Delta x_i \Delta y_j}{\sum_{i=1}^{n} \sum_{j=1}^{m} \delta(s_i, t_j) \Delta x_i \Delta y_j}$$

e

$$\overline{y}_c \cong \frac{\sum_{i=1}^{n} \sum_{j=1}^{m} t_j \delta(s_i, t_j) \Delta x_i \Delta y_j}{\sum_{i=1}^{n} \sum_{j=1}^{m} \delta(s_i, t_j) \Delta x_i \Delta y_j}.$$

O *centro de massa* de B é, por definição, o ponto (x_c, y_c), em que

$$x_c = \frac{\iint_B x \, dm}{\iint_B dm} \quad \text{e} \quad y_c = \frac{\iint_B y \, dm}{\iint_B dm}.$$

Mudança de Variáveis na Integral Dupla

Exemplo Calcule a massa e o centro de massa de um semicírculo de raio r, sendo a densidade superficial no ponto P proporcional à distância do ponto ao centro do círculo.

Solução

O elemento de massa é

$$dm = \underbrace{k\sqrt{x^2+y^2}}_{\delta(x,y)}\, dx\, dy$$

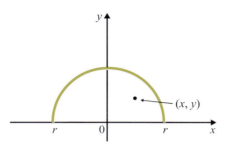

em que k é o coeficiente de proporcionalidade. A massa do semicírculo B é

$$\text{massa de } B = k\iint_B \sqrt{x^2+y^2}\, dx\, dy.$$

Passando para coordenadas polares temos:

$$\text{massa de } B = k\int_0^\pi \left[\int_0^r \rho^2\, d\rho\right] d\theta = \frac{k\pi r^3}{3}.$$

O centro de massa de B é o ponto (x_c, y_c), em que

$$x_c = \frac{\iint_B x\, dm}{\text{massa de } B} = \frac{k\iint_B x\sqrt{x^2+y^2}\, dx\, dy}{\text{massa de } B}$$

e

$$y_c = \frac{k\iint_B y\sqrt{x^2+y^2}\, dx\, dy}{\text{massa de } B}.$$

Temos

$$\iint_B x\sqrt{x^2+y^2}\, dx\, dy = \int_0^r\left[\int_0^\pi \rho^3\cos\theta\, d\theta\right]d\rho = 0.$$

Por outro lado,

$$\iint_B y\sqrt{x^2+y^2}\, dx\, dy = \int_0^r\left[\int_0^\pi \rho^3\,\text{sen}\,\theta\, d\theta\right]d\rho = \frac{r^4}{2}.$$

O centro de massa de B é o ponto (x_c, y_c), em que $x_c = 0$ e $y_c = \dfrac{3r}{2\pi}$.

Capítulo 4

Exercícios 4.3

1. Calcule o centro de massa.

   a) $\delta(x, y) = y$ e B o quadrado $0 \leq x \leq 1, 0 \leq y \leq 1$.

   b) $B = \{(x, y) \in \mathbb{R}^2 | x^2 + 4y^2 \leq 1, y \geq 0\}$ e a densidade é proporcional à distância do ponto ao eixo x.

   c) B é o triângulo de vértices $(0, 0)$, $(1, 0)$ e $(1, 1)$ e a densidade é proporcional à distância do ponto à origem.

   d) B é o conjunto de todos (x, y) tais que $x^3 \leq y \leq x$ e a densidade é constante e igual a 1.

   e) B é o conjunto de todos (x, y) tais que $x \leq y \leq x + 1, 0 \leq x \leq 1$, e a densidade é o produto das coordenadas do ponto.

    f) B é o conjunto de todos (x, y) tais que $1 \leq x^2 + y^2 \leq 4, y \geq 0$, e a densidade é proporcional à distância do ponto à origem.

2. Seja B um compacto com fronteira de conteúdo nulo e com interior não vazio e seja $\delta(x, y)$ contínua em B. Seja $\alpha \neq 0$ um real dado. Considere a mudança de coordenadas $(x, y) = s\vec{u} + t\vec{v}$ em que $\vec{u} = \cos \alpha \, \vec{i} + \sen \alpha \, \vec{j}$ e $\vec{v} = -\sen \alpha \, \vec{i} + \cos \alpha \, \vec{j}$.

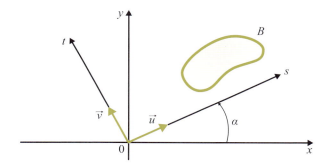

B_{xy} é o conjunto B olhado em relação ao sistema xy e B_{st} é o conjunto B olhado em relação ao sistema st. Observe que B_{xy} é a imagem de B_{st} pela mudança de coordenadas acima.

   a) Verifique que
   $$\begin{cases} x = s \cos \alpha - t \sen \alpha \\ y = s \sen \alpha + t \cos \alpha \end{cases}$$
   e conclua que $\dfrac{\partial(x, y)}{\partial(s, t)} = 1$.

   b) Seja (x_c, y_c) o centro de massa de B no sistema xy e (s_c, t_c) no sistema st. Mostre que $(x_c, y_c) = s_c \vec{u} + t_c \vec{v}$. Interprete.

3. Utilizando o teorema de Pappus (veja Vol. 1), calcule o volume do sólido obtido pela rotação, em torno da reta dada, do conjunto B dado.

   a) B é o círculo $x^2 + y^2 \leq 1$ e $y = x + 2$ a reta.

   b) B é o conjunto de todos (x, y) tais que $x^2 \leq y \leq x$ e $y = x - 1$ a reta.

   c) $B = \{(x, y) \in \mathbb{R}^2 | x^2 + 4y^2 \leq 1\}$ e $x + y = 3$ a reta.

CAPÍTULO 5

Integrais Triplas

5.1 Integral Tripla: Definição

Seja A o paralelepípedo $a \leq x \leq a_1$, $b \leq y \leq b_1$, $c \leq z \leq c_1$, em que $a < a_1$, $b < b_1$ e $c < c_1$ são números reais dados. Sejam $P_1: a = x_0 < x_1 < x_2 < \ldots < x_n = a_1$; $P_2: b = y_0 < y_1 < y_2 < \ldots < y_m = b_1$ e $P_3: c = z_0 < z_1 < z_2 < \ldots < z_p = c_1$ partições de $[a, a_1]$, $[b, b_1]$ e $[c, c_1]$, respectivamente. O conjunto de todas as ternas (x_i, y_j, z_k), com $i = 0, 1, 2, \ldots, n$, $j = 0, 1, 2, \ldots, m$ e $k = 0, 1, 2, \ldots, p$, denomina-se *partição* do paralelepípedo A. Uma partição de A determina mnp paralelepípedos A_{ijk}, em que A_{ijk} é o paralelepípedo $x_{i-1} \leq x \leq x_i$, $y_{j-1} \leq y \leq y_j$, $z_{k-1} \leq z \leq z_k$.

Seja $B \subset \mathbb{R}^3$; dizemos que B é *limitado se existir um paralelepípedo A*, com $B \subset A$.

Seja $f: B \subset \mathbb{R}^3 \to \mathbb{R}$, com B limitado. Assim, existe um paralelepípedo A de faces paralelas aos planos coordenados que contém B. Seja P uma partição de A. Para cada terna de índices (i, j, k), seja X_{ijk} um ponto escolhido arbitrariamente no paralelepípedo A_{ijk}. Pois bem, o número

① $$\sum_{i=1}^{n}\sum_{j=1}^{m}\sum_{k=1}^{p} f(X_{ijk}) \Delta x_i \Delta y_j \Delta z_k$$

em que $f(X_{ijk})$ deve ser substituído por zero se $X_{ijk} \notin B$ denomina-se *soma de Riemann* de f, relativa à partição P e aos pontos X_{ijk}.

A *integral tripla* de f sobre B que se indica por $\iiint_B f(x, y, z)\, dx\, dy\, dz$ ou por $\iiint_B f(x, y, z)\, dV$, é, por definição, o limite de ① (caso exista) quando Δ tende a zero, em que Δ é o maior dos números Δx_i, Δy_j, Δz_k, com $i = 1, 2, \ldots, n$, $j = 1, 2, \ldots, m$ e $k = 1, 2, \ldots, p$.

$$\iiint_B f(x, y, z)\, dx\, dy\, dz = \lim_{\Delta \to 0} \sum_{i=1}^{n}\sum_{j=1}^{m}\sum_{k=1}^{p} f(X_{ijk}) \Delta x_i \Delta y_j \Delta z_k.$$

Tal limite deve ser entendido como o que ocorre na definição de integral dupla.

5.2 Conjunto de Conteúdo Nulo

Seja D um subconjunto do $\mathbb{R}^3$. Dizemos que D tem *conteúdo nulo* se, para todo $\varepsilon > 0$ dado, existir um número finito de paralelepípedos $A_1, A_2, ..., A_n$ tais que

$$D \subset A_1 \cup A_2 \cup ... \cup A_n$$

e

$$\sum_{i=1}^{n} m(A_i) < \varepsilon$$

em que $m(A_i)$ é o volume de A_i.

Grosso modo, dizer que D tem *conteúdo nulo* significa que D pode ser coberto por um número finito de paralelepípedos cuja soma dos volumes seja tão pequena quanto se queira.

Seja K, $K \subset \mathbb{R}^2$, um conjunto compacto com fronteira de conteúdo nulo e seja $f(x, y)$ uma função a valores reais contínua em K. Procedendo-se como no Exemplo da Seção 2.3, prova-se (a prova é deixada para o leitor) que o gráfico de f tem conteúdo nulo.

Pode ser provado, ainda, que se $\varphi: \Omega \subset \mathbb{R}^2 \to \mathbb{R}^3$, Ω aberto, for de classe C^1 e se K for um subconjunto compacto de Ω, então $\varphi(K)$ terá conteúdo nulo.

Seja $D = D_1 \cup D_2 \cup ... \cup D_n$, em que D_i ($i = 1, 2, ..., n$) ou é o gráfico de uma função contínua $f: K \subset \mathbb{R}^2 \to \mathbb{R}$, K compacto, ou a imagem $\varphi(K)$ de um compacto $K \subset \Omega$, no qual $\varphi: \Omega \subset \mathbb{R}^2 \to \mathbb{R}^3$, Ω aberto, é de classe C^1. Tendo em vista que a reunião de um número finito de conjuntos de conteúdo nulo tem conteúdo nulo (verifique) resulta, do que vimos acima, que D terá conteúdo nulo.

Os subconjuntos do $\mathbb{R}^3$ que vão interessar ao curso são aqueles cuja fronteira é um conjunto D da forma acima descrita.

5.3 Uma Condição Suficiente para Integrabilidade de uma Função sobre um Conjunto Limitado

O teorema da Seção 2.4 estende-se sem nenhuma modificação para integrais triplas.

Teorema. Seja $B \subset \mathbb{R}^3$ um conjunto limitado e seja $f: B \to \mathbb{R}$ uma função contínua e limitada. Nestas condições se a fronteira de B tiver conteúdo nulo, então f será integrável em B.

Fica a cargo do leitor estender para as integrais triplas as propriedades relacionadas na Seção 2.5.

5.4 Redução do Cálculo de uma Integral Tripla a uma Integral Dupla

Seja $K \subset \mathbb{R}^2$ um conjunto compacto com fronteira de conteúdo nulo e sejam $g(x, y)$ e $h(x, y)$ duas funções a valores reais contínuas em K e tais que, para todo $(x, y) \in K$, $g(x, y) \leq h(x, y)$. Seja B o conjunto de todos (x, y, z) tais que $g(x, y) \leq z \leq h(x, y)$, $(x, y) \in K$. Observe que a fronteira de

B tem conteúdo nulo (por quê?). Na figura seguinte, supusemos K um retângulo só para facilitar o desenho.

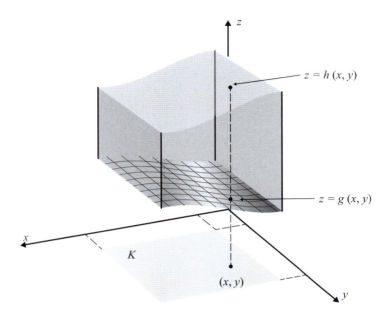

Seja $f(x, y, z)$ contínua em B. Com procedimento análogo ao adotado nas integrais duplas, prova-se que

$$\iiint_B f(x, y, z)\,dx\,dy\,dz = \iint_K \left[\int_{g(x,y)}^{h(x,y)} f(x, y, z)\,dz \right] dx\,dy$$

Com as adaptações devidas temos também:

$$\iiint_B f(x, y, z)\,dx\,dy\,dz = \iint_K \left[\int_{g(x,z)}^{h(x,z)} f(x, y, z)\,dy \right] dx\,dz$$

em que $B = \{(x, y, z) \mid g(x, z) \leq y \leq h(x, z), (x, z) \in K\}$

$$\iiint_B f(x, y, z)\,dx\,dy\,dz = \iint_K \left[\int_{g(y,z)}^{h(y,z)} f(x, y, z)\,dx \right] dy\,dz$$

em que $B = \{(x, y, z) \mid g(y, z) \leq x \leq h(y, z), (y, z) \in K\}$

Exemplo 1 Calcule $\iiint_B x\,dx\,dy\,dz$, em que B é o conjunto de todos (x, y, z) tais que

$$0 \leq x \leq 1, 0 \leq y \leq x \text{ e } 0 \leq z \leq x + y.$$

Solução

$$B = \{(x, y, z) \in \mathbb{R}^3 \mid 0 \leq z \leq x + y, (x, y) \in K\}$$

em que K é o triângulo $0 \leq x \leq 1, 0 \leq y \leq x$.

Capítulo 5

$$\iiint_B x\,dx\,dy\,dz = \iint_K \left[\int_0^{x+y} x\,dz\right] dx\,dy.$$

Como

$$\int_0^{x+y} x\,dz = [xz]_0^{x+y} = x(x+y)$$

resulta

$$\iiint_B x\,dx\,dy\,dz = \iint_K (x^2 + xy)\,dx\,dy = \int_0^1 \left[\int_0^x (x^2 + xy)\,dy\right] dx.$$

De

$$\int_0^x (x^2 + xy)\,dy = \left[x^2 y + \frac{x^2 y}{2}\right]_0^x = \frac{3}{2} x^3$$

segue

$$\iiint_B x\,dx\,dy\,dz = \int_0^1 \frac{3}{2} x^3\,dx = \frac{3}{8},$$

ou seja,

$$\iiint_B x\,dx\,dy\,dz = \frac{3}{8}.$$

Seja B um subconjunto do $\mathbb{R}^3$, limitado e com fronteira de conteúdo nulo. Definimos o *volume de B* por

$$\boxed{\text{volume de } B = \iiint_B dx\,dy\,dz.}$$

Fica a cargo do leitor justificar tal definição.

Exemplo 2 Calcule o volume do conjunto de todos (x, y, z) tais que $x^2 + y^2 \leq z \leq 2 - x^2 - y^2$.

Solução

Primeiro vamos determinar a interseção dos gráficos $z = x^2 + y^2$ e $z = 2 - x^2 - y^2$. Temos:

$$x^2 + y^2 = 2 - x^2 - y^2 \Leftrightarrow x^2 + y^2 = 1.$$

A interseção é, então, a circunferência de centro (0, 0, 1), raio 1 e contida no plano $z = 1$. Sendo B o conjunto dado, temos:

$$B = \{(x, y, z) \in \mathbb{R}^3 \mid x^2 + y^2 \leq z \leq 2 - x^2 - y^2, (x, y) \in K\}$$

em que K é o círculo $x^2 + y^2 \leq 1$. (Sugerimos ao leitor desenhar o conjunto B.) Assim,

$$\text{volume de } B = \iiint_B dx\,dy\,dz = \iint_K \left[\int_{x^2+y^2}^{2-x^2-y^2} dz\right] dx\,dy,$$

ou seja,

$$\text{volume de } B = 2\iint_K (1 - x^2 - y^2)\, dx\, dy.$$

Passando para coordenadas polares

$$\iint_B (1 - x^2 - y^2)\, dx\, dy = \int_0^{2\pi}\left[\int_0^1 (1 - \rho^2)\rho\, d\rho\right] d\theta = \frac{\pi}{2}.$$

Portanto, o volume de B é π unidades de volume.

Seja $B \subset \mathbb{R}^3$, B compacto e com fronteira de conteúdo nulo. Imaginemos B como um sólido. Por uma *função densidade volumétrica de massa* associada a B entendemos uma função $\delta: B \to \mathbb{R}$, contínua e positiva, tal que, para todo $B_1 \subset B$,

$$\text{massa de } B_1 = \iiint_{B_1} \delta(x, y, z)\, dV$$

desde que a integral exista. Assim, se δ for uma função densidade volumétrica de massa associada a B, então

$$\boxed{\text{massa de } B = \iiint_B \delta(x, y, z)\, dV.}$$

Se $\delta(x, y, z)$ for constante e igual a k, então a massa de B será igual ao produto de k pelo volume de B. Diremos, neste caso, que o sólido é *homogêneo*. Caso contrário, dizemos que o sólido é não homogêneo.

Exemplo 3 Calcule a massa do cilindro $x^2 + y^2 \leq 1$, $0 \leq z \leq 1$, admitindo que a densidade seja dada por $\delta(x, y, z) = x^2$.

Solução

A massa M do cilindro B dado é

$$M = \iiint_B \delta(x, y, z)\, dx\, dy\, dz = \iiint_B x^2\, dx\, dy\, dz.$$

Temos

$$\iiint_B x^2\, dx\, dy\, dz = \iint_K \left[\int_0^1 x^2\, dz\right] dx\, dy$$

em que K é o círculo $x^2 + y^2 \leq 1$. Como

$$\int_0^1 x^2\, dz = \left[x^2 z\right]_0^1 = x^2$$

resulta

$$\iiint_B x^2\, dx\, dy\, dz = \iint_K x^2\, dx\, dy.$$

Capítulo 5

Passando para coordenadas polares, vem:

$$\iint_K x^2\, dx\, dy = \int_0^{2\pi}\left[\int_0^1 \rho^3 \cos^2\theta\, d\rho\right]d\theta = \frac{1}{8}\int_0^{2\pi}[1+\cos 2\theta]\,d\theta = \frac{\pi}{4}.$$

Portanto, a massa do cilindro é $M = \dfrac{\pi}{4}$ unidades de massa.

Exemplo 4 Calcule o volume do conjunto B de todos (x, y, z) tais que

$$x \leq z \leq 1 - y^2,\ x \geq 0 \text{ e } y \geq 0.$$

Solução

Inicialmente, vamos determinar a projeção no plano xy da interseção do plano $z = x$ com a superfície $z = 1 - y^2$. Os pontos (x, y) desta projeção são as soluções da equação

$$x = 1 - y^2$$

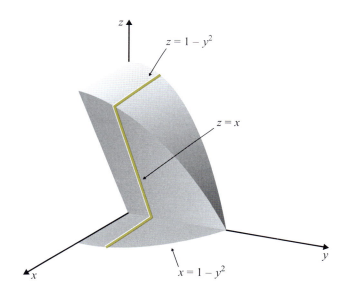

$$\text{volume} = \iiint_B dx\, dy\, dz = \iint_K\left[\int_x^{1-y^2} dz\right]dx\, dy$$

em que K é o conjunto

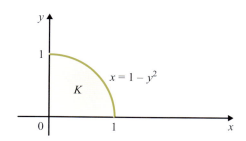

Assim,

$$\text{volume} = \iint_K (1 - y^2 - x)\,dx\,dy = \int_0^1 \left[\int_1^{1-y^2} (1 - y^2 - x)\,dx\right] dy.$$

Como

$$\int_0^{1-y^2} (1 - y^2 - x)\,dx = \left[x - xy^2 - \frac{x^2}{2}\right]_0^{1-y^2} = \frac{1}{2}\left[1 - 2y^2 + y^4\right]$$

resulta

$$\text{volume} = \frac{1}{2}\int_0^1 (1 - 2y^2 + y^4)\,dy = \frac{4}{15}.$$

Exemplo 5 Calcule o volume do conjunto B de todos (x, y, z) tais que

$$z \geqslant x^2 + y^2 \text{ e } x^2 + y^2 + z^2 \leqslant 2.$$

Solução

Inicialmente, vamos determinar a projeção no plano xy da interseção das superfícies

$$z = x^2 + y^2 \text{ e } x^2 + y^2 + z^2 = 2.$$

Os pontos (x, y) desta projeção são as soluções da equação

$$x^2 + y^2 + (x^2 + y^2)^2 = 2,$$

ou seja,

$$x^2 + y^2 = \frac{-1 \pm \sqrt{1+8}}{2}$$

e, portanto,

$$x^2 + y^2 = 1.$$

A figura que apresentamos é a parte do conjunto B contida no 1º octante.

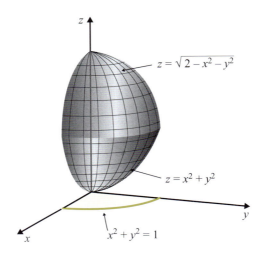

$$\text{volume} = \iiint_B dx\,dy\,dz = \iint_K \left[\int_{x^2+y^2}^{\sqrt{2-x^2-y^2}} dz \right] dx\,dy$$

em que K é o círculo $x^2 + y^2 \leq 1$. Daí,

$$\text{volume} = \iint_K \left[\sqrt{2-x^2-y^2} - x^2 - y^2 \right] dx\,dy.$$

Passando para coordenadas polares vem

$$\text{volume} = \int_0^{2\pi} \left[\int_0^1 (\rho\sqrt{2-\rho^2} - \rho^3)\,d\rho \right] d\theta$$

e, portanto,

$$\text{volume de } B = \frac{8\sqrt{2}-7}{12}\pi.$$

Exemplo 6 Calcule o volume do conjunto B de todos os pontos (x, y, z) tais que

$$x^2 + y^2 \leq z \leq 2x + 2y - 1.$$

Solução

Inicialmente, vamos determinar a projeção no plano xy da interseção do paraboloide $z = x^2 + y^2$ com o plano $z = 2x + 2y - 1$. Os pontos (x, y) desta projeção são as soluções da equação

$$x^2 + y^2 = 2x + 2y - 1$$

que é equivalente a

$$(x-1)^2 + (y-1)^2 = 1.$$

A figura que apresentamos a seguir mostra um corte do conjunto B por um plano vertical contendo o eixo z.

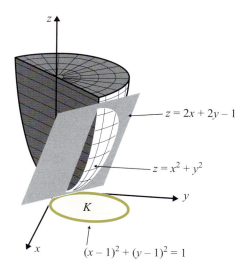

Temos, então

$$\text{volume de } B = \iint_K \left[\int_{x^2+y^2}^{2x+2y-1} dz \right] dx\, dy$$

em que K é o círculo $(x-1)^2 + (y-1)^2 \leq 1$. Como

$$2x + 2y - 1 - x^2 - y^2 = 1 - (x-1)^2 - (y-1)^2$$

resulta

$$\text{volume de } B = \iint_K \left[1 - (x-1)^2 - (y-1)^2 \right] dx\, dy.$$

Façamos

$$\begin{cases} x - 1 = \rho \cos \theta \\ y - 1 = \rho \operatorname{sen} \theta \end{cases} \quad 0 \leq \theta \leq 2\pi \text{ e } 0 \leq \rho \leq 1$$

o que significa que estamos passando para coordenadas polares, com polo no ponto (1, 1).

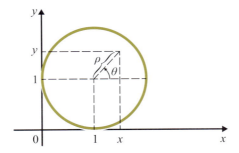

Temos, então,

$$\text{volume de } B = \int_0^{2\pi} \left[\int_0^1 (1 - \rho^2) \rho\, d\rho \right] d\theta = \frac{\pi}{2}.$$

Exercícios 5.4

1. Calcule

a) $\iiint_B xyz\, dx\, dy\, dz$, em que B é o paralelepípedo $0 \leq x \leq 2$, $0 \leq y \leq 1$ e $1 \leq z \leq 2$.

b) $\iiint_B x\, dx\, dy\, dz$, em que B é o conjunto $0 \leq x \leq 1$, $0 \leq y \leq 1$ e $x + y \leq z \leq x + y + 1$.

c) $\iiint_B \sqrt{1-z^2}\, dx\, dy\, dz$, em que B é o conjunto $0 \leq x \leq 1$, $0 \leq z \leq 1$ e $0 \leq y \leq z$.

d) $\iiint_B \sqrt{1-z^2}\, dx\, dy\, dz$, em que B é o cubo $0 \leq x \leq 1$, $0 \leq y \leq 1$ e $0 \leq z \leq 1$.

e) $\iiint_B dx\, dy\, dz$, em que B é o conjunto $x^2 + y^2 \leq z \leq 2x$.

f) $\iiint_B (x^2 + x^2)\, dx\, dy\, dz$, em que B é o cilindro $x^2 + y^2 \leq 1$, $0 \leq z \leq 1$.

g) $\iiint_B dx\, dy\, dz$, em que B é o conjunto $x^2 + y^2 \leq z \leq 2x + 2y - 1$.

h) $\iiint_B y\, dx\, dy\, dz$, em que B é o conjunto $x^2 + 4y^2 \leq 1, 0 \leq z \leq 1$.

i) $\iiint_B x\, dx\, dy\, dz$, em que B é o conjunto $x^2 + y^2 \leq 4, x \geq 0$, e $x + y \leq z \leq x + y + 1$.

j) $\iiint_B 2z\, dx\, dy\, dz$, em que B é o conjunto $x^2 + y^2 \leq 1, x^2 + y^2 + z^2 \leq 4$ e $z \geq 0$.

l) $\iiint_B x\, dx\, dy\, dz$, em que B é o conjunto $x^2 - y^2 \leq z \leq 1 - 2y^2$.

m) $\iiint_B e^{x^2} dx\, dy\, dz$, em que B é o conjunto $0 \leq x \leq 1, 0 \leq y \leq x$ e $0 \leq z \leq 1$.

n) $\iiint_B x\, dx\, dy\, dz$, em que B é o conjunto $x^2 \leq y \leq x, 0 \leq z \leq x + y$.

o) $\iiint_B 2z\, dx\, dy\, dz$, em que B é o conjunto $x^2 + y^2 + z^2 \leq 4, z \geq 0$.

p) $\iiint_B 2z\, dx\, dy\, dz$, em que B é o conjunto $4x^2 + 9y^2 + z^2 \leq 4, z \geq 0$.

q) $\iiint_B \cos z\, dx\, dy\, dz$, em que B é o conjunto $0 \leq x \leq \dfrac{\pi}{2}, 0 \leq y \leq \dfrac{\pi}{2}$ e $x - y \leq z \leq x + y$.

r) $\iiint_B (y - x)\, dx\, dy\, dz$, em que B é o conjunto $4 \leq x + y \leq 8, \dfrac{1}{x} \leq y \leq \dfrac{2}{x}, y > x$ e $0 \leq z \leq \dfrac{\sqrt[3]{xy}}{\sqrt{x+y}}$.

2. Calcule o volume do conjunto dado. (Sugerimos ao leitor desenhar o conjunto.)

a) $0 \leq x \leq 1, 0 \leq y \leq 1$ e $0 \leq z \leq 5 - x^2 - 3y^2$.

b) $0 \leq x \leq 1, 0 \leq y \leq x^2$ e $0 \leq z \leq x + y^2$.

c) $x^2 + y^2 \leq z \leq 4$.

d) $x^2 + 4y^2 \leq z \leq 1$.

e) $x^2 + y^2 \leq 4$ e $x^2 + y^2 + z^2 \leq 9$.

f) $x^2 + 4y^2 + 9z^2 \leq 1$.

g) $\dfrac{x^2}{a^2} + \dfrac{y^2}{b^2} + \dfrac{z^2}{c^2} \leq 1$ ($a > 0, b > 0$ e $c > 0$).

h) $x^2 + y^2 \leq z \leq 4x + 2y$.

i) $x^2 + y^2 \leq 1$ e $x^2 + z^2 \leq 1$.

j) $x^2 + y^2 \leq z \leq \sqrt{4 - 3x^2 - 3y^2}$.

l) $(x - a)^2 + y^2 \leq a^2, x^2 + y^2 + z^2 \leq 4a^2, z \geq 0$ ($a > 0$).

m) $x^2 + y^2 \leq a^2$ e $x^2 + z^2 \leq a^2$ ($a > 0$).

n) $x^2 + y^2 + z^2 \leq a^2$ e $z \geq \dfrac{a}{2}$ ($a > 0$).

o) $x^2 \leq z \leq 1 - y$ e $y \geq 0$.

p) $x^2 + 2y^2 \leq z \leq 2a^2 - x^2$ ($a > 0$).

q) $x^2 + y^2 + (z - 1)^2 \leq 1$ e $z \geq x^2 + y^2$.

r) $4x^2 + 9y^2 + z^2 \leq 4$ e $4x^2 + 9y^2 \leq 1$.

3. Calcule a massa do cubo $0 \leq x \leq 1$, $0 \leq y \leq 1$ e $0 \leq z \leq 1$, cuja densidade no ponto (x, y, z) é a soma das coordenadas.

4. Calcule a massa do sólido $x + y + z \leq 1$, $x \geq 0$, $y \geq 0$ e $z \geq 0$, sendo a densidade dada por $\delta(x, y, z) = x + y$.

5. Calcule a massa do cilindro $x^2 + y^2 \leq 4$ e $0 \leq z \leq 2$, sabendo que a densidade no ponto (x, y, z) é o dobro da distância do ponto ao plano $z = 0$.

6. Calcule a massa do cone $\sqrt{x^2 + y^2} \leq z \leq 1$, sendo a densidade no ponto (x, y, z) proporcional ao quadrado da distância do ponto ao eixo z.

7. Sejam $B \subset \mathbb{R}^3$ e $f(x, y, z)$ uma função contínua em B. Seja (x_0, y_0, z_0) um ponto interior de B. Para cada natural n, seja B_n uma bola de centro (x_0, y_0, z_0) e raio r_n, com $B_n \subset B$. Suponha que r_n tende a zero quando n tende a $+\infty$. Seja V_n o volume de B_n. Prove que

$$\lim_{n \to +\infty} \frac{1}{V_n} \iiint_{B_n} f(x, y, z) \, dx \, dy \, dz = f(x_0, y_0, z_0)$$

(*Sugestão*: Utilize o teorema do valor médio para integrais.)

8. Seja $B \subset \mathbb{R}^3$ e sejam f e g duas funções contínuas em B. Suponha que, para toda bola $B_1 \subset B$,

$$\iiint_{B_1} f(x, y, z) \, dx \, dy \, dz = \iiint_{B_1} g(x, y, z) \, dx \, dy \, dz.$$

Prove que $f(x, y, z) = g(x, y, z)$ em todo ponto (x, y, z) interior a B.

9. Seja $B \subset \mathbb{R}^3$ uma bola fechada e seja $f : B \to \mathbb{R}$ uma função contínua, com $f(x, y, z) > 0$ em B. Prove que $\iiint_B f(x, y, z) \, dV > 0$.

10. Seja $B \subset \mathbb{R}^3$ um conjunto limitado, com fronteira de conteúdo nulo, e seja $f : B \to \mathbb{R}$ uma função contínua tal que $f(x, y, z) \geq 0$ em B. Suponha que $\iiint_B f(x, y, z) \, dV = 0$. Prove que $f(x, y, z) = 0$ em todo ponto interior de B.

11. Calcule $\iiint_B x^2 \, dx \, dy \, dz$, em que B é o conjunto de todos (x, y, z) tais que $0 \leq x \leq 1$, $0 \leq y \leq 1$ e $z = 2$. Compare com o Exercício 10 e explique.

5.5 Mudança de Variáveis na Integral Tripla. Coordenadas Esféricas

O teorema de mudança de variáveis na integral dupla estende-se sem nenhuma modificação para integrais triplas.

Teorema (de mudança de variáveis na integral tripla). Seja $\varphi : \Omega \subset \mathbb{R}^3 \to \mathbb{R}^3$, Ω aberto, de classe C^1, sendo φ dada por $(x, y, z) = \varphi(u, v, w)$, com $x = x(u, v, w)$, $y = y(u, v, w)$ e $z = z(u, v, w)$. Seja B_{uvw} contido em Ω, B_{uvw} compacto e com fronteira de conteúdo nulo e seja B a imagem de B_{uvw} pela φ. Suponhamos que $\varphi(\mathring{B}_{uvw}) = \mathring{B}$ e que φ seja inversível no

Capítulo 5

interior de B_{uvw}. Suponhamos, ainda, que $\dfrac{\partial(x, y, z)}{\partial(u, v, w)} \neq 0$ para todo $(u, v, w) \in \mathring{B}_{uvw}$. Nestas condições, se $f(x, y, z)$ for integrável em B, então

$$\iiint_B f(x, y, z)\,dx\,dy\,dz = \iiint_{B_{uvw}} f(\varphi(u, v, w))\left[\dfrac{\partial(x, y, z)}{\partial(u, v, w)}\right]du\,dv\,dw.$$

Exemplo 1 Calcule $\iiint_B \dfrac{\text{sen}\,(x+y-z)}{x+2y+z}\,dx\,dy\,dz$, onde B é o paralelepípedo $1 \leq x + 2y + z \leq 2$, $0 \leq x + y - z \leq \dfrac{\pi}{4}$ e $0 \leq z \leq 1$.

Solução

Façamos a mudança de variáveis: $u = x + y - z$, $v = x + 2y + z$ e $w = z$. Temos:

$$\begin{cases} u = x + y - z \\ v = x + 2y + z \\ w = z \end{cases} \Leftrightarrow \begin{cases} x = 2u - v + 3w \\ y = -u + v - 2w \\ z = w \end{cases} \text{(Verifique.)}$$

Segue que

$$\dfrac{\partial(x, y, z)}{\partial(u, v, w)} = \begin{vmatrix} \dfrac{\partial x}{\partial u} & \dfrac{\partial x}{\partial v} & \dfrac{\partial x}{\partial w} \\ \dfrac{\partial y}{\partial u} & \dfrac{\partial y}{\partial v} & \dfrac{\partial y}{\partial w} \\ \dfrac{\partial z}{\partial u} & \dfrac{\partial z}{\partial v} & \dfrac{\partial z}{\partial w} \end{vmatrix} = 1. \text{(Verifique.)}$$

Assim,

$$\boxed{dx\,dy\,dz = du\,dv\,dw}$$

B_{uvw} é evidentemente o paralelepípedo

$$0 \leq u \leq \dfrac{\pi}{4},\ 1 \leq v \leq 2 \text{ e } 0 \leq w \leq 1. \text{ (Por quê?)}$$

Temos, então: (K é o ângulo $0 \leq u \leq \dfrac{\pi}{4}$, $1 \leq v \leq 2$)

$$\iiint_B \dfrac{\text{sen}(x+y-z)}{x+2y+z}\,dx\,dy\,dz = \iiint_{B_{uvw}} \dfrac{\text{sen}\,u}{v}\,du\,dv\,dw = \iint_K \left[\int_0^1 \dfrac{\text{sen}\,u}{v}\,dw\right]du\,dv$$

$$= \iint_K \dfrac{\text{sen}\,u}{v}\,du\,dv = \int_1^2 \dfrac{1}{v}\,dv \int_0^{\frac{\pi}{4}} \text{sen}\,u\,du = \left(1 - \dfrac{\sqrt{2}}{2}\right)\ln 2,$$

ou seja,

$$\iiint_B \dfrac{\text{sen}(x+y-z)}{x+2y+z}\,dx\,dy\,dz = \left(1 - \dfrac{\sqrt{2}}{2}\right)\ln 2.$$

Exemplo 2 Calcule o volume do paralelepípedo B dado no Exemplo 1.

Solução

$$\text{volume de } B = \iiint_B dx\, dy\, dz.$$

Utilizando a mudança de variáveis do Exemplo 1, vem:

$$\iiint_B dx\, dy\, dz = \iiint_{B_{uvw}} du\, dv\, dw = \int_0^{\frac{\pi}{4}} du \int_2^1 dv \int_0^1 dw = \frac{\pi}{4}.$$

Portanto, o volume de B é $\dfrac{\pi}{4}$ (unidades de volume).

Exemplo 3 (*Coordenadas esféricas.*) Cada ponto $P = (x, y, z)$ fica determinado pelas suas *coordenadas esféricas* (θ, ρ, φ), em que θ é o ângulo entre o vetor $\overrightarrow{OP_1} = (x, y, 0)$ e o semieixo positivo Ox, ρ o comprimento do vetor $\overrightarrow{OP}$ e φ o ângulo entre o vetor $\overrightarrow{OP}$ e o semieixo positivo Oz.

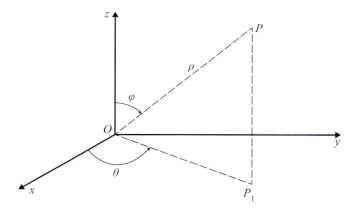

As coordenadas cartesianas (x, y, z) do ponto P e suas coordenadas esféricas relacionam-se do seguinte modo:

① $$\begin{cases} x = \rho\, \text{sen}\, \varphi \cos \theta \\ y = \rho\, \text{sen}\, \varphi\, \text{sen}\, \theta \\ z = \rho \cos \varphi. \end{cases}$$

A seguir, vamos calcular o determinante jacobiano da transformação ①.

$$\frac{\partial(x, y, z)}{\partial(\theta, \rho, \varphi)} = \begin{vmatrix} -\rho\, \text{sen}\, \varphi\, \text{sen}\, \theta & \text{sen}\, \varphi \cos \theta & \rho \cos \varphi \cos \theta \\ \rho\, \text{sen}\, \varphi \cos \theta & \text{sen}\, \varphi\, \text{sen}\, \theta & \rho \cos \varphi\, \text{sen}\, \theta \\ 0 & \cos \varphi & -\rho\, \text{sen}\, \varphi \end{vmatrix} =$$

$$= \rho^2\, \text{sen}\, \varphi \begin{vmatrix} -\text{sen}\, \theta & \text{sen}\, \varphi \cos \theta & \cos \varphi \cos \theta \\ \cos \theta & \text{sen}\, \varphi\, \text{sen}\, \theta & \cos \varphi\, \text{sen}\, \theta \\ 0 & \cos \varphi & -\text{sen}\, \varphi \end{vmatrix} = \rho^2\, \text{sen}\, \varphi.$$

Capítulo 5

Assim,

$$\frac{\partial(x, y, z)}{\partial(\theta, \rho, \varphi)} = \rho^2 \operatorname{sen} \varphi$$

Como este resultado ocorrerá várias vezes, sugerimos ao leitor *decorá-lo*.

Seja $S = \left\{ (\theta, \rho, \varphi) \in \mathbb{R}^3 \mid 0 \leq \theta \leq \pi, \rho \geq 0 \text{ e } 0 \leq \varphi \leq \frac{\pi}{2} \right\}$; seja $B_{\theta\rho\varphi}$ um compacto, com fronteira de conteúdo nulo, contido em S. Observamos que a transformação dada por ① é inversível no interior de S e que, para todo (θ, ρ, φ) em $\mathring{B}_{\theta\rho\varphi} \left| \frac{\partial(x, y, z)}{\partial(\theta, \rho, \varphi)} \right| \neq 0$. Seja B a imagem de $B_{\theta\rho\varphi}$ pela transformação ①. Então, $\mathring{B}$ é a imagem de $\mathring{B}_{\theta\rho\varphi}$ pela transformação ① (verifique). Então, se f for contínua em B

②
$$\iiint_B f(x, y, z) \, dx \, dy \, dz =$$
$$\iiint_{B_{\theta\rho\varphi}} f(\rho \operatorname{sen} \varphi \cos \theta, \rho \operatorname{sen} \varphi \operatorname{sen} \theta, \rho \cos \varphi) \rho^2 \operatorname{sen} \varphi \, d\theta \, d\rho \, d\varphi$$

Exemplo 4 Seja $B_{\theta\rho\varphi}$ um paralelepípedo de faces paralelas aos planos coordenados e de arestas $\Delta\theta$, $\Delta\rho$ e $\Delta\varphi$, contido no conjunto S acima. Seja B a imagem de $B_{\theta\rho\varphi}$ pela transformação $x = \rho \operatorname{sen} \varphi \cos \theta$, $y = \rho \operatorname{sen} \varphi \operatorname{sen} \theta$ e $z = \rho \cos \varphi$. Mostre que existe $(\theta_1, \rho_1, \varphi_1)$ em $B_{\theta\rho\varphi}$ tal que

$$\text{volume de } B = \rho_1^2 \operatorname{sen} \varphi_1 \, \Delta\theta \, \Delta\rho \, \Delta\varphi.$$

Solução

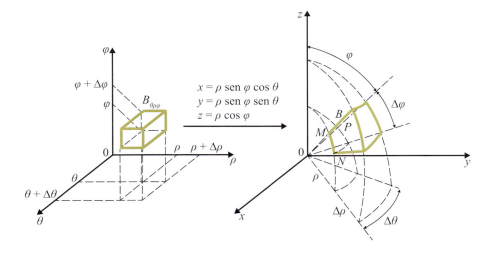

$$\text{volume de } B = \iiint_B dx \, dy \, dz.$$

Passando para coordenadas esféricas, obtemos:

$$\iiint_B dx\,dy\,dz = \iiint_{B_{\theta\rho\varphi}} \rho^2 \operatorname{sen}\varphi\, d\theta\, d\rho\, d\varphi.$$

Pelo teorema do valor médio para integrais, existe $(\theta_1, \rho_1, \varphi_1)$ em $B_{\theta\rho\varphi}$ tal que

$$\iiint_{B_{\theta\rho\varphi}} \rho^2 \operatorname{sen}\varphi\, d\theta\, d\rho\, d\varphi = \rho_1^2 \operatorname{sen}\varphi\, \Delta\theta\, \Delta\rho\, \Delta\varphi.$$

(Observe que $\Delta\theta\, \Delta\rho\, \Delta\varphi$ é o volume de $B_{\theta\rho\varphi}$.) Portanto, existe $(\theta_1, \rho_1, \varphi_1)$ em $B_{\theta\rho\varphi}$ tal que

$$\text{volume de } B = \rho_1^2 \operatorname{sen}\varphi_1\, \Delta\theta\, \Delta\rho\, \Delta\varphi.$$

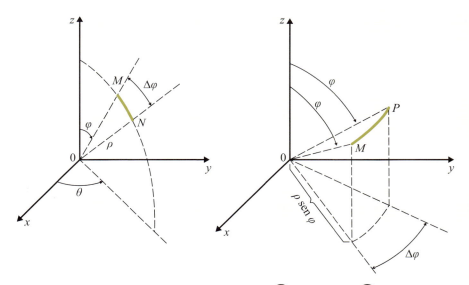

Para $\Delta\theta$, $\Delta\rho$ e $\Delta\varphi$ suficientemente pequenos, med $\widehat{MN} \cong \rho\, \Delta\varphi$ e med $\widehat{MP} \cong \rho \operatorname{sen}\varphi\, \Delta\theta$.
O volume de B é aproximadamente o volume do paralelepípedo retângulo
de arestas $\rho\, \Delta\varphi$, $\rho \operatorname{sen}\varphi\, \Delta\theta$ e $\Delta\rho$, em que θ, ρ e φ são as coordenadas esféricas de M.

Antes de passarmos ao próximo exemplo, observamos que a fórmula ② que precede o Exemplo 4 continua válida mesmo quando $B_{\theta\rho\varphi}$ estiver contido no conjunto de todos (θ, ρ, φ) tais que $0 \leq \theta \leq 2\pi$, $\rho \geq 0$ e $0 \leq \varphi \leq \pi$. (Verifique.)

Exemplo 5 Calcule a massa da esfera $x^2 + y^2 + z^2 \leq 1$, supondo que a densidade no ponto (x, y, z) é igual à distância deste ponto à origem.

Solução

A massa M da esfera é

$$M = \iiint_B \sqrt{x^2 + y^2 + z^2}\, dx\, dy\, dz$$

Capítulo 5

em que B é a esfera $x^2 + y^2 + z^2 \leq 1$. Passando para coordenadas esféricas, obtemos

$$M = \iiint_{B_{\theta\rho\varphi}} \sqrt{\rho^2}\, \rho^2 \operatorname{sen} \varphi \, d\theta \, d\rho \, d\varphi$$

em que $B_{\theta\rho\varphi}$ é o paralelepípedo $0 \leq \theta \leq 2\pi$, $0 \leq \rho \leq 1$, $0 \leq \varphi \leq \pi$. Segue que

$$M = \int_0^{2\pi} d\theta \int_2^1 \rho^3 d\rho \int_0^\pi \operatorname{sen}\varphi \, d\varphi = \pi \text{ (unidades de massa).}$$

Exemplo 6 Calcule o volume do conjunto de todos (x, y, z) tais que

$$1 \leq x + y + z \leq 3,\ x + y \leq z \leq x + y + 2,\ x \geq 0 \text{ e } y \geq 0.$$

Solução

Façamos a mudança de variáveis

① $$\begin{cases} u = z - x - y \\ v = x + y + z \\ w = x \end{cases}$$

que é equivalente a

$$\begin{cases} x = w \\ y = \dfrac{1}{2}(-u + v - 2w) \\ z = \dfrac{1}{2}(u + v) \end{cases}$$

A ① transforma os planos

$$x + y + z = 1 \text{ e } x + y + z = 3$$

nos planos

$$v = 1 \text{ e } v = 3;$$

transforma os planos

$$z = x + y \text{ e } z = x + y + 2$$

nos planos

$$u = 0 \text{ e } u = 2;$$

transforma o plano $x = 0$ no plano $w = 0$; finalmente, transforma o plano $y = 0$ no plano

$$\begin{cases} u = z - x \\ v = x + z, \\ w = x \end{cases}$$

ou seja,

$$2w = v - u.$$

Integrais Triplas

A condição $x \geq 0$ acarreta $w \geq 0$; a condição $y \geq 0$ acarreta

$$-2w - u + v \geq 0.$$

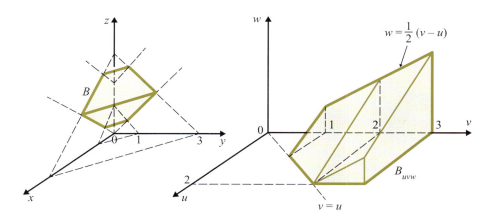

A ① transforma o conjunto B no conjunto B_{uvw}.
Temos

$$\frac{\partial(x, y, z)}{\partial(u, v, w)} = \begin{vmatrix} 0 & 0 & 1 \\ -\frac{1}{2} & \frac{1}{2} & -1 \\ \frac{1}{2} & \frac{1}{2} & 0 \end{vmatrix} = -\frac{1}{2}.$$

Assim

$$\iiint_B dx\, dy\, dz = \frac{1}{2} \iiint_{B_{uvw}} du\, dv\, dw.$$

Portanto,

$$\text{volume } B = \frac{1}{2} \iint_K \left[\int_0^{\frac{1}{2}(v-u)} dw \right] du\, dv$$

em que K é o compacto

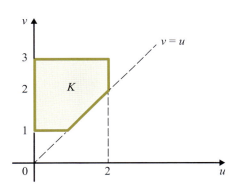

Capítulo 5

Temos

$$\iint_K \left[\int_0^{\frac{1}{2}(v-u)} dw \right] du\, dv = \int_1^2 \left[\int_0^v \frac{1}{2}(v-u)\, du \right] dv + \int_2^3 \left[\int_0^2 \frac{1}{2}(v-u)\, du \right] dv.$$

Logo,

$$\text{volume de } B = \frac{25}{24}. \text{ (Confira.)}$$

Exemplo 7 Calcule

$$\iiint_B \sqrt{x^2 + y^2 + z^2}\, dx\, dy\, dz$$

em que B é o conjunto de todos (x, y, z) tais que

$$x^2 + y^2 \leqslant z \leqslant \sqrt{x^2 + y^2}$$

Solução

Vamos passar para coordenadas esféricas

$$\begin{cases} x = \rho\, \text{sen}\, \varphi \cos\theta \\ y = \rho\, \text{sen}\, \varphi\, \text{sen}\, \theta \\ z = \rho \cos\varphi \end{cases}$$

Temos

$$dx\, dy\, dz = \rho^2\, \text{sen}\, \varphi\, d\varphi\, d\rho\, d\theta.$$

Vejamos como fica a equação do paraboloide em coordenadas esféricas:

$$\rho \cos\varphi = \rho^2\, \text{sen}^2\, \varphi \cos^2\theta + \rho^2\, \text{sen}^2\, \varphi\, \text{sen}^2\, \theta,$$

ou seja,

$$\rho = \frac{\cos\varphi}{\text{sen}^2\, \varphi}$$

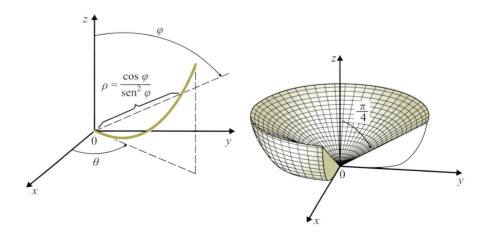

O conjunto B é obtido pela rotação da região sombreada, em torno do eixo z. (Observe que $z = \sqrt{x^2 + y^2}$ é uma superfície cônica obtida pela rotação da reta

$$\begin{cases} z = x \\ y = 0 \end{cases}$$

em torno do eixo z.)

Para cada (θ, φ) fixo, com $0 \leq \theta \leq 2\pi$ e $\dfrac{\pi}{4} \leq \varphi \leq \dfrac{\pi}{2}$, ρ deverá variar de 0 a $\dfrac{\cos \varphi}{\operatorname{sen}^2 \varphi}$. Temos

$$\iiint_B \sqrt{x^2 + y^2 + z^2}\, dx\, dy\, dz = \iiint_{B_{\theta\varphi\rho}} \rho^3 \operatorname{sen} \varphi\, d\varphi\, d\rho\, d\theta$$

em que $B_{\theta\varphi\rho}$ é o conjunto de todos (θ, φ, ρ) tais que

$$0 \leq \theta \leq 2\pi, \frac{\pi}{4} \leq \varphi \leq \frac{\pi}{2}, 0 \leq \rho \leq \frac{\cos \varphi}{\operatorname{sen}^2 \varphi}.$$

Então

$$\iiint_{B_{\theta\varphi\rho}} \rho^3 \operatorname{sen} \varphi\, d\varphi\, d\rho\, d\theta = \iint_K \left[\int_0^{\frac{\cos\varphi}{\operatorname{sen}^2\varphi}} \rho^3 \operatorname{sen} \varphi\, d\varphi \right] d\theta\, d\varphi$$

em que K é o retângulo $0 \leq \theta \leq 2\pi$, $\dfrac{\pi}{4} \leq \varphi \leq \dfrac{\pi}{2}$.

Segue que

$$\iiint_B \sqrt{x^2 + y^2 + z^2}\, dx\, dy\, dz = \frac{\pi}{2} \int_{\frac{\pi}{4}}^{\frac{\pi}{2}} \frac{\cos^4 \varphi}{\operatorname{sen}^7 \varphi}\, d\varphi.$$

Fazendo $\varphi = \dfrac{\pi}{2} - u$, obtemos

$$\int_{\frac{\pi}{4}}^{\frac{\pi}{2}} \frac{\cos^4 \varphi}{\operatorname{sen}^7 \varphi}\, d\varphi = \int_0^{\frac{\pi}{4}} \frac{\operatorname{sen}^4 u}{\cos^7 u}\, du = \int_0^{\frac{\pi}{4}} \sec^3 u (\sec^2 u - 1)^2\, du.$$

Para calcular a última integral, utilize a fórmula de recorrência

$$\int \sec^n x\, dx = \frac{1}{n-1} \sec^{n-2} x \operatorname{tg} x + \frac{n-2}{n-1} \int \sec^{n-2} x\, dx.$$

(Veja Exercício 12.3 – 2.a do Vol. 1.)

Exemplo 8 Calcule a massa do sólido

$$z \geq 1, x^2 + y^2 + z^2 \leq 2z$$

sendo a densidade no ponto (x, y, z) igual à distância do ponto à origem.

Solução

$$\text{massa} = \iiint_B \sqrt{x^2 + y^2 + z^2}\, dx\, dy\, dz$$

em que B é o conjunto ①.

Solução

A equação do plano $z = 1$ em coordenadas esféricas é

$$\rho \cos \varphi = 1$$

ou seja,

$$\rho = \frac{1}{\cos \varphi}$$

A equação da superfície esférica $x^2 + y^2 + z^2 = 2z$ em coordenadas esféricas é

$$\rho^2 = 2\rho \cos \varphi,$$

ou seja,

$$\rho = 2 \cos \varphi.$$

(Observe que

$$x^2 + y^2 + z^2 = 2z \Leftrightarrow x^2 + y^2 + (z-1)^2 = 1$$

que é uma superfície esférica de centro $(0, 0, 1)$ e raio 1.)

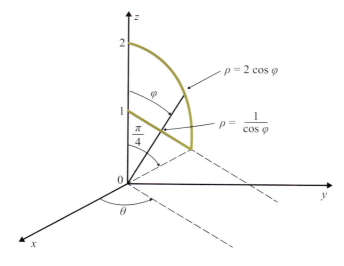

Para cada (θ, φ) fixo, com $0 \leq \theta \leq 2\pi$ e $0 \leq \varphi \leq \frac{\pi}{4}$, ρ deverá variar de $\frac{1}{\cos \varphi}$ até $2 \cos \varphi$. Temos, então

$$\text{massa} = \iint_K \left[\int_{\frac{1}{\cos \varphi}}^{2\cos \varphi} \rho^3 \operatorname{sen} \varphi\, d\rho \right] d\theta\, d\varphi$$

em que K é o retângulo $0 \leqslant \theta \leqslant 2\pi$, $0 \leqslant \varphi \leqslant \dfrac{\pi}{4}$.

$$\text{massa} = \frac{1}{4}\iint_K \left[16\cos^4\varphi - \frac{1}{\cos^4\varphi} \right] \operatorname{sen}\varphi\, d\varphi\, d\theta,$$

ou seja,

$$\text{massa} = \frac{\pi}{2}\int_0^{\frac{\pi}{4}} \left[16\cos^4\varphi - \frac{1}{\cos^4\varphi} \right] \operatorname{sen}\varphi\, d\varphi.$$

Fazendo $u = \cos\varphi$ e, portanto, $du = -\operatorname{sen}\varphi\, d\varphi$ resulta

$$\text{massa} = \frac{\pi}{2}\int_{\frac{\sqrt{2}}{2}}^{1} \left[16u^4 - \frac{1}{u^4} \right] du.$$

O cálculo da integral fica para o leitor.

Exemplo 9 Calcule

$$\iiint_B z\, dx\, dy\, dz$$

em que B é o conjunto de todos (x, y, z) tais que

$$\frac{(x-1)^2}{4} + \frac{(y-1)^2}{9} + z^2 \leqslant 2z.$$

Solução

$$\frac{(x-1)^2}{4} + \frac{(y-1)^2}{9} + z^2 \leqslant 2z \Leftrightarrow \frac{(x-1)^2}{4} + \frac{(y-1)^2}{9} + (z-1)^2 \leqslant 1.$$

1º Processo

Vamos, inicialmente, deslocar o centro do elipsoide para a origem. Para isto basta fazer a mudança de variáveis

$$\begin{cases} u = x - 1 \\ v = y - 1, \\ w = z - 1 \end{cases}$$

ou seja,

$$\begin{cases} x = u + 1 \\ y = v + 1 \\ z = w + 1 \end{cases}$$

Como

$$\frac{\partial(x, y, z)}{\partial(u, v, w)} = 1 \text{ (verifique)}$$

resulta

$$\iiint_B z\,dx\,dy\,dz = \iiint_{B_{uvw}} (w+1)\,du\,dv\,dw$$

em que B_{uvw} é o conjunto

① $$\frac{u^2}{4} + \frac{v^2}{9} + w^2 \leq 1.$$

Vamos, agora, transformar o conjunto ① em uma esfera. Para isto basta fazer a mudança de variáveis

$$\begin{cases} X = \dfrac{u}{2} \\ Y = \dfrac{v}{3} \\ Z = w \end{cases},$$

ou seja,

$$\begin{cases} u = 2X \\ v = 3Y \\ w = Z. \end{cases}$$

Como

$$\frac{\partial(u, v, w)}{\partial(X, Y, Z)} = 6 \text{ (verifique)}$$

resulta

$$\iiint_B z\,dx\,dy\,dz = 6\iiint_{B_1} (Z+1)\,dX\,dY\,dZ$$

em que B_1 é a esfera

$$X^2 + Y^2 + Z^2 \leq 1.$$

Passando para coordenadas esféricas resulta

$$\iiint_B z\,dx\,dy\,dz = 6\iiint_{B_{\theta\varphi\rho}} (\rho\cos\varphi + 1)\rho^2 \operatorname{sen}\varphi\,d\rho\,d\varphi\,d\theta$$

em que $B_{\theta\varphi\rho}$ é o paralelepípedo

$$0 \leq \theta \leq 2\pi,\ 0 \leq \varphi \leq \pi,\ 0 \leq \rho \leq 1.$$

Temos

$$\iiint_B z\,dx\,dy\,dz = 12\pi \int_0^\pi \left[\int_0^1 (\rho^3\cos\varphi + \rho^2)\operatorname{sen}\varphi\,d\rho\right]d\varphi$$

$$= \pi \int_0^\pi [3\cos\varphi\operatorname{sen}\varphi + 4\operatorname{sen}\varphi]\,d\varphi$$

e, portanto,

$$\iiint_B z\, dx\, dy\, dz = \left[\frac{3}{2}\operatorname{sen}^2\varphi - 4\operatorname{sen}\varphi\right]_0^\pi = 8\pi.$$

2º Processo

Vamos fazer a mudança de variáveis

② $$\begin{cases} \dfrac{x-1}{2} = \rho\operatorname{sen}\varphi\cos\theta \\ \dfrac{y-1}{3} = \rho\operatorname{sen}\varphi\operatorname{sen}\theta \\ z - 1 = \rho\cos\varphi. \end{cases}$$

Temos

$$\frac{\partial(x, y, z)}{\partial(\theta, \rho, \varphi)} = 6\rho^2 \operatorname{sen}\varphi. \text{ (Verifique.)}$$

$B_{\theta\rho\varphi}$ é o paralelepípedo

$$0 \leq \theta \leq 2\pi, 0 \leq \rho \leq 1, 0 \leq \varphi \leq \pi.$$

Observe que para cada ρ fixo no intervalo $[0, 1]$, ② transforma o retângulo

$$\{(\theta, \rho, \varphi)\,|\,0 \leq \theta \leq 2\pi, 0 \leq \varphi \leq \pi\}$$

no elipsoide

$$\frac{(x-1)^2}{4} + \frac{(y-1)^2}{9} + (z-1)^2 = \rho^2.$$

Segue que

$$\iiint_B z\, dx\, dy\, dz = 6\iiint_{B_{\theta\rho\varphi}} (1 + \rho\cos\varphi)\rho^2 \operatorname{sen}\varphi\, d\rho\, d\varphi\, d\theta.$$

Exemplo 10 Considere a integral

$$\iiint_B f(x, y, z)\, dx\, dy\, dz$$

sendo B o conjunto

$$r^2 \leq x^2 + y^2 + z^2 \leq R^2,\ a^2 z^2 - x^2 - y^2 \geq 0,\ z \geq 0$$

em que $0 < r < R$ e $a > 0$ são reais dados; $f: B \to \mathbb{R}$ é suposta contínua. Passe para coordenadas esféricas.

Capítulo 5

Solução

$z = \dfrac{1}{a}\sqrt{x^2 + y^2}$ é uma superfície cônica gerada pela rotação, em torno do eixo z, da reta

$$\begin{cases} z = \dfrac{1}{a} y \\ x = 0 \end{cases}$$

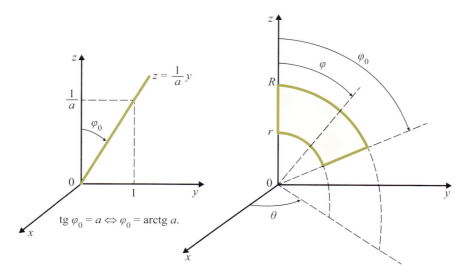

Para cada (θ, φ) fixo, com $0 \leqslant \theta \leqslant 2\pi$ e $0 \leqslant \varphi \leqslant \varphi_0$ ($\varphi_0 = \operatorname{arctg} a$), ρ deverá variar de r até R. Temos, então

$$\iiint_B f(x, y, z)\, dx\, dy\, dz = \iint_K \left[\int_r^R g(\theta, \varphi, \rho) \rho^2 \operatorname{sen} \varphi\, d\rho \right] d\theta\, d\varphi$$

em que K é o retângulo $0 \leqslant \theta \leqslant 2\pi$, $0 \leqslant \varphi \leqslant \varphi_0$ e

$$g(\theta, \varphi, \rho) = f(x, y, z)$$

com $x = \rho \operatorname{sen} \varphi \cos \theta$, $y = \rho \operatorname{sen} \varphi \operatorname{sen} \theta$ e $z = \rho \cos \varphi$.

Exercícios 5.5

1. Calcule

a) $\iiint_B x\, dx\, dy\, dz$, em que B é o conjunto $x \geqslant 0$, $x^2 + y^2 + z^2 \leqslant 4$.

b) $\iiint_B z\, dx\, dy\, dz$, em que B é o conjunto $1 \leqslant x^2 + y^2 + z^2 \leqslant 4$, $z \geqslant 0$.

c) $\iiint_B x\, dx\, dy\, dz$, em que B é o conjunto $\dfrac{x^2}{4} + \dfrac{y^2}{9} + z^2 \leqslant 1$, $x \geqslant 0$.

d) $\iiint_B \sqrt{x + y}\, \sqrt[3]{x + 2y - z}\, dx\, dy\, dz$, em que B é a região $1 \leqslant x + y \leqslant 2$, $0 \leqslant x + 2y - z \leqslant 1$ e $0 \leqslant z \leqslant 1$.

e) $\iiint_B z\, dx\, dy\, dz$, em que B é o conjunto $z \geq \sqrt{x^2 + y^2}$, $x^2 + y^2 + z^2 \leq 1$.

f) $\iiint_B \sqrt{x^2 + y^2 + z^2}\, dx\, dy\, dz$, em que B é a interseção da semiesfera $x^2 + y^2 + z^2 \leq 4$, $z \geq 0$, com o cilindro $x^2 + y^2 \leq 1$.

2. Calcule o volume do elipsoide $\dfrac{x^2}{a^2} + \dfrac{y^2}{b^2} + \dfrac{z^2}{c^2} \leq 1$.

3. Calcule a massa do sólido $x^2 + y^2 + z^2 \leq 1$ e $z \geq \sqrt{x^2 + y^2}$, supondo que a densidade no ponto (x, y, z) é proporcional à distância deste ponto ao plano xy.

4. Calcule o volume do conjunto $z \geq \sqrt{x^2 + y^2}$ e $x^2 + y^2 + z^2 \leq 2az$ $(a > 0)$.

5. Calcule o volume do conjunto $z \geq \sqrt{x^2 + y^2}$ e $x^2 + y^2 + z^2 \leq 2ax$ $(a > 0)$.

5.6 Coordenadas Cilíndricas

Cada ponto $P = (x, y, z)$ fica determinado pelas suas *coordenadas cilíndricas* (ρ, θ, z), em que ρ é o comprimento do vetor $\overrightarrow{OP_1} = (x, y, 0)$ e θ o ângulo entre este vetor e o semieixo positivo Ox. As coordenadas cartesianas (x, y, z) do ponto P e suas coordenadas cilíndricas relacionam-se do seguinte modo:

①
$$\begin{cases} x = \rho \cos\theta \\ y = \rho \operatorname{sen}\theta \\ z = z \end{cases}$$

Observe que ① transforma o paralelepípedo $0 \leq \rho \leq r$, $0 \leq \theta \leq 2\pi$ e $0 \leq z \leq h$ no cilindro $x^2 + y^2 \leq r^2$ e $0 \leq z \leq h$.

O determinante jacobiano de ① é dado por

$$\frac{\partial(x, y, z)}{\partial(\rho, \theta, z)} = \begin{vmatrix} \cos\theta & -\rho \operatorname{sen}\theta & 0 \\ \operatorname{sen}\theta & \rho \cos\theta & 0 \\ 0 & 0 & 1 \end{vmatrix}$$

e, portanto,

$$\boxed{\frac{\partial(x, y, z)}{\partial(\rho, \theta, z)} = \rho.}$$

Em coordenadas cilíndricas temos então

$$\boxed{\iiint_B f(x, y, z)\, dx\, dy\, dz = \iiint_{B_{\rho\theta z}} f(\rho\cos\theta, \rho\operatorname{sen}\theta, z)\rho\, d\rho\, d\theta\, dz}$$

Exemplo 1 Calcule $\iiint_B \sqrt{x^2 + y^2 + z^2}\, dx\, dy\, dz$, em que B é o cilindro

$$x^2 + y^2 \leq 1,\ 0 \leq z \leq 1.$$

Capítulo 5

Solução

Vamos calcular a integral utilizando coordenadas cilíndricas.

$$\begin{cases} x = \rho \cos\theta \\ y = \rho \operatorname{sen}\theta \\ z = z \end{cases} \quad \text{com } (\rho, \theta, z) \in B_{\rho\theta z}$$

em que $B_{\rho\theta z}$ é o paralelepípedo

$$0 \leq \rho \leq 1, 0 \leq \theta \leq 2\pi \text{ e } 0 \leq z \leq 1.$$

Temos

$$\iiint_B \sqrt{x^2 + y^2 + z^2}\, dx\, dy\, dz = \iiint_{B_{\rho\theta z}} \rho\sqrt{\rho^2 + z^2}\, d\rho\, d\theta\, dz.$$

Por outro lado,

$$\iiint_{B_{\rho\theta z}} \rho\sqrt{\rho^2 + z^2}\, d\rho\, d\theta\, dz = \int_0^{2\pi} d\theta \underbrace{\int_0^1 \left[\int_0^1 \rho\sqrt{\rho^2 + z^2}\, d\rho\right] dz}_{A}.$$

$$\int_0^{2\pi} d\theta = 2\pi$$

e

$$A = \int_0^1 \left[\frac{1}{3}(\rho^2 + z^2)^{\frac{3}{2}}\right]_0^1 dz = \frac{1}{3}\int_0^1 (1 + z^2)^{\frac{3}{2}} dz - \frac{1}{3}\int_0^1 z^3\, dz$$

e, portanto,

$$A = \frac{1}{3}\int_0^1 (1 + z^2)^{\frac{3}{2}} dz - \frac{1}{12}.$$

Vamos, agora, calcular $\int_0^1 (1 + z^2)^{\frac{3}{2}} dz$. Fazendo a mudança de variável $z = \operatorname{tg}\theta$, obtemos

$$\int_0^1 (1 + z^2)^{\frac{3}{2}} dz = \int_0^{\frac{\pi}{4}} (1 + \operatorname{tg}^2\theta)^{\frac{3}{2}} \sec^2\theta\, d\theta,$$

ou seja,

$$\int_0^1 (1 + z^2)^{\frac{3}{2}} dz = \int_0^{\frac{\pi}{4}} \sec^5\theta\, d\theta.$$

Utilizando a fórmula de recorrência

$$\int \sec^n\theta\, d\theta = \frac{1}{n-1}\sec^{n-2}\theta \operatorname{tg}\theta + \frac{n-2}{n-1}\int \sec^{n-2}\theta\, d\theta$$

resulta

$$\int_0^{\frac{\pi}{4}} \sec^5\theta\, d\theta = \left[\frac{1}{4}\sec^3\theta \operatorname{tg}\theta + \frac{3}{8}\sec\theta \operatorname{tg}\theta + \frac{3}{8}\ln(\sec\theta + \operatorname{tg}\theta)\right]_0^{\frac{\pi}{4}},$$

ou seja,

$$\int_0^{\frac{\pi}{4}} \sec^5 \theta \, d\theta = \frac{\sqrt{2}}{2} + \frac{3\sqrt{2}}{8} + \frac{3}{8} \ln(\sqrt{2} + 1).$$

Segue que

$$\iiint_B \sqrt{x^2 + y^2 + z^2} \, dx \, dy \, dz = \frac{\pi}{12} (7\sqrt{2} - 2 + 3 \ln(\sqrt{2} + 1)).$$

Exemplo 2 Utilizando coordenadas cilíndricas, calcule o volume do sólido B dado por $x^2 + y^2 - 2x \leq 0$, $0 \leq z \leq x + y$, $x \geq 0$ e $y \geq 0$.

Solução

$$x^2 + y^2 - 2x \leq 0 \Leftrightarrow (x-1)^2 + y^2 \leq 1.$$

Façamos então

$$\begin{cases} x - 1 = \rho \cos \theta \\ y = \rho \,\text{sen}\, \theta \\ z = z \end{cases}$$

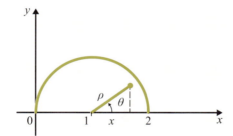

com $(\rho, \theta, z) \in B_{\rho\theta z}$, em que $B_{\rho\theta z}$ é dado por $0 \leq \rho \leq 1$, $0 \leq \theta \leq \pi$, $0 \leq z \leq 1 + \rho \cos \theta + \rho \,\text{sen}\, \theta$.
Temos

$$\iiint_B dx \, dy \, dz = \iiint_{B_{\rho\theta z}} \rho \, d\rho \, d\theta \, dz$$

Por outro lado,

$$\iiint_{B_{\rho\theta z}} \rho \, d\rho \, d\theta \, dz = \int_0^\pi \int_0^1 \left[\int_0^{1 + \rho \cos \theta + \rho \,\text{sen}\, \theta} \rho \, dz \right] d\rho \, d\theta$$

$$= \int_0^\pi \int_0^1 [\rho z]_0^{1 + \rho \cos \theta + \rho \,\text{sen}\, \theta} \, d\rho \, d\theta$$

$$= \int_0^\pi \left[\int_0^1 (\rho + \rho^2 \cos \theta + \rho^2 \,\text{sen}\, \theta) \, d\rho \right] d\theta$$

$$= \int_0^\pi \left[\frac{1}{2} + \frac{1}{3} \cos \theta + \frac{1}{3} \,\text{sen}\, \theta \right] d\theta$$

Capítulo 5

Portanto,

$$\iiint_{B_{\rho\theta z}} \rho \, d\rho \, d\theta \, dz = \frac{\pi}{2} + \frac{2}{3} \text{ (unidade de volume)}$$

que é o volume do sólido dado.

Observação. Se tivéssemos tomado o polo na origem teríamos

$$\begin{cases} x = \rho \cos \theta \\ y = \rho \operatorname{sen} \theta \\ z = z \end{cases}$$

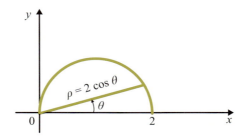

Com $(\rho, \theta, z) \in B_{\rho\theta z}$, em que $B_{\rho\theta z}$ é dado por $\rho \leq 2\cos\theta$, $0 \leq \theta \leq \frac{\pi}{2}$ e $0 \leq z \leq \rho\cos\theta + \rho\operatorname{sen}\theta$. Desta forma, o volume será

$$\int_0^{\frac{\pi}{2}} \int_0^{2\cos\theta} \left[\int_0^{\rho\cos\theta + \rho\operatorname{sen}\theta} \rho \, dz \right] d\rho \, d\theta = \int_0^{\frac{\pi}{2}} \int_0^{2\cos\theta} \left[\rho^2 \cos\theta + \rho^2 \operatorname{sen}\theta \right] d\rho \, d\theta$$

$$= \int_0^{\frac{\pi}{2}} \left[\frac{1}{3}(2\cos\theta)^3 \cos\theta + \frac{1}{3}(2\cos\theta)^3 \operatorname{sen}\theta \right] d\theta$$

$$= \frac{8}{3} \int_0^{\frac{\pi}{2}} (\cos^4\theta + \cos^3\theta + \rho^2 \operatorname{sen}\theta) \, d\theta$$

$$= \frac{\pi}{2} + \frac{3}{2} \text{ (Confira!)}$$

Exemplo 3 Calcule $\iiint_B \sqrt{x^2 + y^2 - z} \, dx \, dy \, dz$, em que B é dado por

$$0 \leq y \leq x, \, 0 \leq x \leq 1, \, 0 \leq z \leq x^2 + y^2.$$

Solução

1º Processo

$$\iiint_B \sqrt{x^2 + y^2 - z} \, dx \, dy \, dz = \iint_K \left[\int_0^{x^2 + y^2} \sqrt{x^2 + y^2 - z} \, dz \right] dx \, dy$$

em que K é o conjunto $0 \leq y \leq x$, $0 \leq x \leq 1$.

$$\int_0^{x^2+y^2} \sqrt{x^2+y^2-z}\, dz = -\frac{2}{3}(x^2+y^2-z)^{\frac{3}{2}}\bigg|_0^{x^2+y^2}$$

$$= \frac{2}{3}(x^2+y^2)^{\frac{3}{2}}.$$

Assim,

$$\iiint_B \sqrt{x^2+y^2-z}\, dx\, dy\, dz = \iint_K \frac{2}{3}(x^2+y^2)^{\frac{3}{2}}\, dx\, dy.$$

Mudando para coordenadas polares

$$\begin{cases} x = \rho\cos\theta \\ y = \rho\,\mathrm{sen}\,\theta \end{cases}$$

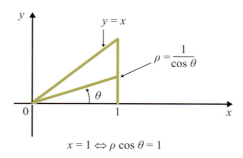

$$x = 1 \Leftrightarrow \rho\cos\theta = 1$$

resulta

$$\iint_K (x^2+y^2)^{\frac{3}{2}}\, dx\, dy = \int_0^{\frac{\pi}{4}} \left[\int_0^{\frac{1}{\cos\theta}} \rho^3\, \rho\, d\rho \right] d\theta$$

$$= \frac{1}{5}\int_0^{\frac{\pi}{4}} \sec^5\theta\, d\theta = \frac{1}{5}\left(\frac{\sqrt{2}}{2} + \frac{3\sqrt{2}}{8} + \frac{3}{8}\ln\left(\sqrt{2}+1\right) \right)$$

que já foi calculado no Exemplo 1. Portanto,

$$\iiint_B \sqrt{x^2+y^2-z}\, dx\, dy\, dz = \frac{2}{15}\left(\frac{\sqrt{2}}{2} + \frac{3\sqrt{2}}{8} + \frac{3}{8}\ln\left(\sqrt{2}+1\right) \right).$$

2º *Processo* (*Utilizando coordenadas cilíndricas*)

$$\iiint_B \sqrt{x^2+y^2-z}\, dx\, dy\, dz = \iiint_{B_{\rho\theta z}} \sqrt{\rho^2-z}\, \rho\, d\rho\, d\theta\, dz$$

em que $B_{\rho\theta z}$ é dado por $0 \leq \rho \leq \dfrac{1}{\cos\theta}$, $0 \leq \theta \leq \dfrac{\pi}{4}$ e $0 \leq z \leq \rho^2$.

$$\iiint_{B_{\rho\theta z}} \sqrt{\rho^2-z}\, \rho\, d\rho\, d\theta\, dz = \iint_{K_{\rho\theta}} \left[\int_0^{\rho^2} \sqrt{\rho^2-z}\, \rho\, dz \right] d\rho\, d\theta$$

em que $K_{\rho\theta}$ é o conjunto $0 \leq \rho \leq \dfrac{1}{\cos\theta}$ e $0 \leq \theta \leq \dfrac{\pi}{4}$.

$$\int_0^{\rho^2} \sqrt{\rho^2 - z}\, dz = \left[-\dfrac{2}{3}\rho(\rho^2 - z)^{\frac{3}{2}}\right]_0^{\rho^2} = \dfrac{2}{3}\rho^4.$$

Assim,

$$\iiint_{B_{\rho\theta z}} \sqrt{\rho^2 - z}\, \rho\, d\rho\, d\theta\, dz = \int_0^{\frac{\pi}{4}} \left[\int_0^{\sec\theta} \dfrac{2}{3}\rho^4\, d\rho\right] d\theta$$

$$= \int_0^{\frac{\pi}{4}} \dfrac{2}{15}\sec^5\theta\, d\theta.$$

Portanto,

$$\iiint_B \sqrt{x^2 + y^2 - z}\, dx\, dy\, dz = \dfrac{2}{15}\left(\dfrac{\sqrt{2}}{2} + \dfrac{3\sqrt{2}}{8} + \dfrac{3}{8}\ln(\sqrt{2} + 1)\right).$$

5.7 Centro de Massa e Momento de Inércia

Imaginemos uma partícula P, de massa m, girando com velocidade angular w, em torno de um eixo fixo. Suponhamos que a distância de P ao eixo seja r. A velocidade v da partícula será, então, $v = wr$ e sua energia cinética será

$$\dfrac{1}{2}mv^2 = \dfrac{1}{2}(mr^2)w^2 = \dfrac{1}{2}Iw^2$$

em que $I = mr^2$ é, por definição, o momento de inércia de P em relação ao eixo.

Consideremos, agora, um eixo fixo e um sistema de n partículas de massas m_i ($i = 1, 2, \ldots, n$); seja r_i a distância da i-ésima partícula ao eixo. Definimos o *momento de inércia* do sistema, em relação ao eixo, por:

$$I = \sum_{i=1}^n m_i r_i^2.$$

Observe que se as partículas do sistema acima giram, em torno do eixo fixo, com uma mesma velocidade angular w, então a energia cinética do sistema será

$$\sum_{i=1}^n \dfrac{1}{2}m_i v_i^2 = \sum_{i=1}^n \dfrac{1}{2}(m_i r_i^2)w^2 = \dfrac{1}{2}Iw^2.$$

Consideremos, finalmente, um corpo B com densidade volumétrica $\delta(x, y, z)$. Definimos o *momento de inércia de B* em relação a um eixo fixo por

$$I = \iiint_B r^2\, dm\, (dm = \delta(x, y, z)\, dx\, dy\, dz)$$

em que $r = r(x, y, z)$ é a distância do ponto (x, y, z) ao eixo.

Integrais Triplas

Exemplo 1 Calcule o momento de inércia de uma esfera homogênea, de raio R, em relação a um eixo passando pelo seu centro.

Solução

Consideremos a esfera com centro na origem e vamos calcular o momento de inércia em relação ao eixo z. A distância r do ponto (x, y, z) ao eixo é $\sqrt{x^2 + y^2}$. Como estamos supondo a esfera homogênea, sua densidade é constante, que suporemos igual a k. Temos

$$I = \iiint_B r^2 \, dm = \iiint_B (x^2 + y^2) k \, dx \, dy \, dz$$

em que B é a esfera $x^2 + y^2 + z^2 \leq R^2$. Passando para coordenadas esféricas obtemos:

$$I = k \iiint_{B_{\theta\rho\varphi}} (\rho^2 \operatorname{sen}^2 \varphi) \rho^2 \operatorname{sen} \varphi \, d\theta \, d\rho \, d\varphi$$

em que $B_{\theta\rho\varphi}$ é o paralelepípedo $0 \leq \theta \leq 2\pi$, $0 \leq \rho \leq R$ e $0 \leq \varphi \leq \pi$. (Observe: $x = \rho \operatorname{sen} \varphi \cos \theta$ e $y = \rho \operatorname{sen} \varphi \operatorname{sen} \theta \Rightarrow x^2 + y^2 = \rho^2 \operatorname{sen}^2 \varphi$.) Segue que

$$I = k \int_0^{2\pi} d\theta \int_0^R \rho^4 \, d\rho \int_0^\pi \operatorname{sen}^3 \varphi \, d\varphi = \frac{2}{5} k \pi R^5 \int_0^\pi \operatorname{sen}^3 \varphi \, d\varphi.$$

Como

$$\int_0^\pi \operatorname{sen}^3 \varphi \, d\varphi = \int_0^\pi \operatorname{sen} \varphi \, d\varphi - \int_0^\pi \cos^2 \varphi \operatorname{sen} \varphi \, d\varphi = [-\cos \varphi]_0^\pi - \left[-\frac{1}{3} \cos^3 \varphi\right]_0^\pi = \frac{4}{3}$$

resulta

$$I = \frac{2}{5} R^2 \left(\frac{4}{3} \pi R^3 k\right) = \frac{2}{5} MR^2$$

em que $M = \frac{4}{3} \pi R^3 k$ é a massa da esfera.

Consideremos um corpo B, com função densidade $\delta(x, y, z)$. O ponto (x_c, y_c, z_c), em que

$$x_c = \frac{\iiint_B x \, dm}{\iiint_B dm}, \quad y_c = \frac{\iiint_B y \, dm}{\iiint_B dm} \quad \text{e} \quad z_c = \frac{\iiint_B z \, dm}{\iiint_B dm}$$

denomina-se *centro de massa* de B.

Exemplo 2 Calcule o centro de massa do corpo homogêneo $x^2 + y^2 \leq z \leq 1$.

Solução

Precisamos calcular apenas z_c, pois, tendo em vista a simetria do corpo, em relação ao eixo Oz, $x_c = y_c = 0$. Temos

$$z_c = \frac{\iiint_B zk \, dx \, dy \, dz}{\iiint_B k \, dx \, dy \, dz} = \frac{\iiint_B z \, dx \, dy \, dz}{\iiint_B dx \, dy \, dz}$$

em que B é o conjunto $x^2 + y^2 \leq z \leq 1$ e k (k constante) a densidade. Seja A o círculo $x^2 + y^2 \leq 1$. Temos

$$\iiint_B dx\, dy\, dz = \iint_A \left[\int_{x^2+y^2}^1 dz\right] dx\, dy = \iint_A (1 - x^2 - y^2)\, dx\, dy.$$

Passando para polares obtemos:

$$\iiint_B dx\, dy\, dz = \int_0^{2\pi} d\theta \int_0^1 (1-\rho^2)\rho\, d\rho = \frac{\pi}{2}.$$

Por outro lado,

$$\iiint_B z\, dx\, dy\, dz = \iint_A \left[\int_{x^2+y^2}^1 z\, dz\right] dx\, dy = \frac{1}{2}\iint_A \left[1 - (x^2+y^2)^2\right] dx\, dy$$

$$= \frac{1}{2}\int_0^{2\pi} d\theta \int_0^1 (1-\rho^4)\rho\, d\rho$$

ou seja,

$$\iiint_B z\, dx\, dy\, dz = \frac{\pi}{3}.$$

Assim,

$$z_c = \frac{\frac{\pi}{3}}{\frac{\pi}{2}} = \frac{2}{3}.$$

Portanto, o centro de massa é $\left(0, 0, \frac{2}{3}\right)$.

Exercícios 5.7

1. Calcule o momento de inércia do corpo homogêneo $x + y + z \leq 4$, $x \geq 0$, $y \geq 0$ e $z \geq 0$, em relação ao eixo z.

2. Calcule o momento de inércia do cubo homogêneo de aresta L, em relação a um eixo que contém uma das arestas.

3. Considere o cubo $0 \leq x \leq 1$, $0 \leq y \leq 1$ e $0 \leq z \leq 1$ e suponha que a densidade no ponto (x, y, z) seja x.

   a) Calcule o momento de inércia em relação ao eixo Oz.
   b) Calcule o centro de massa.

4. Considere o cilindro homogêneo $(x - a)^2 + y^2 \leq a^2$ e $0 \leq z \leq h$.

   a) Calcule o momento de inércia em relação à reta $x = a$ e $y = 0$.
   b) Calcule o momento de inércia em relação ao eixo Oz.

5. (*Teorema de Steiner ou dos eixos paralelos.*) Seja I_{cm} o momento de inércia em relação a um eixo que passa pelo centro de massa de um corpo e I o momento de inércia em relação a um eixo paralelo, a uma distância h. Verifique que $I = I_{cm} + Mh^2$, em que M é a massa do corpo.

6. Aplique o teorema de Steiner ao item b do Exercício 4.

7. Calcule o centro de massa da semiesfera homogênea $x^2 + y^2 + z^2 \leq R^2$ e $z \geq 0$ $(R > 0)$.

8. Calcule o momento de inércia de uma esfera homogênea de raio R, em relação a um eixo cuja distância ao centro seja h.

9. Considere um cone circular reto homogêneo de altura h e raio da base R.

   a) Calcule o centro de massa.
   b) Calcule o momento de inércia em relação ao seu eixo.

10. Calcule o momento de inércia de um sólido homogêneo com a forma de um cone circular reto de altura h e raio da base R, em relação a um eixo passando pelo vértice e perpendicular ao eixo do cone.

11. Determine o centro de massa de uma semiesfera, cuja densidade no ponto P é proporcional à distância de P ao centro.

12. Calcule o momento de inércia de um cone circular reto de altura h, raio da base R, homogêneo, em relação a um diâmetro de sua base.

CAPÍTULO 6

Integrais de Linha

6.1 Integral de um Campo Vetorial sobre uma Curva

Suponhamos que $\vec{F}: \Omega \subset \mathbb{R}^3 \to \mathbb{R}^3$ seja um campo de forças definido no aberto Ω e que uma partícula descreva um movimento em Ω com função de posição $\gamma : [a, b] \to \Omega$ ($\gamma(t)$ é a posição da partícula no instante t). Se $\vec{F}$ for *constante* e a imagem de γ um segmento, o *trabalho* τ realizado por $\vec{F}$ de $\gamma(a)$ até $\gamma(b)$ é, por definição, o produto escalar de $\vec{F}$ pelo deslocamento $\gamma(b) - \gamma(a)$:

$$\tau = \vec{F} \cdot [\gamma(b) - \gamma(a)].$$

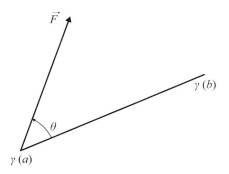

$$\tau = \vec{F} \cdot [\gamma(b) - \gamma(a)] = \|\vec{F}\| \|\gamma(b) - \gamma(a)\| \cos \theta$$

Suponhamos, agora, que $\vec{F}$ e γ sejam quaisquer, com $\vec{F}$ contínuo e γ de classe C^1. Queremos definir o trabalho realizado por $\vec{F}$ de $\gamma(a)$ até $\gamma(b)$. Seja $P : a = t_0 < t_1 < t_2 < \ldots < t_{i-1} < t_i < \ldots < t_n = b$ uma partição de $[a, b]$, com máx Δt_i suficientemente pequeno. (Lembramos que máx Δt_i é o maior dos números $\Delta t_i = t_i - t_{i-1}$, $i = 1, 2, \ldots, n$.)

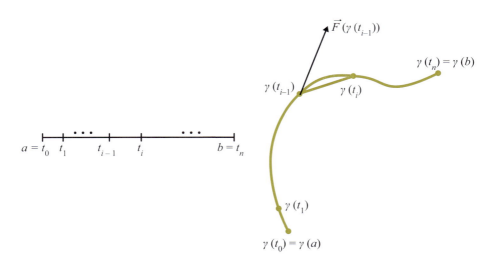

Tendo em vista as hipóteses anteriores, é razoável esperar que a soma

① $$\sum_{i=1}^{n} \vec{F}(\gamma(t_{i-1})) \cdot [\gamma(t_i) - \gamma(t_{i-1})]$$

seja uma boa aproximação para o trabalho τ realizado por $\vec{F}$ de $\gamma(a)$ até $\gamma(b)$ e que esta aproximação seja tanto melhor quanto menor for máx Δt_i. Por outro lado,

$$\gamma(t_i) - \gamma(t_{i-1}) \cong \gamma'(t_{i-1}) \Delta t_i$$

e daí

$$\tau \cong \sum_{i=1}^{n} \vec{F}(\gamma(t_{i-1})) \cdot \gamma'(t_{i-1}) \Delta t_i.$$

Como a função $\vec{F}(\gamma(t)) \cdot \gamma'(t)$ é integrável em $[a, b]$, pois é contínua neste intervalo, segue que

$$\lim_{\text{máx } \Delta t_i \to 0} \sum_{i=1}^{n} \vec{F}(\gamma(t_{i-1})) \cdot \gamma'(t_{i-1}) \Delta t_i = \int_a^b \vec{F}(\gamma(t)) \cdot \gamma'(t) \, dt.$$

Nada mais natural, então, do que definir o *trabalho* τ realizado por $\vec{F}$ de $\gamma(a)$ até $\gamma(b)$ por

$$\boxed{\tau = \int_\gamma \vec{F} \cdot d\gamma = \int_a^b \vec{F}(\gamma(t)) \cdot \gamma'(t) \, dt}$$

em que $\int_\gamma \vec{F} \cdot d\gamma$ é uma notação para indicar a integral $\int_a^b \vec{F}(\gamma(t)) \cdot \gamma'(t) \, dt$. (Pode ser provado que ① tende a esta integral quando máx Δt_i tende a zero.)

Consideremos, agora, um campo vetorial contínuo qualquer $\vec{F} : \Omega \subset \mathbb{R}^n \to \mathbb{R}^n$, Ω aberto, e uma curva $\gamma : [a, b] \to \Omega$, de classe C^1. Definimos a *integral de linha de* $\vec{F}$ *sobre* γ por

$$\boxed{\int_\gamma \vec{F} \cdot d\gamma = \int_a^b \vec{F}(\gamma(t)) \cdot \gamma'(t) \, dt.}$$

É usual a notação $\int_\gamma \vec{F} \cdot d\vec{r}$ para a integral de linha de $\vec{F}$ sobre γ, em que $\vec{r}(t) = \gamma(t)$.

Capítulo 6

Exemplo 1 Calcule $\int_\gamma \vec{F} \cdot d\vec{r}$, sendo $\vec{F}(x, y) = x\vec{i} + y\vec{j}$ e $\gamma(t) = (t, t^2), t \in [-1, 1]$.

Solução

$$\int_\gamma \vec{F} \cdot d\gamma = \int_{-1}^{1} \vec{F}(\gamma(t)) \cdot \gamma'(t)\, dt.$$

Temos:

$$\vec{F}(\gamma(t)) = \vec{F}(t, t^2) = t\vec{i} + t^2 \vec{j}.$$

e

$$\gamma'(t) = (1, 2t).$$

Assim,

$$\vec{F}(\gamma(t)) \cdot \gamma'(t) = (t\vec{i} + t^2 \vec{j}) \cdot (1, 2t) = t + 2t^3.$$

Portanto,

$$\int_\gamma \vec{F} \cdot d\gamma = \int_{-1}^{1} (t + 2t^3)\, dt = 0.$$

(Observe que $t + 2t^3$ é uma função ímpar.)

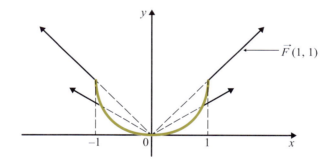

Se $\vec{F}$ for imaginado como um campo de forças, o trabalho realizado por $\vec{F}$ de $\gamma(-1)$ até $\gamma(1)$ é zero.

Exemplo 2 Calcule $\int_\gamma \vec{F} \cdot d\vec{r}$, sendo

$$\gamma(t) = (\cos t, \operatorname{sen} t), 0 \leq t \leq 2\pi,$$

e

$$\vec{F}(x, y) = \frac{-y}{x^2 + y^2}\vec{i} + \frac{x}{x^2 + y^2}\vec{j}.$$

Solução

$$\int_\gamma \vec{F} \cdot d\vec{r} = \int_0^{2\pi} \left[\frac{-\operatorname{sen} t}{\cos^2 t + \operatorname{sen}^2 t}\vec{i} + \frac{\cos t}{\cos^2 t + \operatorname{sen}^2 t}\vec{j} \right] \cdot (-\operatorname{sen} t, \cos t)\, dt = \int_0^{2\pi} dt.$$

Portanto,

$$\int_\gamma \vec{F} \cdot d\vec{r} = 2\pi.$$

Exemplo 3 (*Relação entre trabalho e energia cinética.*) Suponha $\vec{F}: \Omega \subset \mathbb{R}^3 \to \mathbb{R}^3$ um campo de forças contínuo. Sob a ação da *força resultante* $\vec{F}$, uma partícula de massa m desloca-se de A até B, sendo sua trajetória descrita pela curva $\gamma : [a, b] \to \Omega$, de classe C^1, com $\gamma(a) = A$ e $\gamma(b) = B$. ($\gamma(t)$ é a posição da partícula no instante t.) Sejam v_A e v_B as velocidades escalares nos instantes a e b, respectivamente. Prove que

$$\int_\gamma \vec{F} \cdot d\vec{r} = \frac{1}{2} m v_B^2 - \frac{1}{2} m v_A^2$$

isto é: o trabalho realizado pela resultante $\vec{F}$ no deslocamento de A até B é igual à variação na energia cinética da partícula.

Solução

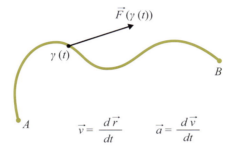

A força que age sobre a partícula no instante t é $\vec{F}(\gamma(t))$; pela lei de Newton

$$\vec{F}(\gamma(t)) = m \frac{d\vec{v}}{dt}.$$

Temos, então:

$$\int_\gamma \vec{F} \cdot d\vec{r} = \int_a^b \vec{F}(\gamma(t)) \cdot \frac{d\vec{r}}{dt} dt = \int_a^b m \frac{d\vec{v}}{dt} \cdot \frac{d\vec{r}}{dt} dt,$$

ou seja,

$$\int_\gamma \vec{F} \cdot d\vec{r} = m \int_a^b \vec{v} \cdot \frac{d\vec{v}}{dt} dt.$$

De

$$\frac{d}{dt}(\vec{v} \cdot \vec{v}) = \frac{d\vec{v}}{dt} \cdot \vec{v} + \vec{v} \cdot \frac{d\vec{v}}{dt} = 2\vec{v} \cdot \frac{d\vec{v}}{dt}$$

resulta

$$\frac{d}{dt}\left(\frac{1}{2} \vec{v} \cdot \vec{v}\right) = \vec{v} \cdot \frac{d\vec{v}}{dt}.$$

Segue que

$$\int_a^b \vec{v} \cdot \frac{d\vec{v}}{dt} dt = \frac{1}{2}\left[\vec{v}(t) \cdot \vec{v}(t)\right]_a^b = \frac{1}{2}\left[\vec{v}(b) \cdot \vec{v}(b) - \vec{v}(a) \cdot \vec{v}(a)\right] = \frac{1}{2}\left[v_B^2 - v_A^2\right].$$

(Veja: $v_B^2 = \|\vec{v}(b)\|^2 = \vec{v}(b) \cdot \vec{v}(b)$ e $v_A^2 = \vec{v}(a) \cdot \vec{v}(a)$.)

Portanto,

$$\int_\gamma \vec{F} \cdot d\vec{r} = \frac{1}{2} mv_B^2 - \frac{1}{2} mv_A^2.$$

Exercícios 6.1

1. Calcule $\int_\gamma \vec{F} \cdot d\vec{r}$ sendo dados:

   a) $\vec{F}(x, y, z) = x\vec{i} + y\vec{j} + z\vec{k}$ e $\gamma(t) = (\cos t, \operatorname{sen} t, t), 0 \leqslant t \leqslant 2\pi$

   b) $\vec{F}(x, y, z) = (x + y + z)\vec{k}$ e $\gamma(t) = (t, t, 1 - t^2), 0 \leqslant t \leqslant 1$

   c) $\vec{F}(x, y) = x^2 \vec{j}$ e $\gamma(t) = (t^2, 3), -1 \leqslant t \leqslant 1$

   d) $\vec{F}(x, y) = x^2 \vec{i} + (x - y)\vec{j}$ e $\gamma(t) = (t, \operatorname{sen} t), 0 \leqslant t \leqslant \pi$

   e) $\vec{F}(x, y, z) = x^2 \vec{i} + y^2 \vec{j} + z^2 \vec{k}$ e $\gamma(t) = (2 \cos t, 3 \operatorname{sen} t, t), 0 \leqslant t \leqslant 2\pi$

2. Seja $\vec{F}: \mathbb{R}^2 \to \mathbb{R}^2$ um campo vetorial contínuo tal que, para todo (x, y), $\vec{F}(x, y)$ é paralelo ao vetor $x\vec{i} + y\vec{j}$. Calcule $\int_\gamma \vec{F} \cdot d\vec{r}$, em que $\gamma: [a, b] \to \mathbb{R}^2$ é uma curva de classe C^1, cuja imagem está contida na circunferência de centro na origem e raio $r > 0$. Interprete geometricamente.

3. Uma partícula move-se no plano de modo que no instante t sua posição é dada por $\gamma(t) = (t, t^2)$. Calcule o trabalho realizado pelo campo de forças $\vec{F}(x, y) = (x + y)\vec{i} + (x - y)\vec{j}$ no deslocamento da partícula de $\gamma(0)$ até $\gamma(1)$.

4. Uma partícula desloca-se em um campo de forças dado por $\vec{F}(x, y, z) = -y\vec{i} + x\vec{j} + z\vec{k}$. Calcule o trabalho realizado por $\vec{F}$ no deslocamento da partícula de $\gamma(a)$ até $\gamma(b)$, sendo dados

   a) $\gamma(t) = (\cos t, \operatorname{sen} t, t), a = 0$ e $b = 2\pi$

   b) $\gamma(t) = (2t + 1, t - 1, t), a = 1$ e $b = 2$

   c) $\gamma(t) = (\cos t, 0, \operatorname{sen} t), a = 0$ e $b = 2\pi$

5. Calcule $\int_\gamma \vec{E} \cdot d\vec{l}$ em que $\vec{E}(x, y) = \dfrac{1}{x^2 + y^2} \dfrac{x\vec{i} + y\vec{j}}{\sqrt{x^2 + y^2}}$ e $\gamma(t) = (t, 1), -1 \leqslant t \leqslant 1$. (O $\vec{l}$ desempenha aqui o mesmo papel que o $\vec{r}: \vec{l}(t) = \gamma(t)$.)

6. Seja $\vec{E}$ o campo do exercício anterior e seja γ a curva dada por $x = t$ e $y = 1 - t^4, -1 \leqslant t \leqslant 1$.

   a) Que valor é razoável esperar para $\int_\gamma \vec{E} \cdot d\vec{l}$? Por quê?

   b) Calcule $\int_\gamma \vec{E} \cdot d\vec{l}$

7. Calcule $\int_\gamma \vec{E} \cdot d\vec{l}$, em que $\vec{E}$ é o campo dado no Exercício 5 e γ a curva dada por $x = 2 \cos t$, $y = \operatorname{sen} t$, com $0 \leqslant t \leqslant \dfrac{\pi}{2}$.

6.2 Outra Notação para a Integral de Linha de um Campo Vetorial sobre uma Curva

Seja $\vec{F}(x, y) = P(x, y)\vec{i} + Q(x, y)\vec{j}$ um campo vetorial contínuo no aberto Ω de $\mathbb{R}^2$ e seja $\gamma: [a, b] \to \Omega$ uma curva de classe C^1 dada por $x = x(t)$ e $y = y(t)$. Temos

$$\int_\gamma \vec{F} \cdot d\vec{r} = \int_a^b \left[P(x(t), y(t))\vec{i} + Q(x(t), y(t))\vec{j} \right] \cdot \left[\frac{dx}{dt}\vec{i} + \frac{dy}{dt}\vec{j} \right] dt$$

$$= \int_a^b \left[P(x(t), y(t))\frac{dx}{dt} + Q(x(t), y(t))\frac{dy}{dt} \right] dt.$$

A última expressão acima nos sugere a notação $\int_\gamma P(x, y)\, dx + Q(x, y)\, dy$ para a integral de linha de $\vec{F}$ sobre γ:

$$\boxed{\int_\gamma P(x, y)\, dx + Q(x, y)\, dy = \int_a^b \left[P(x(t), y(t))\frac{dx}{dt} + Q(x(t), y(t))\frac{dy}{dt} \right] dt}$$

Da mesma forma

$$\int_\gamma P\, dx + Q\, dy + R\, dz$$

indicará a integral de linha de

$$\vec{F}(x, y, z) = P(x, y, z)\vec{i} + Q(x, y, z)\vec{j} + R(x, y, z)\vec{k}$$

sobre a curva γ dada por

$$x = x(t),\ y = y(t)\ \text{e}\ z = z(t),\ a \leq t \leq b.$$

Exemplo 1 Calcule $\int_\gamma x\, dx + (x^2 + y + z)\, dy + xyz\, dz$, em que $\gamma(t) = (t, 2t, 1)$, $0 \leq t \leq 1$.

Solução

De $x = t$, $y = 2t$ e $z = 1$, segue $\frac{dx}{dt} = 1$, $\frac{dy}{dt} = 2$ e $\frac{dz}{dt} = 0$. Temos:

$$\int_\gamma x\, dx + (x^2 + y + z)\, dy + xyz\, dz = \int_0^1 \left[t\frac{dx}{dt} + (t^2 + 2t + 1)\frac{dy}{dt} + 2t^2\frac{dz}{dt} \right] dt$$

$$= \int_0^1 \left[t + (t^2 + 2t + 1)2 + 0 \right] dt = \frac{31}{6}.$$

Exemplo 2 Calcule $\int_\gamma -y\, dx + x\, dy$, em que $\gamma: [a, b] \to \mathbb{R}^2$ é uma curva de classe C^1, cuja imagem é a elipse $\frac{x^2}{4} + \frac{y^2}{9} = 1$, e tal que, quando t varia de a até b, $\gamma(t)$ descreve a elipse no sentido anti-horário.

Capítulo 6

Solução

Observação. Sempre que se especificar apenas a imagem de γ, entender-se-á que γ é a curva mais "natural" que tem tal imagem.

Uma parametrização bem natural e que atende as condições dadas é

$$\begin{cases} \dfrac{x}{2} = \cos t \\ \dfrac{y}{3} = \sen t \end{cases} \quad \text{ou} \quad \begin{cases} x = 2\cos t \\ y = 3\sen t \end{cases} \quad 0 \leq t \leq 2\pi.$$

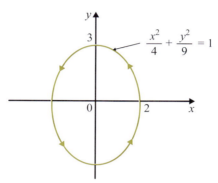

Temos, então,

$$\int_\gamma -y\,dx + x\,dy = \int_0^{2\pi}\left[-3\sen t\,\frac{dx}{dt} + 2\cos t\,\frac{dy}{dt}\right]dt = \int_0^{2\pi}\left[6\sen^2 t + 6\cos^2 t\right]dt.$$

ou seja,

$$\int_\gamma -y\,dx + x\,dy = 12\pi$$

Exercícios 6.2

1. Calcule $\int_\gamma x\,dx + y\,dy$, sendo γ dada por $x = t^2$ e $y = \sen t$, $0 \leq t \leq \dfrac{\pi}{2}$.

2. Calcule $\int_\gamma x\,dx - y\,dy$, em que γ é o segmento de extremidades (1, 1) e (2, 3), percorrido no sentido de (1, 1) para (2, 3).

3. Calcule $\int_\gamma x\,dx + y\,dy + z\,dz$, em que γ é o segmento de extremidades (0, 0, 0) e (1, 2, 1), percorrido no sentido de (1, 2, 1) para (0, 0, 0).

4. Calcule $\int_\gamma x\,dx + dy + 2\,dz$, em que γ é a interseção do paraboloide $z = x^2 + y^2$ com o plano $z = 2x + 2y - 1$; o sentido de percurso deve ser escolhido de modo que a projeção de γ(t), no plano xy, caminhe no sentido anti-horário.

5. Calcule $\int_\gamma dx + xy\,dy + z\,dz$, em que γ é a interseção de $x^2 + y^2 + z^2 = 2$, $x \geq 0$, $y \geq 0$ e $z \geq 0$, com o plano $y = x$; o sentido de percurso é do ponto $(0, 0, \sqrt{2})$ para (1, 1, 0).

Integrais de Linha

6. Calcule $\int_\gamma 2\,dx - dy$, em que γ tem por imagem $x^2 + y^2 = 4$, $x \geq 0$ e $y \geq 0$; o sentido de percurso é de $(2, 0)$ para $(0, 2)$.

7. Calcule $\int_\gamma \dfrac{-y}{4x^2 + y^2}\,dx + \dfrac{x}{4x^2 + y^2}\,dy$, em que γ tem por imagem a elipse $4x^2 + y^2 = 9$ e o sentido de percurso é o anti-horário.

8. Seja $\gamma(t) = (R \cos t, R \,\text{sen}\, t)$, $0 \leq t \leq 2\pi$ ($R > 0$). Mostre que $\int_\gamma \dfrac{-y}{4x^2 + y^2}\,dx + \dfrac{x}{4x^2 + y^2}\,dy$ não depende de R.

9. Calcule $\int_\gamma dx + y\,dy + dz$, em que γ é a interseção do plano $y = x$ com a superfície $z = x^2 + y^2$, $z \leq 2$, sendo o sentido de percurso do ponto $(-1, -1, 2)$ para o ponto $(1, 1, 2)$.

10. Calcule $\int_\gamma dx + dy + dz$ em que γ é a interseção entre as superfícies $y = x^2$ e $z = 2 - x^2 - y^2$, $x \geq 0$, $y \geq 0$ e $z \geq 0$, sendo o sentido de percurso do ponto $(1, 1, 0)$ para o ponto $(0, 0, 2)$.

11. Calcule $\int_\gamma 2y\,dx + z\,dy + x\,dy$ em que γ é a interseção das superfícies $x^2 + 4y^2 = 1$ e $x^2 + z^2 = 1$, $y \geq 0$ e $z \geq 0$, sendo o sentido de percurso do ponto $(1, 0, 0)$ para o ponto $(-1, 0, 0)$.

6.3 Mudança de Parâmetro

Sejam $\gamma_1 : [a, b] \to \mathbb{R}^n$ e $\gamma_2 : [c, d] \to \mathbb{R}^n$ duas curvas de classe C^1; suponhamos que exista uma função $g : [c, d] \to \mathbb{R}$, de classe C^1, com $g'(u) > 0$ em $]c, d[$ e Im $g = [a, b]$, tal que, para todo u em $[c, d]$,

$$\gamma_2(u) = \gamma_1(g(u))$$

Dizemos, então, que γ_2 é obtida de γ_1 por uma mudança de parâmetro que conserva a orientação.

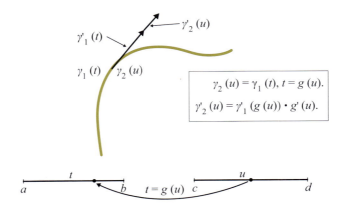

Observe que se γ_2 é obtida de γ_1 por uma mudança de parâmetro que conserva a orientação, então γ_1 e γ_2 têm a mesma imagem e, além disso, de $\gamma_2'(u) = \gamma_1'(g(u))g'(u)$ segue que $\gamma_2'(u)$ e $\gamma_1'(t)$, $t = g(u)$, são paralelos e terão, se não forem nulos, o mesmo sentido, pois $g'(u) \geq 0$ em $[c, d]$.

Capítulo 6

Se a condição "$g'(u) > 0$ em $]c, d[$" for substituída por "$g'(u) < 0$ em $]c, d[$", então diremos que γ_2 é obtida de γ_1 por uma mudança de parâmetro que reverte a orientação. Observe que, neste caso, as velocidades $\gamma_2'(u)$ e $\gamma_1'(t)$, $t = g(u)$, são paralelas e com sentido contrário.

Teorema. Seja $\vec{F}$ um campo vetorial contínuo no aberto $\Omega \subset \mathbb{R}^n$ e sejam $\gamma_1 : [a, b] \to \Omega$ e $\gamma_2 : [c, d] \to \Omega$ duas curvas de classe C^1.

a) Se γ_2 for obtida de γ_1 por uma mudança de parâmetro que conserva a orientação, então

$$\int_{\gamma_1} \vec{F} \cdot d\gamma_1 = \int_{\gamma_2} \vec{F} \cdot d\gamma_2.$$

b) Se γ_2 for obtida de γ_1 por uma mudança de parâmetro que reverte a orientação, então

$$\int_{\gamma_1} \vec{F} \cdot d\gamma_1 = -\int_{\gamma_2} \vec{F} \cdot d\gamma_2.$$

Demonstração

a) $\gamma_2(u) = \gamma_1(g(u))$ em $[c, d]$, em que g é de classe C^1 em $[c, d]$, a imagem de g é $[a, b]$ e $g'(u) > 0$ em $]c, d[$. Observe que g é estritamente crescente em $[c, d]$ e, tendo em vista que Im $g = [a, b]$, resulta $g(c) = a$ e $g(d) = b$. Então, fazendo a mudança de variável $t = g(u)$, vem:

$$\int_{\gamma_1} \vec{F} \cdot d\gamma_1 = \int_a^b \vec{F}(\gamma_1(t)) \cdot \gamma_1'(t) \, dt = \int_c^d \vec{F}(\gamma_1(g(u))) \cdot \gamma_1'(g(u)) \cdot g'(u) \, du$$

$$= \int_c^d \vec{F}(\gamma_2(u)) \cdot \gamma_2'(u) \, du = \int_{\gamma_2} \vec{F} \cdot d\gamma_2.$$

b) Fica a cargo do leitor. ∎

Exercícios 6.3

1. Seja $\vec{F}$ um campo vetorial contínuo em $\mathbb{R}^2$. Justifique as igualdades.

a) $\int_{\gamma_1} \vec{F} \cdot d\gamma_1 = \int_{\gamma_2} \vec{F} \cdot d\gamma_2$, em que $\gamma_1(t) = (t, t^2)$, $0 \leq t \leq 1$, e $\gamma_2(u) = \left(\dfrac{u}{2}, \dfrac{u^2}{4}\right)$, $0 \leq u \leq 2$.

b) $\int_{\gamma_1} \vec{F} \cdot d\gamma_1 = \int_{\gamma_2} \vec{F} \cdot d\gamma_2$, em que $\gamma_1(t) = (\cos t, \operatorname{sen} t)$, $0 \leq t \leq 2\pi$, e $\gamma_2(u) = (\cos 2u, \operatorname{sen} 2u)$, $0 \leq u \leq \pi$.

c) $\int_{\gamma_1} \vec{F} \cdot d\gamma_1 = -\int_{\gamma_2} \vec{F} \cdot d\gamma_2$, em que $\gamma_1(t) = (\cos t, \operatorname{sen} t)$, $0 \leq t \leq 2\pi$, e $\gamma_2(u) = (\cos(2\pi - u), \operatorname{sen}(2\pi - u))$, $0 \leq u \leq 2\pi$.

d) $\int_{\gamma_1} \vec{F} \cdot d\gamma_1 = -\int_{\gamma_2} \vec{F} \cdot d\gamma_2$, em que $\gamma_1(t) = (t, t^3)$, $-1 \leq t \leq 1$, e $\gamma_2(u) = (1 - u, (1 - u)^3)$, $0 \leq u \leq 2$.

2. Seja $\vec{F}$ um campo vetorial contínuo em Ω e sejam $\gamma_1 : [a, b] \to \Omega$ e $\gamma_2 : [c, d] \to \Omega$ duas curvas quaisquer de classe C^1, tais que Im $\gamma_1 =$ Im γ_2. A afirmação

$$\int_{\gamma_1} \vec{F} \cdot d\gamma_1 = \int_{\gamma_2} \vec{F} \cdot d\gamma_2 \text{ ou } \int_{\gamma_1} \vec{F} \cdot d\gamma_1 = -\int_{\gamma_2} \vec{F} \cdot d\gamma_2,$$

é falsa ou verdadeira? Justifique.

6.4 Integral de Linha sobre uma Curva de Classe C^1 por Partes

Uma curva $\gamma : [a, b] \to \mathbb{R}^n$ se diz de *classe C^1 por partes* se for contínua e se existirem uma partição $a = t_0 < t_1 < \ldots < t_n = b$ e curvas $\gamma_i : [t_{i-1}, t_i] \to \mathbb{R}^n$, $i = 1, 2, \ldots, n$, de classe C^1, tais que, para todo t em $]t_{i-1}, t_i[$, $\gamma(t) = \gamma_i(t)$:

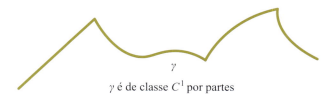

γ é de classe C^1 por partes

Seja $\vec{F}$ um campo vetorial contínuo no aberto Ω de $\mathbb{R}^n$ e seja $\gamma : [a, b] \to \Omega$ uma curva de classe C^1 por partes; definimos

$$\int_\gamma \vec{F} \cdot d\gamma = \int_{\gamma_1} \vec{F} \cdot d\gamma_1 + \int_{\gamma_2} \vec{F} \cdot d\gamma_2 + \ldots + \int_{\gamma_n} \vec{F} \cdot d\gamma_n.$$

Exemplo 1 Calcule $\int_\gamma x\, dx + xy\, dy$, em que $\gamma(t) = (t, |t|)$, $-1 \leq t \leq 1$.

Solução

$$\int_\gamma x\, dx + xy\, dy = \int_{\gamma_1} x\, dx + xy\, dy + \int_{\gamma_2} x\, dx + xy\, dy$$

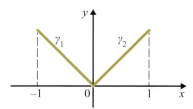

em que

$$\gamma_1 : \begin{cases} x = t \\ y = -t \end{cases} -1 \leq t \leq 0 \quad \text{ou} \quad \gamma_2 : \begin{cases} x = t \\ y = t \end{cases} 0 \leq t \leq 1.$$

$$\int_{\gamma_1} x\, dx + xy\, dy = \int_{-1}^0 (t + t^2)\, dt = -\frac{1}{6}$$

e

$$\int_{\gamma_2} x\, dx + xy\, dy = \int_0^1 (t + t^2)\, dt = \frac{5}{6}.$$

Portanto,

$$\int_\gamma x\, dx + xy\, dy = \frac{2}{3}.$$

Capítulo 6

Exemplo 2 Calcule $\int_\gamma x\,dx + y\,dy$, em que γ é uma curva cuja imagem é a poligonal de vértices $(0, 0)$, $(2, 0)$ e $(2, 1)$, orientada de $(0, 0)$ para $(2, 1)$.

Solução

Uma parametrização bem natural para γ é:

$$\gamma(t) = \begin{cases} (t, 0) & \text{se } 0 \leq t \leq 2 \\ (2, t - 2) & \text{se } 2 \leq t \leq 3. \end{cases}$$

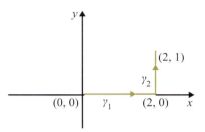

Temos:

$$\int_\gamma x\,dx + y\,dy = \int_{\gamma_1} x\,dx + y\,dy + \int_{\gamma_2} x\,dx + y\,dy$$

em que

$$\gamma_1 : \begin{cases} x = t \\ y = 0 \end{cases} 0 \leq t \leq 2 \quad \text{e} \quad \gamma_2 : \begin{cases} x = 2 \\ y = t - 2 \end{cases} 2 \leq t \leq 3.$$

$$\int_{\gamma_1} x\,dx + y\,dy = \int_0^2 t\,dt = 2$$

e

$$\int_{\gamma_2} x\,dx + y\,dy = \int_2^3 (t - 2)\,dt = \frac{1}{2}.$$

Portanto,

$$\int_\gamma x\,dx + y\,dy = \frac{5}{2}.$$

Observação. Em vez de termos trabalhado com a curva

$$\gamma_2 : \begin{cases} x = 2 \\ y = t - 2 \end{cases} 2 \leq t \leq 3$$

poderíamos ter trabalhado com

$$\overline{\gamma}_2 : \begin{cases} x = 2 \\ y = t \end{cases} 0 \leq t \leq 1$$

pois $\overline{\gamma}_2$ pode ser obtida de γ_2 por uma mudança de parâmetro que conserva a orientação.

Exemplo 3 Calcule $\int_\gamma -y\,dx + x\,dy$, em que γ é uma curva cuja imagem é o triângulo de vértices $(0, 0)$, $(1, 0)$ e $(1, 1)$, orientada no sentido anti-horário.

Solução

$$\int_\gamma -y\,dx + x\,dy = \int_{\gamma_1} -y\,dx + x\,dy + \int_{\gamma_2} -y\,dx + x\,dy + \int_{\gamma_3} -y\,dx + x\,dy$$

em que

$$\gamma_1 : \begin{cases} x = t \\ y = 0 \end{cases} 0 \leqslant t \leqslant 1,$$

$$\gamma_2 : \begin{cases} x = 1 \\ y = t \end{cases} 0 \leqslant t \leqslant 1,$$

e

$$\gamma_3 : \begin{cases} x = 1 - t \\ y = 1 - t \end{cases} 0 \leqslant t \leqslant 1,$$

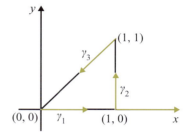

Temos:

$$\int_{\gamma_1} -y\,dx + x\,dy = 0, \int_{\gamma_2} -y\,dx + x\,dy = \int_0^1 dt = 1 \text{ e } \int_{\gamma_3} -y\,dx + x\,dy = 0.$$

Portanto,

$$\int_\gamma -y\,dx + x\,dy = 1.$$

Observação. Se tivéssemos tomado

$$\overline{\gamma}_3 : \begin{cases} x = t \\ y = t \end{cases} 0 \leqslant t \leqslant 1$$

em lugar de

$$\gamma_3 : \begin{cases} x = 1 - t \\ y = 1 - t \end{cases} 0 \leqslant t \leqslant 1$$

teríamos

$$\int_\gamma -y\,dx + x\,dy = \int_{\gamma_1} -y\,dx + x\,dy + \int_{\gamma_2} -y\,dx + x\,dy \ominus \int_{\overline{\gamma}_3} -y\,dx + x\,dy.$$

Observe que $\overline{\gamma}_3$ é obtida de γ_3 por uma mudança de parâmetro que reverte a orientação.

Exercícios 6.4

1. Calcule $\int_\gamma \sqrt[3]{x}\,dx + \dfrac{dy}{1 + y^2}$, em que γ é a curva

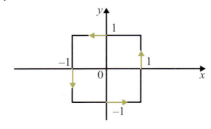

Capítulo 6

2. Calcule $\int_\gamma \vec{F} \cdot d\vec{r}$, em que $\vec{F}(x, y) = (x + y^2)\vec{j}$ e γ é a curva do Exercício 1.

3. Calcule $\int_\gamma (x - y)\,dx + e^{x+y}\,dy$, em que γ é a fronteira do triângulo de vértices $(0, 0)$, $(0, 1)$ e $(1, 2)$, orientada no sentido anti-horário.

4. Calcule $\int_\gamma dx + dy$, em que γ é a poligonal de vértices $A_0 = (0, 0)$, $A_1 = (1, 2)$, $A_2 = (-1, 3)$, $A_3 = (-2, 1)$ e $A_4 = (-1, -1)$, sendo γ orientada de A_0 para A_4.

5. Calcule $\int_\gamma y^2\,dx + x\,dy - dz$, em que γ é a poligonal de vértices $A_0 = (0, 0, 0)$, $A_1 = (1, 1, 1)$ e $A_2 = (1, 1, 0)$, orientada de A_0 para A_2.

6. Calcule $\int_\gamma x^2\,dx + y^2\,dy + z^2\,dz$, em que γ é a curva do Exercício 5.

7. Verifique que

$$\int_\gamma P\,dx + Q\,dy = \iint_B \left(\frac{\partial Q}{\partial x} - \frac{\partial P}{\partial y}\right) dx\,dy$$

em que B é o triângulo de vértices $(0, 0)$, $(1, 0)$ e $(1, 1)$; γ é a fronteira de B orientada no sentido anti-horário, $P(x, y) = x^2 - y$ e $Q(x, y) = x^2 + y$.

8. Seja B o triângulo de vértices $(0, 0)$, $(1, 0)$ e $(1, 1)$; γ a fronteira de B orientada no sentido anti-horário. Verifique que

$$\int_\gamma P\,dx + Q\,dy = \iint_B \left(\frac{\partial Q}{\partial x} - \frac{\partial P}{\partial y}\right) dx\,dy$$

em que P e Q são supostas de classe C^1 num aberto Ω contendo B.

$\left(\textit{Sugestão}:\text{ Calcule } \iint_B \frac{\partial Q}{\partial x} dx\,dy \text{ fixando, inicialmente, } y;\text{ calcule } -\iint_B \frac{\partial P}{\partial y} dx\,dy \text{ fixando,}\right.$
$\left.\text{inicialmente, } x.\text{ Compare, em seguida, com as integrais } \int_\gamma Q\,dy \text{ e } \int_\gamma P\,dx.\right)$

9. Verifique a relação do exercício anterior supondo B o quadrado de vértices $(-1, -1)$, $(1, -1)$, $(1, 1)$ e $(-1, 1)$; γ a fronteira de B orientada no sentido anti-horário.

10. Sejam $f, g: [a, b] \to \mathbb{R}$ duas funções de classe C^1 tais que, para todo x em $[a, b]$, $f(x) < g(x)$. Seja B o conjunto de todos (x, y) tais que $f(x) \leq y \leq g(x)$, $a \leq x \leq b$. Seja γ a fronteira de B orientada no sentido anti-horário. Prove que

$$\int_\gamma P\,dx = \iint_B -\frac{\partial P}{\partial y} dx\,dy$$

em que P é suposta de classe C^1 num aberto que contém B.

11. Sejam B e γ como no Exercício 10. Prove que

$$\text{área de } B = -\int_\gamma y\,dx.$$

6.5 Integral de Linha Relativa ao Comprimento de Arco

Seja $\gamma : [a, b] \to \mathbb{R}^n$ uma curva de classe C^1 e seja f uma função a valores reais, contínua, definida na imagem de γ. Definimos a *integral de linha de f sobre γ, com relação ao comprimento de arco*, por

$$\boxed{\int_\gamma f(X)\,ds = \int_a^b f(\gamma(t))\underbrace{\|\gamma'(t)\|\,dt}_{ds}}$$

Observação

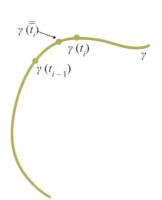

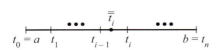

O comprimento Δs_i do arco de extremidades $\gamma(t_{i-1})$ e $\gamma(t_i)$ é:

$$\Delta s_i = \int_{t_{i-1}}^{t_i} \|\gamma'(t)\|\,dt = \|\gamma'(\overline{t_i})\|\,\Delta t_i$$

para algum $\overline{t_i}$ em $[t_{i-1}, t_i]$. Temos:

$$\sum_{i=1}^n f(\gamma(\overline{\overline{t_i}}))\,\Delta s_i = \sum_{i=1}^n f(\gamma(\overline{\overline{t_i}}))\|\gamma'(\overline{t_i})\|\,\Delta t_i.$$

Pode ser provado que

$$\lim_{\text{máx }\Delta t_i \to 0} \sum_{i=1}^n f(\gamma(\overline{\overline{t_i}}))\,\Delta s_i = \int_a^b f(\gamma(t))\|\gamma'(t)\|\,dt,$$

ou seja,

$$\int_\gamma f(X)\,ds = \lim_{\text{máx }\Delta t_i \to 0} \sum_{i=1}^n f(\gamma(\overline{\overline{t_i}}))\,\Delta s_i.$$

Observe que $\sum_{i=1}^n f(\gamma(\overline{\overline{t_i}}))\|\gamma'(\overline{t_i})\|\,\Delta t_i$ não é soma de Riemann da função $f(\gamma(t))\|\gamma'(t)\|$, pois, $\overline{\overline{t_i}}$ e $\overline{t_i}$ podem não ser iguais. Observe, ainda, que $ds = \|\gamma'(t)\|\,dt$ é a diferencial da função comprimento de arco $s = \int_a^t \|\gamma'(u)\|\,du$.

Capítulo 6

Exemplo 1 Calcule $\int_\gamma (x^2 + 2y^2)\, ds$, em que γ é dada por $x = \cos t, y = \sen t$, com $0 \leq t \leq 2\pi$.

Solução

$$\int_\gamma (x^2 + 2y^2)\, ds = \int_0^{2\pi} (\cos^2 t + 2\sen^2 t) \overbrace{\|(-\sen t, \cos t)\| dt}^{ds}$$
$$= \int_0^{2\pi} (\cos^2 t + 2\sen^2 t)\, dt = \int_0^{2\pi} (1 + \sen^2 t)\, dt = 3\pi$$

A integral de linha, relativa a comprimento de arco, pode ser aplicada no cálculo da massa de um fio delgado cuja *densidade linear* (massa por unidade de comprimento) seja conhecida. Um fio delgado no espaço pode ser olhado como a imagem de uma curva $\gamma : [a, b] \to \mathbb{R}^3$; a massa M do fio é, então,

$$M = \int_\gamma \underbrace{\delta(x, y, z)\, ds}_{dm}$$

em que $\delta(x, y, z)$ é a densidade linear no ponto (x, y, z).

Exemplo 2 Calcule a massa do fio $\gamma(t) = (t, t, t)$, $0 \leq t \leq 2$, sendo $\delta(x, y, z) = xyz$ a densidade linear.

Solução

$$M = \int_\gamma xyz\, ds = \int_0^2 t^3 \|(1, 1, 1)\| dt = 4\sqrt{3}.$$

Portanto, a massa do fio é $4\sqrt{3}$ unidades de massa.

Considere um fio delgado $\gamma : [a, b] \to \mathbb{R}^3$, com densidade linear $\delta(x, y, z)$. O *momento de inércia* do fio em relação a um eixo fixo dado é

$$I = \int_\gamma r^2 \underbrace{\delta(x, y, z)\, ds}_{dm}$$

em que $r = r(x, y, z)$ é a distância do ponto (x, y, z) ao eixo.

Exemplo 3 Calcule o momento de inércia de um fio homogêneo com a forma de uma circunferência $x^2 + y^2 = R^2 (R > 0)$, em relação ao eixo Oz.

Solução

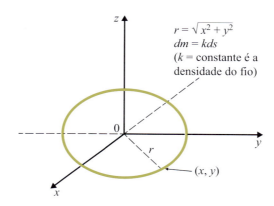

$r = \sqrt{x^2 + y^2}$
$dm = k\, ds$
(k = constante é a densidade do fio)

Tomemos $\gamma(t) = (R\cos t, R\sin t, 0)$, $0 \leq t \leq 2\pi$. Temos:

$$I = \int_\gamma (x^2 + y^2)k\, ds = \int_0^{2\pi} kR^3\, dt = 2\pi kR^3.$$

Como $2\pi kR$ é a massa M do fio, resulta que o momento de inércia é $I = MR^2$.

Exemplo 4 Seja $\vec{F}: \Omega \subset \mathbb{R}^3 \to \mathbb{R}^3$ um campo vetorial contínuo e seja $\gamma : [a, b] \to \Omega$ uma curva de classe C^1 tal que, para todo t em $[a, b]$, $\|\gamma'(t)\| \neq 0$. Suponha, ainda, que $\gamma(t_1) \neq \gamma(t_2)$ sempre que $t_1 \neq t_2$. Verifique que

$$\int_\gamma \vec{F} \cdot d\gamma = \int_\gamma F_T(X)\, ds$$

em que $F_T(\gamma(t)) = \vec{F}(\gamma(t)) \cdot \vec{T}(t)$, sendo $\vec{T}(t) = \dfrac{\gamma'(t)}{\|\gamma'(t)\|}$ o versor de $\gamma'(t)$; $F_T(\gamma(t))$ é a *componente tangencial* de $\vec{F}$ no ponto $\gamma(t)$. (Observe que F_T é uma função definida na imagem de γ e que, a cada $X \in \mathrm{Im}\,\gamma$, associa o número $\vec{F}(\gamma(t)) \cdot \vec{T}(t)$, em que $X = \gamma(t)$.)

Solução

$$\int_\gamma \vec{F} \cdot d\gamma = \int_a^b \vec{F}(\gamma(t)) \cdot \gamma'(t)\, dt = \int_a^b \underbrace{\vec{F}(\gamma(t)) \cdot \vec{T}(t)}_{F_T(\gamma(t))} \|\gamma'(t)\|\, dt.$$

Assim,

$$\int_\gamma \vec{F} \cdot d\gamma = \int_a^b F_T(\gamma(t)) \underbrace{\|\gamma'(t)\|\, dt}_{ds} = \int_\gamma F_T(X)\, ds,$$

ou seja,

$$\int_\gamma \vec{F} \cdot d\gamma = \int_\gamma F_T(X)\, ds.$$

Observação. Se olharmos $\vec{F} : \Omega \subset \mathbb{R}^3 \to \mathbb{R}^3$ como um campo de forças em Ω e se supusermos que γ descreve o movimento de uma partícula em Ω, então

$$\int_\gamma F_T(X)\, ds$$

é o *trabalho* realizado por $\vec{F}$ no deslocamento da partícula de $\gamma(a)$ até $\gamma(b)$.

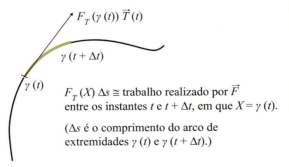

Capítulo 6

Exercícios 6.5

1. Calcule

   a) $\int_\gamma (x^2 + y^2)\,ds$, em que $\gamma(t) = (t, t)$, $-1 \leqslant t \leqslant 1$

   b) $\int_\gamma (2xy + y^2)\,ds$, em que $\gamma(t) = (t + 1, t - 1)$, $0 \leqslant t \leqslant 1$

   c) $\int_\gamma xyz\,ds$, em que $\gamma(t) = (\cos t, \operatorname{sen} t, t)$, $0 \leqslant t \leqslant 2\pi$

2. Calcule a massa do fio $\gamma(t) = (t, 2t, 3t)$, $0 \leqslant t \leqslant 1$, cuja densidade linear é $\delta(x, y, z) = x + y + z$.

3. Calcule a massa do fio $\gamma(t) = (\cos t, \operatorname{sen} t, t)$, $0 \leqslant t \leqslant \pi$, com densidade linear $\delta(x, y, z) = x^2 + y^2 + z^2$.

4. Calcule o momento de inércia de um fio homogêneo com a forma de uma circunferência de raio R, em torno de um diâmetro.

5. Calcule o momento de inércia do fio $\gamma(t) = (t, 2t, 3t)$, $0 \leqslant t \leqslant 1$, com densidade linear $\delta(x, y, z) = x + y + z$, em torno do eixo Oz.

6. Calcule o momento de inércia de um fio retilíneo, homogêneo, de comprimento L, em torno de um eixo perpendicular ao fio e passando por uma das extremidades do fio.

7. Calcule o momento de inércia do fio homogêneo $\gamma(t) = (\cos t, \operatorname{sen} t, t)$, $0 \leqslant t \leqslant \dfrac{\pi}{2}$, em torno do eixo Ox.

8. O *centro de massa* de um fio $\gamma : [a, b] \to \mathbb{R}^3$ é o ponto (x_c, y_c, z_c) dado por:

   $$x_c = \frac{\int_\gamma x\,dm}{\int_\gamma dm}, \quad y_c = \frac{\int_\gamma y\,dm}{\int_\gamma dm} \quad \text{e} \quad z_c = \frac{\int_\gamma y\,dm}{\int_\gamma dm}$$

   em que $dm = \delta(x, y, z)\,ds$ é o elemento de massa. Calcule o centro de massa do fio homogêneo dado.

   a) $\gamma(t) = (\cos t, \operatorname{sen} t, t)$, $0 \leqslant t \leqslant \dfrac{\pi}{2}$

   b) $\gamma(t) = (t, t^2, 0)$, $-1 \leqslant t \leqslant 1$

9. Calcule o centro de massa do fio $\gamma(t) = (t, t, t)$, $0 \leqslant t \leqslant 1$, com densidade linear $\delta(x, y, z) = xyz$.

10. Seja $\gamma_1 : [a, b] \to \mathbb{R}^2$ uma curva de classe C^1 e seja $f(x, y)$ um campo escalar contínuo na imagem de γ_1. Seja $\gamma_2 : [a, b] \to \mathbb{R}^2$ dada por

    ① $$\gamma_2(t) = \gamma_1(a + b - t).$$

    Prove que

    $$\int_{\gamma_1} f(x, y)\,ds = \int_{\gamma_2} f(x, y)\,ds.$$

    Interprete o resultado. Dê exemplos de curvas satisfazendo ①. Compare com os resultados obtidos na Seção 6.3.

CAPÍTULO 7

Campos Conservativos

7.1 Campo Conservativo: Definição

Um campo vetorial $\vec{F}:\Omega \subset \mathbb{R}^n \to \mathbb{R}^n$ denomina-se *conservativo* se existe um campo escalar diferenciável $\varphi:\Omega \to \mathbb{R}$ tal que

① $$\nabla\varphi = \vec{F} \text{ em } \Omega.$$

Uma função $\varphi:\Omega \to \mathbb{R}$ que satisfaz ① denomina-se *função potencial* de $\vec{F}$.

O próximo teorema fornece-nos uma *condição necessária* (mas *não suficiente*) para que um campo vetorial $\vec{F}:\Omega \subset \mathbb{R}^n \to \mathbb{R}^n$ ($n = 2, 3$) seja conservativo.

Teorema. Seja $\vec{F}:\Omega \subset \mathbb{R}^n \to \mathbb{R}^n$ ($n = 2, 3$) um campo vetorial de classe C^1 no aberto Ω. Uma condição necessária para $\vec{F}$ ser conservativo é que rot $\vec{F} = \vec{0}$ em Ω.

Demonstração

Suponhamos $n = 3$ e $\vec{F} = P\vec{i} + Q\vec{j} + R\vec{k}$. Supondo $\vec{F}$ conservativo, existirá $\varphi:\Omega \to \mathbb{R}$ tal que

$$\nabla\varphi = \vec{F} \text{ em } \Omega$$

que é equivalente a

$$\begin{cases} \dfrac{\partial\varphi}{\partial x} = P \\ \dfrac{\partial\varphi}{\partial y} = Q \\ \dfrac{\partial\varphi}{\partial z} = R \end{cases} \text{ em } \Omega.$$

Como $\vec{F}$ é de classe C^1, resulta que φ é de classe C^2. Temos:

$$\frac{\partial\varphi}{\partial x} = P \Rightarrow \frac{\partial^2\varphi}{\partial y \partial x} = \frac{\partial P}{\partial y}$$

$$\frac{\partial \varphi}{\partial y} = Q \Rightarrow \frac{\partial^2 \varphi}{\partial x \partial y} = \frac{\partial Q}{\partial x}.$$

Pelo fato de φ ser de classe C^2, segue que

$$\frac{\partial^2 \varphi}{\partial y \partial x} = \frac{\partial^2 \varphi}{\partial x \partial y} \quad \text{(teorema de Schwarz)}$$

e, portanto,

$$\frac{\partial P}{\partial y} = \frac{\partial Q}{\partial x} \text{ em } \Omega.$$

De modo análogo, conclui-se que

$$\frac{\partial P}{\partial z} = \frac{\partial R}{\partial x} \text{ e } \frac{\partial Q}{\partial z} = \frac{\partial R}{\partial y} \text{ em } \Omega.$$

Logo, rot $\vec{F} = \vec{0}$ em Ω. ∎

Mais adiante daremos exemplo de um campo vetorial $\vec{F}$, não conservativo, com rotacional $\vec{0}$, que mostrará que a condição rot $\vec{F} = \vec{0}$ é necessária, mas não suficiente, para $\vec{F}$ ser conservativo.

Exemplo 1 $\vec{F}(x, y) = \dfrac{x}{x^2 + y^2} \vec{i} + \dfrac{y}{x^2 + y^2} \vec{j}$, $(x, y) \neq (0, 0)$, é conservativo, pois, tomando-se $\varphi(x, y) = \dfrac{1}{2} \ln(x^2 + y^2)$, teremos

$$\nabla \varphi = \vec{F} \text{ em } \Omega = \mathbb{R}^2 \setminus \{(0, 0)\}.$$

Exemplo 2 $\vec{F}(x, y) = -y\vec{i} + x\vec{j}$ não é conservativo, pois rot $\vec{F}(x, y) = 2\vec{k} \neq \vec{0}$.

Exercícios 7.1

1. O campo vetorial dado é conservativo? Justifique.

   a) $\vec{F}(x, y, z, w) = (x, y, z, w)$
   b) $\vec{F}(x, y) = y\vec{i} + x\vec{j}$
   c) $\vec{F}(x, y, z) = (x - y)\vec{i} + (x + y + z)\vec{j} + z^2 \vec{k}$
   d) $\vec{F}(x, y, z) = \dfrac{x}{(x^2 + y^2 + z^2)^2} \vec{i} + \dfrac{y}{(x^2 + y^2 + z^2)^2} \vec{j} + \dfrac{z}{(x^2 + y^2 + z^2)^2} \vec{k}$
   e) $\vec{F}(x, y, z) = x\vec{i} + y\vec{j} + z\vec{k}$

2. Seja $f: \mathbb{R} \to \mathbb{R}$ uma função contínua e seja $\vec{F}$ o *campo vetorial central*

   $$\vec{F}(x, y, z) = f(r) \frac{\vec{r}}{r},$$

   em que $\vec{r} = x\vec{i} + y\vec{j} + z\vec{k}$ e $r = \|\vec{r}\|$. Prove que $\vec{F}$ é conservativo.
   (*Sugestão*: Verifique que $\nabla \varphi = \vec{F}$, em que $\varphi(x, y, z) = g(\sqrt{x^2 + y^2 + z^2})$, sendo $g(u)$ uma primitiva de $f(u)$.)

7.2 Forma Diferencial Exata

Seja $\vec{F}(x, y) = P(x, y)\vec{i} + Q(x, y)\vec{j}$ definido no aberto Ω. Vimos que

$$\int_\gamma P(x, y)\, dx + Q(x, y)\, dy$$

é uma notação para indicar a integral de linha de $\vec{F}$ sobre γ. Pois bem, no que segue referir-nos-emos à expressão

① $\qquad\qquad\qquad P(x, y)\, dx + Q(x, y)\, dy$

como uma *forma diferencial* definida no aberto Ω.

Dizemos que ① é uma *forma diferencial exata* se existir uma função diferenciável $\varphi : \Omega \to \mathbb{R}$ tal que

$$\frac{\partial \varphi}{\partial x} = P \text{ e } \frac{\partial \varphi}{\partial y} = Q \text{ em } \Omega.$$

Uma tal φ denomina-se *primitiva* de ①.

Seja $\varphi : \Omega \subset \mathbb{R}^2 \to \mathbb{R}$ uma função diferenciável. Lembramos que a diferencial de φ, no ponto (x, y), é dada por

$$d\varphi = \frac{\partial \varphi}{\partial x}(x, y)\, dx + \frac{\partial \varphi}{\partial y}(x, y)\, dy.$$

Desse modo, dizer que ① é uma *forma diferencial exata* é equivalente a dizer que existe um campo escalar diferenciável $\varphi : \Omega \to \mathbb{R}$ tal que, em todo $(x, y) \in \Omega$, a diferencial de φ é dada por

$$d\varphi = P(x, y)\, dx + Q(x, y)\, dy.$$

Observe que ① é uma forma diferencial exata se e somente se o campo vetorial $\vec{F}(x, y) = P(x, y)\vec{i} + Q(x, y)\vec{j}$ for conservativo. Segue, do que vimos na seção anterior, que se P e Q forem de classe C^1 no aberto Ω, então *uma condição necessária* para ① ser exata é que

$$\frac{\partial P}{\partial y} = \frac{\partial Q}{\partial x} \text{ em } \Omega.$$

Da mesma forma, se P, Q e R forem de classe C^1 no aberto $\Omega \subset \mathbb{R}^3$, então uma *condição necessária* para

$$P(x, y, z)\, dx + Q(x, y, z)\, dy + R(x, y, z)\, dz$$

ser exata é que

$$\begin{cases} \dfrac{\partial P}{\partial y} = \dfrac{\partial Q}{\partial x} \\ \dfrac{\partial P}{\partial z} = \dfrac{\partial R}{\partial x} \\ \dfrac{\partial Q}{\partial z} = \dfrac{\partial R}{\partial y} \end{cases} \text{ em } \Omega.$$

Capítulo 7

Exemplo 1 A forma diferencial $2x\,dx + 2y\,dy$ é exata, pois admite $\varphi(x, y) = x^2 + y^2$ como primitiva:

$$d\varphi = d(x^2 + y^2) = 2x\,dx + 2y\,dy.$$

Exemplo 2 A forma diferencial $y\,dx + 2x\,dy$ não é exata, pois

$$\frac{\partial}{\partial y}(y) \neq \frac{\partial}{\partial x}(2x) \left(\frac{\partial P}{\partial y} \neq \frac{\partial Q}{\partial x} \right)$$

Exercícios 7.2

1. Verifique se a forma diferencial dada é exata. Justifique.

   a) $x\,dx + y\,dy + z\,dz$
   b) $2xy\,dx + x^2\,dy$
   c) $yz\,dx + xz\,dy + xy\,dz$
   d) $(x + y)\,dx + (x - y)\,dy$
   e) $(x + y)\,dx + (y - x)\,dy$
   f) $e^{x^2 + y^2}(x\,dx + y\,dy)$
   g) $xy\,dx + y^2\,dy + xyz\,dz$
   h) $\dfrac{-y}{x^2 + y^2}\,dx + \dfrac{x}{x^2 + y^2}\,dy,\ y > 0$
   i) $\dfrac{-y}{x^2 + y^2}\,dx + \dfrac{x}{x^2 + y^2}\,dy,\ (x, y) \in \Omega$, em que Ω é o conjunto $\{(x, y) \in \mathbb{R}^2 \mid y > 0\} \cup \{(x, y) \in \mathbb{R}^2 \mid x < 0\}$

2. Mostre que existem naturais m e n para os quais a forma diferencial

   $$3x^{m+1}y^{n+1}\,dx + 2x^{m+2}y^n\,dy$$

   é exata.

3. Considere a forma diferencial $u(x, y)\,P(x, y)\,dx + u(x, y)\,Q(x, y)\,dy$, em que P, Q e u são supostas de classe C^1 no aberto $\Omega \subset \mathbb{R}^2$. Prove que uma condição necessária para que a forma diferencial seja exata em Ω é que

   $$\frac{\partial u}{\partial y}P - \frac{\partial u}{\partial x}Q = u\left(\frac{\partial Q}{\partial x} - \frac{\partial P}{\partial y}\right) \text{ em } \Omega.$$

4. Determine $u(x, y)$, que só dependa de x, tal que $(x^3 + x + y)\,u(x, y)\,dx - x\,u(x, y)\,dy$ seja exata.

5. Determine $u(x, y)$, que só dependa de y, de modo que

   $$(y^2 + 1)u(x, y)\,dx + (x + y^2 - 1)u(x, y)\,dy$$

   seja exata.

7.3 Integral de Linha de um Campo Conservativo

Vimos no Vol. 1 que se $f:[a, b] \to \mathbb{R}$ for contínua e se $\varphi:[a, b] \to \mathbb{R}$ for uma primitiva de $f\,(\varphi' = f)$, então

$$\int_a^b f(x)\,dx = \int_a^b \varphi'(x)\,dx = \varphi(b) - \varphi(a).$$

Vamos, agora, generalizar este resultado: provaremos que se $\vec{F}: \Omega \subset \mathbb{R}^n \to \mathbb{R}^n$ for um campo vetorial contínuo e conservativo, se $\varphi: \Omega \to \mathbb{R}$ for uma função potencial para $\vec{F}$ e se $\gamma:[a, b] \to \Omega$ for de classe C^1, então

$$\boxed{\int_\gamma \vec{F} \cdot d\gamma = \int_\gamma \nabla\varphi \cdot d\gamma = \varphi(B) - \varphi(A)}$$

em que $A = \gamma(a)$ e $B = \gamma(b)$.

De fato, sendo φ uma função potencial para $\vec{F}$ e sendo $\vec{F}$ contínua, resulta que φ é de classe C^1 em Ω. Pela regra da cadeia

$$\frac{d}{dt}(\varphi(\gamma(t))) = \nabla\varphi(\gamma(t)) \cdot \gamma'(t) = \vec{F}(\gamma(t)) \cdot \gamma'(t).$$

Daí

$$\int_\gamma \vec{F} \cdot d\gamma = \int_a^b \vec{F}(\gamma(t)) \cdot \gamma'(t)\,dt = \left[\varphi(\gamma(t))\right]_a^b = \varphi(\gamma(b)) - \varphi(\gamma(a)).$$

Portanto,

$$\int_\gamma \vec{F} \cdot d\gamma = \int_\gamma \nabla\varphi \cdot d\gamma = \varphi(B) - \varphi(A).$$

Demonstramos, assim, o seguinte teorema.

Teorema. Se $\vec{F}: \Omega \subset \mathbb{R}^n \to \mathbb{R}^n$ for um campo vetorial contínuo e conservativo, se $\varphi: \Omega \to \mathbb{R}$ for uma função potencial para $\vec{F}$ ($\nabla\varphi = \vec{F}$) e se $\gamma:[a, b] \to \Omega$ for uma curva de classe C^1, com $A = \gamma(a)$ e $B = \gamma(b)$, então

$$\int_\gamma \vec{F} \cdot d\gamma = \int_\gamma \nabla\varphi \cdot d\gamma = \varphi(B) - \varphi(A).$$

A diferença $\varphi(B) - \varphi(A)$ será indicada por $\left[\varphi(X)\right]_A^B$.

No teorema acima, a curva γ foi suposta de classe C^1; fica a seu cargo verificar que o teorema continua válido se γ for suposta de classe C^1 por partes.

Sejam $P(x, y)$ e $Q(x, y)$ contínuas no aberto Ω e seja $\gamma:[a, b] \to \Omega$ de classe C^1 por partes. Segue, do que vimos acima, que se $P\,dx + Q\,dy$ for exata, com primitiva φ, teremos

$$\int_\gamma P\,dx + Q\,dy = \int_\gamma d\varphi = \varphi(B) - \varphi(A).$$

ATENÇÃO. Sempre que for calcular uma integral de linha, verifique, primeiro, se o campo vetorial é conservativo (ou se a forma diferencial é exata). Em caso afirmativo, aplique os resultados obtidos nesta seção.

Capítulo 7

Exemplo 1 Calcule $\int_\gamma x\,dx + y\,dy$, em que γ é dada por

$$x = \operatorname{arctg} t \text{ e } y = \operatorname{sen} t^3, 0 \leq t \leq 1.$$

Solução

$x\,dx + y\,dy$ é uma forma diferencial exata, com primitiva $\dfrac{x^2 + y^2}{2}$. Assim,

$$\int_\gamma x\,dx + y\,dy = \int_\gamma d\left(\frac{x^2 + y^2}{2}\right) = \left[\frac{x^2 + y^2}{2}\right]_{\gamma(0) = (0,\,0)}^{\gamma(1) = \left(\frac{\pi}{4},\,\operatorname{sen} 1\right)}$$

ou seja,

$$\int_\gamma x\,dx + y\,dy = \frac{\pi^2 + 16(\operatorname{sen} 1)^2}{32}.$$

Exemplo 2 Calcule $\int_\gamma \vec{F} \cdot d\vec{r}$, em que

$$\vec{F}(x, y) = \frac{x}{x^2 + y^2}\vec{i} + \frac{y}{x^2 + y^2}\vec{j}$$

e $\gamma: [a, b] \to \mathbb{R}^2 - \{(0, 0)\}$ é uma curva C^1 por partes e fechada ($\gamma(a) = \gamma(b)$).

Solução

$\vec{F}$ é um campo conservativo, com função potencial $\varphi(x, y) = \dfrac{1}{2}\ln(x^2 + y^2)$. Tem-se, então:

$$\int_\gamma \vec{F} \cdot d\vec{r} = \int_\gamma \nabla\varphi \cdot d\vec{r} = \left[\varphi(x, y)\right]_{\gamma(a)}^{\gamma(b)}.$$

Como $\gamma(a) = \gamma(b)$, resulta

$$\int_\gamma \vec{F} \cdot d\vec{r} = 0.$$

O próximo exemplo exibe-nos um campo vetorial *não conservativo* com rotacional $\vec{0}$, o que mostra que rot $\vec{F} = \vec{0}$ é uma condição necessária, mas não suficiente para $\vec{F}$ ser conservativo.

Exemplo 3 (*Exemplo de campo não conservativo com rotacional $\vec{0}$.*) Seja

$$\vec{F}(x, y) = \frac{-y}{x^2 + y^2}\vec{i} + \frac{x}{x^2 + y^2}\vec{j}, (x, y) \neq (0, 0).$$

Verifica-se facilmente que rot $\vec{F} = \vec{0}$ em $\Omega = \mathbb{R}^2 - \{(0, 0)\}$. Consideremos a curva fechada $\gamma(t) = (\cos t, \operatorname{sen} t), 0 \leq t \leq 2\pi$. Temos:

$$\int_\gamma \vec{F} \cdot d\gamma = \int_0^{2\pi} \vec{F}(\gamma(t)) \cdot \gamma'(t)\,dt = 2\pi. \quad \text{(Verifique.)}$$

Se $\vec{F}$ fosse conservativo, existiria $\varphi: \Omega \to \mathbb{R}$, com $\nabla\varphi = \vec{F}$ em Ω, e daí teríamos

$$\int_\gamma \vec{F} \cdot d\gamma = \int_\gamma \nabla\varphi \cdot d\gamma = \left[\varphi(x, y)\right]_{\gamma(0)}^{\gamma(2\pi)} = 0$$

que contradiz o resultado obtido acima.

Seja $\vec{F}: \Omega \subset \mathbb{R}^n \to \mathbb{R}^n$ ($n = 2, 3$) de classe C^1 no aberto Ω. Veremos mais adiante que, impondo certas restrições ao aberto Ω, a condição rot $\vec{F} = \vec{0}$ em Ω será necessária e suficiente para $\vec{F}$ ser conservativo.

Seja $\vec{F}: \Omega \subset \mathbb{R}^n \to \mathbb{R}^n$ um campo vetorial contínuo e sejam A e B dois pontos quaisquer de Ω. Suponhamos $\vec{F}$ conservativo com função potencial φ. Segue que, para toda curva $\gamma: [a, b] \to \Omega$, C^1 por partes, ligando A a B (isto é, com $\gamma(a) = A$ e $\gamma(b) = B$), teremos

$$\int_\gamma \vec{F} \cdot d\vec{r} = \varphi(B) - \varphi(A)$$

isto é, o *valor da integral de linha de* $\vec{F}$ *não depende da curva que liga A a B*; tal valor depende apenas dos pontos A e B.

Este fato nos permite, no caso de $\vec{F}$ ser conservativo, utilizar a notação $\int_A^B \vec{F} \cdot d\vec{r}$ para indicar a integral de linha de $\vec{F}$ sobre uma curva C^1 por partes, ligando A a B. Observe que tal notação não teria sentido se o valor da integral dependesse da curva ligando A a B.

Exemplo 4 (*Conservação da energia mecânica.*) Suponhamos $\vec{F}: \Omega \subset \mathbb{R}^3 \to \mathbb{R}^3$ um campo de forças contínuo e conservativo; assim, existe um campo escalar $E_p: \Omega \to \mathbb{R}$ tal que $\vec{F} = -\nabla E_p$. (Observe que $-E_p$ é uma função potencial para $\vec{F}$.) Diremos que E_p é uma função *energia potencial* para $\vec{F}$. Suponhamos, agora, que uma partícula P de massa m desloque em Ω e que $\vec{F}$ seja a *única* força agindo sobre P. Suponhamos, ainda, que $\gamma(t)$ seja a posição da partícula no instante t, em que γ é uma curva de classe C^1 definida no intervalo I. Seja t_0 um instante fixo em I. Para todo t em I, o trabalho realizado por $\vec{F}$ entre os instantes t_0 e t é:

$$\int_{\gamma(t_0)}^{\gamma(t)} \vec{F} \cdot d\vec{r} = \int_{\gamma(t_0)}^{\gamma(t)} \nabla(-E_p) \cdot d\vec{r} = -E_p(\gamma(t)) + E_p(\gamma(t_0)).$$

Por outro lado, tendo em vista o Exemplo 3 da Seção 6.1, o trabalho realizado por $\vec{F}$ entre os instantes t_0 e t é igual à variação na energia cinética, isto é:

$$\int_{\gamma(t_0)}^{\gamma(t)} \vec{F} \cdot d\vec{r} = E_c(t) - E_c(t_0)$$

em que $E_c(t) = \frac{1}{2} m v^2(t)$ é a energia cinética no instante t. Segue que, para todo $t \in I$,

$$-E_p(\gamma(t)) + E_p(\gamma(t_0)) = E_c(t) - E_c(t_0),$$

ou seja,

$$E_p(\gamma(t)) + E_c(t) = E_p(\gamma(t_0)) + E_c(t_0)$$

o que mostra que a *soma da energia potencial com a energia cinética permanece constante durante o movimento*.

Exercícios 7.3

1. Calcule

   a) $\int_{(1,1)}^{(2,2)} y\, dx + x\, dy$

   b) $\int_\gamma y\, dx + x^2 dy$, em que γ é uma curva cuja imagem é o segmento de extremidades $(1, 1)$ e $(2, 2)$, orientada de $(1, 1)$ para $(2, 2)$.

c) $\int_\gamma \dfrac{-y}{x^2 + y^2}\,dx + \dfrac{x}{x^2 + y^2}\,dy$, em que $\gamma:[0, 1] \to \mathbb{R}^2$ é uma curva C^1 por partes, com imagem contida no semiplano $y > 0$, tal que $\gamma(0) = (1, 1)$ e $\gamma(1) = (-2, 3)$.

d) $\int_{(-1, 0)}^{(1, 0)} \dfrac{x}{x^2 + y^2}\,dx + \dfrac{y}{x^2 + y^2}\,dy$

e) $\int_\gamma (\operatorname{sen} xy + xy \cos xy)\,dx + x^2 \cos xy\,dy$, em que $\gamma(t) = (t^2 - 1, t^2 + 1)$, $-1 \leqslant t \leqslant 1$.

f) $\int_\gamma \dfrac{-y}{x^2 + y^2}\,dx + \dfrac{x}{x^2 + y^2}\,dy$, em que $\gamma:[0, 1] \to \mathbb{R}^2$ é uma curva C^1 por partes, com imagem contida no conjunto $\Omega = \{(x, y) \in \mathbb{R}^2 | y > 0\} \cup \{(x, y) \in \mathbb{R}^2 | x < 0\}$, tal que $\gamma(0) = (1, 1)$ e $\gamma(1) = (-1, -1)$.

2. Seja $\vec{F}:\Omega \subset \mathbb{R}^n \to \mathbb{R}^n$ contínuo no aberto Ω. Prove que uma condição necessária para que $\vec{F}$ seja conservativo é que $\int_\gamma \vec{F} \cdot d\vec{r} = 0$ para toda curva γ fechada, C^1 por partes, com imagem contida em Ω.

3. Seja $\Omega = \{(x, y) \in \mathbb{R}^2 | (x, y) \notin A\}$, em que A é a semirreta $\{(x, y) \in \mathbb{R}^2 | y = 0 \text{ e } x \geqslant 0\}$. Calcule $\int_\gamma \dfrac{-y}{x^2 + y^2}\,dx + \dfrac{x}{x^2 + y^2}\,dy$, em que $\gamma:[0, 1] \to \mathbb{R}^2$ é uma curva C^1 por partes, com imagem contida em Ω, tal que $\gamma(0) = (1, 1)$ e $\gamma(1) = (1, -1)$.

4. Seja Ω o interior do conjunto sombreado.

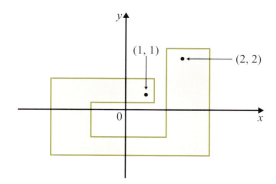

Seja $\gamma:[0, 1] \to \mathbb{R}^2$ uma curva de classe C^1 por partes com imagem contida em Ω e tal que $\gamma(0) = (1, 1)$ e $\gamma(1) = (2, 2)$. Calcule $\int_\gamma \dfrac{-y}{x^2 + y^2}\,dx + \dfrac{x}{x^2 + y^2}\,dy$.

7.4 Independência do Caminho de Integração. Existência de Função Potencial

Seja $\vec{F}:\Omega \subset \mathbb{R}^n \to \mathbb{R}^n$ um campo vetorial contínuo no aberto Ω, com Ω conexo por caminhos. (Ω *conexo por caminhos* significa que, quaisquer que sejam os pontos A e B de Ω, existe uma poligonal contida em Ω e com extremidades A e B.)

Dizemos que a integral de linha $\int_\gamma \vec{F} \cdot d\vec{r}$ é *independente do caminho de integração em* Ω se, quaisquer que forem os pontos A e B de Ω, o valor da integral $\int_\gamma \vec{F} \cdot d\vec{r}$ permanecer o mesmo para toda curva C^1 por partes $\gamma:[a, b] \to \Omega$, com $\gamma(a) = A$ e $\gamma(b) = B$. Se $\int_\gamma \vec{F} \cdot d\vec{r}$ for independente do caminho de integração em Ω, a notação

$$\int_A^B \vec{F} \cdot d\vec{r}$$

poderá ser utilizada para indicar a integral de linha de $\vec{F}$ sobre uma curva qualquer C^1 por partes $\gamma:[a, b] \to \Omega$, com $\gamma(a) = A$ e $\gamma(b) = B$.

Do que vimos na seção anterior, resulta que se $\vec{F}$ for *conservativo* e contínuo em Ω, então a integral de linha $\int_\gamma \vec{F} \cdot d\vec{r}$ será independente do caminho de integração em Ω. Provaremos a seguir que se $\int_\gamma \vec{F} \cdot d\vec{r}$ for independente do caminho de integração em Ω, então $\vec{F}$ será conservativo em Ω.

Teorema. (Existência de função potencial.) Seja $\vec{F}:\Omega \subset \mathbb{R}^n \to \mathbb{R}^n$ um campo vetorial contínuo no aberto conexo por caminhos Ω. Suponhamos que $\int_\gamma \vec{F} \cdot d\vec{r}$ seja independente do caminho de integração em Ω. Seja $A \in \Omega$. Então a função $\varphi:\Omega \to \mathbb{R}$ dada por

$$\varphi(X) = \int_A^X \vec{F} \cdot d\gamma$$

é tal que $\nabla\varphi = \vec{F}$ em Ω.

Demonstração

Faremos a demonstração para o caso $n = 3$. Seja, então, $\vec{F} = P\vec{i} + Q\vec{j} + R\vec{k}$. Vamos provar que

$$\frac{\partial \varphi}{\partial x} = P, \frac{\partial \varphi}{\partial y} = Q \text{ e } \frac{\partial Q}{\partial z} = R.$$

Seja $X = (x, y, z) \in \Omega$; como Ω é aberto, existe uma bola de centro X contida em Ω. Tomemos $h > 0$ tal que o segmento de extremidades X e $X + h\vec{i} = (x + h, y, z)$ esteja contido nesta bola. Temos:

$$\frac{\varphi(X + h\vec{i}) - \varphi(X)}{h} = \frac{\int_A^{X+h\vec{i}} \vec{F} \cdot d\gamma - \int_A^X \vec{F} \cdot d\gamma}{h} = \frac{\int_X^{X+h\vec{i}} \vec{F} \cdot d\gamma}{h}.$$

Seja $\gamma(t) = X + t\vec{i}$, $t \in [0, h]$; γ é uma curva ligando X a $X + h\vec{i}$. Então

$$\int_X^{X+h\vec{i}} \vec{F} \cdot d\gamma = \int_0^h \vec{F}(\gamma(t)) \cdot \gamma'(t) \, dt$$

Como $\gamma'(t) = \vec{i}$ e $\vec{F}(\gamma(t)) = P(\gamma(t))\vec{i} + Q(\gamma(t))\vec{j} + R(\gamma(t))\vec{k}$, resulta $\vec{F}(\gamma(t)) \cdot \gamma'(t) = P(\gamma(t))$. Assim,

$$\frac{\varphi(X + h\vec{i}) - \varphi(X)}{h} = \frac{\int_0^h P(\gamma(t)) \, dt}{h}.$$

Aplicando L'Hospital, obtemos

$$\lim_{h \to 0^+} \frac{\varphi(X + h\vec{i}) - \varphi(X)}{h} = \lim_{h \to 0^+} \frac{\left(\int_0^h P(\gamma(t)) \, dt\right)'}{(h)'}.$$

Capítulo 7

(Observe que as derivadas que ocorrem no limite acima são em relação a h:

$$\left(\int_0^h P(\gamma(t))\,dt\right)' = \frac{d}{dh}\left(\int_0^h P(\gamma(t))\,dt\right) \text{ e } (h)' = \frac{d}{dh}(h) = 1.)$$

Pelo teorema fundamental do cálculo,

$$\left(\int_0^h P(\gamma(t))\,dt\right)' = P(\gamma(h)).$$

Portanto,

$$\lim_{h \to 0^+} \frac{\varphi(X + h\vec{i}) - \varphi(X)}{h} = \lim_{h \to 0^+} P(\gamma(h)) = P(\gamma(0)),$$

ou seja,

$$\lim_{h \to 0^+} \frac{\varphi(X + h\vec{i}) - \varphi(X)}{h} = P(X)$$

pois, $\gamma(0) = X$. De modo análogo, prova-se que

$$\lim_{h \to 0^-} \frac{\varphi(X + h\vec{i}) - \varphi(X)}{h} = P(X).$$

Portanto $\dfrac{\partial \varphi}{\partial x} = P$ em Ω. $\left(\text{Observe que } \dfrac{\varphi(X + h\vec{i}) - \varphi(X)}{h} = \dfrac{\varphi(x + h, y, z) - \varphi(x, y, z)}{h}\right.$, em que $X = (x, y, z)$; assim $\dfrac{\partial \varphi}{\partial x}(X) = \lim_{h \to 0^+} \dfrac{\varphi(X + h\vec{i}) - \varphi(X)}{h}.\left.\right)$ Com raciocínio idêntico, conclui-se que $\dfrac{\partial \varphi}{\partial y} = Q$ e $\dfrac{\partial \varphi}{\partial z} = R$ em Ω. Portanto, $\nabla \varphi = \vec{F}$ em Ω. ∎

Exercício 7.4

Reenuncie o teorema desta seção em termos de formas diferenciais. (Suponha $n = 3$.)

7.5 Condições Necessárias e Suficientes para um Campo Vetorial Ser Conservativo

Teorema. Seja $\vec{F}:\Omega \subset \mathbb{R}^n \to \mathbb{R}^n$ um campo vetorial contínuo no aberto conexo por caminhos Ω. São equivalentes as afirmações:

I) $\vec{F}$ é conservativo.

II) $\oint_\gamma \vec{F} \cdot d\gamma = 0$ para toda curva γ, fechada, C^1 por partes, com imagem de γ contida em Ω.

III) $\oint_\gamma \vec{F} \cdot d\vec{r}$ é independente do caminho de integração em Ω.

Observação. Quando γ é uma curva fechada, é usual a notação $\oint_\gamma \vec{F} \cdot d\gamma$ para indicar a integral de linha de $\vec{F}$ sobre γ.

Demonstração

(I) ⇒ (II)

Como $\vec{F}$ é conservativo, existe $\varphi:\Omega \to \mathbb{R}$ tal que $\nabla\varphi = \vec{F}$ em Ω; daí, se $\gamma:[a,b] \to \Omega$ for fechada ($\gamma(a) = \gamma(b)$) resulta

$$\oint_\gamma \vec{F} \cdot d\gamma = \oint_\gamma \nabla\varphi \cdot d\gamma = \varphi(\gamma(b)) - \varphi(\gamma(a)) = 0.$$

(III) ⇒ (I)

É o teorema da seção anterior.

(II) ⇒ (III)

Fica a seu cargo.

7.6 Derivação sob o Sinal de Integral. Uma Condição Suficiente para um Campo Irrotacional Ser Conservativo

Seja $f(x,y)$ uma função a valores reais definida e contínua no aberto $\Omega \subset \mathbb{R}^2$. Seja I um intervalo aberto e $a < b$ dois reais dados. Suponhamos que o retângulo

$$R = \{(x,y) \in \mathbb{R}^2 \mid a \leq x \leq b, y \in I\}$$

esteja contido em Ω.

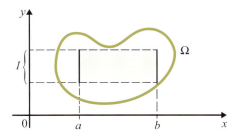

Segue que para cada $y \in I$, a integral $\int_a^b f(x,y)\,dx$ existe, pois a função $x \mapsto f(x,y)$ é contínua em $[a,b]$. Podemos, então, considerar a função $\varphi(y)$ definida em I e dada por

$$\varphi(y) = \int_a^b f(x,y)\,dx.$$

Estamos interessados em obter uma fórmula para o cálculo de $\varphi'(y)$. Temos

$$\frac{\varphi(y+k) - \varphi(y)}{k} = \frac{\int_a^b f(x,y+k)\,dx - \int_a^b f(x,y)\,dx}{k}$$

$$= \int_a^b \frac{f(x,y+k) - f(x,y)}{k}\,dx.$$

Suponhamos que $\frac{\partial f}{\partial y}(x, y)$ exista em todo ponto (x, y) de Ω. Pelo TVM, existe $\bar{y}$ entre y e $y + k$ tal que

$$f(x, y + k) - f(x, y) = \frac{\partial f}{\partial y}(x, \bar{y})k.$$

Temos, então,

$$\frac{\varphi(y + k) - \varphi(y)}{k} = \int_a^b \frac{\partial f}{\partial y}(x, \bar{y}) dx.$$

Pode ser provado (veja Exercício 4) que se $\frac{\partial f}{\partial y}$ for contínua em Ω, então,

$$\lim_{k \to 0} \int_a^b \frac{\partial f}{\partial y}(x, \bar{y}) dx = \int_a^b \frac{\partial f}{\partial y}(x, y) dx.$$

Vamos destacar a seguir o que dissemos anteriormente.

Suponhamos $f(x, y)$ e $\frac{\partial f}{\partial y}$ contínuas em Ω. Suponhamos, ainda, que o retângulo $R = \{(x, y) \in \mathbb{R}^2 \mid a \leqslant x \leqslant b, y \in I\}$ esteja contido em Ω, em que I é um intervalo aberto.

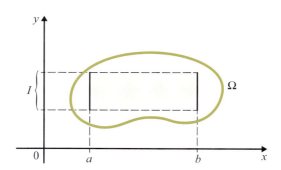

Nestas condições, a função

$$\varphi(y) = \int_a^b f(x, y) dx, \; y \in I,$$

é derivável e tem-se, para todo $y \in I$,

$$\varphi'(y) = \int_a^b \frac{\partial f}{\partial y}(x, y) dx.$$

Exemplo 1 Considere a função $h(t)$ dada por $h(t) = \int_0^1 e^{-tx^2} dx$. Calcule $h'(t)$.

Solução

$$f(t, x) = e^{-tx^2} \text{ e } \frac{\partial f}{\partial y}(t, x) = -x^2 e^{-tx^2}$$

são contínuas em $\mathbb{R}^2$, logo o resultado anterior se aplica. Temos

$$h'(t) = \frac{d}{dt}\int_0^1 e^{-tx^2}\,dx = \int_a^b \frac{\partial}{\partial t}(e^{-tx^2})\,dx,$$

ou seja,

$$h'(t) = \int_0^1 -x^2 e^{-tx^2}\,dx.$$

Exemplo 2 Considere a função $\varphi(x, y)$ dada por

$$\varphi(x, y) = \int_0^x e^{-yt^2}\,dt.$$

Calcule $\dfrac{\partial \varphi}{\partial x}$ e $\dfrac{\partial \varphi}{\partial y}$.

Solução

Pelo teorema fundamental do cálculo (veja Vol. 2)

$$\frac{\partial \varphi}{\partial x}(x, y) = e^{-yx^2}$$

Por outro lado,

$$\frac{\partial \varphi}{\partial y}(x, y) = \frac{\partial \varphi}{\partial y}\int_0^x e^{-yt^2}\,dt = \int_0^x \frac{\partial}{\partial y}(e^{-yt^2})\,dt = \int_0^x -t^2 e^{-yt^2}\,dt.$$

Exemplo 3 Considere a função $h(t)$ dada por

$$h(t) = \int_0^{t^2} e^{-tu^2}\,du.$$

Calcule $h'(t)$.

Solução

Consideremos a função $\varphi(x, y) = \int_0^x e^{-yu^2}\,du$. Temos

$$\frac{\partial \varphi}{\partial x}(x, y) = e^{-yx^2} \text{ e } \frac{\partial \varphi}{\partial y}(x, y) = \int_0^x -u^2 e^{-yu^2}\,du.$$

Como $\dfrac{\partial \varphi}{\partial x}$ e $\dfrac{\partial \varphi}{\partial y}$ são contínuas, resulta que φ é diferenciável.

> **Observação.** Pode ser provado que se $f(u, y)$, $(u, y) \in \Omega$ for contínua no aberto Ω, então o mesmo acontecerá com a função $g(x, y) = \int_a^x f(u, y)\,du$, com a fixo. Observe que o domínio de g é o conjunto de todos $(x, y) \in \Omega$, tais que o segmento de extremidades (a, y) e (x, y) esteja contido em Ω.

Temos

$$h(t) = \varphi(x, y), \text{ em que } x = t^2 \text{ e } y = t.$$

Pela regra da cadeia,

$$h'(t) = \frac{\partial \varphi}{\partial x}(x, y)\frac{dx}{dt} + \frac{\partial \varphi}{\partial y}(x, y)\frac{dy}{dt},$$

ou seja,

$$h'(t) = 2t\frac{\partial \varphi}{\partial x}(t^2, t) + \frac{\partial \varphi}{\partial y}(t^2, t).$$

Portanto,

$$h'(t) = 2t\, e^{-t^5} + \int_0^{t^2} -u^2 e^{-tu^2}\, du.$$

O próximo teorema fornece-nos uma condição suficiente para que rot $\vec{F} = \vec{0}$ implique $\vec{F}$ conservativo.

Teorema. Seja Ω um aberto do $\mathbb{R}^2$ satisfazendo a propriedade: existe $(x_0, y_0) \in \Omega$ tal que, para todo $(x, y) \in \Omega$, a poligonal de vértices (x_0, y_0), (x_0, y) e (x, y) está contida em Ω. Seja $\vec{F}(x, y) = P(x, y)\vec{i} + Q(x, y)\vec{j}$, $(x, y) \in \Omega$, de classe C^1. Nestas condições, se rot $\vec{F} = \vec{0}$ em Ω, então $\vec{F}$ será conservativo.

Demonstração

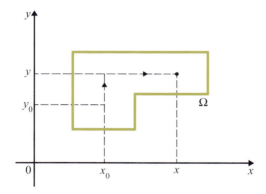

Seja

$$\varphi(x, y) = \int_{y_0}^{y} Q(x_0, t)\, dt + \int_{x_0}^{x} P(t, y)\, dt,\ (x, y) \in \Omega.$$

Observe que se supusermos $\vec{F}$ como um campo de forças, então $\varphi(x, y)$ será o trabalho realizado por $\vec{F}$ sobre uma partícula que se desloca de (x_0, y_0) a (x, y) sobre a poligonal de vértices (x_0, y_0), (x_0, y) e (x, y).

Vamos mostrar que

$$\frac{\partial \varphi}{\partial x} = P \text{ e } \frac{\partial \varphi}{\partial y} = Q.$$

Campos Conservativos

Temos

$$\frac{\partial \varphi}{\partial x}(x, y) = \frac{\partial}{\partial x}\int_{y_0}^{y} Q(x_0, t)\, dt + \frac{\partial}{\partial x}\int_{x_0}^{x} P(t, y)\, dt = 0 + P(x, y),$$

ou seja,

$$\frac{\partial \varphi}{\partial x}(x, y) = P(x, y).$$

Por outro lado $\left(\text{lembre-se de que rot }\vec{F} = \vec{0}\text{ é equivalente a } \dfrac{\partial P}{\partial y} = \dfrac{\partial Q}{\partial x}\right)$

$$\frac{\partial \varphi}{\partial x}(x, y) = \frac{\partial}{\partial x}\int_{y_0}^{y} Q(x_0, t)\, dt + \frac{\partial}{\partial x}\int_{x_0}^{x} P(t, y)\, dt = Q(x_0, t) + \int_{x_0}^{x} \frac{\partial P}{\partial y}(t, y)\, dt.$$

Como

$$\int_{x_0}^{x} \frac{\partial P}{\partial y}(t, y)\, dt = \int_{x_0}^{x} \frac{\partial Q}{\partial t}(t, y) = \left[Q(t, y)\right]_{x_0}^{x}$$

resulta

$$\frac{\partial \varphi}{\partial y}(x, y) = Q(x_0, y) + Q(x, y) - Q(x_0, y) = Q(x, y).$$

Portanto, $\nabla \varphi = \vec{F}$ em Ω. ■

Observação. Toda bola aberta do $\mathbb{R}^2$ e o próprio $\mathbb{R}^2$ satisfazem a propriedade descrita no teorema anterior. Assim, o teorema anterior continua válido se Ω for uma bola aberta ou todo o $\mathbb{R}^2$.

Sugerimos ao leitor estender o teorema anterior para o $\mathbb{R}^3$. (Veja Exercício 3.)

Exemplo 4 Seja $A = \{(x, y) \in \mathbb{R}^2 \mid x \geq 0 \text{ e } y = 0\}$ e seja $\Omega = \{(x, y) \in \mathbb{R}^2 \mid (x, y) \notin A\}$, isto é, Ω é o $\mathbb{R}^2$ menos o semieixo positivo dos x. Considere a função

$$\varphi(x, y) = \int_0^y Q(-1, t)\, dt + \int_{-1}^{x} P(t, y)\, dt$$

em que $P(x, y) = \dfrac{-y}{x^2 + y^2}$ e $Q(x, y) = \dfrac{x}{x^2 + y^2}$.

a) Seja $(-1, 0) \in \Omega$. Verifique que, para todo $(x, y) \in \Omega$, a poligonal de vértices $(-1, 0)$, $(-1, y)$ e (x, y) está contida em Ω.
b) Utilizando o teorema anterior, conclua que

$$\nabla \varphi(x, y) = \frac{-y}{x^2 + y^2}\vec{i} + \frac{x}{x^2 + y^2}\vec{j} \text{ em } \Omega.$$

c) Determine φ.

Solução

a) Imediato.

Capítulo 7

b) Seja $\vec{F}(x, y) = \dfrac{-y}{x^2 + y^2}\vec{i} + \dfrac{x}{x^2 + y^2}\vec{j}$. Já vimos que rot $\vec{F} = \vec{0}$ em Ω. Como $\vec{F}$ é de classe C^1 em Ω e tendo em vista o item *a*, segue do teorema anterior que

$$\nabla\varphi = \vec{F} \text{ em } \Omega.$$

c) Temos:

$$Q(-1, t) = \dfrac{-1}{1 + t^2} \text{ e } P(t, y) = \dfrac{-y}{t^2 + y^2}.$$

Assim,

$$\varphi(x, y) = \int_0^y \dfrac{-1}{1 + t^2}\, dt + \int_{-1}^x \dfrac{-y}{t^2 + y^2}\, dt.$$

Como

$$\int_0^y \dfrac{-1}{1 + t^2}\, dt + \left[-\operatorname{arctg} t\right]_0^y = -\operatorname{arctg} y$$

e

$$\int_{-1}^x \dfrac{-y}{t^2 + y^2}\, dt = \begin{cases} \left[-\operatorname{arctg}\dfrac{t}{y}\right]_{-1}^x & \text{se } y \neq 0 \\ 0 & \text{se } y = 0 \text{ e } x < 0 \end{cases}$$

resulta

$$\varphi(x, y) = \begin{cases} 0 & \text{se } y = 0 \text{ e } x < 0 \\ -\operatorname{arctg} y - \operatorname{arctg}\dfrac{1}{y} - \operatorname{arctg}\dfrac{x}{y} & \text{se } y \neq 0 \end{cases}$$

Observamos que, para todo $y > 0$,

① $\quad \operatorname{arctg} y + \operatorname{arctg}\dfrac{1}{y} = \dfrac{\pi}{2}.$

De fato, para todo $y > 0$,

$$\left[\operatorname{arctg} y + \operatorname{arctg}\dfrac{1}{y}\right]' = 0 \text{ (verifique);}$$

logo, $\operatorname{arctg} y + \operatorname{arctg}\dfrac{1}{y}$ é constante em $]0, +\infty[$. Como, para $y = 1$,

$$\operatorname{arctg} 1 + \operatorname{arctg}\dfrac{1}{1} = \dfrac{\pi}{2},$$

conclui-se que, para todo $y > 0$, ① se verifica. Mostra-se do mesmo modo que, para todo $y < 0$,

$$\operatorname{arctg} y + \operatorname{arctg}\dfrac{1}{y} = -\dfrac{\pi}{2}.$$

Assim,

$$\varphi(x, y) = \begin{cases} -\dfrac{\pi}{2} - \operatorname{arctg}\dfrac{x}{y} & \text{para } y > 0 \\ 0 & \text{para } y = 0 \text{ e } x < 0 \\ \dfrac{\pi}{2} - \operatorname{arctg}\dfrac{x}{y} & \text{para } y < 0. \end{cases}$$

Observamos que $\theta(x, y) = \varphi(x, y) + \pi$ é, também, uma função potencial para $\vec{F}$ em Ω. Temos

$$\theta(x, y) = \begin{cases} \dfrac{\pi}{2} - \operatorname{arctg}\dfrac{x}{y} & \text{se } y > 0 \\ \pi & \text{se } y = 0 \text{ e } x < 0 \\ \dfrac{3\pi}{2} - \operatorname{arctg}\dfrac{x}{y} & \text{se } y < 0. \end{cases}$$

Vamos mostrar que $\theta(x, y)$ é exatamente o ângulo que a semirreta $\{(tx, ty) \mid t \geq 0\}$ forma com o semieixo positivo dos x.

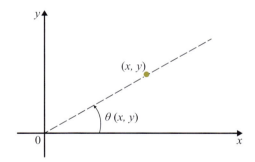

Suponhamos, inicialmente, $x > 0$ e $y > 0$. Temos

$$\theta(x, y) = \dfrac{\pi}{2} - \operatorname{arctg}\dfrac{x}{y}$$

ou

$$\dfrac{x}{y} = \operatorname{tg}\left(\dfrac{\pi}{2} - \theta(x, y)\right) = \operatorname{cotg}\theta(x, y)$$

e, portanto,

$$\dfrac{x}{y} = \operatorname{tg}\theta(x, y).$$

Analise você os outros casos. A função $\theta(x, y)$ acima denomina-se *função ângulo*. Como é o gráfico da função $\theta = \theta(x, y)$?

Capítulo 7

Exercícios 7.6

1. Calcule a derivada da função dada.

   a) $h(x) = \int_1^{x^2} \sen t^2 \, dt + \int_0^1 \dfrac{1}{1+xu^4} \, du$

   b) $h(x) = \int_0^1 \sen(x^2 t^2) \, dt$

   c) $h(x) = \int_0^x \sen(x^2 t^2) \, dt$

   d) $h(x) = \int_{x^2}^{\sen x} \dfrac{1}{1+x^4 t^4} \, dt$

2. Sejam $\alpha(x)$ e $\beta(x)$ funções a valores reais diferenciáveis no intervalo aberto I e $f(x, y)$ de classe C^1 no aberto $\Omega \subset \mathbb{R}^2$. Suponha que, para todo $x \in I$, o segmento de extremidades $(x, \alpha(x))$ e $(x, \beta(x))$ esteja contido em Ω. Estabeleça uma fórmula para a derivada da função
$$h(x) = \int_{\alpha(x)}^{\beta(x)} f(x, y) \, dy, \; x \in I.$$

3. Suponha que o aberto $\Omega \subset \mathbb{R}^3$ tenha a seguinte propriedade: existe (x_0, y_0, z_0) em Ω tal que, para todo $(x, y, z) \in \Omega$, a poligonal de vértices (x_0, y_0, z_0), (x, y_0, z_0), (x, y, z_0) e (x, y, z) esteja contida em Ω.

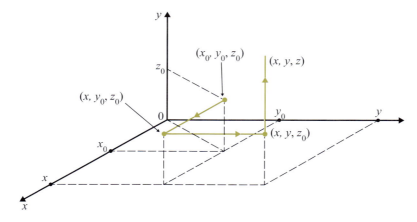

Seja $\vec{F} = P\vec{i} + Q\vec{j} + R\vec{k}$ de classe C^1 no aberto Ω e suponha que rot $\vec{F} = \vec{0}$ em Ω. Seja
$$\varphi(x, y, z) = \int_{x_0}^x P(t, y_0, z_0) \, dt + \int_{y_0}^y Q(x, t, z_0) \, dt + \int_{z_0}^z R(x, y, t) \, dt.$$
Prove que $\nabla \varphi = \vec{F}$.

4. Admita a seguinte propriedade: se $f(x, y)$ for contínua no retângulo $a \leq x \leq b$, $c \leq y \leq d$, então, para todo $\epsilon > 0$, existe $\delta > 0$, tal que, quaisquer que sejam (x, y) e (s, t) no retângulo,
$$\|(x, y) - (x, t)\| < \delta \Rightarrow |f(x, y) - f(s, t)| < \epsilon.$$

   a) Utilizando a propriedade acima, prove que
$$\varphi(y) = \int_a^b f(x, y) \, dx, \; y \in [c, d].$$

é contínua em $[c, d]$, em que f é suposta contínua no retângulo acima. (*Sugestão*:
$$|\varphi(y+k) - \varphi(y)| = \left|\int_a^b [f(x, y+k) - f(x, y)]dx\right| \leq \int_a^b |f(x, y+k) - f(x, y)|dx.\text{)}$$

b) Suponha f e $\dfrac{\partial f}{\partial y}$ contínuas no retângulo $\{(x, y) \in \mathbb{R}^2 \mid a \leq x \leq b, y \in I\}$, em que I é um intervalo aberto. Seja
$$\varphi(y) = \int_a^b f(x, y)dx, \, y \in I.$$
Prove que
$$\varphi'(y) = \int_a^b \frac{\partial f}{\partial y}(x, y)dx.$$

(*Sugestão*:
$$\frac{\varphi(y+k) - \varphi(y)}{k} - \int_a^b \frac{\partial f}{\partial y}(x, y)dx = \int_a^b \left[\frac{f(x, y+k) - f(x, y)}{k} - \frac{\partial f}{\partial y}(x, y)\right]dx$$
$$= \int_a^b \left[\frac{\partial f}{\partial y}(x, y_1) - \frac{\partial f}{\partial y}(x, y)\right]dx$$

para algum y_1 entre y e $y + k$. Utilize, então, a propriedade acima.)

5. Seja $\vec{F} = P\vec{i} + Q\vec{j}$ de classe C^1 no aberto $\Omega \subset \mathbb{R}^2$. Suponha que $(0, 0) \in \Omega$ e que, para todo $(x, y) \in \Omega$, o segmento de extremidades $(0, 0)$ e (x, y) está contido em Ω. Suponha, ainda, $\dfrac{\partial P}{\partial y} = \dfrac{\partial Q}{\partial x}$ em Ω. Seja
$$\varphi(u, v) = \int_\gamma \vec{F} \cdot d\gamma$$
em que $\gamma(t) = (ut, vt)$, $t \in [0, 1]$. Prove que $\nabla\varphi = \vec{F}$.

(*Sugestão*: $\varphi(u, v) = \int_0^1 \vec{F}(\gamma(t)) \cdot \gamma'(t)\, dt = \int_0^1 [uP(ut, vt) + vQ(ut, vt)]\, dt$. Observe que $\dfrac{\partial}{\partial t}[tP(ut, vt)] = P(ut, vt) + t\left[u\dfrac{\partial P}{\partial x}(ut, vt) + v\dfrac{\partial P}{\partial y}(ut, vt)\right].\text{)}$

6. Seja Ω um aberto em $\mathbb{R}^2$ e suponha que Ω seja *estrelado*. (Dizemos que Ω é *estrelado* se existir $(x_0, y_0) \in \Omega$ tal que, para todo $(x, y) \in \Omega$, o segmento de extremidades (x_0, y_0) e (x, y) esteja contido em Ω.) Seja $\vec{F} = P\vec{i} + Q\vec{j}$ de classe C^1 em Ω. Prove que se $\dfrac{\partial P}{\partial y} = \dfrac{\partial Q}{\partial x}$ em Ω, então $\vec{F}$ será conservativo.

(*Sugestão*: Proceda como no Exercício 5.)

7.7 Conjunto Simplesmente Conexo

Sejam Ω um aberto em $\mathbb{R}^n$ e $[a, b]$ um intervalo em $\mathbb{R}$. Para cada $s \in [0, 1]$, seja γ_s uma curva fechada definida em $[a, b]$, com imagem contida em Ω e tal que a imagem de γ_1 seja um ponto P de Ω. Podemos, então, olhar para a família γ_s como uma "deformação" de γ_0 a P.

Capítulo 7

Exemplo 1. Para cada $s \in [0, 1]$, seja γ_s definida em $[0, 2\pi]$ e dada por $\gamma_s(t) = ((1-s)\cos t, (1-s)\operatorname{sen} t)$. Temos $\gamma_0(t) = (\cos t, \operatorname{sen} t)$ e $\gamma_1(t) = (0, 0)$, com t em $[0, 2\pi]$. Quando s varia em $[0, 1]$, a família γ_s representa uma "deformação" de γ_0 à origem. Sugerimos ao leitor desenhar as curvas γ_s.

Exemplo 2. Para cada $s \in [0, 1]$, seja γ_s definida em $[0, 2\pi]$ e dada por $\gamma_s(t) = (1-s)(\cos t, \operatorname{sen} t, 3)$. Quando s varia em $[0, 1]$, a família γ_s representa uma "deformação" de γ_0 à origem.

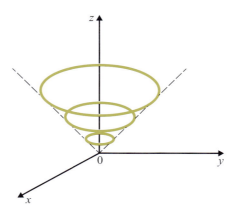

Exemplo 3. Para cada $s \in [0, 1]$, seja γ_s definida em $[0, 2\pi]$ e dada por $\gamma_s(t) = s(2, 2) + (1-s)(\cos t, \operatorname{sen} t)$. Quando s varia em $[0, 1]$, a família γ_s representa uma deformação de $\gamma_0(t) = (\cos t, \operatorname{sen} t)$ ao ponto $(2, 2)$. Sugerimos ao leitor desenhar as curvas γ_s.

Damos, a seguir, a definição de conjunto *simplesmente conexo*.

Definição. Seja Ω um aberto de $\mathbb{R}^n$, conexo por caminhos. Dizemos que Ω é *simplesmente conexo* se, para toda curva fechada contínua $\gamma: [a, b] \to \Omega$, existir uma família γ_s, $s \in [0, 1]$, de curvas fechadas com $\gamma_s: [a, b] \to \Omega$, tais que

(i) $\gamma_0 = \gamma$
(ii) $H(s, t) = \gamma_s(t)$ é contínua em $[0, 1] \times [a, b]$
(iii) a imagem de γ_1 é um ponto de Ω.

Intuitivamente, dizer que o aberto Ω de $\mathbb{R}^n$ é *simplesmente conexo* significa dizer que Ω é conexo por caminhos e que toda curva fechada contínua em Ω pode ser "deformada com continuidade" a um ponto de Ω, sem sair de Ω.

Exemplo 4. O $\mathbb{R}^n$ é simplesmente conexo. De fato, $\mathbb{R}^n$ é conexo por caminhos e se $\gamma: [a, b] \to \mathbb{R}^n$ é uma curva contínua fechada, tomando-se $\gamma_s(t) = (1-s)\gamma(t)$, com $s \in [0, 1]$ e $t \in [a, b]$, tem-se:

(i) $\gamma_0 = \gamma$
(ii) $H(s, t) = (1-s)\gamma(t)$, $0 \leq s \leq 1$ e $a \leq t \leq b$, é contínua
(iii) $\gamma_1(t) = \vec{0}$, para todo t em $[a, b]$. ($\vec{0} = (0, 0, \ldots, 0)$ é o vetor nulo do $\mathbb{R}^n$.)

Campos Conservativos

Exemplo 5 Todo aberto $\Omega \subset \mathbb{R}^n$, com Ω estrelado, é simplesmente conexo. (Dizemos que Ω é *estrelado* se existir $X_0 \in \Omega$ tal que, para todo $X \in \Omega$, o segmento X_0X esteja contido em Ω.) De fato, Ω é conexo por caminhos (por quê?) e se $\gamma : [a, b] \to \mathbb{R}^n$ for uma curva contínua fechada contida em Ω, tomando-se

$$\gamma_s(t) = (1-s)\,\gamma(t) + sX_0$$

tem-se:

(i) $\gamma_0 = \gamma$
(ii) $H(s, t) = (1-s)\,\gamma(t) + sX_0$, $0 \leq s \leq 1$ e $a \leq t \leq b$, é contínua
(iii) $\gamma_1(t) = X_0$ para todo $t \in [a, b]$.

Assim, toda curva contínua fechada contida em Ω pode ser deformada com continuidade ao ponto X_0; logo, Ω é simplesmente conexo.

Vamos, agora, enunciar, sem demonstração (para demonstração veja Elon Lages Lima — *Curso de Análise* — Vol. 2), o seguinte importante teorema.

Teorema. Seja $\vec{F} : \Omega \subset \mathbb{R}^n \to \mathbb{R}^n$ $(n = 2, 3)$ um campo vetorial de classe C^1 no aberto Ω. Nestas condições, se Ω for simplesmente conexo e rot $\vec{F} = \vec{0}$, então $\vec{F}$ será conservativo.

Com auxílio do teorema acima, vamos mostrar que $\Omega = \mathbb{R}^2 - \{(0, 0)\}$ *não é simplesmente conexo*. Seja

$$\vec{F}(x, y) = \frac{-y}{x^2 + y^2}\vec{i} + \frac{x}{x^2 + y^2}\vec{j},\ (x, y) \in \Omega.$$

Temos:

$$\text{rot } \vec{F} = \vec{0} \text{ em } \Omega$$

e

$$\int_\gamma \vec{F} \cdot d\gamma = 2\pi$$

em que $\gamma(t) = (\cos t, \text{sen } t)$, $t \in [0, 2\pi]$. (Verifique.) Assim, rot $\vec{F} = \vec{0}$ em Ω e $\vec{F}$ não é conservativo; logo $\Omega = \mathbb{R}^2 - \{(0, 0)\}$ não pode ser simplesmente conexo.

Pode ser provado que $\Omega = \mathbb{R}^3 - \{(0, 0, 0)\}$ é simplesmente conexo. (É razoável tal afirmação? Por quê?)

Exercícios 7.7

1. Prove que o conjunto dado é simplesmente conexo.

   a) $\Omega = \mathbb{R}^2 - \{(x, 0) \in \mathbb{R}^2 | x \geq 0\}$
   b) $\Omega = \mathbb{R}^3 - \{(0, 0, z) \in \mathbb{R}^3 | z \geq 0\}$
   (*Sugestão*: Verifique que o conjunto dado é estrelado.)

2. Utilizando o teorema da seção e o campo vetorial

$$\vec{F}(x, y, z) = \frac{-y}{x^2 + y^2}\vec{i} + \frac{x}{x^2 + y^2}\vec{j}$$

prove que $\Omega = \mathbb{R}^3 - \{(0, 0, z) \in \mathbb{R}^3 | z \in \mathbb{R}\}$ não é simplesmente conexo.

8 CAPÍTULO

Teorema de Green

8.1 Teorema de Green para Retângulos

Teorema de Green (para retângulos). Seja K o retângulo $\{(x,y) \in \mathbb{R}^2 \mid a \leq x \leq b, c \leq y \leq d\}$ e seja γ a fronteira de B orientada no sentido anti-horário. Suponhamos que $P(x,y)$ e $Q(x,y)$ sejam de classe C^1 num aberto Ω contendo K. Então

$$\int_\gamma P\,dx + Q\,dy = \iint_K \left[\frac{\partial Q}{\partial x} - \frac{\partial P}{\partial y} \right] dx\,dy.$$

Demonstração

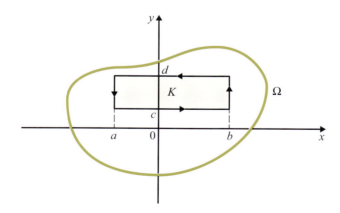

Vamos provar que

$$\int_\gamma P(x,y)\,dx = -\iint_K \frac{\partial P}{\partial y}(x,y)\,dx\,dy$$

e

$$\int_\gamma Q(x,y)\,dy = \iint_K \frac{\partial Q}{\partial x}(x,y)\,dx\,dy.$$

Temos:

① $$\int_\gamma P(x, y)\,dx = \int_a^b P(t, c)\,dt - \int_a^b P(t, d)\,dt.$$

Por outro lado,

$$\iint_K \frac{\partial P}{\partial y}(x, y)\,dx\,dy = \int_a^b \left[\int_c^d \frac{\partial P}{\partial y}(x, y)\,dy\right] dx = \int_a^b [P(x, y)]_c^d\,dx,$$

ou seja,

② $$\iint_K \frac{\partial P}{\partial y}(x, y)\,dx\,dy = \int_a^b [P(x, d) - P(x, c)]\,dx.$$

De ① e ② resulta

$$\int_\gamma P(x, y)\,dx = -\iint_K \frac{\partial P}{\partial y}(x, y)\,dx\,dy.$$

De forma análoga verifica-se que

$$\int_\gamma Q(x, y)\,dy = \iint_K \frac{\partial Q}{\partial x}(x, y)\,dx\,dy.$$

Somando-se membro a membro as duas últimas igualdades resulta o teorema. ∎

A notação $\oint P\,dx + Q\,dy$ é frequentemente usada para indicar a integral de linha sobre uma curva fechada, orientada no sentido anti-horário. Com esta notação, a igualdade a que se refere o teorema de Green se escreve

$$\boxed{\oint_\gamma P\,dx + Q\,dy = \iint_K \left[\frac{\partial Q}{\partial x} - \frac{\partial P}{\partial y}\right] dx\,dy.}$$

Exemplo Suponha $\vec{F} = P\vec{i} + Q\vec{j}$ de classe C^1 no aberto $\Omega \subset \mathbb{R}^2$. Seja γ a fronteira de B orientada no sentido anti-horário, em que B é o conjunto a seguir

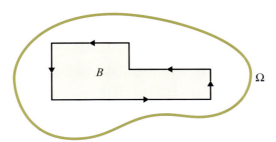

Prove que

$$\oint_\gamma P\,dx + Q\,dy = \iint_B \left(\frac{\partial Q}{\partial x} - \frac{\partial P}{\partial y}\right) dx\,dy.$$

Solução

Inicialmente, vamos dividir B em dois retângulos: B_1 de vértices R, S, T, U; B_2 de vértices U, V, X, Z.

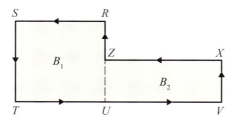

Pelo teorema de Green,

$$\int_{\overline{ZRSTU}} P\,dx + Q\,dy = \int_{\overline{UZ}} P\,dx + Q\,dy = \iint_{B_1} \left(\frac{\partial Q}{\partial x} - \frac{\partial P}{\partial y}\right) dx\,dy$$

e

$$\int_{\overline{UVXZ}} P\,dx + Q\,dy = \int_{\overline{UZ}} P\,dx + Q\,dy = \iint_{B_2} \left(\frac{\partial Q}{\partial x} - \frac{\partial P}{\partial y}\right) dx\,dy.$$

Somando-se membro a membro as duas últimas igualdades e observando que

$$\int_{\overline{UZ}} P\,dx + Q\,dy + \int_{\overline{ZU}} P\,dx + Q\,dy = 0 \text{ (por quê?)}$$

resulta

$$\oint_{\gamma} P\,dx + Q\,dy = \iint_B \left(\frac{\partial Q}{\partial x} - \frac{\partial P}{\partial y}\right) dx\,dy.$$

Exercícios 8.1

1. Sejam $P(x, y)$ e $Q(x, y)$ de classe C^1 num aberto Ω de $\mathbb{R}^2$. Seja $B \subset \Omega$ um retângulo de lados paralelos aos eixos e de comprimentos Δx e Δy. Prove que existe $(s, t) \in B$ tal que

$$\oint_{\gamma} P\,dx + Q\,dy = \left[\frac{\partial Q}{\partial x}(s, t) - \frac{\partial P}{\partial y}(s, t)\right] \Delta x\,\Delta y$$

em que γ é a fronteira de B orientada no sentido anti-horário.

2. Sejam γ_1 a poligonal de vértices A, B, C, D orientada no sentido anti-horário e γ_2 a poligonal de vértices H, G, F, E orientada no sentido horário.

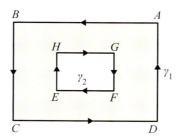

Suponha P e Q de classe C^1 num aberto contendo K, na qual K é a região compreendida entre as poligonais. Prove que

$$\oint_{\gamma_1} P\,dx + Q\,dy + \oint_{\gamma_2} P\,dx + Q\,dy = \iint_K \left[\frac{\partial Q}{\partial x} - \frac{\partial P}{\partial y}\right] dx\,dy.$$

3. Seja B o conjunto

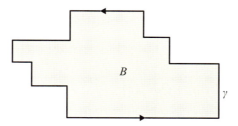

e seja γ a fronteira de B orientada no sentido anti-horário. Suponha $P(x, y)$ e $Q(x, y)$ de classe C^1 num aberto Ω contendo B. Prove que

$$\oint_\gamma P\,dx + Q\,dy = \iint_B \left(\frac{\partial Q}{\partial x} - \frac{\partial P}{\partial y}\right) dx\,dy.$$

4. Seja K o triângulo a seguir e γ a fronteira de K orientada no sentido anti-horário. Sejam $P(x, y)$ e $Q(x, y)$ de classe C^1 num aberto contendo K.

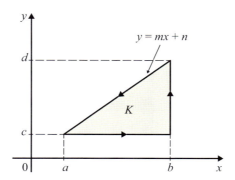

Prove que

$$\oint_\gamma P\,dx + Q\,dy = \iint_K \left(\frac{\partial Q}{\partial x} - \frac{\partial P}{\partial y}\right) dx\,dy$$

$\left(\text{Sugestão: Prove que } \oint_\gamma P\,dx = -\iint_K \frac{\partial P}{\partial y} dx\,dy \text{ e } \oint_\gamma Q\,dy = \iint_K \frac{\partial Q}{\partial x} dx\,dy.\right)$

5. Seja K a região abaixo e γ a fronteira de K orientada no sentido anti-horário. Sejam P e Q de classe C^1 num aberto contendo K.

Capítulo 8

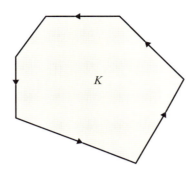

Prove que

$$\oint_\gamma P\,dx + Q\,dy = \iint_K \left(\frac{\partial Q}{\partial x} - \frac{\partial P}{\partial y}\right) dx\,dy.$$

(*Sugestão*. Decomponha K em retângulos e triângulos. Utilize, então, o teorema da seção e o Exercício 4.)

6. Seja K a região sombreada; γ a poligonal $ABCD$ orientada no sentido anti-horário; γ_1 a poligonal $EHGF$ orientada no sentido horário; γ_2 a poligonal $XWZY$ orientada no sentido horário. Prove que

$$\oint_\gamma P\,dx + Q\,dy + \oint_{\gamma_1} P\,dx + Q\,dy + \oint_{\gamma_2} P\,dx + Q\,dy = \iint_K \left(\frac{\partial Q}{\partial x} - \frac{\partial P}{\partial y}\right) dx\,dy.$$

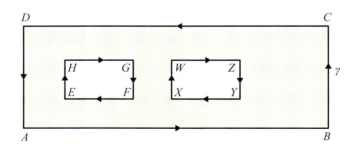

7. Suponha $P(x, y)$ e $Q(x, y)$ de classe C^1 num aberto Ω de $\mathbb{R}^2$. Prove que $\vec{F} = P\vec{i} + Q\vec{j}$ é irrotacional se e somente se

$$\oint_\gamma P\,dx + Q\,dy = 0$$

para toda curva γ, orientada no sentido anti-horário e fronteira de um retângulo de lados paralelos aos eixos e contido em Ω.

8. (*Teorema de Green para um círculo.*) Seja B o círculo de centro na origem e raio r. Seja $\gamma(t) = (r\cos t, r\,\text{sen}\,t)$, $0 \leq t \leq 2\pi$. Suponha que P e Q sejam de classe C^1 num aberto Ω contendo B. Prove

$$\oint_\gamma P\,dx + Q\,dy = \iint_B \left(\frac{\partial Q}{\partial x} - \frac{\partial P}{\partial y}\right) dx\,dy.$$

Teorema de Green

9. Seja $y = f(x)$ de classe C^1 em $[a, b]$ e tal que $f'(x) > 0$ em $]a, b[$. Seja K o conjunto $a \leq x \leq b$ e $f(a) \leq y \leq f(x)$. Sejam P e Q de classe C^1 num aberto contendo K. Prove que

$$\oint_\gamma P\,dx + Q\,dy = \iint_K \left(\frac{\partial Q}{\partial x} - \frac{\partial P}{\partial y}\right) dx\,dy$$

em que γ é a fronteira de K orientada no sentido anti-horário.

$\left(\text{Sugestão: } \iint_K \frac{\partial Q}{\partial x}\,dx\,dy = \int_{f(a)}^{f(b)}\left[\int_{g(y)}^{b} \frac{\partial Q}{\partial x}(x, y)\,dx\right]dy,\right.$ em que $x = g(y)$ é a inversa de $y = f(x).\Big)$

10. Seja $y = f(x)$ de classe C^1 em $[a, b]$ e tal que $f'(x) < 0$ em $]a, b[$. Seja K o conjunto $a \leq x \leq b$ e $f(x) \leq y \leq f(a)$. Sejam P e Q de classe C^1 em um aberto contendo K. Prove que

$$\oint_\gamma P\,dx + Q\,dy = \iint_K \left(\frac{\partial Q}{\partial x} - \frac{\partial P}{\partial y}\right) dx\,dy,$$

em que γ é a fronteira de K orientada no sentido anti-horário.

11. Faça uma lista de conjuntos para os quais você acha que o teorema de Green se aplica. Justifique.

8.2 Teorema de Green para Conjunto com Fronteira C^1 por Partes

O próximo teorema, que enunciaremos sem demonstração (para demonstração veja referência bibliográfica [1]), conta-nos que o teorema de Green, visto na seção anterior, continua válido se substituirmos o retângulo por um compacto K, com interior não vazio, cuja fronteira é imagem de uma curva simples, fechada, C^1 por partes. Uma curva $\gamma : [a, b] \to \Omega$, fechada, se diz simples se $\gamma(s) \neq \gamma(t)$, quaisquer que sejam s e t em $[a, b[$, com $s \neq t$. (Desenhe algumas curvas simples.)

Teorema de Green. Seja $K \subset \mathbb{R}^2$ um compacto, com interior não vazio, cuja fronteira é imagem de uma curva $\gamma : [a, b] \to \mathbb{R}^2$, fechada, simples, C^1 por partes e orientada no sentido anti-horário. Sejam P e Q de classe C^1 num aberto contendo K. Nestas condições,

① $$\oint_\gamma P\,dx + Q\,dy = \iint_K \left(\frac{\partial Q}{\partial x} - \frac{\partial P}{\partial y}\right) dx\,dy$$

O teorema de Green nos afirma que se P e Q forem de classe C^1 no aberto Ω e se K estiver *contido* em Ω, então ① se verifica. Entretanto, se K contiver um ponto que não pertença a Ω, a relação ① não terá nenhuma obrigação de se verificar. (Veja Exemplo 2.)

Exemplo 1 Utilizando o teorema de Green, transforme a integral de linha

$$\oint_\gamma (x^4 - y^3)\,dx + (x^3 + y^5)\,dy$$

numa integral dupla e calcule, em que γ é dada por $\gamma(t) = (\cos t, \operatorname{sen} t)$, $0 \leq t \leq 2\pi$.

Solução

$P(x, y) = x^4 - y^3$ e $Q(x, y) = x^3 + y^5$ são de classe C^1 em $\mathbb{R}^2$. A imagem de γ é a fronteira do círculo K dado por $x^2 + y^2 \leq 1$, que está contido em $\mathbb{R}^2$. Pelo teorema de Green

$$\oint_\gamma \underbrace{(x^4 - y^3)}_{P} dx + \underbrace{(x^3 + y^5)}_{Q} dy = \iint_K \left(\frac{\partial Q}{\partial x} - \frac{\partial P}{\partial y} \right) dx\, dy.$$

Como $\dfrac{\partial Q}{\partial x} - \dfrac{\partial P}{\partial y} = 3x^2 + 3y^2$, resulta

$$\oint_\gamma (x^4 - y^3) dx + (x^3 + y^5) dy = 3 \iint_K (x^2 + y^2) dx\, dy.$$

Passando para coordenadas polares,

$$\iint_K (x^2 + y^2) dx\, dy = \int_0^{2\pi} \left[\int_0^1 \rho^3\, d\rho \right] d\theta = \frac{\pi}{2}.$$

Portanto,

$$\oint_\gamma (x^4 - y^3) dx + (x^3 + y^5) dy = \frac{3\pi}{2}.$$

Exemplo 2 Calcule $\oint_\gamma \dfrac{-y}{x^2 + y^2} dx + \dfrac{x}{x^2 + y^2} dy$, em que $\gamma(t) = (\cos t, \operatorname{sen} t)$, $0 \leq t \leq 2\pi$.

Solução

$P(x, y) = -\dfrac{y}{x^2 + y^2}$ e $Q(x, y) = \dfrac{x}{x^2 + y^2}$ são de classe C^1 no aberto $\Omega = \mathbb{R}^2 - \{(0, 0)\}$. A imagem de γ é a fronteira do círculo $B = \{(x, y) \in \mathbb{R}^2 \mid x^2 + y^2 \leq 1\}$; B não está contido em Ω, pois $(0, 0) \in B$, mas não pertence a Ω. Como as hipóteses do teorema de Green não estão satisfeitas, o teorema de Green não se aplica. A integral deve ser calculada diretamente:

$$\oint_\gamma \frac{-y}{x^2 + y^2} dx + \frac{x}{x^2 + y^2} dy = \int_0^{2\pi} dt = 2\pi.$$

Observe que $\iint_B \left(\dfrac{\partial Q}{\partial x} - \dfrac{\partial P}{\partial y} \right) dx\, dy = 0$.

Exemplo 3 Sejam γ_1 e γ_2 duas curvas fechadas, simples, C^1 por partes, sendo γ_1 orientada no sentido anti-horário e γ_2 no sentido horário, como na figura que se segue.

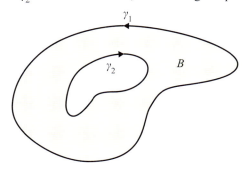

Seja B a região compreendida entre as curvas γ_1 e γ_2. Suponha que $P(x, y)$ e $Q(x, y)$ são de classe C^1 num aberto contendo B. Prove

$$\oint_{\gamma_1} P\,dx + Q\,dy + \oint_{\gamma_2} P\,dx + Q\,dy = \iint_B \left(\frac{\partial Q}{\partial x} - \frac{\partial P}{\partial y}\right) dx\,dy.$$

Solução

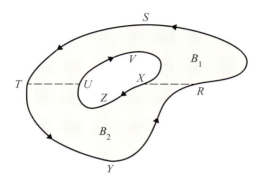

Seja B_1 a região limitada pela curva $\widehat{RSTUVXR}$ e B_2 limitada pela curva $\widehat{RXZUTYR}$. Pelo teorema de Green aplicado a B_1, obtemos:

$$\int_{\widehat{RST}} P\,dx + Q\,dy + \int_{\widehat{TU}} P\,dx + Q\,dy + \int_{\widehat{UVX}} P\,dx + Q\,dy + \int_{\widehat{XR}} P\,dx + Q\,dy$$
$$= \iint_{B_1} \left(\frac{\partial Q}{\partial x} - \frac{\partial P}{\partial y}\right) dx\,dy.$$

Da mesma forma,

$$\int_{\widehat{RX}} P\,dx + Q\,dy + \int_{\widehat{XZU}} P\,dx + Q\,dy + \int_{\widehat{UT}} P\,dx + Q\,dy + \int_{\widehat{TYR}} P\,dx + Q\,dy$$
$$= \iint_{B_2} \left(\frac{\partial Q}{\partial x} - \frac{\partial P}{\partial y}\right) dx\,dy.$$

Somando-se membro a membro as igualdades acima, obtemos a relação desejada.

Exercícios 8.2

1. Sejam γ e K como no teorema de Green. Prove que área de $K = \oint_\gamma x\,dy$.
2. Calcule a área da região limitada pela curva $x = t - \operatorname{sen} t$, $y = 1 - \cos t$, $0 \leq t \leq 2\pi$, e pelo eixo $0x$.
3. Calcule a área da região limitada pela elipse $x = a\cos t$, $y = b\operatorname{sen} t$, $0 \leq t \leq 2\pi$, em que $a > 0$ e $b > 0$.
4. Calcule $\oint_\gamma \vec{F} \cdot d\gamma$, em que γ é uma curva fechada, simples, C^1 por partes, cuja imagem é a fronteira de um compacto B e $\vec{F}(x, y) = (2x + y)\vec{i} + (3x - y)\vec{j}$.
5. Calcule $\oint_\gamma \vec{F} \cdot d\gamma$, em que $\vec{F}(x, y) = 4x^3 y^3 \vec{i} + (3x^4 y^2 + 5x)\vec{j}$ e γ a fronteira do quadrado de vértices $(-1, 0)$, $(0, -1)$, $(1, 0)$ e $(0, 1)$.

Capítulo 8

6. Calcule $\oint_\gamma \frac{-y}{x^2+y^2}\,dx + \frac{x}{x^2+y^2}\,dy$, em que γ é uma curva fechada, C^1 por partes, simples, fronteira de um conjunto B, cujo interior contém o círculo $x^2+y^2 \leq 1$. (*Sugestão*. Aplique o teorema de Green à região K compreendida entre a curva γ e a circunferência.)

7. Calcule $\oint_\gamma \frac{-y}{x^2+y^2}\,dx + \frac{x}{x^2+y^2}\,dy$, em que γ é a curva

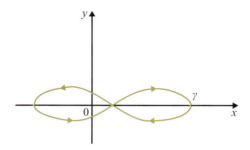

8. Suponha P e Q de classe C^1 em $\Omega = \mathbb{R}^2 - \{(0,0),(1,1)\}$. Suponha, ainda, $\frac{\partial Q}{\partial x} - \frac{\partial P}{\partial y} = 0$ em Ω. Calcule $\oint_\gamma P\,dx + Q\,dy$, sabendo que $\oint_{\gamma_1} P\,dx + Q\,dy = 1$ e $\oint_{\gamma_2} P\,dx + Q\,dy = 2$. ($\gamma_1$ e γ_2 são orientadas no sentido horário e γ no sentido anti-horário.)

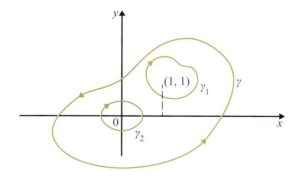

9. Calcule a área da região limitada pela reta $y = x$ e pela curva $x = t^3 + t$ e $y = t^5 + t$, com $0 \leq t \leq 1$. Desenhe a região.

8.3 Teorema de Stokes no Plano

Seja $\vec{F} = P\vec{i} + Q\vec{j}$ um campo vetorial de classe C^1 no aberto Ω de $\mathbb{R}^2$ e sejam γ e K como no teorema de Green. Como

$$\frac{\partial Q}{\partial x} - \frac{\partial P}{\partial y} = (\text{rot } \vec{F}) \cdot \vec{k}$$

resulta

$$\oint_\gamma P\,dx + Q\,dy = \iint_K \operatorname{rot} \vec{F} \cdot \vec{k}\, dx\,dy,$$

ou seja,

$$\oint \vec{F}\, d\vec{r} = \iint_K \operatorname{rot} \vec{F} \cdot \vec{k}\, dx\,dy$$

Nesta forma, o teorema de Green é, também, conhecido como *teorema de Stokes no plano*.

Exemplo Desenhe o campo

$$F(x, y) = \frac{-y}{\sqrt{x^2 + y^2}}\,\vec{i} + \frac{x}{\sqrt{x^2 + y^2}}\,\vec{j}$$

e conclua que $\vec{F}$ não é irrotacional.

Solução

$\vec{F}(x, y)$ é paralelo a $-y\vec{i} + x\vec{j}$. Segue que $\vec{F}(x, y)$ é tangente, no ponto (x, y), à circunferência de centro na origem e que passa por este ponto. Além disso, para todo $(x, y) \neq (0, 0)$,

$$\|\vec{F}(x, y)\| = 1;$$

isto é, a intensidade do campo é constante e igual a 1.

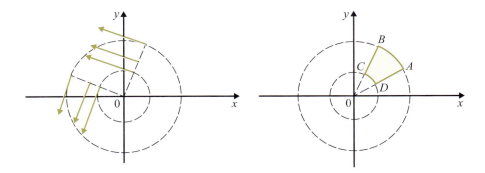

Seja K o compacto $ABCD$. (Veja figura.) Imaginemos $\vec{F}$ como um campo de forças. Como $\vec{F}$ é normal aos lados BC e DA, são nulos os trabalhos realizados sobre estes lados. O módulo do trabalho realizado de A até B é maior que o módulo do realizado de C até D. Por quê? Logo, $\vec{F}$ não é irrotacional, pois se $\vec{F}$ fosse irrotacional, pelo teorema de Green, o trabalho ao longo da fronteira de K deveria ser nulo.

8.4 Teorema da Divergência no Plano

Seja $\gamma : [a, b] \to \mathbb{R}^2$ uma curva. Se γ for de classe C^1 e se, para todo $t \in\ ]a, b[$, $\gamma'(t) \neq \vec{0}$, então diremos que γ é *regular*.

Capítulo 8

Suponhamos que $\gamma(t) = (x(t), y(t))$, $a \leq t \leq b$, seja regular e injetora em $]a, b[$. Podemos, então, considerar os campos vetoriais $\vec{n}_1$ e $\vec{n}_2$ dados por

$$\vec{n}_1(\gamma(t)) = \frac{1}{\|\gamma'(t)\|}(y'(t)\vec{i} - x'(t)\vec{j}), a < t < b,$$

e

$$\vec{n}_2(\gamma(t)) = -\vec{n}_1(\gamma(t)).$$

Observe que $y'(t)\vec{i} - x'(t)\vec{j}$, $a < t < b$, é *normal* a $\gamma'(t) = x'(t)\vec{i} + y'(t)\vec{j}$. Deste modo, $\vec{n}_1$ associa a cada ponto $\gamma(t)$ da imagem de γ, $a < t < b$, um vetor *unitário* e *normal* a γ, no ponto $\gamma(t)$.

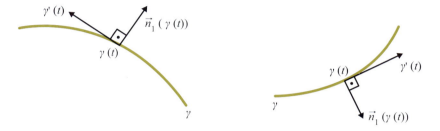

Pelo fato de estarmos supondo γ injetora em $]a, b[$, o campo $\vec{n}_1$ está bem definido.

Seja $\vec{F}(x, y)$ um campo vetorial contínuo num aberto contendo a imagem de γ. Seja $\vec{n}$ um dos campos vetoriais $\vec{n}_1$ ou $\vec{n}_2$. Seja $F_n = \vec{F} \cdot \vec{n}$ a função a valores reais dada por

$$F_n(\gamma(t)) = \vec{F}(\gamma(t)) \cdot \vec{n}(\gamma(t)), a < t < b.$$

Assim, $F_n(\gamma(t))$ é a *componente escalar* de $\vec{F}(\gamma(t))$ na direção $\vec{n}(\gamma(t))$.

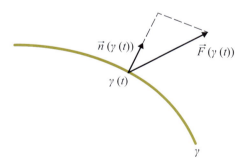

Pois bem, definimos o *fluxo de* $\vec{F}$ *através de* γ, *na direção* $\vec{n}$, por

$$\int_\gamma \vec{F} \cdot \vec{n} \, ds = \int_a^b \vec{F}(\gamma(t)) \cdot \vec{n}(\gamma(t)) \|\gamma'(t)\| dt$$

Seja $\gamma : [a, b] \to \mathbb{R}^2$ uma curva fechada, simples, regular e orientada no sentido anti-horário e suponhamos que sua imagem seja a fronteira de um compacto K, com interior não vazio. Neste caso, referir-nos-emos a

$$\vec{n}(\gamma(t)) = \frac{1}{\|\gamma'(t)\|}(y'(t)\vec{i} - x'(t)\vec{j})$$

como a *normal exterior* a K

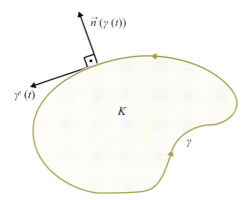

***Teorema* (da divergência no plano).** Seja $\vec{F} = P\vec{i} + Q\vec{j}$ um campo vetorial de classe C^1 num aberto Ω do $\mathbb{R}^2$ e seja K um compacto, com interior não vazio, contido em Ω, cuja fronteira é imagem de uma curva fechada $\gamma(t) = (x(t), y(t))$, $a \leq t \leq b$, de classe C^1, simples, regular e orientada no sentido anti-horário. Seja $\vec{n}$ a *normal unitária exterior* a K. Então

$$\oint_\gamma \vec{F} \cdot \vec{n}\, ds = \iint_K \operatorname{div} \vec{F}\, dx\, dy.$$

Demonstração

$$\oint_\gamma \vec{F} \cdot \vec{n}\, ds = \int_a^b \vec{F}(\gamma(t)) \cdot \vec{n}(\gamma(t)) \|\gamma'(t)\|\, dt$$

em que

$$\vec{n}(\gamma(t)) = \frac{1}{\|\gamma'(t)\|}(y'(t)\vec{i} - x'(t)\vec{j}).$$

Segue que

$$\oint_\gamma \vec{F} \cdot \vec{n}\, ds = \int_a^b [P(\gamma(t))y'(t) - Q(\gamma(t))x'(t)]\, dt$$

e, portanto,

$$\oint_\gamma \vec{F} \cdot \vec{n}\, ds = \oint_\gamma -Q\, dx + P\, dy.$$

Pelo teorema de Green,

$$\oint_\gamma -Q\, dx + P\, dy = \iint_K \left(\frac{\partial P}{\partial x} + \frac{\partial Q}{\partial y} \right) dx\, dy.$$

E, portanto,v

$$\oint_\gamma \vec{F} \cdot \vec{n}\, ds = \iint_K \operatorname{div} \vec{F}\, dx\, dy. \qquad \blacksquare$$

Dizemos que $\gamma : [a, b] \to \mathbb{R}^2$ é *regular por partes* se for C^1 por partes e se cada "trecho" $\gamma_i : [t_{i-1}, t_i] \to \mathbb{R}^2$ satisfizer a condição $\gamma_i' \neq \vec{0}$ em $]t_{i-1}, t_i[$. Fica a seu cargo estender o teorema acima para o caso em que a fronteira de K seja regular por partes.

Capítulo 8

Exemplo 1 Seja $\vec{F}(x, y) = y^3 \vec{j}$. Calcule o fluxo de $\vec{F}$ através da fronteira γ do retângulo $1 \leq x \leq 3$, $1 \leq y \leq 2$, sendo $\vec{n}$ a normal unitária que aponta para fora do retângulo.

Solução

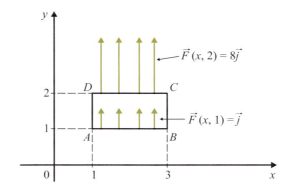

A normal exterior sobre o lado CD é $\vec{j}$; a componente de $\vec{F}(x, 2)$ na direção $\vec{j}$ é $\vec{F}(x, 2) \cdot \vec{j} = 8$. Como a componente normal de $\vec{F}$ é constante, o fluxo de $\vec{F}$ através do lado CD é o produto da componente normal pelo comprimento do lado CD. Portanto, o fluxo de $\vec{F}$ através do lado CD é 16. A normal exterior sobre o lado AB é $-\vec{j}$; o fluxo através de AB é -2. Como $\vec{F}$ é normal a $\vec{i}$, os fluxos através de BC e DA são nulos. Temos, então

$$\oint_\gamma \vec{F} \cdot \vec{n}\, ds = 14.$$

Poderíamos, também, ter chegado ao resultado acima aplicando o teorema da divergência.

$$\oint_\gamma \vec{F} \cdot \vec{n}\, ds = \iint_K \operatorname{div} \vec{F}\, dx\, dy$$

em que K é o retângulo dado e γ sua fronteira orientada no sentido anti-horário e $\vec{n}$ a normal exterior. Como $\operatorname{div} \vec{F} = 3y^2$ vem

$$\iint_K \operatorname{div} \vec{F}\, dx\, dy = \int_1^3 \left[\int_1^2 3y^2\, dy \right] dx = 14.$$

Exemplo 2 Seja $\vec{F} = P\vec{i} + Q\vec{j}$ de classe C^1 num aberto Ω do $\mathbb{R}^2$. Suponha que $\operatorname{div} \vec{F}$ é diferente de zero no ponto $(x_0, y_0) \in \Omega$. Prove que existe uma bola aberta B, de centro (x_0, y_0), tal que, para todo $K \subset B$, K nas condições do teorema de Green, tem-se

$$\oint_\gamma \vec{F} \cdot \vec{n}\, ds \neq 0$$

em que γ é a fronteira de K e $\vec{n}$ a normal unitária exterior a K.

Solução

Sendo $\vec{F}$ de classe C^1, $\operatorname{div} \vec{F}$ será contínuo em Ω. Para fixar o raciocínio suporemos $\operatorname{div} \vec{F}(x_0, y_0) > 0$. Pelo teorema da conservação do sinal, existe uma bola aberta B, de centro (x_0, y_0) (podemos supor $B \subset \Omega$, pois Ω é aberto) tal que, para todo $(x, y) \in B$,

$$\operatorname{div} \vec{F}(x, y) > 0.$$

Segue que para todo $K \subset B$, K nas condições do teorema de Green, tem-se

$$\oint_\gamma \vec{F} \cdot \vec{n}\, ds = \iint_K \operatorname{div} \vec{F}\, dx\, dy > 0.$$

Exemplo 3 Seja $\vec{F}(x, y) = \dfrac{-y}{(x^2 + y^2)^2}\vec{i} + \dfrac{x}{(x^2 + y^2)^2}\vec{j}$.

a) Desenhe o campo.
b) Calcule div $\vec{F}$.

Solução

a) $\vec{F}(x, y)$ é tangente à circunferência de centro na origem e que passa pelo ponto (x, y). Temos, ainda:

$$\|\vec{F}(x, y)\| = \frac{1}{\rho^3}$$

em que $\rho = \sqrt{x^2 + y^2}$ é o raio da circunferência de centro na origem e que passa pelo ponto (x, y).

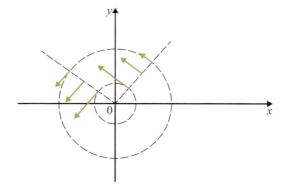

Observe que qualquer que seja o conjunto K da forma abaixo (veja figura), o *fluxo através da sua fronteira, e na direção da normal exterior, é nulo*. Por quê?

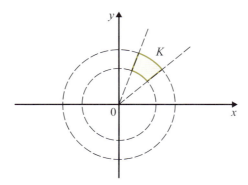

É razoável esperar div $\vec{F} = 0$. (Veja exemplo anterior.)
b) div $\vec{F} = 0$. (Verifique.)

Exercícios 8.4

1. Calcule $\int_\gamma \vec{F} \cdot \vec{n}\, ds$ sendo dados (para evitar repetição, ficará subentendido que $\vec{n}$ é unitário):

   a) $\vec{F}(x, y) = x\vec{i} + x\vec{j}$, $\gamma(t) = (\cos t, \operatorname{sen} t)$, $0 \leq t \leq 2\pi$ e $\vec{n}$ a normal exterior.

   b) $\vec{F}(x, y) = y\vec{j}$, γ a fronteira do quadrado de vértices $(0, 0)$, $(1, 0)$, $(1, 1)$ e $(0, 1)$ e $\vec{n}$ a normal que aponta para fora do quadrado, sendo γ orientada no sentido anti-horário.

   c) $\vec{F}(x, y) = x^2 \vec{i}$, $\gamma(t) = (2 \cos t, \operatorname{sen} t)$, $0 \leq t \leq 2\pi$, e $\vec{n}$ a normal que aponta para fora da região $\dfrac{x^2}{4} + y^2 \leq 1$.

   d) $\vec{F}(x, y) = x^2 \vec{i}$, $\gamma(t) = (2 \cos t, \operatorname{sen} t)$, $0 \leq t \leq \pi$, e $\vec{n}$ a normal com componente $y \geq 0$.

   e) $\vec{F}(x, y) = x\vec{i} + y\vec{j}$, $\gamma(t) = (t, t^2)$, $0 \leq t \leq 1$, e $\vec{n}$ a normal com componente $y < 0$.

2. Prove que se $\vec{F} \cdot \vec{n}$ for constante sobre $\operatorname{Im} \gamma$, então o fluxo de $\vec{F}$ através de γ é o produto de $\vec{F} \cdot \vec{n}$ pelo comprimento de γ, em que $\vec{n}$ é normal a γ.

 3. Seja $\vec{F}(x, y) = \dfrac{x}{(x^2 + y^2)^5}\vec{i} + \dfrac{y}{(x^2 + y^2)^5}\vec{j}$ e $\vec{n}$ a normal unitária exterior ao círculo $x^2 + y^2 \leq 1$. Calcule $\int_\gamma \vec{F} \cdot \vec{n}\, ds$ em que $\gamma(t) = (\cos t, \operatorname{sen} t)$, $0 \leq t \leq \pi$.
(*Sugestão*. Verifique que $\vec{F} \cdot \vec{n}$ é constante.)

4. Desenhe o campo do exercício anterior. (Sugerimos ao leitor desenhar algumas circunferências de centro na origem e, em seguida, desenhar o campo nos pontos destas circunferências.)

   a) Olhando o desenho do campo é possível decidir se div $\vec{F}$ é zero ou não? Por quê?

   b) Calcule div $\vec{F}$.

5. Seja $\vec{F}(x, y) = \dfrac{x}{\sqrt{x^2 + y^2}}\vec{i} + \dfrac{y}{\sqrt{x^2 + y^2}}\vec{j}$.

   a) Desenhe o campo.

   b) Olhando para o desenho é possível decidir se $\vec{F}$ é ou não *solenoidal*? (Dizemos que $\vec{F}$ é *solenoidal* se div $\vec{F} = 0$ em seu domínio.)

6. Seja $\vec{F}(x, y) = \dfrac{x}{(x^2 + y^2)^\alpha}\vec{i} + \dfrac{y}{(x^2 + y^2)^\alpha}\vec{j}$. Determine α para que $\vec{F}$ seja solenoidal. Desenhe o campo para o α determinado.

7. Sejam $f(x, y)$ e $g(x, y)$ duas funções a valores reais, de classe C^2, no aberto Ω de $\mathbb{R}^2$. Seja $\gamma: [a, b] \to \Omega$ uma curva regular, fechada, simples, orientada no sentido anti-horário, fronteira de um compacto K, com interior não vazio e contido em Ω; seja $\vec{n}$ a normal exterior a K. Prove:

   a) $\oint_\gamma \dfrac{\partial g}{\partial \vec{n}}\, ds = \iint_K \nabla^2 g\, dx\, dy$. $\left(\dfrac{\partial g}{\partial \vec{n}} \right.$ é a derivada direcional de g na direção $\vec{n}$ e $\nabla^2 g$ o laplaciano de g. $\Big)$

   b) $\oint_\gamma f \dfrac{\partial g}{\partial \vec{n}}\, ds = \iint_K (f \nabla^2 g + \nabla f \cdot \nabla g)\, dx\, dy$. (Veja Exercício 9c da Seção 2.4 deste volume.)

   c) $\oint_\gamma f \dfrac{\partial f}{\partial \vec{n}}\, ds = \iint_K (f \nabla^2 f + \|\nabla f\|^2)\, dx\, dy$.

Teorema de Green

8. Seja $v : \Omega \subset \mathbb{R}^2 \to \mathbb{R}$ de classe C^2 no aberto Ω e sejam γ e K como no exercício anterior. Prove que se $\nabla^2 v = 0$ no interior de K e $v(\gamma(t)) = 0$ em $[a, b]$, então $v(x, y) = 0$ para todo $(x, y) \in K$. Suponha, ainda, que K seja um círculo.
(*Sugestão*. Utilize o item c do exercício anterior.)

9. Sejam γ e K como no Exercício 8. Seja $F(x, y)$ uma função a valores reais definida e contínua no interior de K e seja $f(x)$ uma função a valores reais definida e contínua em $[a, b]$. Considere o problema com *condição de fronteira*

$$\text{①} \qquad \begin{cases} \nabla^2 u = F \text{ no interior de } K \\ u(\gamma(t)) = f(t) \text{ em } [a, b]. \end{cases}$$

Prove que se u_1 e u_2 são funções a valores reais, de classe C^2 num aberto contendo K, satisfazendo ①, então $u_1 = u_2$ em K.

10. Seja $\vec{F}(x, y) = x^3 y^3 \vec{i} + \left(3y - \dfrac{3}{4} x^2 y^4\right) \vec{j}$ e seja $\gamma(t) = (t^3, \text{sen}\,(4 \, \text{arctg}\, t^2))$, $0 \leq t \leq 1$. Seja α a área do conjunto limitado pelo eixo x e pela curva γ. Calcule $\displaystyle\int_\gamma \vec{F} \cdot \vec{n}\, ds$ em que $\vec{n}$ é a normal a γ que aponta para fora do conjunto acima mencionado.

11. Seja $\vec{F}$ o campo do exercício anterior e seja $\gamma(t) = (\cos t, \text{sen}\, t)$, $0 \leq t \leq \dfrac{\pi}{2}$. Calcule $\displaystyle\int_\gamma \vec{F} \cdot \vec{n}\, ds$ em que $\vec{n}$ é a normal com componente $y \geq 0$.
(*Sugestão*. Escolha um compacto K conveniente e aplique o teorema da divergência.)

12. Seja $\vec{F}(x, y) = x^{10} \vec{i} + (3x - 10x^9 y) \vec{j}$. Calcule $\displaystyle\int_\gamma \vec{F} \cdot \vec{n}\, ds$, em que γ e $\vec{n}$ estão dados pela figura abaixo.

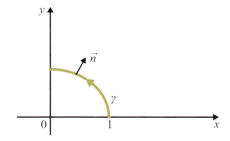

13. Sejam $\vec{F}(x, y) = x^3 \vec{i} - 3x^2 y \vec{j}$, $\gamma_1(t) = (t, e^{t^2 - 1})$, $0 \leq t \leq 1$, e $\gamma_2(t) = (t, t^2)$, $0 \leq t \leq 1$. Sejam $\vec{n}_1$ a normal a γ_1 com componente $y > 0$ e $\vec{n}_2$ a normal a γ_2 com componente $y < 0$. Calcule $\displaystyle\int_{\gamma_1} \vec{F} \cdot \vec{n}_1\, ds$.

$\left(\text{\emph{Sugestão}: Verifique que } \displaystyle\int_{\gamma_1} \vec{F} \cdot \vec{n}_1\, ds = -\int_{\gamma_2} \vec{F} \cdot \vec{n}_2\, ds.\right)$

9 Área e Integral de Superfície

9.1 Superfícies

Por uma *superfície parametrizada* σ entendemos uma transformação $\sigma : A \to \mathbb{R}^3$, em que A é um subconjunto do $\mathbb{R}^2$. Supondo que as componentes de σ sejam dadas por $x = x(u, v)$, $y = y(u, v)$ e $z = z(u, v)$, então $\sigma(u, v) = (x(u, v), y(u, v), z(u, v))$.

Escreveremos com frequência

① $$\sigma : \begin{cases} x = x(u, v) \\ y = y(u, v) \\ z = z(u, v) \end{cases} \quad (u, v) \in A$$

para indicar a superfície parametrizada σ dada por $\sigma(u, v) = (x(u, v), y(u, v), z(u, v))$.

O lugar geométrico descrito por $\sigma(u, v)$, quando (u, v) percorre A, é a *imagem* de σ:

$$\operatorname{Im} \sigma = \left\{ \sigma(u, v) \in \mathbb{R}^3 \mid (u, v) \in A \right\}.$$

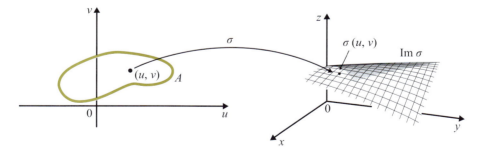

É comum referir-se a ① como uma *parametrização* do conjunto Im σ.

Observação. No que segue, adotaremos, por conveniência, a notação σ tanto para indicar uma superfície parametrizada como sua imagem. Muitas vezes, para simplificar, referir-nos-emos a uma superfície parametrizada simplesmente como uma superfície.

Exemplo 1 $\sigma : \mathbb{R}^2 \to \mathbb{R}^3$ dada por

$$\begin{cases} x = u + 2v \\ y = 2u - v + 1 \\ z = u + v + 2 \end{cases}$$

é uma superfície. Sua imagem é um plano em $\mathbb{R}^3$ passando pelo ponto $(0, 1, 2)$ e paralelo aos vetores $(1, 2, 1)$ e $(2, -1, 1)$:

$$\sigma(u, v) = (0, 1, 2) + u(1, 2, 1) + v(2, -1, 1)$$

Exemplo 2 $(x, y, z) = \sigma(u, v)$ dada por

$$\begin{cases} x = \cos u \\ y = \operatorname{sen} u \quad 0 \leq u \leq 2\pi, 0 \leq v \leq 1 \\ z = v \end{cases}$$

é uma superfície parametrizada. A imagem de σ é a superfície cilíndrica obtida pela rotação em torno do eixo z do segmento $\{(1, 0, z) \in \mathbb{R}^3 | 0 \leq z \leq 1\}$.

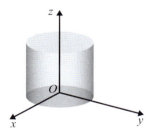

Observe que para cada v fixo, $0 \leq v \leq 1$, a imagem da curva $u \mapsto \sigma(u, v)$ é uma circunferência de raio 1, com centro no eixo Oz, e situada no plano $z = v$.

Exemplo 3 Parametrize a superfície esférica $x^2 + y^2 + z^2 = r^2$ ($r > 0$).

Solução

O que queremos é determinar uma superfície parametrizada σ, cuja imagem é o conjunto de todos (x, y, z) tais que $x^2 + y^2 + z^2 = r^2$. Vamos utilizar coordenadas esféricas.

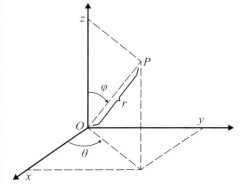

$$\sigma : \begin{cases} x = r \operatorname{sen} \varphi \cos \theta \\ y = r \operatorname{sen} \varphi \operatorname{sen} \theta \quad 0 \leq \theta \leq 2\pi, 0 \leq \varphi \leq \pi \\ z = r \cos \varphi \end{cases}$$

Quando (θ, φ) varia no retângulo $0 \leq \theta \leq 2\pi$, $0 \leq \varphi \leq \pi$, o ponto (x, y, z) descreve a superfície esférica $x^2 + y^2 + z^2 = r^2$.

Capítulo 9

Exemplo 4 (*Faixa de Möbius.*) Considere a superfície $(x, y, z) = \sigma(u, v)$, $-1 \leq v \leq 1$ e $0 \leq u \leq 2\pi$, dada da seguinte forma: para cada u fixo, (x, y, z) descreve o segmento de comprimento 2, centro no ponto $(\cos u, \operatorname{sen} u, 1)$, localizado no plano determinado pelo eixo z e pelo ponto $(\cos u, \operatorname{sen} u, 0)$ e que forma com o eixo z um ângulo $\dfrac{u}{2}$. Expresse (x, y, z) em função de (u, v).

Solução

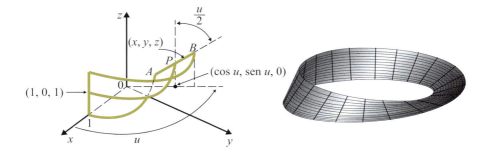

$$P = (\cos u, \operatorname{sen} u, 1) \text{ e } B = \left(\left(1 + \operatorname{sen}\frac{u}{2}\right)\cos u, \left(1 + \operatorname{sen}\frac{u}{2}\right)\operatorname{sen} u, 1 + \cos\frac{u}{2}\right)$$

O segmento AB tem a seguinte parametrização:

$$(x, y, z) = P + v(B - P), -1 \leq v \leq 1,$$

ou seja,

$$(x, y, z) = (\cos u, \operatorname{sen} u, 1) + v\left(\operatorname{sen}\frac{u}{2}\cos u, \operatorname{sen}\frac{u}{2}\operatorname{sen} u, \cos\frac{u}{2}\right).$$

Assim, σ é dada por

$$\begin{cases} x = \left(1 + v\operatorname{sen}\dfrac{u}{2}\right)\cos u \\ y = \left(1 + v\operatorname{sen}\dfrac{u}{2}\right)\operatorname{sen} u \quad -1 \leq v \leq 1, 0 \leq u \leq 2\pi. \\ z = 1 + v\cos\dfrac{u}{2} \end{cases}$$

Sugerimos ao leitor construir uma faixa de Möbius utilizando uma fita de papel.

Exercícios 9.1

1. Desenhe a imagem da superfície parametrizada dada.
    a) $\sigma(u, v) = (u, v, u^2 + v^2)$, $(u, v) \in \mathbb{R}^2$.
    b) $\sigma(u, v) = (1, u, v)$, $0 \leq u \leq 1$, $0 \leq v \leq 1$.
    c) $\sigma(u, v) = (u, v, 1 - u - v)$, $u \geq 0$, $v \geq 0$ e $u + v \leq 1$.

d) $\sigma(u, v) = (u, \sqrt{1 - u^2 - v^2}, v)$, $u^2 + v^2 \leq 1$.

e) $\sigma(u, v) = (v \cos u, v \operatorname{sen} u, v)$, $0 \leq u \leq 2\pi$, $0 \leq v \leq h$, em que $h > 0$ é um real dado.

f) $\sigma(u, v) = \left(v \cos u, v \operatorname{sen} u, \dfrac{1}{v^2} \right)$, $0 \leq u \leq 2\pi$, $v > 0$.

g) $\sigma(u, v) = (u, v, 1 - u^2)$, $u \geq 0$, $v \geq 0$ e $u + v \leq 1$.

2. Seja $A = \{(0, y, z) \in \mathbb{R}^3 \mid z^2 + (y - 2)^2 = 1\}$ e seja B o conjunto do espaço obtido pela rotação em torno do eixo z do conjunto A. Determine uma parametrização para B.
(*Sugestão*: Parametrize B utilizando os parâmetros u e v conforme figura seguinte.)

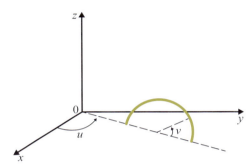

 3. Determine uma parametrização para o conjunto de todos (x, y, z) tais que $\dfrac{x^2}{a^2} + \dfrac{y^2}{b^2} + \dfrac{z^2}{c^2} = 1$, em que a, b e c são constantes estritamente positivas.

4. Parametrize o conjunto dado.

a) $\{(x, y, z) \in \mathbb{R}^3 \mid x^2 + 4y^2 = 1\}$.

b) $\{(x, y, z) \in \mathbb{R}^3 \mid 2x + y + 4z = 5\}$.

c) Conjunto obtido pela rotação em torno do eixo z da curva $y = 0$ e $z = e^x$, $x \geq 0$.

d) $\{(x, y, z) \in \mathbb{R}^3 \mid x^2 + y^2 = 2x\}$.

e) Conjunto obtido pela rotação em torno do eixo z da curva $y = 0$ e $z = \dfrac{1}{x}$, $x > 0$.

f) Conjunto obtido pela rotação em torno do eixo z da curva $y = 0$ e $z = x - x^2$, $0 \leq x \leq 1$.

9.2 Plano Tangente

Seja $\sigma : \Omega \subset \mathbb{R}^2 \to \mathbb{R}^3$, Ω aberto, uma superfície parametrizada de classe C^1 e seja (u_0, v_0) um ponto de Ω. Fixado u_0, $v \mapsto \sigma(u_0, v)$ é uma curva cuja imagem está contida na imagem de σ. Se $\dfrac{\partial \sigma}{\partial v}(u_0, v_0) \neq \vec{0}$, então $\dfrac{\partial \sigma}{\partial v}(u_0, v_0)$ será um vetor tangente a esta curva no ponto $\sigma(u_0, v_0)$. De modo análogo, fixado v_0, podemos considerar a curva $u \mapsto \sigma(u, v_0)$; se $\dfrac{\partial \sigma}{\partial v}(u_0, v_0) \neq \vec{0}$, então $\dfrac{\partial \sigma}{\partial v}(u_0, v_0)$ será um vetor tangente a esta curva no ponto $\sigma(u_0, v_0)$.

Capítulo 9

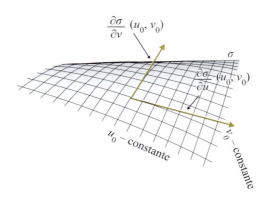

Se $\frac{\partial \sigma}{\partial u}(u_0, v_0) \wedge \frac{\partial \sigma}{\partial v}(u_0, v_0) \neq \vec{0}$, podemos considerar o plano que passa por $\sigma(u_0, v_0)$ e que seja normal ao vetor $\frac{\partial \sigma}{\partial u}(u_0, v_0) \wedge \frac{\partial \sigma}{\partial v}(u_0, v_0)$. Tal plano denomina-se *plano tangente* à superfície σ no ponto $(x_0, y_0, z_0) = \sigma(u_0, v_0)$ e tem por equação

$$(x, y, z) = \sigma(u_0, v_0) + s \frac{\partial \sigma}{\partial u}(u_0, v_0) + t \frac{\partial \sigma}{\partial v}(u_0, v_0) \; (s, t \in \mathbb{R}).$$

Tal equação pode, também, ser colocada na forma

$$\frac{\partial \sigma}{\partial u}(u_0, v_0) \wedge \frac{\partial \sigma}{\partial v}(u_0, v_0) \cdot [(x, y, z) - (x_0, y_0, z_0)] = 0$$

Seja $\sigma : \Omega \subset \mathbb{R}^2 \to \mathbb{R}^3$, Ω aberto, de classe C^1. Dizemos que σ é *regular* no ponto $(u_0, v_0) \in \Omega$ se $\frac{\partial \sigma}{\partial u}(u_0, v_0) \wedge \frac{\partial \sigma}{\partial v}(u_0, v_0) \neq \vec{0}$. Diremos que σ é *regular em* Ω se for regular em todo ponto de Ω. Observamos que σ ser regular em Ω significa que σ admite plano tangente em todo ponto $\sigma(u, v)$, com $(u, v) \in \Omega$.

Exercícios 9.2

1. Determine o plano tangente à superfície dada, no ponto dado.

    a) $\sigma(u, v) = (u, v, u^2 + v^2)$, no ponto $\sigma(1, 1)$.

    b) $\sigma(u, v) = (\cos u, \operatorname{sen} u, v)$, no ponto $\sigma\left(\frac{\pi}{2}, 1\right)$.

    c) $\sigma(u, v) = (2u + v, u - v, 3u + 2v)$, no ponto $\sigma(0, 0)$.

    d) $\sigma(u, v) = (u - v, u^2 + v^2, uv)$, no ponto $\sigma(1, 1)$.

    e) $\sigma(u, v) = (\operatorname{arctg} uv, e^{u^2 - v^2}, u - v)$, no ponto $\sigma(1, -1)$.

2. Seja $\sigma : \Omega \to \mathbb{R}^3$, Ω aberto em $\mathbb{R}^2$, uma superfície de classe C^1 e seja $\gamma : I \to \Omega$ uma curva de classe C^1, com $\gamma(t) = (u(t), v(t))$. (Observe que $\gamma(t)$ é um ponto de Ω, para todo $t \in I$.)

Seja $\Gamma: I \to \text{Im } \sigma$ a curva dada por $\Gamma(t) = \sigma(\gamma(t))$. Prove que $\dfrac{\partial \sigma}{\partial u}(\gamma(t)) \wedge \dfrac{\partial \sigma}{\partial v}(\gamma(t))$ é ortogonal a $\Gamma'(t)$. Interprete.

3. Seja $\sigma : \Omega \subset \mathbb{R}^2 \to \mathbb{R}^3$, Ω aberto, uma superfície de classe C^1 dada por $\sigma(u, v) = (x(u, v), y(u, v), z(u, v))$. Verifique que

$$\frac{\partial \sigma}{\partial u} \wedge \frac{\partial \sigma}{\partial v} = \frac{\partial(y, z)}{\partial(u, v)} \vec{i} + \frac{\partial(z, x)}{\partial(u, v)} \vec{j} + \frac{\partial(x, y)}{\partial(u, v)} \vec{k}.$$

9.3 Área de Superfície

Seja $\sigma : K \to \mathbb{R}^3$, em que K é um compacto com fronteira de conteúdo nulo e interior não vazio. No que segue suporemos que σ é de classe C^1 em K e regular no interior de K. (Dizer que σ é de classe C^1 em K significa que existe uma transformação $\varphi : \Omega \to \mathbb{R}^3$ de classe C^1 no aberto Ω, com K contido em Ω, tal que, para todo (u, v) em K, $\sigma(u, v) = \varphi(u, v)$.

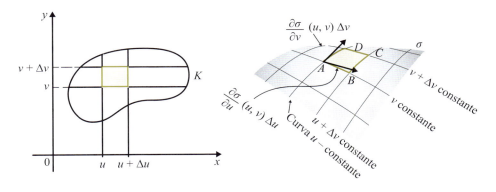

σ transforma o retângulo de lados Δu e Δv no "paralelogramo curvilíneo" $ABCD$ contido na imagem de σ. Queremos avaliar a "área" deste "paralelogramo curvilíneo" para Δu e Δv suficientemente pequenos.

A área do paralelogramo determinado pelos vetores $\dfrac{\partial \sigma}{\partial u}(u, v)\Delta u$ e $\dfrac{\partial \sigma}{\partial v}(u, v)$ é

$$\left\| \frac{\partial \sigma}{\partial u}(u, v)\Delta u \wedge \frac{\partial \sigma}{\partial v}(u, v)\Delta v \right\| = \left\| \frac{\partial \sigma}{\partial u}(u, v) \wedge \frac{\partial \sigma}{\partial v}(u, v) \right\| \Delta u \, \Delta v.$$

(Observe que este paralelogramo está contido no plano tangente a σ, no ponto $\sigma(u, v)$.)

Temos:

$$\left\| \frac{\partial \sigma}{\partial u}(u, v)\Delta u \right\| \cong \text{comprimento do arco } AB$$

e

$$\left\| \frac{\partial \sigma}{\partial v}(u, v)\Delta v \right\| \cong \text{comprimento do arco } AD$$

A "área" ΔS de $ABCD$ é, então, aproximada pela área do paralelogramo de lados $\frac{\partial \sigma}{\partial u}(u, v) \Delta u$ e $\frac{\partial \sigma}{\partial v}(u, v) \Delta v$:

$$\text{"área"} \; \Delta S \cong \left\| \frac{\partial \sigma}{\partial u}(u, v) \wedge \frac{\partial \sigma}{\partial v}(u, v) \right\| \Delta u \, \Delta v.$$

Nada mais natural, então, do que definir a *área* de σ por

$$\text{área de } \sigma = \iint_K \left\| \frac{\partial \sigma}{\partial u} \wedge \frac{\partial \sigma}{\partial v} \right\| du \, dv.$$

Observe que a integral acima existe, pois $\left\| \frac{\partial \sigma}{\partial u} \wedge \frac{\partial \sigma}{\partial v} \right\|$ é contínua em K e a fronteira de K tem conteúdo nulo.

Exemplo. Calcule a área da superfície σ dada por $\sigma(u, v) = (u, v, 1 - u^2)$, $u \geq 0$, $v \geq 0$ e $u + v \leq 1$.

Solução

$$\frac{\partial \sigma}{\partial u} = (1, 0, -2u)$$

e

$$\frac{\partial \sigma}{\partial v} = (0, 1, 0).$$

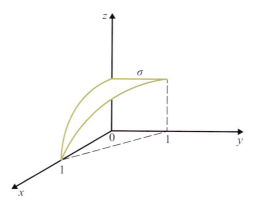

Temos:

$$\frac{\partial \sigma}{\partial u} \wedge \frac{\partial \sigma}{\partial v} = \begin{vmatrix} \vec{i} & \vec{j} & \vec{k} \\ 1 & 0 & -2u \\ 0 & 1 & 0 \end{vmatrix} = 2u\,\vec{i} + \vec{k}.$$

$$\text{área de } \sigma = \iint_K \left\| \frac{\partial \sigma}{\partial u} \wedge \frac{\partial \sigma}{\partial v} \right\| du \, dv = \iint_K \sqrt{4u^2 + 1} \, du \, dv$$

em que K é o triângulo

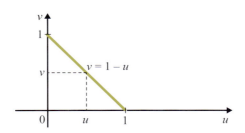

Temos:
$$\iint_K \sqrt{1+4u^2}\, du\, dv = \int_0^1 \left[\int_0^{1-u} \sqrt{1+4u^2}\, dv \right] du = \int_0^1 (1-u)\sqrt{1+4u^2}\, du.$$

Façamos a mudança de variável
$$\begin{cases} 2u = \operatorname{tg}\theta;\; du = \dfrac{1}{2}\sec^2\theta\, d\theta \\ u = 0;\; \theta = 0 \\ u = 1;\; \theta = \operatorname{arctg} 2 \end{cases}$$

$$\int_0^1 (1-u)\sqrt{1+4u^2}\, du = \int_0^{\operatorname{arctg} 2} \left(1 - \frac{1}{2}\operatorname{tg}\theta\right)\sqrt{1+\operatorname{tg}^2\theta}\, \frac{1}{2}\sec^2\theta\, d\theta$$
$$= \frac{1}{2}\int_0^{\operatorname{arctg} 2}\left(1 - \frac{1}{2}\operatorname{tg}\theta\right)\sec^3\theta\, d\theta$$
$$= \frac{1}{2}\int_0^{\operatorname{arctg} 2}\sec^3\theta\, d\theta - \frac{1}{4}\int_0^{\operatorname{arctg} 2}\operatorname{tg}\theta\sec^3\theta\, d\theta.$$

Como
$$\int \sec^3\theta\, d\theta = \frac{1}{2}\sec\theta\operatorname{tg}\theta + \frac{1}{2}\ln(\sec\theta + \operatorname{tg}\theta) + k$$
resulta
$$\int_0^{\operatorname{arctg} 2}\sec^3\theta\, d\theta = \sqrt{5} + \frac{1}{2}\ln(2+\sqrt{5}).$$

Por outro lado,
$$\int_0^{\operatorname{arctg} 2}\operatorname{tg}\theta\sec^3\theta\, d\theta = \left[\frac{1}{3}\sec^3\theta\right]_0^{\operatorname{arctg} 2} = \frac{1}{3}(\sqrt{5})^3 - \frac{1}{3}.$$

Portanto, a área de $\sigma = \dfrac{\sqrt{5}}{12} + \dfrac{1}{4}\ln(2+\sqrt{5}) + \dfrac{1}{12}$.

Observação. $\int \operatorname{tg}\theta \sec^3\theta\, d\theta = \int \dfrac{\operatorname{sen}\theta}{\cos^4\theta}\, d\theta = \dfrac{1}{3\cos^3\theta} + k.$

Capítulo 9

Exercícios 9.3

1. Calcule a área. (Sugerimos ao leitor desenhar a imagem da superfície dada.)

   a) $\sigma(u, v) = (u, v, 1 - u - v)$, $u \geq 0$, $v \geq 0$ e $u + v \leq 1$.

   b) $\sigma(u, v) = (u, v, 2 - u - v)$, $u^2 + v^2 \leq 1$.

   c) $\sigma(u, v) = (u, v, u^2 + v^2)$, $u^2 + v^2 \leq 4$.

   d) $\sigma(u, v) = (u, v, 4 - u^2 - v^2)$, $(u, v) \in K$, em que K é o conjunto no plano uv limitado pelo eixo u e pela curva (em coordenadas polares) $\rho = e^{-\theta}$, $0 \leq \theta \leq \pi$.

   e) $\sigma(u, v) = \left(u, v, \dfrac{1}{2} u^2\right)$, $0 \leq v \leq u$ e $u \leq 2$.

   f) $\sigma(u, v) = (\cos u, v, \text{sen } u)$, $u^2 + 4v^2 \leq 1$.

2. Seja $A = \{(0, y, z) \in \mathbb{R}^3 \mid z^2 + (y - 2)^2 = 1\}$; ache a área da superfície gerada pela rotação em torno do eixo Oz do conjunto A.

3. Seja $f : K \to \mathbb{R}$ de classe C^1 no compacto K com fronteira de conteúdo nulo e interior não vazio. Mostre que a área da superfície $z = f(x, y)$ (isto é, da superfície σ dada por $x = u$, $y = v$ e $z = f(u, v)$) é dada pela fórmula

$$\iint_K \sqrt{1 + \left(\frac{\partial f}{\partial x}\right)^2 + \left(\frac{\partial f}{\partial y}\right)^2}\, dx\, dy.$$

4. Calcule a área da parte da superfície cilíndrica $z^2 + x^2 = 4$ que se encontra dentro do cilindro $x^2 + y^2 \leq 4$ e acima do plano xy.

5. Calcule a área da parte da superfície esférica $x^2 + y^2 + z^2 = 1$ que se encontra dentro do cone $z \geq \sqrt{x^2 + y^2}$.

6. Calcule a área da superfície $z = \sqrt{x^2 + y^2}$, $(x - 2)^2 + 4y^2 \leq 1$.

7. Calcule a área da parte da superfície esférica $x^2 + y^2 + z^2 = 2$ que se encontra dentro do paraboloide $z = x^2 + y^2$.

8. Calcule a área da parte do cone $z^2 = x^2 + y^2$ que se encontra dentro do cilindro $x^2 + y^2 \leq 2x$, fora do cilindro $x^2 + y^2 \leq 1$ e acima do plano xy.

9. Calcule a área da superfície $z = x^{3/2} + y^{3/2}$, $0 \leq x \leq \dfrac{8}{9}$ e $0 \leq y \leq \dfrac{9}{16} x^2$.

10. Calcule a área de $z = \sqrt{x^2 + y^2}$, $x^2 + y^2 \leq 2x$, $x \geq 1$ e $y \geq 0$.

11. Calcule a área da parte da superfície $z = \sqrt{x^2 + y^2}$ compreendida entre os planos $x + y = 1$, $x + y = 2$, $x = 0$ e $y = 0$.

12. Calcule a área da parte da superfície $z = xy$ que se encontra dentro do cilindro $x^2 + y^2 \leq 4$ e fora do cilindro $x^2 + y^2 \leq 1$.

13. Seja K o conjunto do plano xy limitado pelas curvas (em coordenadas polares) $\rho = \text{tg } \theta$, $0 \leq \theta < \dfrac{\pi}{2}$ e $\theta = \dfrac{\pi}{4}$. Calcule a área da superfície $z = xy$, $(x, y) \in K$.

Área e Integral de Superfície

14. Seja K o conjunto do plano xy limitado pela curva (em coordenadas polares) $\rho^2 = \cos 2\theta$, $-\frac{\pi}{4} \leq \theta \leq \frac{\pi}{4}$. Calcule a área da superfície $z = xy$, $(x, y) \in K$.

15. Calcule a área da parte do paraboloide elíptico $z = x^2 + 2y^2$ que se encontra dentro do cilindro $4x^2 + 16y^2 \leq 1$.

16. Seja $f: [a, b] \to \mathbb{R}$ uma função de classe C^1, com $f(u) \geq 0$ em $[a, b]$. Considere a superfície de revolução $\sigma(u, v) = (f(u) \cos v, f(u) \text{ sen } v, u)$, com $a \leq u \leq b$, $0 \leq v \leq 2\pi$. Estabeleça uma fórmula para o cálculo da área de σ. Compare com a fórmula obtida na Seção 13.4 do Vol. 1.

17. Estabeleça uma fórmula para o cálculo da área da superfície $\frac{x^2}{a^2} + \frac{y^2}{b^2} + \frac{z^2}{c^2} = 1$, em que $a > 0$, $b > 0$ e $c > 0$ são constantes dadas.

18. Seja $F: \Omega \subset \mathbb{R}^3 \to \mathbb{R}$, Ω aberto, uma função de classe C^1 tal que $\frac{\partial F}{\partial z} \neq 0$ em Ω. Seja $f: K \to \mathbb{R}$, em que K é um compacto com fronteira de conteúdo nulo e interior não vazio contido em Ω, tal que $F(x, y, f(x, y)) = 0$ para todo $(x, y) \in K$, isto é, $z = f(x, y)$ é definida implicitamente pela equação $F(x, y, z) = 0$. Mostre que a área da superfície $z = f(x, y)$ é dada pela fórmula

$$\iint_K \frac{\sqrt{\left(\frac{\partial F}{\partial x}\right)^2 + \left(\frac{\partial F}{\partial y}\right)^2 + \left(\frac{\partial F}{\partial z}\right)^2}}{\left|\frac{\partial F}{\partial z}\right|} \, dx \, dy.$$

19. Sejam $\sigma: \Omega \subset \mathbb{R}^2 \to \mathbb{R}^3$ e $\sigma: \Omega_1 \subset \mathbb{R}^2 \to \mathbb{R}^3$ duas superfícies regulares nos abertos Ω e Ω_1, respectivamente. Suponha que exista uma transformação $H: \Omega_1 \to \Omega$, com $H(\Omega_1) = \Omega$, dada por

$$H: \begin{cases} u = u(s, t) \\ v = v(s, t) \end{cases} \quad (s, t) \in \Omega_1$$

sendo H de classe C^1, inversível e tal que, para todo $(s, t) \in \Omega_1$,

$$\varphi(s, t) = \sigma(u(s, t), v(s, t)).$$

Diremos, então, que φ é *obtida de σ pela mudança de parâmetros* $(u, v) = H(s, t)$. Suponha, então, que φ seja obtida de σ pela mudança de parâmetros $(u, v) = H(s, t) = (u(s, t), v(s, t))$.

a) Verifique que Im φ = Im σ.
b) Prove que

① $$\frac{\partial \varphi}{\partial s} \wedge \frac{\partial \varphi}{\partial t} = \left(\frac{\partial \sigma}{\partial u} \wedge \frac{\partial \sigma}{\partial v}\right) \frac{\partial(u, v)}{\partial(s, t)}$$

em que

$$\frac{\partial(u, v)}{\partial(s, t)} = \begin{vmatrix} \frac{\partial u}{\partial s} & \frac{\partial u}{\partial t} \\ \frac{\partial v}{\partial s} & \frac{\partial v}{\partial t} \end{vmatrix}$$

é o determinante jacobiano da transformação $u = u(s, t)$, $v = v(s, t)$.

c) Interprete geometricamente a relação ① supondo $\dfrac{\partial(u, v)}{\partial(s, t)} > 0$.

20. Sejam $\sigma : \Omega \subset \mathbb{R}^2 \to \mathbb{R}^3$ e $\varphi : \Omega_1 \subset \mathbb{R}^2 \to \mathbb{R}^3$ duas superfícies regulares, sendo φ obtida de σ pela mudança de parâmetros $(u, v) = H(s, t) = (u(s, t), v(s, t))$ (veja exercício anterior). Sejam $K \subset \Omega$ e $K_1 \subset \Omega_1$, compactos com fronteira de conteúdo nulo e interior não vazio e tais que $H(\mathring{K}_1) = \mathring{K}$. Prove que

$$\iint_K \left\| \frac{\partial \sigma}{\partial u} \wedge \frac{\partial \sigma}{\partial v} \right\| du\, dv = \iint_{K_1} \left\| \frac{\partial \varphi}{\partial s} \wedge \frac{\partial \varphi}{\partial t} \right\| ds\, dt.$$

21. Seja $\sigma(u, v) = (x(u, v), y(u, v), z(u, v))$, $(u, v) \in K$. Mostre que a área de σ pode ser expressa na forma

$$\text{área de } \sigma = \iint_K \sqrt{\left[\frac{\partial(y, z)}{\partial(u, v)}\right]^2 + \left[\frac{\partial(z, x)}{\partial(u, v)}\right]^2 + \left[\frac{\partial(x, y)}{\partial(u, v)}\right]^2}\, du\, dv.$$

(*Sugestão*: Veja Exercício 3 da Seção 9.2.)

9.4 Integral de Superfície

Seja K um compacto de $\mathbb{R}^2$, com fronteira de conteúdo nulo e interior não vazio; seja $\sigma : K \to \mathbb{R}^3$ de classe C^1 em K, regular e injetora no interior de K.

Seja $w = f(x, y, z)$ uma função a valores reais definida e contínua na imagem de σ. Definimos a *integral de superfície de f sobre* σ por

$$\iint_\sigma f(x, y, z)\, dS = \iint_K f(\sigma(u, v)) \underbrace{\left\| \frac{\partial \sigma}{\partial u} \wedge \frac{\partial \sigma}{\partial v} \right\| du\, dv}_{dS}$$

em que $dS = \left\| \dfrac{\partial \sigma}{\partial u} \wedge \dfrac{\partial \sigma}{\partial v} \right\| du\, dv$ é o *elemento de área*.

Observação 1. Seja $P = \{(u_i, v_j) \mid i = 0, 1, 2, ..., n, j = 0, 1, 2, ..., m\}$ uma partição de K; para facilitar, vamos supor que K seja um retângulo de lados paralelos aos eixos.

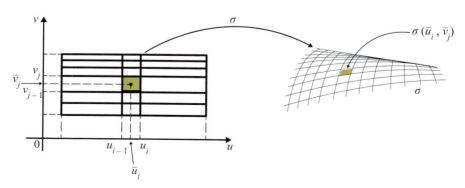

Consideremos a soma

$$\sum_{i=1}^{n}\sum_{j=1}^{m} f(\sigma(\overline{u}_i, \overline{v}_j))\Delta S_{ij}$$

em que ΔS_{ij} é a área da região sombreada na superfície σ. Demonstra-se que

$$\lim_{\Delta \to 0}\sum_{i=1}^{n}\sum_{j=1}^{m} f(\sigma(\overline{u}_i, \overline{v}_j))\Delta S_{ij} = \iint_{\sigma} f(x, y, z)\,dS.$$

Observação 2. Na definição de integral de superfície a função $f(x, y, z)$ não precisa estar definida em todos os pontos da imagem de σ; basta estar definida nos pontos $X = \sigma(u, v)$, com (u, v) no interior de K. Neste caso, definimos

$$\iint_{\sigma} f(x, y, z)\,dS = \iint_{K} f(\sigma(u, v))\left\|\frac{\partial \sigma}{\partial u} \wedge \frac{\partial \sigma}{\partial v}\right\|du\,dv$$

desde que a integral do 2º membro exista no sentido da definição apresentada na Seção 2.5.

Exemplo 1 Se $f(x, y, z) = 1$, para todo $(x, y, z) \in \text{Im } \sigma$, teremos

$$\iint_{\sigma} f(x, y, z)\,dS = \iint_{\sigma} dS = \iint_{K}\left\|\frac{\partial \sigma}{\partial u} \wedge \frac{\partial \sigma}{\partial v}\right\|du\,dv = \text{área de } \sigma.$$

Assim,

$$\boxed{\iint_{\sigma} dS = \text{área de } \sigma.}$$

A integral de superfície pode ser aplicada no cálculo da massa, centro de massa e momento de inércia de uma superfície σ, que será imaginada como um corpo delgado, com densidade superficial de massa (massa por unidade de área) conhecida. Sejam σ e f como na definição acima. Se $f(x, y, z)$ for a densidade superficial de massa no ponto $(x, y, z) \in \text{Im } \sigma$, então a massa M de σ será dada por

$$\boxed{M = \iint_{\sigma} f(x, y, z)\,dS}$$

É comum referir-se a $dm = f(x, y, z)\,dS$ como *elemento de massa*.
O *momento de inércia* da superfície em relação a um eixo fixo é definido por

$$I = \iint_{\sigma} r^2\,dm$$

em que $r = r(x, y, z)$ é a distância do ponto (x, y, z) ao eixo. O *centro de massa* (x_c, y_c, z_c) é definido por

$$x_c = \frac{\iint_{\sigma} x\,dm}{M}, \quad y_c = \frac{\iint_{\sigma} x\,dm}{M} \quad \text{e} \quad z_c = \frac{\iint_{\sigma} z\,dm}{M}$$

em que M é a massa e $dm = f(x, y, z)\,dS$ o elemento de massa.

Capítulo 9

Exemplo 2 Calcule a massa da chapa fina σ dada por $x = u$, $y = v$ e $z = u + 2v$, $0 \leq u \leq 1$ e $0 \leq v \leq 1$, sendo $f(x, y, z) = x + y + z$ a densidade superficial.

Solução

$$M = \iint_\sigma f(x+y+z)\,dS = \iint_K (2u + 3v) \left\| \frac{\partial \sigma}{\partial u} \wedge \frac{\partial \sigma}{\partial v} \right\| du\,dv$$

em que K é o quadrado $0 \leq u \leq 1$, $0 \leq v \leq 1$. Temos:

$$\frac{\partial \sigma}{\partial u} \wedge \frac{\partial \sigma}{\partial v} = \begin{vmatrix} \vec{i} & \vec{j} & \vec{k} \\ 1 & 0 & 1 \\ 0 & 1 & 2 \end{vmatrix} = -\vec{i} - 2\vec{j} + \vec{k}$$

e, portanto,

$$\left\| \frac{\partial \sigma}{\partial u} \wedge \frac{\partial \sigma}{\partial v} \right\| = \sqrt{(-1)^2 + (-2)^2 + 1^2} = \sqrt{6}.$$

Segue que

$$M = \sqrt{6} \iint_K (2u + 3v)\,du\,dv = \sqrt{6} \int_0^1 \left[\int_0^1 (2u + 3v)\,du \right] dv = \frac{5\sqrt{6}}{2}.$$

Portanto, a massa é $\dfrac{5\sqrt{6}}{2}$ unidades de massa.

Exemplo 3 Sejam σ e f como no exemplo anterior. Calcule o momento de inércia de σ em relação ao eixo z.

Solução

$$I = \iint_\sigma r^2 (x+y+z)\,dS$$

em que $r = r(x, y, z)$ é a distância do ponto (x, y, z) ao eixo z. Como $r = \sqrt{x^2 + y^2}$, vem

$$I = \iint_\sigma (x^2 + y^2)(x + y + z)\,dS = \iint_K (u^2 + v^2)(2u + 3v) \left\| \frac{\partial \sigma}{\partial u} \wedge \frac{\partial \sigma}{\partial v} \right\| du\,dv$$

em que K é o quadrado $0 \leq u \leq 1$, $0 \leq v \leq 1$. Como

$$\left\| \frac{\partial \sigma}{\partial u} \wedge \frac{\partial \sigma}{\partial v} \right\| = \sqrt{6} \text{ (veja exemplo anterior)}$$

resulta

$$I = \sqrt{6} \iint_K (2u^3 + 3u^2 v + 2uv^2 + 3v^3)\,du\,dv = \frac{25\sqrt{6}}{12}$$

Assim, o momento de inércia da chapa em relação ao eixo z é $\dfrac{25\sqrt{6}}{12}$. (Observe que o momento de inércia tem dimensões ML^2, em que M é massa e L, comprimento.)

Exemplo 4
Sejam σ e f como no Exemplo 2. Calcule o centro de massa de σ.

Solução

$$\iint_\sigma x\,dm = \iint_\sigma x(x+y+z)\,dS = \sqrt{6}\iint_K u(2u+3v)\,du\,dv = \frac{17\sqrt{6}}{2}.$$

$$\iint_\sigma y\,dm = \iint_\sigma y(x+y+z)\,dS = \sqrt{6}\iint_K v(2u+3v)\,du\,dv = \frac{3\sqrt{6}}{2}.$$

$$\iint_\sigma z\,dm = \iint_\sigma z(x+y+z)\,dS = \sqrt{6}\iint_K (u+2v)(2u+3v)\,du\,dv = \frac{53\sqrt{6}}{12}.$$

Pelo Exemplo 2, $M = \dfrac{5\sqrt{6}}{2}$. Temos, então:

$$x_c = \frac{\iint_\sigma x\,dm}{M} = \frac{17}{30},\ y_c = \frac{\iint_\sigma y\,dm}{M} = \frac{3}{5}\ \text{e}\ \frac{\iint_\sigma z\,dm}{M} = \frac{53}{30}.$$

Assim, o centro de massa da chapa é o ponto $\left(\dfrac{17}{30}, \dfrac{3}{5}, \dfrac{53}{30}\right)$.

Exercícios 9.4

1. Calcule $\iint_\sigma f(x,y,z)\,dS$ sendo
   a) $f(x,y,z) = x$ e $\sigma(u,v) = (u, v, u^2+v)$, $0 \leqslant u \leqslant 1$ e $u^2 \leqslant v \leqslant 1$.
   b) $f(x,y,z) = xy$ e $\sigma(u,v) = (u-v, u+v, 2u+v+1)$, $0 \leqslant u \leqslant 1$ e $0 \leqslant v \leqslant u$.
   c) $f(x,y,z) = x^2 + y^2$ e $\sigma(u,v) = (u, v, u^2+v^2)$, $u^2+v^2 \leqslant 1$.
   d) $f(x,y,z) = y$ e $\sigma(u,v) = (u, v, 1-u^2)$, $0 \leqslant u \leqslant 1$ e $0 \leqslant v \leqslant \sqrt{u}$.
   e) $f(x,y,z) = x^2 + y^2$ e σ a superfície $x^2+y^2+z^2 = 4$, $z \geqslant 1$. (Fica entendido aqui que σ é a parametrização mais "natural" do conjunto dado.)
   f) $f(x,y,z) = xy$ e σ é a interseção do paraboloide $z = x^2+y^2$ com o conjunto $x^2+y^2 \leqslant 2x$, $y \geqslant 0$.
   g) $f(x,y,z) = x$ e σ é a parte da superfície $z^2 = x^2+y^2$ situada entre os planos $z=1$ e $z=3$.
   h) $f(x,y,z) = z$ e σ é a parte da superfície $z^2 = x^2+y^2$ que se encontra acima do paraboloide $4z = x^2+y^2+3$.
   i) $f(x,y,z) = \sqrt{1-x^2}$ e σ é a parte da superfície cilíndrica $z^2+x^2 = 1$ que se encontra dentro do cone $z \geqslant \sqrt{x^2-y^2}$.
   j) $f(x,y,z) = \dfrac{z}{\sqrt{1+4x^2+4y^2}}$ e σ é a parte do paraboloide $z = 1-x^2-y^2$ que se encontra dentro do cilindro $x^2+y^2 \leqslant 2y$.

2. Calcule o centro de massa da superfície homogênea (densidade constante) dada.
   a) $\sigma(u,v) = (u, v, u^2+v^2)$, $u^2+v^2 \leqslant 1$.
   b) σ é a parte da superfície cônica $z^2 = x^2+y^2$ compreendida entre os planos $z=1$ e $z=2$.

3. Calcule a massa da superfície σ dada, com função densidade superficial de massa $f(x, y, z)$ dada.

   a) $f(x, y, z) = z$ e σ é a superfície $x^2 + y^2 + z^2 = 1$, $z \geq 0$.

   b) $f(x, y, z) = \sqrt{x^2 + y^2 + x^2}$ e σ é a superfície $z^2 = x^2 + y^2$, $1 \leq z \leq 2$.

   c) $f(x, y, z) = 2$ e $\sigma(u, v) = (u, v, 1 - u^2)$, $0 \leq u \leq 1$ e $0 \leq v \leq 1$.

4. Calcule o momento de inércia da superfície esférica de raio R, homogênea, de massa M, em torno de qualquer diâmetro. (Tal superfície deve ser imaginada como um corpo delgado e homogêneo.)

5. Calcule o momento de inércia da superfície homogênea, de massa M, de equação $z = x^2 + y^2$, $x^2 + y^2 \leq R^2$ ($R > 0$), em torno do eixo Oz.

6. Calcule o momento de inércia da superfície homogênea, de massa M, de equação $x^2 + y^2 = R^2$ ($R > 0$), com $0 \leq z \leq 1$, em torno do eixo Oz.

10

CAPÍTULO

Fluxo de um Campo Vetorial. Teorema da Divergência ou de Gauss

Videoaulas
▶ vídeo 17.1

10.1 Fluxo de um Campo Vetorial

Seja $\sigma : K \subset \mathbb{R}^2 \to \mathbb{R}^3$ de classe C^1, em que K é um compacto com fronteira de conteúdo nulo e interior não vazio. Suponhamos que σ seja injetora e regular no interior de K. Podemos, então, considerar os campos vetoriais $\vec{n}_1$ e $\vec{n}_2$ dados por

$$\vec{n}_1(\sigma(u, v)) = \frac{\frac{\partial \sigma}{\partial u}(u, v) \wedge \frac{\partial \sigma}{\partial v}(u, v)}{\left\| \frac{\partial \sigma}{\partial u}(u, v) \wedge \frac{\partial \sigma}{\partial v}(u, v) \right\|}, \ (u, v) \in \mathring{K},$$

e

$$\vec{n}_2(\sigma(u, v)) = -\vec{n}_1(\sigma(u, v)).$$

O campo $\vec{n}_1$ associa a cada ponto $\sigma(u, v)$ da imagem de σ, com $(u, v) \in \mathring{K}$, um vetor *unitário* e *normal* a σ. Observe que o domínio de $\vec{n}_1$ é o conjunto

$$\{X \in \text{Im } \sigma \mid X = \sigma(u, v) \text{ com } (u, v) \in \mathring{K}\}.$$

Como σ é injetora no interior de K, o campo $\vec{n}_1$ está bem definido.

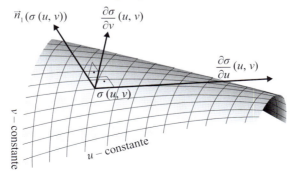

Capítulo 10

Seja $\vec{F}: \text{Im } \sigma \to \mathbb{R}^3$ um campo vetorial contínuo e seja $\vec{n}_1$ um dos campos $\vec{n}_1$ ou $\vec{n}_2$ da página anterior. Seja $F_n = \vec{F} \cdot \vec{n}$ a função a valores reais dada por

$$F_n(\sigma(u,v)) = \vec{F}(\sigma(u,v)) \cdot \vec{n}(\sigma(u,v)), (u,v) \in \overset{\circ}{K}.$$

Observe que $F_n(\sigma(u,v))$ é a *componente escalar* de $\vec{F}(\sigma(u,v))$ na direção do vetor $\vec{n}(\sigma(u,v))$.

Pois bem, a integral de superfície

$$\boxed{\iint_\sigma \vec{F} \cdot \vec{n}\, dS}$$

denomina-se *fluxo de $\vec{F}$ através de σ, na direção $\vec{n}$.* (Veja Observação 2 da Seção 9.4.)

É frequente a notação $\iint_\sigma \vec{F} \cdot \vec{dS}$, em que $\vec{dS} = \vec{n}\, dS$, para indicar o fluxo de $\vec{F}$ através de σ, na direção $\vec{n}$. É comum referir-se a $\vec{dS}$ como *elemento de área orientado.*

Segue da definição de integral de superfície que

$$\iint_\sigma \vec{F} \cdot \vec{n}\, dS = \iint_K \vec{F}(\sigma(u,v)) \cdot \vec{n}(\sigma(u,v)) \underbrace{\left\| \frac{\partial \sigma}{\partial u}(u,v) \wedge \frac{\partial \sigma}{\partial v}(u,v) \right\|}_{dS} du\, dv.$$

Temos, então:

$$\iint_\sigma \vec{F} \cdot \vec{n}\, dS = \iint_K \vec{F}(\sigma(u,v)) \cdot \left[\frac{\partial \sigma}{\partial u}(u,v) \wedge \frac{\partial \sigma}{\partial v}(u,v) \right] du\, dv$$

se $\vec{n}(\sigma(u,v)) = \dfrac{\dfrac{\partial \sigma}{\partial u}(u,v) \wedge \dfrac{\partial \sigma}{\partial v}(u,v)}{\left\| \dfrac{\partial \sigma}{\partial u}(u,v) \wedge \dfrac{\partial \sigma}{\partial v}(u,v) \right\|}.$

ou

$$\iint_\sigma \vec{F} \cdot \vec{n}\, dS = -\iint_K \vec{F}(\sigma(u,v)) \cdot \left[\frac{\partial \sigma}{\partial u}(u,v) \wedge \frac{\partial \sigma}{\partial v}(u,v) \right] du\, dv$$

se $\vec{n}(\sigma(u,v)) = -\dfrac{\dfrac{\partial \sigma}{\partial u}(u,v) \wedge \dfrac{\partial \sigma}{\partial v}(u,v)}{\left\| \dfrac{\partial \sigma}{\partial u}(u,v) \wedge \dfrac{\partial \sigma}{\partial v}(u,v) \right\|}.$

Observe que pelo fato de estarmos supondo $\vec{F}$ contínua em Im σ, σ de classe C^1 e K com fronteira de conteúdo nulo, a integral $\iint_\sigma \vec{F} \cdot \vec{n}\, dS$ existe.

Exemplo 1 Considere um escoamento de um fluido com velocidade $\vec{v}$ constante; seja σ uma superfície cuja imagem é um retângulo contido na região em que se dá o escoamento e considere a normal $\vec{n}$ a σ que forma com $\vec{v}$ ângulo $< \dfrac{\pi}{2}$ rd. Calcule $\iint_\sigma \vec{F} \cdot \vec{n}\, dS$ e interprete.

Solução

$\vec{v}$ e $\vec{n}$ são constantes; logo, $\vec{v} \cdot \vec{n}$ é constante. Assim,

$$\iint_\sigma \vec{v} \cdot \vec{n}\, dS = \vec{v} \cdot \vec{n} \iint_\sigma dS = (\vec{v} \cdot \vec{n}) \text{ vezes área de } \sigma.$$

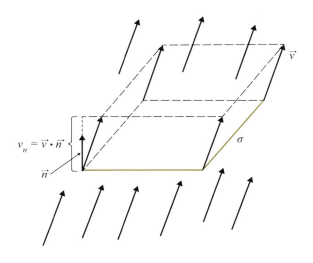

$$\iint_\sigma \vec{v} \cdot \vec{n}\, dS = \text{volume de fluido que passa através de } \sigma \text{ na unidade de tempo.}$$

Observe que se o fluido tem densidade ρ constante, então

$$\iint_\sigma (\rho \vec{v}) \cdot \vec{n}\, dS = \text{massa de fluido que passa através de } \sigma \text{ na unidade de tempo.}$$

Exemplo 2 Calcule o fluxo de

$$\vec{v}(x, y, z) = 10\vec{i} + (x^2 + y^2)\vec{j} - 2xy\vec{k}$$

através da superfície

$$\sigma : \begin{cases} x = u \\ y = v \\ z = 1 - u^2 - v^2 \end{cases} \quad 0 \leq u \leq 1 \text{ e } 0 \leq v \leq 1$$

com normal $\vec{n} = \dfrac{\dfrac{\partial \sigma}{\partial u} \wedge \dfrac{\partial \sigma}{\partial v}}{\left\| \dfrac{\partial \sigma}{\partial u} \wedge \dfrac{\partial \sigma}{\partial v} \right\|}$.

Solução

$$\iint_\sigma \vec{v} \cdot \vec{n}\, dS = \iint_K \vec{v}(\sigma(u,v)) \cdot \frac{\frac{\partial \sigma}{\partial u} \wedge \frac{\partial \sigma}{\partial v}}{\left\|\frac{\partial \sigma}{\partial u} \wedge \frac{\partial \sigma}{\partial v}\right\|} \underbrace{\left\|\frac{\partial \sigma}{\partial u} \wedge \frac{\partial \sigma}{\partial v}\right\| du\, dv}_{dS},$$

ou seja,

$$\iint_\sigma \vec{v} \cdot \vec{n}\, dS = \iint_K \vec{v}(\sigma(u,v)) \cdot \left(\frac{\partial \sigma}{\partial u} \wedge \frac{\partial \sigma}{\partial v}\right) du\, dv$$

em que K é o retângulo $0 \leq u \leq 1$, $0 \leq v \leq 1$.

$$\frac{\partial \sigma}{\partial u} \wedge \frac{\partial \sigma}{\partial v} = \begin{vmatrix} \vec{i} & \vec{j} & \vec{k} \\ 1 & 0 & -2u \\ 0 & 1 & -2v \end{vmatrix} = 2u\,\vec{i} + 2v\,\vec{j} + \vec{k}.$$

$$\iint_\sigma \vec{v} \cdot \vec{n}\, dS = \iint_K \left[10\vec{i} + (u^2 + v^2)\vec{j} - 2uv\vec{k}\right] \cdot \left[2u\vec{i} + 2v\vec{j} + \vec{k}\right] du\, dv$$
$$= \iint_K \left[20u + 2u^2 v + 2v^3 - 2uv\right] du\, dv,$$

ou seja,

$$\iint_\sigma \vec{v} \cdot \vec{n}\, dS = \int_0^1 \left[\int_0^1 (20u + 2u^2 v + 2v^3 - 2uv)\, du\right] dv$$

e, portanto,

$$\iint_\sigma \vec{v} \cdot \vec{n}\, dS = \frac{31}{3}.$$

Observe que se olharmos $\vec{v}$ como um campo de velocidade associado a um escoamento de um fluido e se $\vec{v}$ for medido em m/s, então o fluxo de $\vec{v}$ através de σ será medido em m³/s. Neste caso, teremos:

$$\boxed{\text{fluxo (ou vazão) de } \vec{v} \text{ através de } \sigma = \frac{31}{3} \text{ (m}^3\text{/s)}.}$$

Muitas vezes, teremos que calcular o fluxo de um campo vetorial sobre "superfícies" como a fronteira de um cubo, de um cilindro etc. Será conveniente, então, olhar tais "superfícies" como imagens de *cadeias*.

Seja $\sigma_i : K_i \to \mathbb{R}^3$ ($i = 1, 2, ..., n$) uma superfície de classe C^1, regular e injetora no interior de K_i, onde K_i é um compacto com fronteira de conteúdo nulo e interior não vazio. Suponhamos que $\sigma_i(\overset{\circ}{K}_i) \cap \sigma_j(\overset{\circ}{K}_j) = \phi$, para $i \neq j$. Pois bem, a n-upla $(\sigma_1, \sigma_2, ..., \sigma_n)$ é denominada *cadeia*. Definimos a *imagem* da cadeia $\sigma = (\sigma_1, \sigma_2, ..., \sigma_n)$ por

$$\text{Im } \sigma = \text{Im } \sigma_1 \cup \text{Im } \sigma_2 \cup ... \cup \text{Im } \sigma_n.$$

Seja $\vec{F}$ um campo vetorial contínuo sobre Im σ, em que $\sigma = (\sigma_1, \sigma_2, ..., \sigma_n)$ é uma cadeia. Seja $\vec{n}_i$ um campo unitário normal a σ_i. Definimos

$$\iint_\sigma \vec{F} \cdot \vec{n}\, dS = \iint_{\sigma_1} \vec{F} \cdot \vec{n}_1\, dS + \iint_{\sigma_2} \vec{F} \cdot \vec{n}_2\, dS + ... + \iint_{\sigma_n} \vec{F} \cdot \vec{n}_n\, dS$$

em que $\vec{n}_\circ$ é um campo vetorial definido em Im σ e tal que $\vec{n}(\sigma_i(u, v)) = \vec{n}_i(\sigma_i(u, v))$, para todo $(u, v) \in K_i$, $i = 1, 2, ..., n$.

De agora em diante, quando se pedir para calcular $\iint_\sigma \vec{F} \cdot \vec{n}\, dS$, em que σ é uma "superfície" não parametrizada, entender-se-á que se trata de calcular tal integral sobre a cadeia mais "natural" $(\sigma_1, \sigma_2, ..., \sigma_n)$ cuja imagem coincida com a superfície dada. (Veja Exercício 14 desta seção.)

Exemplo 3   Seja $\vec{F}(x, y, z) = P(x, y, z)\vec{i} + Q(x, y, z)\vec{j} + R(x, y, z)\vec{k}$ um campo vetorial de classe C^1 no aberto $\Omega \subset \mathbb{R}^3$. Considere um paralelepípedo de faces paralelas aos planos coordenados contido em Ω, com centro no ponto (x, y, z) e de arestas Δx, Δy e Δz suficientemente pequenas. Suponha que em cada face do paralelepípedo escolhe-se a normal que aponta para fora do paralelepípedo. Verifique que o fluxo de $\vec{F}$ através da fronteira σ do paralelepípedo é aproximadamente div $\vec{F}(x, y, z)\, \Delta x\, \Delta y\, \Delta z$; isto é,

$$\iint_\sigma \vec{F} \cdot \vec{n}\, dS \cong \operatorname{div} \vec{F}(x, y, z)\, \Delta x\, \Delta y\, \Delta z.$$

Solução

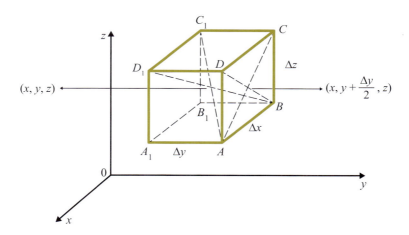

O fluxo de $\vec{F}$ através da face $ABCD$ é aproximadamente

$$\vec{F}\left(x, y + \frac{\Delta y}{2}, z\right) \cdot \vec{j}\, \Delta x\, \Delta z = Q\left(x, y + \frac{\Delta y}{2}, z\right) \Delta x\, \Delta z.$$

De

$$Q\left(x, y + \frac{\Delta y}{2}, z\right) \cong Q(x, y, z) + \frac{\partial Q}{\partial y}(x, y, z) \frac{\Delta y}{2}$$

segue que o fluxo $\vec{F}$ através da face $ABCD$ é aproximadamente

① $$Q(x, y, z)\Delta x \Delta z + \frac{1}{2}\frac{\partial Q}{\partial y}(x, y, z)\Delta x \Delta y \Delta z.$$

O fluxo de $\vec{F}$ através da face $A_1B_1C_1D_1$ é aproximadamente

$$\vec{F}\left(x, y - \frac{\Delta y}{2}, z\right) \cdot (-\vec{j})\Delta x \Delta z = -Q\left(x, y - \frac{\Delta y}{2}\right)\Delta x \Delta z.$$

De

$$Q\left(x, y - \frac{\Delta y}{2}, z\right) \cong Q(x, y, z) - \frac{\partial Q}{\partial y}(x, y, z)\frac{\Delta y}{2}$$

segue que o fluxo $\vec{F}$ através da face $A_1B_1C_1D_1$ é aproximadamente

② $$-Q(x, y, z)\Delta x \Delta z + \frac{1}{2}\frac{\partial Q}{\partial y}(x, y, z)\Delta x \Delta y \Delta z.$$

Resulta de ① e ② que a soma dos fluxos através das faces $ABCD$ e $A_1B_1C_1D_1$ é aproximadamente

$$\frac{\partial Q}{\partial y}(x, y, z)\Delta x \Delta y \Delta z.$$

Procedendo de forma análoga com as outras faces obtemos

$$\iint_\sigma \vec{F} \cdot \vec{n}\, dS \cong \operatorname{div} \vec{F}(x, y, z)\Delta x \Delta y \Delta z.$$

Exemplo 4 Calcule $\iint_\sigma \vec{F} \cdot \vec{n}\, dS$, em que σ é a fronteira do cubo $0 \leq x \leq 1$, $0 \leq y \leq 1$, $0 \leq z \leq 1$, $\vec{F}(x, y, z) = x^2\vec{i} - \vec{j} + \vec{k}$ e $\vec{n}$ é a normal apontando para fora do cubo.

Solução

$$\iint_\sigma \vec{F} \cdot \vec{n}\, dS = \iint_{\sigma_1} \vec{F} \cdot \vec{n}_1\, dS + \iint_{\sigma_2} \vec{F} \cdot \vec{n}_2\, dS + \ldots + \iint_{\sigma_6} \vec{F} \cdot \vec{n}_6\, dS$$

em que $\sigma_1, \sigma_2, \ldots, \sigma_6$ são as faces do cubo e $\vec{n}_1, \vec{n}_2, \vec{n}_3, \ldots, \vec{n}_6$ são, respectivamente, as normais a estas faces que apontam para fora do cubo.

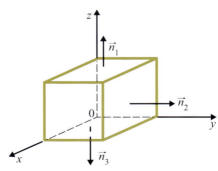

$\vec{n}_1 = \vec{k}$, $\vec{n}_2 = \vec{j}$, $\vec{n}_3 = -\vec{k}$, $\vec{n}_4 = -\vec{j}$, $\vec{n}_5 = -\vec{i}$ e $\vec{n}_6 = \vec{i}$.

Temos:

$$\sigma_1 : \begin{cases} x = u \\ y = v \\ z = 1 \end{cases} \quad (u, v) \in K, \quad \frac{\partial \sigma_1}{\partial u} \wedge \frac{\partial \sigma_1}{\partial v} = \vec{k}$$

em que K é o quadrado $0 \leq u \leq 1$, $0 \leq v \leq 1$.

$$\iint_{\sigma_1} \vec{F} \cdot \vec{n}_1 dS = \iint_K (u^2 \vec{i} - \vec{j} + \vec{k}) \cdot \vec{k} \overbrace{\left\| \frac{\partial \sigma_1}{\partial u} \wedge \frac{\partial \sigma_1}{\partial v} \right\|}^{1} du\, dv = \iint_K du\, dv,$$

ou seja,

$$\boxed{\iint_{\sigma_1} \vec{F} \cdot \vec{n}_1 dS = 1}$$

$$\sigma_2 : \begin{cases} x = u \\ y = 1 \\ z = v \end{cases} \quad (u, v) \in K; \quad \frac{\partial \sigma_2}{\partial u} \wedge \frac{\partial \sigma_2}{\partial v} = -\vec{j}.$$

$$\iint_{\sigma_2} \vec{F} \cdot \vec{n}_2 dS = \iint_K (u^2 \vec{i} - \vec{j} + \vec{k}) \cdot \vec{j} \left\| \frac{\partial \sigma_2}{\partial u} \wedge \frac{\partial \sigma_2}{\partial v} \right\| du\, dv = -\iint_K du\, dv,$$

ou seja,

$$\boxed{\iint_{\sigma_2} \vec{F} \cdot \vec{n}_2 dS = -1.}$$

Deixamos a seu cargo verificar que:

$$\iint_{\sigma_3} \vec{F} \cdot \vec{n}_3 dS = -1, \iint_{\sigma_4} \vec{F} \cdot \vec{n}_4 dS = 1, \iint_{\sigma_5} \vec{F} \cdot \vec{n}_5 dS = 0 \text{ e } \iint_{\sigma_6} \vec{F} \cdot \vec{n}_6 dS = 1.$$

Portanto,

$$\iint_\sigma \vec{F} \cdot \vec{n}\, dS = 1 - 1 - 1 + 1 + 0 + 1 = 1.$$

Exemplo 5 Seja B o cubo $0 \leq x \leq 1$, $0 \leq y \leq 1$, $0 \leq z \leq 1$ e sejam $\vec{F}$ e σ como no exemplo anterior. Verifique que

$$\iiint_B \text{div } \vec{F}\, dx\, dy\, dz = \iint_\sigma \vec{F} \cdot \vec{n}\, dS$$

Solução

$$\iiint_B \text{div } \vec{F}\, dx\, dy\, dz = \iiint_B 2x\, dx\, dy\, dz = \iint_A \left[\int_0^1 2x\, dx \right] dy\, dz = \iint_A dy\, dz$$

em que A é o retângulo $0 \leqslant y \leqslant 1$, $0 \leqslant z \leqslant 1$. Assim,

$$\iiint_B \text{div}\,\vec{F}\,dx\,dy\,dz = 1.$$

De acordo com o exemplo anterior $\iint_\sigma \vec{F} \cdot \vec{n}\,dS = 1$. Portanto,

$$\iiint_B \text{div}\,\vec{F}\,dx\,dy\,dz = \iint_\sigma \vec{F} \cdot \vec{n}\,dS.$$

Exemplo 6 Seja

$$\vec{E}(x, y, z) = \frac{q}{x^2 + y^2 + z^2} \cdot \frac{x\vec{i} + y\vec{j} + z\vec{k}}{\sqrt{x^2 + y^2 + z^2}}.$$

o campo elétrico criado por uma carga q localizada na origem. Calcule o fluxo de $\vec{E}$ através da superfície esférica de raio r e centrada na origem, com normal $\vec{n}$ apontando para fora da esfera.

Solução

Queremos calcular $\iint_\sigma \vec{E} \cdot \vec{n}\,dS$, em que σ é a superfície esférica de centro na origem e raio r e $\vec{n}(x, y, z) = \dfrac{x\vec{i} + y\vec{j} + z\vec{k}}{\sqrt{x^2 + y^2 + z^2}}$. Temos:

$$\vec{E}(x, y, z) \cdot \vec{n}(x, y, z) = \frac{q}{x^2 + y^2 + z^2} = \frac{q}{r^2}$$

pois (x, y, z) varia na superfície esférica de centro na origem e raio r. Daí,

$$\iint_\sigma \vec{E} \cdot \vec{n}\,dS = \iint_\sigma \frac{q}{r^2}\,dS = \frac{q}{r^2} \iint_\sigma dS.$$

Como $\iint_\sigma dS = 4\pi r^2$ = área da superfície esférica, resulta

$$\iint_\sigma \vec{E} \cdot \vec{n}\,dS = \frac{q}{r^2} \cdot 4\pi r^2 = 4\pi q.$$

Observe que o fluxo de $\vec{E}$ através de σ *não* depende do raio da superfície esférica σ.

Exercícios 10.1

(Para evitar repetição, ficará subentendido que a normal $\vec{n}$ que ocorre em $\iint_\sigma \vec{F} \cdot \vec{n}\,dS$ será sempre *unitária*.)

1. Sejam $B = \{(x, y, z) \in \mathbb{R}^3 | x \geqslant 0, y \geqslant 0 \text{ e } 0 \leqslant z \leqslant 1 - x - y\}$, σ a fronteira de B e $\vec{F}(x, y, z) = x\vec{i} + y\vec{j} + z\vec{k}$. Verifique que

$$\iint_\sigma \vec{F} \cdot \vec{n}\,dS = \iiint_B \text{div}\,\vec{F}\,dx\,dy\,dz$$

em que $\vec{n}$ é a normal que aponta para fora de B.

2. Seja $\sigma(u, v) = (u, v, 4 - u^2 - v^2)$, $u^2 + v^2 \leq 1$, e seja $\Gamma(t) = (\cos t, \text{sen } t, 3)$; $0 \leq t \leq 2\pi$. Considere o campo vetorial $\vec{F}(x, y, z) = \vec{i} + (x + y + z)\vec{j}$.

   a) Desenhe as imagens de σ e de Γ.
   b) Verifique que

   $$\iint_\sigma \text{rot } \vec{F} \cdot \vec{n} \, dS = \int_\Gamma \vec{F} \, d\Gamma$$

   em que $\vec{n}$ é a normal $\dfrac{\dfrac{\partial \sigma}{\partial u} \wedge \dfrac{\partial \sigma}{\partial v}}{\left\| \dfrac{\partial \sigma}{\partial u} \wedge \dfrac{\partial \sigma}{\partial v} \right\|}$.

3. Seja B o cilindro $x^2 + y^2 \leq 1$ e $0 \leq z \leq 1$; seja σ a fronteira de B. Verifique que

   $$\iint_\sigma \vec{F} \cdot \vec{n} \, dS = \iiint_B \text{div } \vec{F} \, dx \, dy \, dz$$

   em que $\vec{F}(x, y, z) = xy\vec{i} - \vec{j} + z^2\vec{k}$ e $\vec{n}$ a normal a σ que aponta para fora de B.

4. Seja $B = \{(x, y, z) \in \mathbb{R}^3 \mid x^2 + y^2 \leq 1 \text{ e } x^2 + y^2 + z^2 \leq 4\}$ e seja σ a fronteira de B. Verifique que

   $$\iint_\sigma \vec{F} \cdot \vec{n} \, dS = \iiint_B \text{div } \vec{F} \, dx \, dy \, dz$$

   em que $\vec{F}(x, y, z) = x\vec{i} + y\vec{j} + z\vec{k}$ e $\vec{n}$ a normal que aponta para fora de B.

5. Considere o cilindro $B = \{(x, y, z) \in \mathbb{R}^3 \mid x^2 + y^2 \leq 1, 0 \leq z \leq 1\}$ e seja $\vec{F}(x, y, z) = R(x, y, z)\vec{k}$ de classe C^1 num aberto contendo B. Verifique que

   $$\iint_\sigma \vec{F} \cdot \vec{n} \, dS = \iiint_B \text{div } \vec{F} \, dx \, dy \, dz$$

   em que σ é a fronteira de B com normal $\vec{n}$ apontando para fora de B.

6. Considere o cilindro $B = \{(x, y, z) \in \mathbb{R}^3 \mid x^2 + y^2 \leq 1, 0 \leq z \leq 1\}$ e seja

   $$\vec{F}(x, y, z) = P(x, y, z)\vec{i} + Q(x, y, z)\vec{j}$$

   de classe C^1 num aberto contendo B. Verifique que

   $$\iint_\sigma \vec{F} \cdot \vec{n} \, dS = \iiint_B \text{div } \vec{F} \, dx \, dy \, dz$$

   em que σ é a fronteira de B com normal $\vec{n}$ apontando para fora de B.
   (*Sugestão*: Trabalhe com a cadeia $\sigma = (\sigma_1, \sigma_2, \sigma_3)$, em que
   $\sigma_1(u, v) = (u, v, 0)$, $u^2 + v^2 \leq 1$;
   $\sigma_2(u, v) = (u, v, 1)$, $u^2 + v^2 \leq 1$;
   $\sigma_3(u, v) = (\cos u, \text{sen } u, v)$, $0 \leq u \leq 2\pi$, $0 \leq v \leq 1$.)

7. Considere o cilindro $B = \{(x, y, z) \in \mathbb{R}^3 \mid x^2 + y^2 \leq 1, 0 \leq z \leq 1\}$ e seja

   $$\vec{F}(x, y, z) = P(x, y, z)\vec{i} + Q(x, y, z)\vec{j} + R(x, y, z)\vec{k}$$

Capítulo 10

de classe C^1 num aberto contendo B. Verifique que

$$\iint_\sigma \vec{F} \cdot \vec{n}\, dS = \iiint_B \operatorname{div} \vec{F}\, dx\, dy\, dz$$

em que σ é a fronteira de B com normal $\vec{n}$ apontando para fora de B.
(*Sugestão*: Utilize os Exercícios 5 e 6.)

8. Seja $\sigma : K \to \mathbb{R}^3$ de classe C^1 em K, injetora e regular no interior de K, em que K é um compacto com fronteira de conteúdo nulo. Seja $\vec{F} = P\vec{i} + Q\vec{j} + R\vec{k}$ contínuo em Im σ. Seja $\vec{n}$ a normal

$$\frac{\dfrac{\partial \sigma}{\partial u} \wedge \dfrac{\partial \sigma}{\partial v}}{\left\| \dfrac{\partial \sigma}{\partial u} \wedge \dfrac{\partial \sigma}{\partial v} \right\|}.$$

Mostre que

$$\iint_\sigma \vec{F} \cdot \vec{n}\, dS = \iint_K \left[P \frac{\partial(y, z)}{\partial(u, v)} + Q \frac{\partial(z, x)}{\partial(u, v)} + R \frac{\partial(x, y)}{\partial(u, v)} \right] du\, dv$$

em que P, Q e R são calculadas em $\sigma(u, v) = (x(u, v), y(u, v), z(u, v))$.

9. Sejam $\sigma(u, v) = (x(u, v), y(u, v), z(u, v))$, $(u, v) \in K$, e $\vec{F} = P\vec{i} + Q\vec{j} + R\vec{k}$ como no exercício anterior. A notação

$$\iint_\sigma P\, dy \wedge dz + Q\, dz \wedge dx + R\, dx \wedge dy$$

é usada para representar a integral

$$\iint_K \left[P \frac{\partial(y, z)}{\partial(u, v)} + Q \frac{\partial(z, x)}{\partial(u, v)} + R \frac{\partial(x, y)}{\partial(u, v)} \right] du\, dv.$$

Assim,

$$\iint_\sigma P\, dy \wedge dz + Q\, dz \wedge dx + R\, dx \wedge dy = \iint_K \left[P \frac{\partial(y, z)}{\partial(u, v)} + Q \frac{\partial(z, x)}{\partial(u, v)} + R \frac{\partial(x, y)}{\partial(u, v)} \right] du\, dv,$$

em que P, Q e R são calculados em $\sigma(u, v)$. (Para lembrar a relação acima, basta observar que na passagem do 1º membro para o 2º fizemos $dy \wedge dz = \dfrac{\partial(y, z)}{\partial(u, v)}\, du\, dv$ etc.) Verifique que

a) $\iint_\sigma \vec{F} \cdot \vec{n}\, dS = \iint_\sigma P\, dy \wedge dz + Q\, dz \wedge dx + R\, dx \wedge dy$

em que $\vec{n}$ é a normal $\dfrac{\dfrac{\partial \sigma}{\partial u} \wedge \dfrac{\partial \sigma}{\partial v}}{\left\| \dfrac{\partial \sigma}{\partial u} \wedge \dfrac{\partial \sigma}{\partial v} \right\|}$.

b) $\iint_\sigma \vec{F} \cdot \vec{n}\, dS = -\iint_\sigma P\, dy \wedge dz + Q\, dz \wedge dx + R\, dx \wedge dy$

em que $\vec{n}$ é a normal $-\dfrac{\dfrac{\partial \sigma}{\partial u} \wedge \dfrac{\partial \sigma}{\partial v}}{\left\| \dfrac{\partial \sigma}{\partial u} \wedge \dfrac{\partial \sigma}{\partial v} \right\|}$.

10. Seja σ a superfície $z = f(x, y)$, $(x, y) \in K$, de classe C^1 num aberto contendo K. (**Observação.** Trata-se da superfície dada por $x = u$, $y = v$ e $z = f(u, v)$.) Seja $\vec{n}$ a normal a σ com componente $z > 0$ e seja $\vec{F} = P\vec{i} + Q\vec{j} + R\vec{k}$ um campo vetorial contínuo na imagem de σ. Mostre que

$$\iint_\sigma \vec{F} \cdot \vec{n}\, dS = \iint_K \left[-P\frac{\partial f}{\partial x}(x, y) - Q\frac{\partial f}{\partial y}(x, y) + R \right] dx\, dy$$

em que P, Q e R são calculadas em $(x, y, f(x, y))$.

11. Considere um escoamento com velocidade $\vec{v}(x, y, z)$ e densidade $\rho(x, y, z)$, tal que $\vec{u} = \rho \vec{v}$ seja dado por $\vec{u} = x\vec{i} + y\vec{j} - 2z\vec{k}$. Seja σ a superfície $x^2 + y^2 + z^2 = 4$, $z \geq \sqrt{2}$, e seja $\vec{n}$ a normal com componente $z > 0$. Calcule o fluxo de $\vec{u}$ através de σ. (Observe que, neste caso, o fluxo tem dimensões MT^{-1} (massa por unidade de tempo).)

12. Seja $\vec{u}$ o campo do exercício anterior e seja $B = \{(x, y, z) \in \mathbb{R}^3 \mid x^2 + y^2 + z^2 \leq 4 \text{ e } z \geq \sqrt{2}\}$. Mostre que

$$\iint_\sigma \vec{u} \cdot \vec{n}\, dS = \iiint_B \operatorname{div} \vec{u}\, dx\, dy\, dz$$

em que σ é a fronteira de B e $\vec{n}$ a normal unitária apontando para fora de B. Interprete.

13. Seja $\vec{u}$ o campo do Exercício 11 e seja B a esfera $x^2 + y^2 + z^2 \leq 4$. Calcule $\iint_\sigma \vec{u} \cdot \vec{n}\, dS$, em que σ é a fronteira de B, com normal $\vec{n}$ apontando para fora de B.
(*Sugestão*: Utilize coordenadas esféricas.)

14. Sejam $\sigma_1(u, v)$, $(u, v) \in K_1$ e $\sigma_2(s, t)$, $(s, t) \in K_2$, duas superfícies de classe C^1 e com imagens iguais; σ_1 e σ_2 são supostas injetoras e regulares nos interiores de K_1 e K_2, respectivamente. Seja $\varphi: K_1 \to K_2$ uma transformação dada por

$$\varphi : \begin{cases} s = s(u, v) \\ t = t(u, v) \end{cases}$$

e que satisfaz as condições do teorema de mudança de variáveis na integral dupla. Suponhamos que, para todo $(u, v) \in K_1$,

$$\sigma_1(u, v) = \sigma_2(s(u, v), t(u, v)).$$

Seja $\vec{F}$ um campo vetorial contínuo na imagem de σ_1 e seja $\vec{n}$ um campo normal unitário ao conjunto $\operatorname{Im} \sigma_1 = \operatorname{Im} \sigma_2$. Prove que

$$\iint_{\sigma_1} \vec{F} \cdot \vec{n}\, dS = \iint_{\sigma_2} \vec{F} \cdot \vec{n}\, dS,$$

ou seja, o *fluxo através do conjunto* $\operatorname{Im} \sigma_1$ *não depende da parametrização*.

(*Sugestão*: Utilize a relação $\dfrac{\partial \sigma_1}{\partial u} \wedge \dfrac{\partial \sigma_1}{\partial v} = \left(\dfrac{\partial \sigma_2}{\partial s} \wedge \dfrac{\partial \sigma_2}{\partial t} \right) \dfrac{\partial(s, t)}{\partial(u, v)}$ do Exercício 19 da Seção 9.3.)

10.2 Teorema da Divergência ou de Gauss

Seja $B \subset \mathbb{R}^3$ um compacto, com interior não vazio, cuja fronteira coincide com a imagem de uma cadeia $\sigma = (\sigma_1, \sigma_2, \ldots \sigma_m)$. Suponhamos que, para cada índice i, seja possível escolher uma normal unitária $\vec{n}_i$ a σ_i, com $\vec{n}_i$ apontando para fora de B. Seja $\vec{n}$ um campo vetorial definido na fronteira de B e que coincide com $\vec{n}_i$ sobre $\sigma_i(\overset{\circ}{K}_i)$. Seja $\vec{F} = P\vec{i} + Q\vec{j} + R\vec{k}$ um campo vetorial de classe C^1 num aberto contendo B. Pode ser provado (veja Seção 10.3 e referências bibliográficas [19] e [15]) que para uma classe bastante ampla de conjuntos B, nas condições acima, é válida a relação

$$\iint_\sigma \vec{F} \cdot \vec{n} \, dS = \iiint_B \text{div} \, \vec{F} \, dx \, dy \, dz$$

conhecida como *teorema da divergência ou de Gauss*. (Observamos que a todo compacto B que ocorrer nesta seção e que satisfaça as condições descritas anteriormente, o teorema da divergência se aplica.)

Os próximos exemplos mostram algumas aplicações do teorema da divergência. Na próxima seção, destacaremos uma classe bastante ampla de compactos B para os quais o teorema da divergência se verifica.

Exemplo 1 Utilizando o teorema da divergência, transforme a integral de superfície $\iint_\sigma \vec{F} \cdot \vec{n} \, dS$ numa integral tripla e calcule, em que σ é a fronteira do cilindro $B = \{(x, y, z) \in \mathbb{R}^3 \mid x^2 + y^2 \leq 1, 0 \leq z \leq 1\}$, $\vec{F}(x, y, z) = x\vec{i} + y\vec{j} + z^2\vec{k}$ e $\vec{n}$ a normal apontando para fora de B.

Solução

$$\iint_\sigma \vec{F} \cdot \vec{n} \, dS = \iiint_B \text{div} \, \vec{F} \, dx \, dy \, dz.$$

Temos

$$\iiint_B \text{div} \, \vec{F} \, dx \, dy \, dz = \iiint_B (2 + 2z) \, dx \, dy \, dz = \iint_K \left[\int_0^1 (2 + 2z) \, dz \right] dx \, dy$$

em que K é o círculo $x^2 + y^2 \leq 1$. Portanto,

$$\iiint_B \text{div} \, \vec{F} \, dx \, dy \, dz = 3\pi.$$

Segue que

$$\iint_\sigma \vec{F} \cdot \vec{n} \, dS = 3\pi.$$

(Sugerimos ao leitor verificar a igualdade acima, calculando diretamente $\iint_\sigma \vec{F} \cdot \vec{n} \, dS$.)

Exemplo 2 Seja $\vec{F}(x, y, z) = x^2 y\vec{i} + xy^2\vec{j} + (5 - 4xyz)\vec{k}$ e seja σ a superfície $x^2 + y^2 + z^2 = 4$, $z \geq 0$, sendo $\vec{n}$ a normal a σ com componente $z > 0$. Calcule o fluxo de $\vec{F}$ através de σ, na direção $\vec{n}$.

Solução

Seja B o compacto $x^2 + y^2 + z^2 \leq 4$, $z \geq 0$. Seja σ_1 a superfície

$$\sigma_1(u, v) = (u, v, 0),\ u^2 + v^2 \leq 4.$$

A fronteira de B coincide, então, com a imagem da cadeia (σ, σ_1). Pelo teorema da divergência,

$$\iint_\sigma \vec{F} \cdot \vec{n}\, dS + \iint_{\sigma_1} \vec{F} \cdot (-\vec{k})\, dS = \iiint_B \operatorname{div} \vec{F}\, dx\, dy\, dz.$$

Como $\operatorname{div} \vec{F} = 0$, resulta

$$\iint_\sigma \vec{F} \cdot \vec{n}\, dS + \iint_{\sigma_1} \vec{F} \cdot \vec{k}\, dS$$

ou seja, o fluxo de $\vec{F}$ através de σ, na direção $\vec{n}$, é igual ao fluxo de $\vec{F}$ através de σ_1, na direção $\vec{k}$. Temos

$$\iint_{\sigma_1} \vec{F} \cdot \vec{k}\, dS = \iint_{\sigma_1} (5 - 4xyz)\, dS.$$

Mas, $(x, y, z) \in \operatorname{Im} \sigma_1 \Rightarrow z = 0$. Daí

$$\iint_{\sigma_1} \vec{F} \cdot \vec{k}\, dS = \iint_{\sigma_1} 5\, dS = 20\pi.$$

Portanto,

$$\iint_\sigma \vec{F} \cdot \vec{n}\, dS = 20\pi.$$

(Sugerimos ao leitor calcular diretamente $\iint_\sigma \vec{F} \cdot \vec{n}\, dS$.)

Seja $B \subset \mathbb{R}^3$ um compacto para o qual vale o teorema da divergência e seja σ a fronteira de B, com normal $\vec{n}$ apontando para fora de B. Pelo teorema da divergência teremos

① $$\iint_\sigma \vec{F} \cdot \vec{n}\, dS = \iiint_B \operatorname{div} \vec{F}\, dx\, dy\, dz$$

para todo campo vetorial $\vec{F} = P\vec{i} + Q\vec{j} + R\vec{k}$ de classe C^1 num aberto Ω contendo B. Entretanto, se $\vec{F}$ for de classe C^1 em Ω e se B não estiver contido em Ω, a relação ① não terá nenhuma obrigação de se verificar. Veja parte b do próximo exemplo.

Exemplo 3 Seja

$$\vec{E}(x, y, z) = \frac{q}{x^2 + y^2 + z^2} \cdot \frac{x\vec{i} + y\vec{j} + z\vec{k}}{\sqrt{x^2 + y^2 + z^2}},$$

em que q é uma constante não nula.

a) Calcule $\operatorname{div} \vec{E}$.
b) Calcule o fluxo de $\vec{E}$ através da superfície esférica $x^2 + y^2 + z^2 = 1$, com normal $\vec{n}$ apontando para fora da esfera $x^2 + y^2 + z^2 \leq 1$.

Capítulo 10

c) Calcule o fluxo de $\vec{E}$ através da superfície esférica $x^2 + y^2 + (z-2)^2 = 1$, com normal $\vec{n}$ apontando para fora da esfera $x^2 + y^2 + (z-2)^2 \leq 1$.

d) Calcule o fluxo de $\vec{E}$ através da fronteira do cubo $-2 \leq x \leq 2$, $-2 \leq y \leq 2$, $-2 \leq z \leq 2$, com normal $\vec{n}$ apontando para fora do cubo.

Solução

a) div $\vec{E} = 0$ (verifique).

b) $\vec{E}$ é de classe C^1 em $\Omega = \mathbb{R}^3 - \{(0, 0, 0)\}$; seja σ a superfície esférica $x^2 + y^2 + z^2 = 1$ e seja B a esfera $x^2 + y^2 + z^2 \leq 1$. Então, σ é a fronteira de B. Como B *não* está contido em Ω, não podemos aplicar o teorema da divergência no cálculo da integral $\iint_\sigma \vec{E} \cdot \vec{n} \, dS$; tal integral deve ser calculada diretamente. Segue do Exemplo 6 da seção anterior que

$\iint_\sigma \vec{E} \cdot \vec{n} \, dS = 4\pi q$. Observe que $\iiint_B \text{div } \vec{E} \, dx \, dy \, dz = 0$.

c) Seja σ_1 a superfície esférica $x^2 + y^2 + (z-2)^2 = 1$ e seja B_1 a esfera $x^2 + y^2 + (z-2)^2 \leq 1$. Assim, σ_1 é a fronteira de B_1. Como B_1 está contido em $\Omega = \mathbb{R}^3 - \{(0, 0, 0)\}$, segue que o teorema da divergência se aplica. Então,

$$\iint_\sigma \vec{E} \cdot \vec{n} \, dS = \iiint_B \text{div } \vec{E} \, dx \, dy \, dz = 0.$$

d) Seja σ_2 a fronteira do cubo $-2 \leq x \leq 2$, $-2 \leq y \leq 2$ e $-2 \leq z \leq 2$. Tem-se

$$\iint_\sigma \vec{E} \cdot \vec{n} \, dS = 4\pi q$$

em que $\vec{n}_2$ é a normal a σ_2, apontando para fora do cubo. Verifique.
(*Sugestão*: Seja B o conjunto de todos (x, y, z) tais que (x, y, z) pertence ao cubo, com $x^2 + y^2 + z^2 \geq 1$; divida B em duas partes e aplique o teorema da divergência em cada uma delas e, em seguida, utilize o item *b*.)

Exemplo 4 (*Novamente a equação da continuidade.*) Imaginemos um escoamento num aberto Ω de $\mathbb{R}^3$, com velocidade $\vec{v}(x, y, z, t)$ no ponto (x, y, z) e no instante t, com t num intervalo aberto I; $\vec{v}$ é suposta de classe C^1. Seja $\rho(x, y, z, t)$ a densidade no ponto (x, y, z) e no instante t. Seja $B \subset \Omega$ um compacto ao qual o teorema da divergência se aplica. Temos:

$$M(t) = \iiint_B \rho(x, y, z, t) \, dx \, dy \, dz$$

em que $M(t)$ é a *massa do fluido que ocupa a região B no instante t*. Como ρ é de classe C^1,

$$\frac{dM}{dt}(t) = \iiint_B \frac{\partial \rho}{\partial t}(x, y, z, t) \, dx \, dy \, dz$$

que é a *taxa de variação*, no instante t, da massa $M = M(t)$ que ocupa a região B. Seja σ a fronteira de B, com normal $\vec{n}$ apontando para fora de B. Temos:

$$\iint_\sigma (\rho \vec{v}) \cdot \vec{n} \, dS = \begin{cases} \text{diferença entre a massa que sai e a que entra em} \\ B, \text{ por unidade de tempo, e no instante } t. \end{cases}$$

Se a massa dentro de B está aumentando é porque $\frac{dM}{dt}(t) \geq 0$ e $\iint_\sigma (\rho \vec{v}) \cdot \vec{n} \, dS \leq 0$; se a massa está diminuindo é porque $\frac{dM}{dt}(t) \leq 0$ e $\iint_\sigma (\rho \vec{v}) \cdot \vec{n} \, dS \geq 0$. Tendo em vista o "princípio da conservação da massa" e supondo que em Ω não haja fontes e nem sorvedouros de massa, é *razoável* esperar que se tenha

③ $$\iiint_B \frac{\partial \rho}{\partial t} \, dx\, dy\, dz = -\iint_\sigma (\rho \vec{v}) \cdot \vec{n} \, dS$$

que é a *equação da continuidade* na forma integral. Pelo teorema da divergência

④ $$\iint_\sigma (\rho \vec{v}) \cdot \vec{n} \, dS = \iiint_B \operatorname{div}(\rho \vec{v}) \, dx\, dy\, dz$$

para cada $t \in I$. De ③ e ④ resulta

⑤ $$\iiint_B \left[\frac{\partial \rho}{\partial t} + \operatorname{div}(\rho \vec{v}) \right] dx\, dy\, dz = 0.$$

Pelo fato de ⑤ se verificar para toda esfera contida em Ω e da continuidade do integrando resulta

$$\frac{\partial \rho}{\partial t} + \operatorname{div}(\rho \vec{v}) = 0.$$

que é a *equação da continuidade* na forma diferencial, equação esta já obtida na Seção 1.4. (Veja no Apêndice C como se chega a ③ sem utilizar a palavra razoável.)

Exemplo 5 (*Interpretação para o divergente.*) Seja $\vec{F}$ um campo vetorial de classe C^1 num aberto $\Omega \subset \mathbb{R}^3$ e seja $P \in \Omega$. Seja $B \subset \Omega$ um compacto ao qual o teorema da divergência se aplica, com $P \in B$. Seja σ a fronteira de B, com normal $\vec{n}$ apontando para fora de B. Pelo teorema da divergência,

$$\iiint_B \operatorname{div} \vec{F} \, dx\, dy\, dz = \iint_\sigma \vec{F} \cdot \vec{n} \, dS.$$

Sendo $\vec{F}$ de classe C^1, $\operatorname{div} \vec{F}$ é contínua em Ω; assim, dado $\varepsilon > 0$, existe $\delta > 0$, tal que

$$\|X - P\| < \delta \Rightarrow \left| \operatorname{div} \vec{F}(X) - \operatorname{div} \vec{F}(P) \right| < \varepsilon.$$

Como (vol B = volume de B)

$$\left| \operatorname{div} \vec{F}(P) \cdot \operatorname{vol} B - \iiint_B \operatorname{div} \vec{F} \, dx\, dy\, dz \right| = \left| \iiint_B \operatorname{div} \vec{F}(P) \, dx\, dy\, dz \right.$$
$$\left. - \iiint_B \operatorname{div} \vec{F}(X) \, dx\, dy\, dz \right| = \left| \iiint_B \left[\operatorname{div} \vec{F}(P) - \operatorname{div} \vec{F}(X) \right] dx\, dy\, dz \right|$$
$$\leq \iiint_B \left| \operatorname{div} \vec{F}(P) - \operatorname{div} \vec{F}(X) \right| dx\, dy\, dz < \varepsilon \operatorname{vol} B$$

para todo $B \subset \Omega$, com $P \in B$ e diâm $B < \delta$. (*Observação*: diâm B = diâmetro de B = maior de todas as distâncias entre dois pontos quaisquer de B.) Segue que

$$\left| \operatorname{div} \vec{F}(P) - \frac{\iiint_B \operatorname{div} \vec{F}\, dx\, dy\, dz}{\operatorname{vol} B} \right| < \varepsilon$$

sempre que $P \in B$ e diâm $B < \delta$. Diremos, então, que $\dfrac{\iiint_B \operatorname{div} \vec{F}\, dx\, dy\, dz}{\operatorname{vol} B}$ *tende a* $\operatorname{div} \vec{F}(P)$, *quando B se contrai a P*. Como

$$\iiint_B \operatorname{div} \vec{F}\, dx\, dy\, dz = \iint_\sigma \vec{F} \cdot \vec{n}\, dS$$

resulta que $\dfrac{\iint_\sigma \vec{F} \cdot \vec{n}\, dS}{\operatorname{vol} B}$ *tende a* $\operatorname{div} \vec{F}(P)$, quando B se contrai a P. Assim, a *divergência de $\vec{F}$ em P é um fluxo por unidade de volume em P*.

Se B tem diâmetro suficientemente pequeno

$$\operatorname{div} \vec{F}(P) \cong \frac{\iint_\sigma \vec{F} \cdot \vec{n}\, dS}{\operatorname{vol} B}$$

ou

$$\iint_\sigma \vec{F} \cdot \vec{n}\, dS \cong \operatorname{div} \vec{F}(P) \cdot \operatorname{vol} B,$$

isto é, *se diâmetro de B for suficientemente pequeno e se $P \in B$, então o fluxo de $\vec{F}$ através da fronteira σ de B será aproximadamente $\operatorname{div} \vec{F}(P) \cdot \operatorname{vol}(B)$, sendo a aproximação tanto melhor quanto menor for o diâmetro de B.*

Exercícios 10.2

1. Seja $\vec{u}$ um campo vetorial de classe C^2 num aberto $\Omega \subset \mathbb{R}^3$ e seja $B \subset \Omega$ um compacto ao qual o teorema da divergência se aplica. Seja σ a fronteira de B, com normal $\vec{n}$ apontando para fora de B. Calcule

$$\iint_\sigma \operatorname{rot} \vec{u} \cdot \vec{n}\, dS.$$

2. Seja $\vec{F}(x, y, z) = (x + y + z^2)\vec{k}$ e seja σ a fronteira do cilindro $x^2 + y^2 \leq 4$ e $0 \leq z \leq 3$. Calcule $\iint_\sigma \vec{F} \cdot \vec{n}\, dS$ em que $\vec{n}$ é a *normal exterior*, isto é, $\vec{n}$ é a normal que aponta para fora do cilindro.

3. Seja $\vec{r} = x\vec{i} + y\vec{j} + z\vec{k}$ e seja B um compacto ao qual o teorema da divergência se aplica. Prove

$$\operatorname{vol} B = \frac{1}{3} \iint_\sigma \vec{r} \cdot \vec{n}\, dS$$

em que σ é a fronteira de B com normal exterior $\vec{n}$.

4. Seja $\vec{F}(x, y, z) = xy^2\vec{i} + xyz\vec{j} + \left(z - y^2z - \frac{1}{2}xz^2\right)\vec{k}$ e seja σ a superfície $x^2 + y^2 + z^2 = 1$, $z \geq 0$, sendo $\vec{n}$ a normal com componente $z \geq 0$. Calcule $\iint_\sigma \vec{F} \cdot \vec{n}\, dS$.

   (*Sugestão*: Aplique o teorema da divergência tomando para B o conjunto $x^2 + y^2 + z^2 \leq 1$, $z \geq 0$. Cuidado, σ não é a fronteira de B. Veja o Exemplo 2 desta seção.)

5. Seja $\vec{v}$ um campo vetorial de classe C^1 no aberto $\Omega = \mathbb{R}^3 - \{(0, 0, 0), (1, 1, 1)\}$ e tal que div $\vec{v} = 0$ em Ω. Sejam σ_1 e σ_2 superfícies esféricas de centros $(0, 0, 0)$ e $(1, 1, 1)$, respectivamente, e raios iguais a $\frac{1}{4}$, com normais exteriores $\vec{n}_1$ e $\vec{n}_2$. Seja σ_3 uma superfície esférica de centro na origem e raio 5, com normal exterior $\vec{n}_3$. Prove que

$$\iint_{\sigma_3} \vec{v} \cdot \vec{n}_3\, dS = \iint_{\sigma_1} \vec{v} \cdot \vec{n}_1\, dS + \iint_{\sigma_2} \vec{v} \cdot \vec{n}_2\, dS.$$

6. Seja $\vec{v}$ um campo vetorial de classe C^1 num aberto Ω de $\mathbb{R}^3$, com div $\vec{v} = 0$ em Ω. Seja $B \subset \Omega$ um compacto em forma de "tubo" (veja figura) ao qual o teorema da divergência se aplica. Sejam σ_1 e σ_2 as secções transversais, com normais $\vec{n}_1$ apontando para fora e $\vec{n}_2$ apontando para dentro de B. Suponha que $\vec{v}$ seja *tangente* à superfície lateral do tubo.

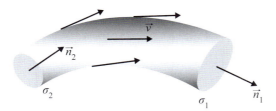

   Prove: $\iint_{\sigma_1} \vec{v} \cdot \vec{n}_1\, dS = \iint_{\sigma_1} \vec{v} \cdot \vec{n}_2\, dS.$

7. Calcule $\iint_\sigma \vec{u} \cdot \vec{n}\, dS$, sendo σ a fronteira de B com normal exterior $\vec{n}$, sendo

   a) $B = \{(x, y, z) \in \mathbb{R}^3 \mid 0 \leq x \leq 1, 0 \leq y \leq x \text{ e } 0 \leq z \leq 4\}$ e $\vec{u} = xy\vec{i} + yz\vec{j} + z^2\vec{k}$.
   b) $B = \{(x, y, z) \in \mathbb{R}^3 \mid x^2 + y^2 + z^2 \leq 1 \text{ e } z \geq x + y\}$ e $\vec{u} = -2yx\vec{i} + y^2\vec{j} + 3z\vec{k}$.
   c) $B = \{(x, y, z) \in \mathbb{R}^3 \mid x^2 + y^2 + z^2 \leq 1\}$ e $\vec{u} = x\vec{i} + y\vec{j} + z^2\vec{k}$.
   d) $B = \{(x, y, z) \in \mathbb{R}^3 \mid x^2 + y^2 \leq 1, x^2 + y^2 \leq z \leq 5 - x^2 - y^2\}$ e $\vec{u} = 3xy\vec{i} - \frac{3}{2}y^2\vec{j} + z\vec{k}$.
   e) B é o paralelepípedo $0 \leq x \leq 1, 0 \leq y \leq 1$ e $0 \leq z \leq 1$ e $\vec{u} = x^3\vec{i} + y^3\vec{j} + z^3\vec{k}$.

8. Seja σ o gráfico de $f(x, y) = x^2 + y^2$, $x^2 + y^2 \leq 1$, e seja $\vec{n}$ a normal a σ com componente $z \leq 0$. Seja $\vec{F}(x, y, z) = x^2y\vec{i} - xy^2\vec{j} + \vec{k}$. Calcule $\iint_\sigma \vec{F} \cdot \vec{n}\, dS$.

9. Seja Ω um aberto de $\mathbb{R}^3$ e seja $\vec{u}$ um campo vetorial de classe C^1 em Ω. Suponha que

$$\iint_\sigma \vec{u} \cdot \vec{n}\, dS = 0$$

   para toda superfície esférica σ, com normal exterior $\vec{n}$, contida em Ω. Prove, então, que $\vec{u}$ é *solenoidal*, isto é, div $\vec{u} = 0$ em Ω.

Capítulo 10

10. Sejam $\vec{r} = x\vec{i} + y\vec{j} + z\vec{k}$ e $r = \|\vec{r}\|$. Seja σ uma superfície esférica, com normal exterior $\vec{n}$. Calcule $\iint_\sigma \dfrac{\vec{n} \cdot \vec{r}}{r^3} dS$.

11. Sejam $f, g : \Omega \subset \mathbb{R}^3 \to \mathbb{R}$ de classe C^2 no aberto Ω. Seja $B \subset \Omega$ uma esfera e seja σ a fronteira de B, com normal exterior $\vec{n}$. Prove

a) $\iint_\sigma \dfrac{\partial g}{\partial \vec{n}} dS = \iiint_B \nabla^2 g \, dx \, dy \, dz$.

b) $\iint_\sigma f \dfrac{\partial g}{\partial \vec{n}} dS = \iiint_B [f \nabla^2 g + \nabla f \cdot \nabla g] dx \, dy \, dz$. (Veja Exercício 9c da Seção 1.4.)

c) $\iint_\sigma f \dfrac{\partial g}{\partial \vec{n}} dS = \iiint_B [f \nabla^2 f + \|\nabla f\|^2] dx \, dy \, dz$.

12. a) Sejam $\vec{u}$ e $\vec{v}$ dois campos vetoriais de classe C^1 em $\mathbb{R}^3$; seja B uma esfera com fronteira σ e normal exterior $\vec{n}$. Suponha que rot $\vec{u}$ = rot $\vec{v}$ e div $\vec{u}$ = div $\vec{v}$. Suponha, ainda, que $\vec{u} \cdot \vec{n} = \vec{v} \cdot \vec{n}$ sobre σ. Prove que $\vec{u} = \vec{v}$ em B.

(*Sugestão*: Observe que existe $f : \mathbb{R}^3 \to \mathbb{R}$ tal que $\nabla f = \vec{u} - \vec{v}$ e utilize o item c do exercício anterior.)

b) Utilizando a, prove que existe no máximo um campo vetorial $\vec{u}$ satisfazendo as condições rot $\vec{u} = \vec{u}_0$ em $\mathbb{R}^3$, div $\vec{u} = f_0$ em B e $\vec{u} \cdot \vec{n} = g_0$ sobre σ, em que $\vec{u} : \mathbb{R}^3 \to \mathbb{R}^3$, $f_0 : B \to \mathbb{R}$ e $g_0 : \text{Im } \sigma \to \mathbb{R}$ são dados.

10.3 Teorema da Divergência: Continuação

O objetivo desta seção é verificar o teorema da divergência para alguns conjuntos B. Faremos isto através de exemplos.

Exemplo 1 (*Teorema da divergência para paralelepípedos.*) Seja B o paralelepípedo $a_1 \leq x \leq b_1, a_2 \leq y \leq b_2$ e $a_3 \leq z \leq b_3$. Seja $\vec{F} = P\vec{i} + Q\vec{j} + R\vec{k}$ um campo vetorial de classe C^1 num aberto contendo B e seja σ a fronteira de B, com normal $\vec{n}$ apontando para fora de B. Então

$$\iint_\sigma \vec{F} \cdot \vec{n} \, dS = \iiint_B \text{div } \vec{F} \, dx \, dy \, dz.$$

Solução

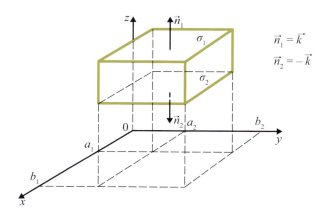

Sejam σ_1 e σ_2 as faces:

$$\sigma_1 : \begin{cases} x = u \\ y = v \\ z = b_3 \end{cases} \text{ e } \sigma_2 : \begin{cases} x = u \\ y = v \\ z = a_3 \end{cases} (u, v) \in K_1,$$

em que K_1 é o retângulo $a_1 \leq x \leq b_1, a_2 \leq y \leq b_2$. Temos:

$$\iint_{\sigma_1} \vec{F} \cdot \vec{n}_1 \, dS = \iint_{K_1} \vec{F}(u, v, b_3) \cdot \vec{k} \, du \, dv = \iint_{K_1} R(u, v, b_3) \, du \, dv;$$

$$\iint_{\sigma_2} \vec{F} \cdot \vec{n}_2 \, dS = \iint_{K_1} \vec{F}(u, v, a_3) \cdot (-\vec{k}) \, du \, dv = \iint_{K_1} -R(u, v, a_3) \, du \, dv.$$

Por outro lado,

$$\iiint_B \frac{\partial R}{\partial z} \, dx \, dy \, dz = \iint_{K_1} \left[\int_{a_3}^{b_3} \frac{\partial R}{\partial z} \, dz \right] dx \, dy = \iint_{K_1} [R(x, y, b_3) - R(x, y, a_3)] \, dx \, dy.$$

Daí,

$$\iint_{\sigma_1} \vec{F} \cdot \vec{n}_1 \, dS + \iint_{\sigma_2} \vec{F} \cdot \vec{n}_2 \, dS = \iiint_B \frac{\partial R}{\partial z} \, dx \, dy \, dz.$$

Procedendo-se de forma análoga com as outras faces, conclui-se que

$$\iint_\sigma \vec{F} \cdot \vec{n} \, dS = \iiint_B \text{div } \vec{F} \, dx \, dy \, dz.$$

O próximo exemplo mostra que o teorema da divergência verifica-se para todo compacto B que pode ser decomposto em um número finito de paralelepípedos.

Exemplo 2 Sejam os paralelepípedos

$$B_1 = \{(x, y, z) \in \mathbb{R}^3 \mid a_1 \leq x \leq b_1, a_2 \leq y \leq b_2, a_3 \leq z \leq b_3\}$$

e

$$B_2 = \{(x, y, z) \in \mathbb{R}^3 \mid a_1 \leq x \leq b_1, b_2 \leq y \leq \beta_2, a_3 \leq z \leq \beta_3\}$$

em que $\beta_3 < b_3$. Seja $B = B_1 \cup B_2$ e seja σ a fronteira de B, com normal $\vec{n}$ apontando para fora de B. Seja $\vec{F} = P\vec{i} + Q\vec{j} + R\vec{k}$ um campo vetorial de classe C^1 num aberto contendo B. Mostre que

$$\iint_\sigma \vec{F} \cdot \vec{n} \, dS = \iiint_B \text{div } \vec{F} \, dx \, dy \, dz.$$

Solução

Seja σ_1 a fronteira de B_1, com normal $\vec{n}_1$ apontando para fora de B_1. Pelo teorema da divergência para paralelepípedos, tem-se:

$$\iint_{\sigma_1} \vec{F} \cdot \vec{n}_1 \, dS = \iiint_{B_1} \text{div } \vec{F} \, dx \, dy \, dz.$$

Seja σ_2 a fronteira de B_2, com normal $\vec{n}_2$ apontando para fora de B_2. Tem-se:

$$\iint_{\sigma_2} \vec{F} \cdot \vec{n}_2 \, dS = \iiint_{B_2} \text{div } \vec{F} \, dx \, dy \, dz.$$

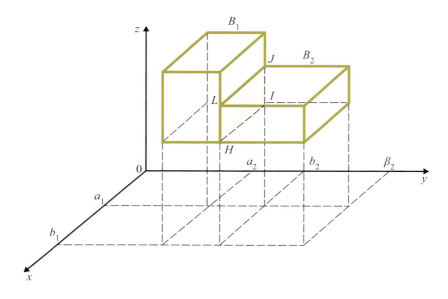

Consideremos a face sombreada $HIJL$. Como

$$\iint_{HIJL} \vec{F} \cdot \vec{n}_1 \, dS + \iint_{HIJL} \vec{F} \cdot \vec{n}_2 \, dS = 0 \quad \text{(Por quê?)}$$

resulta

$$\iint_{\sigma} \vec{F} \cdot \vec{n} \, dS = \iint_{\sigma_1} \vec{F} \cdot \vec{n}_1 \, dS + \iint_{\sigma_2} \vec{F} \cdot \vec{n}_2 \, dS.$$

Portanto,

$$\iint_{\sigma} \vec{F} \cdot \vec{n} \, dS = \iiint_{B} \text{div } \vec{F} \, dx \, dy \, dz$$

pois

$$\iiint_{B} \text{div } \vec{F} \, dx \, dy \, dz = \iiint_{B_1} \text{div } \vec{F} \, dx \, dy \, dz + \iiint_{B_2} \text{div } \vec{F} \, dx \, dy \, dz.$$

Exemplo 3 (*Teorema da divergência para tetraedro.*) Seja B o tetraedro $ax + by + cz \leq d$, $x \geq 0$, $y \geq 0$ e $z \geq 0$, em que a, b, c e d são reais estritamente positivos dados. Seja $\vec{F} = P\vec{i} + Q\vec{j} + R\vec{k}$ de classe C^1 num aberto contendo B. Então

$$\iint_{\sigma} \vec{F} \cdot \vec{n} \, dS = \iiint_{B} \text{div } \vec{F} \, dx \, dy \, dz$$

em que σ é a fronteira de B, com normal $\vec{n}$ apontando para fora de B.

Solução

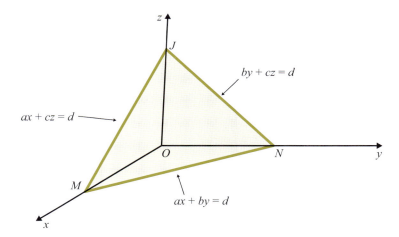

Sejam σ_1, σ_2, σ_3 e σ_4 as faces *OMN*, *ONJ*, *OMJ* e *MNJ*, respectivamente. Sejam $\vec{n}_1$, $\vec{n}_2$, $\vec{n}_3$ e $\vec{n}_4$ as normais às faces acima. Temos:

$$\vec{n}_1 = -\vec{k},\ \vec{n}_2 = -\vec{i},\ \vec{n}_3 = -\vec{j}\ \text{ e }\ \vec{n}_4 = \frac{a\vec{i} + b\vec{j} + c\vec{k}}{\sqrt{a^2 + b^2 + c^2}}.$$

Temos, também:

$$\sigma_1 : \begin{cases} x = u \\ y = v \\ z = 0 \end{cases} \quad (u, v) \in K_1,$$

$$\sigma_2 : \begin{cases} x = 0 \\ y = u \\ z = v \end{cases} \quad (u, v) \in K_2,$$

$$\sigma_3 : \begin{cases} x = u \\ y = 0 \\ z = v \end{cases} \quad (u, v) \in K_3,$$

e

$$\sigma_4 : \begin{cases} x = u \\ y = v \\ z = \dfrac{1}{c}(d - au - bv) \end{cases} \quad (u, v) \in K_1$$

em que K_1, K_2 e K_3 são, respectivamente, os triângulos *OMN*, *ONJ* e *OMJ*. Para a face *MNJ* podemos, também, considerar as parametrizações

$$\sigma_5 : \begin{cases} x = u \\ y = \dfrac{1}{b}(d - au - cv) \\ z = v \end{cases} \quad (u, v) \in K_3$$

e

$$\sigma_6 : \begin{cases} x = \dfrac{1}{a}(d - bu - dv) \\ y = u \\ z = v \end{cases} \quad (u, v) \in K_2.$$

(Veja Exercício 14 da Seção 10.1.)
Temos:

$$\iint_\sigma \vec{F} \cdot \vec{n}\, dS = \iint_\sigma (P\vec{i}) \cdot \vec{n}\, dS + \iint_\sigma (Q\vec{j}) \cdot \vec{n}\, dS + \iint_\sigma (R\vec{k}) \cdot \vec{n}\, dS.$$

Vamos mostrar que

① $$\iint_\sigma (R\vec{k}) \cdot \vec{n}\, dS = \iiint_B \frac{\partial R}{\partial z}\, dx\, dy\, dz.$$

Temos:

② $$\iiint_B \frac{\partial R}{\partial z}\, dx\, dy\, dz = \iint_{K_1} \left[\int_0^{\frac{1}{c}(d - ax - by)} \frac{\partial R}{\partial z}\, dz \right] dx\, dy$$

$$= \iint_{K_1} \left[R\left(x, y, \frac{1}{c}(d - ax - by)\right) - R(x, y, 0) \right] dx\, dy.$$

Por outro lado,

③ $$\iint_\sigma (R\vec{k}) \cdot \vec{n}\, dS = \iint_{\sigma_1} (R\vec{k}) \cdot (-\vec{k})\, dS + \iint_{\sigma_4} (R\vec{k}) \cdot \vec{n}_4\, dS$$

$$= -\iint_{K_1} R(u, v, 0)\, du\, dv + \iint_{K_1} R\left(u, v, \frac{1}{c}(d - au - vb)\right) du\, dv.$$

De ② e ③ resulta ①. Deixamos a seu cargo verificar que

④ $$\iint_\sigma (Q\vec{j}) \cdot \vec{n}\, dS = \iiint_B \frac{\partial Q}{\partial y}\, dx\, dy\, dz$$

e

⑤ $$\iint_\sigma (P\vec{i}) \cdot \vec{n}\, dS = \iiint_B \frac{\partial P}{\partial x}\, dx\, dy\, dz.$$

(*Sugestão*: Em ④ trabalhe com a parametrização σ_5 e em ⑤ com σ_6.)

De ①, ④ e ⑤ resulta o que queríamos provar.

Fica a seu cargo pensar na demonstração do teorema da divergência para o caso em que B pode ser decomposto, por meio de secções planas, em um número finito de paralelepípedos e tetraedros. (Você pode admitir o teorema da divergência para um tetraedro qualquer.)

Fluxo de um Campo Vetorial. Teorema da Divergência ou de Gauss

Nosso objetivo, a seguir, é destacar uma classe bastante ampla de compactos B para os quais o teorema da divergência se verifica.

Sejam
$$z = f(x, y), (x, y) \in \Omega_1,$$
$$y = g(x, z), (x, z) \in \Omega_2,$$

e
$$x = h(y, z), (y, z) \in \Omega_3,$$

funções de classe C^1 nos abertos Ω_1, Ω_2 e Ω_3. Consideremos as parametrizações dos gráficos das funções acima:

$$\text{(I)} \begin{cases} x = u \\ y = v \\ z = f(u, v) \end{cases} \quad (u, v) \in \Omega_1,$$

$$\text{(II)} \begin{cases} x = u \\ y = g(u, v) \\ z = v \end{cases} \quad (u, v) \in \Omega_2$$

$$\text{(III)} \begin{cases} x = h(u, v) \\ y = u \\ z = v \end{cases} \quad (u, v) \in \Omega_3.$$

Seja $B \subset \mathbb{R}^3$ um conjunto compacto. Dizemos que B é um *compacto de Gauss* se sua fronteira puder ser decomposta em duas partes F_0 e F_1 satisfazendo as seguintes condições:

(i) F_0 é um conjunto fechado contido na reunião de um número finito de imagens de curvas de classe C^1 definidas em intervalos $[a, b]$;

(ii) para cada ponto $X \in F_1$ existe uma bola aberta V de centro X tal que a interseção $F_1 \cap V$ admite uma parametrização de um dos tipos (I), (II) ou (III); além disso, se tal parametrização for, por exemplo, do tipo (I) deveremos ter:

"para todo $(x, y, z) \in \overset{\circ}{B} \cap V, z < f(x, y)$"

ou

"para todo $(x, y, z) \in \overset{\circ}{B} \cap V, z > f(x, y)$".

Esta última condição significa que $\overset{\circ}{B} \cap V$ está de um mesmo lado de $F_1 \cap V$. (Lembre-se de que $\overset{\circ}{B}$ indica o conjunto dos pontos interiores de B.)

Pode ser provado (veja referência bibliográfica [15]) que o teorema da divergência se verifica para todo compacto de Gauss.

Por exemplo, todo tetraedro B é um compacto de Gauss. Neste caso, F_0 é a reunião das arestas e F_1 a reunião das faces menos F_0. Cada "pedacinho" de F_1 admite uma parametrização de um dos tipos (I), (II) ou (III). A condição de *estar de um mesmo lado* fica a seu cargo verificar.

Cones, esferas, cilindros, pirâmides são outros exemplos de compactos de Gauss. (Verifique.)

11

Teorema de Stokes no Espaço

▶ Videoaulas
vídeo 19.1

11.1 Teorema de Stokes no Espaço

Seja $\sigma : K \to \mathbb{R}^3$ uma *porção de superfície regular*; isto significa que K é um compacto com fronteira C^1 por partes, σ é *injetora e de classe* C^1 em K e, para todo $(u, v) \in K$,

$$\frac{\partial \sigma}{\partial u}(u, v) \wedge \frac{\partial \sigma}{\partial v}(u, v) \neq \vec{0}.$$

(Dizer que K é um *compacto com fronteira* C^1 *por partes* significa que o interior é não vazio e que a sua fronteira é imagem de uma curva simples, fechada e C^1 por partes.)

Seja $\gamma : [a, b] \to \mathbb{R}^2$ uma curva simples, fechada, C^1 por partes, cuja imagem é a fronteira de K. Consideremos, agora, a curva $\Gamma : [a, b] \to \mathbb{R}^3$ dada por

$$\Gamma(t) = \sigma(\gamma(t)), t \in [a, b].$$

Como σ é injetora e de classe C^1, resulta que Γ é, também, fechada, simples e C^1 por partes. Dizemos que Γ é uma *curva fronteira de* σ. Se γ estiver orientada no sentido anti-horário e se $\vec{n}$ for a normal $\dfrac{\dfrac{\partial \sigma}{\partial u} \wedge \dfrac{\partial \sigma}{\partial v}}{\left\| \dfrac{\partial \sigma}{\partial u} \wedge \dfrac{\partial \sigma}{\partial v} \right\|}$, então referir-nos-emos a Γ como *curva fronteira de* σ *orientada positivamente em relação a* $\vec{n}$.

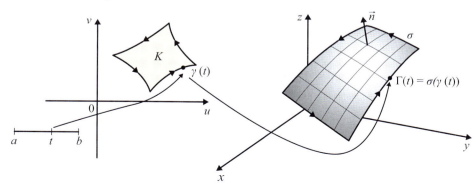

Exemplo 1 Seja σ dada por $x = u, y = v, z = f(u, v), (u, v) \in K$, com f de classe C^1 num aberto contendo K. Tem-se

$$\frac{\partial \sigma}{\partial u} \wedge \frac{\partial \sigma}{\partial v} = \begin{vmatrix} \vec{i} & \vec{j} & \vec{k} \\ 1 & 0 & \frac{\partial f}{\partial u} \\ 0 & 1 & \frac{\partial f}{\partial v} \end{vmatrix} = -\frac{\partial f}{\partial u}\vec{i} - \frac{\partial f}{\partial v}\vec{j} + \vec{k}.$$

Assim, a normal $\vec{n} = \dfrac{\dfrac{\partial \sigma}{\partial u} \wedge \dfrac{\partial \sigma}{\partial v}}{\left\| \dfrac{\partial \sigma}{\partial u} \wedge \dfrac{\partial \sigma}{\partial v} \right\|}$ aponta para cima.

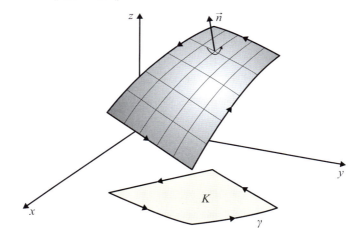

Exemplo 2 Seja σ dada por $x = \cos u, y = \text{sen } u$ e $z = v$, $0 \leq u \leq \dfrac{\pi}{2}$ e $0 \leq v \leq 1$. Temos

$$\frac{\partial \sigma}{\partial u} \wedge \frac{\partial \sigma}{\partial v} = \cos u \vec{i} + \text{sen } u \vec{j} \text{ (verifique).}$$

Segue que

$$\vec{n} = \dfrac{\dfrac{\partial \sigma}{\partial u} \wedge \dfrac{\partial \sigma}{\partial v}}{\left\| \dfrac{\partial \sigma}{\partial u} \wedge \dfrac{\partial \sigma}{\partial v} \right\|} = \cos u \vec{i} + \text{sen } u \vec{j}$$

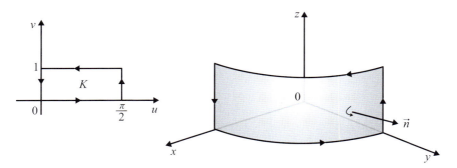

$$\Gamma(t) = \begin{cases} \sigma(t, 0), & 0 \leq t \leq \dfrac{\pi}{2}, \\ \sigma\left(\dfrac{\pi}{2}, t\right), & 0 \leq t \leq 1, \\ \sigma\left(\dfrac{\pi}{2} - t, 1\right), & 0 \leq t \leq \dfrac{\pi}{2}, \\ \sigma(0, 1 - t), & 0 \leq t \leq 1, \end{cases}$$

em que

$$\sigma(t, 0) = (\cos t, \operatorname{sen} t, 0), \ 0 \leq t \leq \dfrac{\pi}{2};$$

$$\sigma\left(\dfrac{\pi}{2}, t\right) = (0, 1, t), \ 0 \leq t \leq 1;$$

$$\sigma\left(\dfrac{\pi}{2} - t, 1\right) = (\operatorname{sen} t, \cos t, 1), \ 0 \leq t \leq \dfrac{\pi}{2};$$

$$\sigma(0, 1 - t) = (1, 0, 1 - t), \ 0 \leq t \leq 1.$$

Teorema de Stokes. Seja $\sigma : K \to \mathbb{R}^3$ uma porção de superfície regular dada por $\sigma(u, v) = (x(u, v), y(u, v), z(u, v))$ em que $x = x(u, v)$, $y = y(u, v)$ e $z = z(u, v)$ são supostas de classe C^2 num aberto contendo K. Seja $\vec{F} = P\vec{i} + Q\vec{j} + R\vec{k}$ um campo vetorial de classe C^1 num aberto que contém Im σ. Nestas condições, tem-se

$$\int_\Gamma \vec{F} \cdot d\vec{r} = \iint_\sigma (\operatorname{rot} \vec{F}) \cdot \vec{n} \, dS$$

em que Γ é uma curva fronteira de σ orientada positivamente em relação à normal

$$\vec{n} = \dfrac{\dfrac{\partial \sigma}{\partial u} \wedge \dfrac{\partial \sigma}{\partial v}}{\left\| \dfrac{\partial \sigma}{\partial u} \wedge \dfrac{\partial \sigma}{\partial v} \right\|}.$$

Demonstração

Como Γ é uma curva fronteira de σ orientada positivamente em relação à normal $\vec{n}$ acima, segue que $\Gamma(t) = \sigma(\gamma(t))$, $t \in [a, b]$, em que γ é fechada, simples, C^1 por partes, com imagem igual à fronteira de K e orientada no sentido anti-horário. Sendo σ dada por $x = x(u, v)$, $y = y(u, v)$ e $z = z(u, v)$ e $\gamma(t) = \gamma(t)(u(t), v(t))$ resulta

$$\Gamma(t) = (x(u(t), v(t)), y(u(t), v(t)), z(u(t), v(t))), \ t \in [a, b].$$

Temos:

$$\iint_\sigma (\text{rot } \vec{F}) \cdot \vec{n}\, dS = \iint_K \text{rot } \vec{F}(\sigma(u,v)) \cdot \left(\frac{\partial \sigma}{\partial u} \wedge \frac{\partial \sigma}{\partial v}\right) du\, dv$$

$$= \iint_K \left(\frac{\partial R}{\partial y} - \frac{\partial Q}{\partial z}, \frac{\partial P}{\partial z} - \frac{\partial R}{\partial x}, \frac{\partial Q}{\partial x} - \frac{\partial P}{\partial y}\right)$$

$$\cdot \left(\frac{\partial(y,z)}{\partial(u,v)}, \frac{\partial(z,x)}{\partial(u,v)}, \frac{\partial(x,y)}{\partial(u,v)}\right) du\, dv$$

$$= \iint_K \left(\frac{\partial R}{\partial y}\frac{\partial(y,z)}{\partial(u,v)} - \frac{\partial R}{\partial x}\frac{\partial(z,x)}{\partial(u,v)}\right) du\, dv$$

$$+ \iint_K \left(\frac{\partial Q}{\partial x}\frac{\partial(x,y)}{\partial(u,v)} - \frac{\partial Q}{\partial z}\frac{\partial(y,z)}{\partial(u,v)}\right) du\, dv$$

$$+ \iint_K \left(\frac{\partial P}{\partial z}\frac{\partial(z,x)}{\partial(u,v)} - \frac{\partial P}{\partial y}\frac{\partial(x,y)}{\partial(u,v)}\right) du\, dv$$

em que as derivadas parciais são calculadas no ponto $\sigma(u,v) = (x(u,v), y(u,v), z(u,v))$ e os determinantes jacobianos no ponto (u,v). Por outro lado,

$$\int_\Gamma \vec{F} \cdot d\vec{r} = \int_\Gamma P\, dx + Q\, dy + R\, dz.$$

Vamos mostrar que

① $$\int_\Gamma P\, dx = \iint_K \left(\frac{\partial P}{\partial z}\frac{\partial(z,x)}{\partial(u,v)} - \frac{\partial P}{\partial y}\frac{\partial(x,y)}{\partial(u,v)}\right) du\, dv.$$

Temos:

$$\int_\Gamma P\, dx = \int_a^b P(\sigma(u(t), v(t)))\frac{dx}{dt} dt.$$

Como

$$\frac{dx}{dt} = \frac{\partial x}{\partial u}\frac{du}{dt} + \frac{\partial x}{\partial v}\frac{dv}{dt}$$

resulta

$$\int_\Gamma P\, dx = \int_\gamma P(\sigma(u,v))\frac{\partial x}{\partial u} du + P(\sigma(u,v))\frac{\partial x}{\partial v} dv.$$

Pelo teorema de Green,

② $$\int_\Gamma P\, dx = \iint_K \left[\frac{\partial}{\partial u}\left(P(\sigma(u,v))\frac{\partial x}{\partial v}\right) - \frac{\partial}{\partial v}\left(P(\sigma(u,v))\frac{\partial x}{\partial u}\right)\right] du\, dv.$$

Capítulo 11

Temos

$$\frac{\partial}{\partial u}\left(P(\sigma(u,v))\frac{\partial x}{\partial v}\right) = \left[\frac{\partial P}{\partial x}\frac{\partial x}{\partial u} + \frac{\partial P}{\partial y}\frac{\partial y}{\partial u} + \frac{\partial P}{\partial z}\frac{\partial z}{\partial u}\right]\frac{\partial x}{\partial v} + P(\sigma(u,v))\frac{\partial^2 x}{\partial u \partial v};$$

$$\frac{\partial}{\partial u}\left(P(\sigma(u,v))\frac{\partial x}{\partial v}\right) = \left[\frac{\partial P}{\partial x}\frac{\partial x}{\partial v} + \frac{\partial P}{\partial y}\frac{\partial y}{\partial v} + \frac{\partial P}{\partial z}\frac{\partial z}{\partial v}\right]\frac{\partial x}{\partial u} + P(\sigma(u,v))\frac{\partial^2 x}{\partial v \partial u}.$$

Como $x = x(u,v)$, $y = y(u,v)$ e $z = z(u,v)$ são supostas de classe C^2, vem:

$$\frac{\partial}{\partial u}\left(P(\sigma(u,v))\frac{\partial x}{\partial v}\right) - \frac{\partial}{\partial v}\left(P(\sigma(u,v))\frac{\partial x}{\partial u}\right) = \frac{\partial P}{\partial z}\frac{\partial(z,x)}{\partial(u,v)} - \frac{\partial P}{\partial y}\frac{\partial(x,y)}{\partial(u,v)}.$$

Substituindo em ②, resulta ①. De modo análogo, prova-se que

③
$$\int_\Gamma Q\, dy = \iint_K \left(\frac{\partial Q}{\partial x}\frac{\partial(x,y)}{\partial(u,v)} - \frac{\partial Q}{\partial z}\frac{\partial(y,z)}{\partial(u,v)}\right) du\, dv$$

e

④
$$\int_\Gamma R\, dz = \iint_K \left(\frac{\partial R}{\partial y}\frac{\partial(y,z)}{\partial(u,v)} - \frac{\partial R}{\partial x}\frac{\partial(z,x)}{\partial(u,v)}\right) du\, dv.$$

Somando ①, ③ e ④ resulta o teorema. ∎

Quando Γ é uma curva fechada é comum referir-se à integral $\int_\Gamma \vec{F} \cdot d\vec{r}$ como a *circulação* de $\vec{F}$ sobre Γ. O teorema de Stokes conta-nos, então, que a circulação de $\vec{F}$ sobre a fronteira de σ, orientada positivamente com relação à normal $\vec{n}$ é igual ao fluxo do rotacional de $\vec{F}$ através de σ.

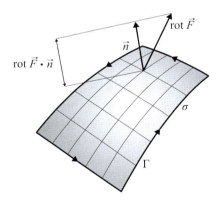

$$\int_\Gamma \vec{F}\, d\vec{r} = \iint_\sigma \text{rot }\vec{F} \cdot \vec{n}\, dS$$

Lembrando as notações $\vec{n}\, dS = d\vec{S}$ e $\nabla \wedge \vec{F} = \text{rot }\vec{F}$, o teorema de Stokes pode ser colocado na forma

$$\iint_\sigma \nabla \wedge \vec{F} \cdot \vec{n}\, dS = \int_\Gamma \vec{F} \cdot d\vec{r}.$$

Exemplo 3 Calcule $\iint_\sigma \operatorname{rot} \vec{F} \cdot \vec{n} \, dS$ em que $\vec{F}(x, y, z) = y\vec{i} + (x + y)\vec{k}$, $\sigma(u, v) = (u, v, 2 - u^2 - v^2)$, com $u^2 + v^2 \leq 1$, sendo $\vec{n}$ a normal apontando para cima.

Solução

1º Processo (cálculo direto)

$$\operatorname{rot} \vec{F} = \begin{vmatrix} \vec{i} & \vec{j} & \vec{k} \\ \dfrac{\partial}{\partial x} & \dfrac{\partial}{\partial y} & \dfrac{\partial}{\partial z} \\ y & 0 & x + y \end{vmatrix} = \vec{i} - \vec{j} - \vec{k}.$$

Por outro lado,

$$\frac{\partial \sigma}{\partial u} \wedge \frac{\partial \sigma}{\partial v} = \begin{vmatrix} \vec{i} & \vec{j} & \vec{k} \\ 1 & 0 & -2u \\ 0 & 1 & -2v \end{vmatrix} = 2u\vec{i} - 2v\vec{j} - \vec{k}$$

e, assim,

$$\vec{n} = \frac{\dfrac{\partial \sigma}{\partial u} \wedge \dfrac{\partial \sigma}{\partial v}}{\left\| \dfrac{\partial \sigma}{\partial u} \wedge \dfrac{\partial \sigma}{\partial v} \right\|}$$

é a normal apontando para cima, pois a componente de $\vec{k}$ é positiva. Então,

$$\iint_\sigma \operatorname{rot} \vec{F} \cdot \vec{n} \, dS = \iint_K (\vec{i} - \vec{j} - \vec{k}) \cdot \left(\frac{\partial \sigma}{\partial u} \wedge \frac{\partial \sigma}{\partial v} \right) du \, dv = \iint_K (2u - 2v - 1) \, du \, dv$$

em que K é o círculo $u^2 + v^2 \leq 1$. Passando para polares,

$$\iint_\sigma \operatorname{rot} \vec{F} \cdot \vec{n} \, dS = \int_0^{2\pi} \int_0^1 (2\rho \cos \theta - 2\rho \operatorname{sen} \theta - 1) \rho \, d\rho \, d\theta$$

$$= \int_0^{2\pi} \left(\frac{2}{3} \cos \theta - \frac{2}{3} \operatorname{sen} \theta - \frac{1}{2} \right) d\theta,$$

ou seja,

$$\iint_\sigma \operatorname{rot} \vec{F} \cdot \vec{n} \, dS = -\pi.$$

2º Processo (aplicando Stokes)

Pelo teorema de Stokes,

$$\iint_\sigma \operatorname{rot} \vec{F} \cdot \vec{n} \, dS = \iint_\Gamma \vec{F} \, d\vec{r}.$$

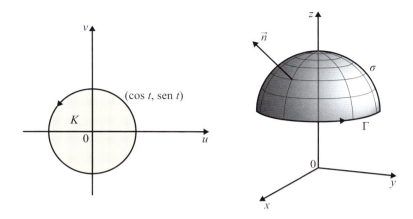

$$\Gamma(t) = \sigma(\cos t, \operatorname{sen} t) = (\cos t, \operatorname{sen} t, 1), t \in [0, 2\pi].$$

Temos

$$\int_\Gamma \vec{F} \cdot d\vec{r} = \int_0^{2\pi} \left[\operatorname{sen} t\, \vec{i} + (\cos t + \operatorname{sen} t)\vec{k}\right] \cdot \left[-\operatorname{sen} t\, \vec{i} + \cos t\, \vec{j}\right] dt = \int_0^{2\pi} -\operatorname{sen}^2 t\, dt.$$

Como

$$\int_0^{2\pi} -\operatorname{sen}^2 t\, dt = -\int_0^{2\pi} \left(\frac{1}{2} - \frac{1}{2}\cos 2t\right) dt = -\pi$$

resulta

$$\iint_\sigma \operatorname{rot} \vec{F} \cdot \vec{n}\, dS = -\pi$$

Exemplo 4 Calcule o fluxo do rotacional de $\vec{F}(x, y, z) = x\vec{i} + y\vec{j} + xyz\vec{k}$ através da superfície $z = 1 + x + y$, $x \geqslant 0$, $y \geqslant 0$ e $x + y \leqslant 1$, com normal $\vec{n}$ apontando para baixo.

Solução

$$\sigma : \begin{cases} x = u \\ y = v \\ z = 1 + u + v \end{cases} \quad u \geqslant 0, v \geqslant 0 \text{ e } u + v \leqslant 1$$

é uma parametrização para a superfície dada.

$$\frac{\partial \sigma}{\partial u} \wedge \frac{\partial \sigma}{\partial v} = \begin{vmatrix} \vec{i} & \vec{j} & \vec{k} \\ 1 & 0 & 1 \\ 0 & 1 & 1 \end{vmatrix} = -\vec{i} - \vec{j} + \vec{k}$$

assim,

$$\vec{n}_1 = \frac{\dfrac{\partial \sigma}{\partial u} \wedge \dfrac{\partial \sigma}{\partial v}}{\left\| \dfrac{\partial \sigma}{\partial u} \wedge \dfrac{\partial \sigma}{\partial v} \right\|}$$

aponta para cima, pois a componente de $\vec{k}$ é positiva. Segue que $\vec{n} = -\vec{n}_1$; logo,

$$\iint_\sigma \operatorname{rot} \vec{F} \cdot \vec{n}\, dS = -\iint_\sigma \operatorname{rot} \vec{F} \cdot \vec{n}_1\, dS.$$

Vamos calcular $\iint_\sigma \operatorname{rot} \vec{F} \cdot \vec{n}_1\, d\sigma$ aplicando Stokes.

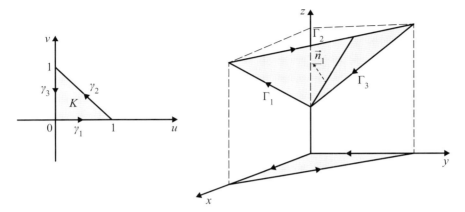

$\gamma_1(t) = (t, 0), 0 \leq t \leq 1; \gamma_2(t) = (1 - t, t), 0 \leq t \leq 1$ e $\gamma_3(t) = (0, 1 - t), 0 \leq t \leq 1$.

Segue que

$$\Gamma_1(t) = \sigma(\gamma_1(t)) = (t, 0, 1 + t), \qquad 0 \leq t \leq 1;$$

$$\Gamma_2(t) = \sigma(\gamma_2(t)) = (1 - t, t, 2), \qquad 0 \leq t \leq 1;$$

$$\Gamma_3(t) = \sigma(\gamma_3(t)) = (0, 1 - t, 2 - t), \quad 0 \leq t \leq 1.$$

Então,

$$\iint_{\Gamma_1} \vec{F} \cdot d\vec{r} = \int_0^1 t\vec{i} \cdot (\vec{i} + \vec{k})\, dt = \frac{1}{2};$$

$$\iint_{\Gamma_2} \vec{F} \cdot d\vec{r} = \int_0^1 [(1 - t)\vec{i} + t\vec{j} + 2t(1 - t)\vec{k}] \cdot (-1, 1, 0)\, dt = 0;$$

$$\iint_{\Gamma_3} \vec{F} \cdot d\vec{r} = \int_0^1 (1 - t)\vec{j} \cdot (0, -1, -1)\, dt = -\frac{1}{2}.$$

Portanto,

$$\iint_\sigma \operatorname{rot} \vec{F} \cdot \vec{n}_1\, dS = \int_\Gamma \vec{F} \cdot d\vec{r} = 0$$

e daí

$$\iint_\sigma \operatorname{rot} \vec{F} \cdot \vec{n}\, dS = 0.$$

Poderíamos ter chegado a este resultado calculando diretamente a integral $\iint_\sigma \operatorname{rot} \vec{F} \cdot \vec{n}\, dS$. Faça você este cálculo.

Exemplo 5 (*Interpretação para o rotacional.*) Seja $\vec{F}$ de classe C^1 no aberto Ω de $\mathbb{R}^3$ e sejam P um ponto de Ω e $\vec{n}$ um vetor unitário. Seja, agora, α um plano passando por P e normal a $\vec{n}$. Sendo $\vec{F}$ de classe C^1 resulta que rot $\vec{F} \cdot \vec{n}$ é contínua em $\alpha \cap \Omega$. Assim, dado $\varepsilon > 0$ existe $\delta > 0$ tal que, para todo $X \in \alpha \cap \Omega$,

$$\| X - P \| < \delta \Rightarrow \left| \text{rot } \vec{F}(X) \cdot \vec{n} - \text{rot } \vec{F}(P) \cdot \vec{n} \right| < \varepsilon.$$

Para toda porção de superfície regular σ, passando por P, e com imagem contida em α temos:

$$\left| \iint_\sigma \text{rot } \vec{F}(X) \cdot \vec{n} \, dS - \text{rot } \vec{F}(P) \cdot \vec{n} \text{ área } \sigma \right|$$
$$= \left| \iint_\sigma \text{rot } \vec{F}(X) \cdot \vec{n} \, dS - \iint_\sigma \text{rot } \vec{F}(P) \cdot \vec{n} \, dS \right|$$
$$= \left| \iint_\sigma [\text{rot } \vec{F}(X) - \text{rot } \vec{F}(P)] \cdot \vec{n} \, dS \right|$$
$$\leq \iint_\sigma \left| [\text{rot } \vec{F}(X) - \text{rot } \vec{F}(P)] \cdot \vec{n} \right| dS < \varepsilon \text{ área } \sigma$$

desde que o diâmetro de σ seja menor que δ. Segue que

$$\left| \frac{\iint_\sigma \text{rot } \vec{F} \cdot \vec{n} \, dS}{\text{área } \sigma} - \text{rot } \vec{F}(P) \cdot \vec{n} \right| < \varepsilon$$

sempre que $P \in \text{Im } \sigma$ e diâm $\sigma < \delta$. Diremos, então, que $\dfrac{\int_\sigma \text{rot } \vec{F} \cdot \vec{n} \, dS}{\text{área } \sigma}$ *tende a* rot $\vec{F}(P) \cdot \vec{n}$ *quando σ se contrai a P.* Como

$$\iint_\sigma \text{rot } \vec{F} \cdot \vec{n} \, dS = \int_\Gamma \vec{F} \cdot d\vec{r}$$

em que Γ é uma curva fronteira de σ orientada positivamente com relação a $\vec{n}$, resulta que

$$\frac{\int_\Gamma \vec{F} \cdot d\vec{r}}{\text{área } \sigma}$$

tende a rot $\vec{F}(P) \cdot \vec{n}$ quando σ se contrai a P. Assim, para diâmetro de σ suficientemente pequeno

$$\text{rot } \vec{F}(P) \cdot \vec{n} \cong \frac{\int_\Gamma \vec{F} \cdot d\vec{r}}{\text{área } \sigma}$$

ou seja: *a circulação de $\vec{F}$ sobre Γ é aproximadamente o produto da área de σ pela componente do rotacional de $\vec{F}$ em P, na direção $\vec{n}$, sendo a aproximação tanto melhor quanto menor for o diâmetro de σ. A componente de* rot $\vec{F}(P)$, *na direção $\vec{n}$, pode, então, ser interpretada como circulação por unidade de área no ponto P.*

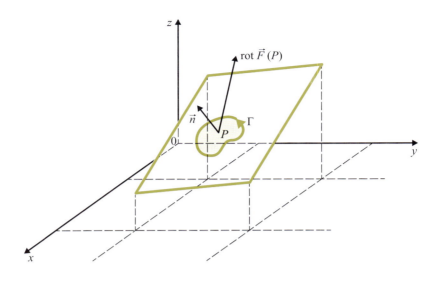

$$\int_\Gamma \vec{F} \cdot d\vec{r} \cong \text{área } \sigma \cdot [\text{rot } \vec{F}(P) \cdot \vec{n}]$$

Exercícios 11.1

1. Utilizando o teorema de Stokes, transforme a integral $\iint_\sigma \text{rot } \vec{F} \cdot \vec{n} \, dS$ numa integral de linha e calcule.

   a) $\vec{F}(x, y, z) = y\vec{k}$, $\sigma(u, v) = (u, v, u^2 + v^2)$, com $u^2 + v^2 \leq 1$, sendo $\vec{n}$ a normal apontando para cima.

   b) $\vec{F}(x, y, z) = y\vec{i} - x^2 \vec{j} + 5\vec{k}$, $\sigma(u, v) = (u, v, 1 - u^2)$ com $u \geq 0$, $v \geq 0$ e $u + v \leq 1$, sendo $\vec{n}$ a normal apontando para cima.

   c) $\vec{F}(x, y, z) = y\vec{i} + x^2 \vec{j} + z\vec{k}$, $\sigma(u, v) = (u, v, 2u + v + 1)$ com $u \geq 0$ e $u + v \leq 2$, sendo $\vec{n}$ a normal apontando para baixo.

   d) $\vec{F}(x, y, z) = y\vec{i} + x^2 \vec{j} + z\vec{k}$, σ a superfície $x^2 + y^2 = 1$, $0 \leq z \leq 1$ e $y \geq 0$, sendo $\vec{n}$ a normal com componente $y \geq 0$.

   e) $\vec{F}(x, y, z) = x\vec{j}$, σ a superfície $\{(x, y, z) \in \mathbb{R}^3 \mid 0 \leq z \leq 1, x^2 + y^2 = 1, x \geq 0 \text{ e } y \geq 0\}$ e $\vec{n}$ a normal com componente x positiva.

   f) $\vec{F}(x, y, z) = y\vec{i}$, σ a superfície $z = x^2 + y^2$ com $z \leq 1$, e $\vec{n}$ a normal com componente z positiva.

   g) $\vec{F}(x, y, z) = y\vec{i}$, σ a superfície $x^2 + y^2 + z^2 = 2$, $x^2 + y^2 \leq 1$ e $z \geq 0$, sendo $\vec{n}$ a normal apontando para cima.

   h) $\vec{F}(x, y, z) = -y\vec{i} + x\vec{j} + z^2\vec{k}$, σ a superfície $x^2 + y^2 + z^2 = 4$, $\sqrt{2} \leq z \leq \sqrt{3}$ e $y \geq 0$, sendo $\vec{n}$ a normal apontando para cima.

   i) $\vec{F}(x, y, z) = -y^2\vec{i} + x^2 \vec{j} + z^2 \vec{k}$, σ a superfície $x^2 + \dfrac{y^2}{4} + z^2 = 2$, $z \geq 1$, sendo $\vec{n}$ a normal que aponta para cima.

   j) $\vec{F}(x, y, z) = y\vec{i} + x\vec{j} + xz\vec{k}$, σ a superfície $z = x + y + 2$ e $x^2 + \dfrac{y^2}{4} \leq 1$, sendo $\vec{n}$ a normal que aponta para baixo.

Capítulo 11

2. Seja $\vec{F}$ um campo vetorial de classe C^1 no aberto Ω. Sejam σ_1 e σ_2 porções de superfícies regulares com fronteiras Γ_1 e Γ_2 orientadas positivamente com relação às normais $\vec{n}_1$ e $\vec{n}_2$ e tais que Im σ_1 e Im σ_2 estejam contidas em Ω. Suponha, ainda, que Γ_1 é obtida de Γ_2 por uma mudança de parâmetros que conserva a orientação (veja Seção 6.3). Prove

$$\iint_{\sigma_1} \operatorname{rot} \vec{F} \cdot \vec{n}_1 \, dS = \iint_{\sigma_2} \operatorname{rot} \vec{F} \cdot \vec{n}_2 \, dS.$$

Interprete.

3. Seja $\sigma: K \to \mathbb{R}^3$ regular no interior de K e injetora em K; suponha que as componentes de σ, $x = x(u, v)$, $y = y(u, v)$ e $z = z(u, v)$, sejam de classe C^2 num aberto contendo K. Suponha que K tenha a forma abaixo, em que $\gamma_1 : [a_1, b_1] \to \mathbb{R}^2$

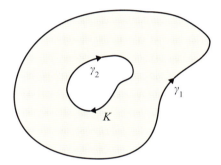

e $\gamma_2 : [a_2, b_2] \to \mathbb{R}^2$ são curvas simples, fechadas, C^1 por partes, sendo γ_1 orientada no sentido anti-horário e γ_2 no sentido horário e tais que a fronteira de K é igual a Im $\gamma_1 \cup$ Im γ_2. Sejam $\Gamma_1(t) = \sigma(\gamma_1(t))$, $t \in [a_1, b_1]$, e $\Gamma_2(t) = \sigma(\gamma_2(t))$, $t \in [a_2, b_2]$.

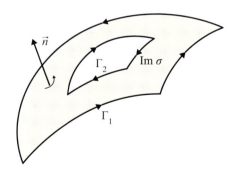

Seja $\vec{F} = P\vec{i} + Q\vec{j} + R\vec{k}$ de classe C^1 num aberto contendo Im σ e seja $\vec{n} = \dfrac{\dfrac{\partial \sigma}{\partial u} \wedge \dfrac{\partial \sigma}{\partial v}}{\left\| \dfrac{\partial \sigma}{\partial u} \wedge \dfrac{\partial \sigma}{\partial v} \right\|}$.

Prove que

$$\iint_{\sigma} \operatorname{rot} \vec{F} \cdot \vec{n} \, dS = \int_{\Gamma_1} \vec{F} \cdot d\vec{r} + \int_{\Gamma_2} \vec{F} \cdot d\vec{r}.$$

4. Seja $\vec{F}(x, y, z) = xz^2\vec{i} + z^4\vec{j} + yz\vec{k}$ e seja σ a superfície $x^2 + y^2 + z^2 = 4$, com $\sqrt{2} \leq z \leq \sqrt{3}$, com normal $\vec{n}$ apontando para cima. Utilizando o exercício anterior, calcule $\iint_{\sigma} \operatorname{rot} \vec{F} \cdot \vec{n} \, dS$.

5. Seja $\vec{F}(x, y, z) = x^3 \vec{k}$ e seja σ a superfície $z = y + 4$ com $1 \leq x^2 + y^2 \leq 4$, com normal $\vec{n}$ apontando para baixo. Calcule $\iint_\sigma \text{rot } \vec{F} \cdot \vec{n} \, dS$.

6. Seja $\vec{F} = P\vec{i} + Q\vec{j} + R\vec{k}$ de classe C^1 no aberto $\mathbb{R}^3 - \{(0, 0, 0)\}$. Seja σ a fronteira do conjunto

$$K = \{(x, y, z) \in \mathbb{R}^3 \mid x^2 + y^2 - 1 \leq z \leq 1 - x^2 - y^2\}$$

com normal $\vec{n}$ apontando para fora de K. Mostre que $\iint_\sigma \text{rot } \vec{F} \cdot \vec{n} \, dS = 0$.

(*Cuidado*: O teorema da divergência não se aplica.)

7. Seja σ a superfície $\{(x, y, z) \in \mathbb{R}^3 \mid x^2 + y^2 = 1, 0 \leq z \leq 1\}$ e seja $\vec{F}$ um campo vetorial de classe C^1 num aberto contendo σ. Justifique a afirmação

$$\iint_\sigma \text{rot } \vec{F} \cdot \vec{n} \, dS = \int_{\Gamma_1} \vec{F} \cdot d\vec{r} + \int_{\Gamma_2} \vec{F} \cdot d\vec{r}$$

em que $\Gamma_1(t) = (\cos t, \text{sen } t, 0)$, $0 \leq t \leq 2\pi$, $\Gamma_2(t) = (\cos t, -\text{sen } t, 1)$, $0 \leq t \leq 2\pi$, e $\vec{n}$ a normal apontando para fora do cilindro.

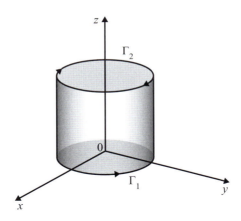

(*Sugestão*: Aplique o teorema de Stokes às porções de superfícies regulares

$\sigma_1(u, v) = (\cos u, \text{sen } u, v)$, $0 \leq u \leq \pi$, $0 \leq v \leq 1$, e $\sigma_2(u, v) = (\cos u, \text{sen } u, v)$, $\pi \leq u \leq 2\pi$, $0 \leq v \leq 1$.)

8. Seja σ a superfície $\{(x, y, z) \in \mathbb{R}^3 \mid x^2 + y^2 + z^2 = R^2, z \geq 0\}$ ($R > 0$) e seja $\vec{F}$ um campo vetorial de classe C^1 num aberto contendo σ. Justifique a afirmação

$$\iint_\sigma \text{rot } \vec{F} \cdot \vec{n} \, dS = \int_\Gamma \vec{F} \cdot d\vec{r}$$

em que $\Gamma(t) = (R \cos t, R \text{ sen } t, 0)$, $0 \leq t \leq 2\pi$, e $\vec{n}$ a normal apontando para fora da esfera $x^2 + y^2 + z^2 \leq R^2$.

(*Sugestão*: Aplique o teorema de Stokes às porções de superfícies regulares

$\sigma_1(u, v) = (u, v, \sqrt{R^2 - u^2 - v^2})$, $u^2 + v^2 \leq r^2 (0 < r < R)$;

$$\sigma_2(\varphi, \theta) = (R \operatorname{sen} \varphi \cos \theta, R \operatorname{sen} \varphi \operatorname{sen} \theta, R \cos \varphi), 0 \leq \theta \leq \pi \text{ e } \varphi_0 \leq \varphi \leq \frac{\pi}{2},$$

em que $\varphi_0 = \arcsin \frac{r}{R}$;

e

$$\sigma_3(\varphi, \theta) = (R \operatorname{sen} \varphi \cos \theta, R \operatorname{sen} \varphi \operatorname{sen} \theta, R \cos \varphi), \pi \leq \theta \leq 2\pi \text{ e } \varphi_0 \leq \varphi \leq \frac{\pi}{2}.\Big)$$

9. Calcule $\iint_\sigma \operatorname{rot} \vec{F} \cdot \vec{n}\, dS$, em que $\vec{F}(x, y, z) = -y\vec{i} + x\vec{j} + e^{x^2 + y^2 + z^2}\vec{k}$, σ a superfície $x^2 + y^2 + z^2 = 1$, $z \geq 0$, e $\vec{n}$ a normal apontando para fora da esfera.
(*Sugestão*: Utilize o Exercício 8.)

10. Calcule $\iint_\sigma \operatorname{rot} \vec{F} \cdot \vec{n}\, dS$, em que $\vec{F}(x, y, z) = \frac{1}{x^2 + y^2 + z^2}(-y\vec{i} + x\vec{j} + z^2\vec{k})$, σ a superfície $x^2 + y^2 + z^2 = 1$ e $\vec{n}$ a normal apontando para fora da esfera.
(*Cuidado*: O teorema da divergência não se aplica. Por quê? Aplique o teorema de Stokes a cada semissuperfície esférica e some.)

11. Calcule $\iint_\sigma \operatorname{rot} \vec{F} \cdot \vec{n}\, dS$, em que σ é a reunião das faces MNJ, OMN e ONJ do tetraedro abaixo, $\vec{n}$ a normal apontando para fora do tetraedro e $\vec{F}(x, y, z) = -y\vec{i} + x\vec{j} + xyz\vec{k}$.

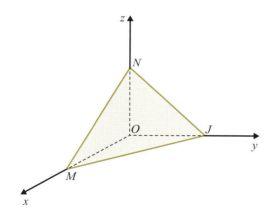

MNJ é a superfície $x + y + z = 1$, $x \geq 0$, $y \geq 0$ e $z \geq 0$.

(*Sugestão*: Aplique o teorema de Stokes a cada face e conclua que $\iint_\sigma \operatorname{rot} \vec{F} \cdot \vec{n}\, dS = \int_\Gamma \vec{F} \cdot d\vec{r}$ em que Γ é a fronteira do triângulo OMJ orientada no sentido anti-horário.)

12. O teorema de Stokes estende-se à faixa de Möbius? Discuta.

13. Seja $\vec{F}$ um campo de classe C^1 num aberto contendo a fronteira do cubo $0 \leq x \leq 1$, $0 \leq y \leq 1$ e $0 \leq z \leq 1$. Seja $\vec{n}$ a normal apontando para fora do cubo. Mostre que $\iint_\sigma \operatorname{rot} \vec{F} \cdot \vec{n}\, dS = 0$.
(*Sugestão*: Aplique o teorema de Stokes a cada face e some.)

14. Seja $r > 0$ um real dado e considere a superfície

$$\sigma(\varphi, \theta) = (r \operatorname{sen} \varphi \cos \theta, r \operatorname{sen} \varphi \operatorname{sen} \theta, r \cos \varphi)$$

com $(\varphi, \theta) \in K$, em que K é o retângulo $0 \leq \varphi \leq \dfrac{\pi}{2}$ e $0 \leq \theta \leq 2\pi$, no plano $\varphi\theta$. (Observe que a imagem de σ é a semissuperfície esférica

$$x^2 + y^2 + z^2 = r^2, z \geq 0.)$$

Seja γ a fronteira de K orientada no sentido anti-horário. Seja Γ_1 dada por

$$\Gamma_1(t) = \sigma(\gamma(t)).$$

a) Desenhe a imagem de Γ_1.

b) Mostre que $\int_{\Gamma_1} \vec{F} \cdot d\vec{r} = \int_{\Gamma} \vec{F} \cdot d\vec{r}$, em que $\vec{F}$ é de classe C^1 num aberto contendo a imagem de σ e Γ a curva dada por $\Gamma(t) = (\cos t, \operatorname{sen} t, 0)$, $0 \leq t \leq 2\pi$.

c) Utilizando o teorema de Stokes, conclua que

$$\iint_\sigma \operatorname{rot} \vec{F} \cdot \vec{n}\, dS = \int_{\Gamma_1} \vec{F} \cdot d\vec{r}$$

em que $\vec{n}$ é a normal que aponta para fora da esfera.
(*Sugestão*: Observe que na demonstração do teorema de Stokes não se utiliza a hipótese de σ ser injetora na fronteira de K.)

d) Utilizando *b* e *c*, conclua que

$$\iint_\sigma \operatorname{rot} \vec{F} \cdot \vec{n}\, dS = \int_\Gamma \vec{F} \cdot d\vec{r}.$$

Teorema de Fubini

A.1 Somas Superior e Inferior

Seja o retângulo $A = \{(x, y) \in \mathbb{R}^2 \mid a \leq x \leq b, c \leq y \leq d\}$ e seja $f(x, y)$ definida e limitada em A. Seja

$$P = \{(x_i, y_j) \mid i = 0, 1, 2, ..., n \text{ e } j = 0, 1, 2, ..., m\}$$

uma partição do retângulo A. Façamos

$$M_{ij} = \sup\{f(x, y) \mid (x, y) \in A_{ij}\}$$

e

$$m_{ij} = \inf\{f(x, y) \mid (x, y) \in A_{ij}\}$$

em que A_{ij} é o retângulo $x_{i-1} \leq x \leq x_i$ e $y_{j-1} \leq y \leq y_j$.

O número

$$S(P) = \sum_{i=1}^{n} \sum_{j=1}^{m} M_{ij} \Delta x_i \, \Delta y_j$$

denomina-se *soma superior* de f relativa à partição P. Por outro lado,

$$s(P) = \sum_{i=1}^{n} \sum_{j=1}^{m} m_{ij} \Delta x_j \, \Delta y_j$$

denomina-se *soma inferior* de f relativa à partição P.

Tendo em vista que, para todo $(r_i, s_j) \in A_{ij}$,

$$m_{ij} \leq f(r_i, s_j) \leq M_{ij}$$

resulta

$$s(P) \leq \sum_{i=1}^{n} \sum_{j=1}^{m} f(r_i, s_j) \Delta x_i \, \Delta y_j \leq S(P).$$

Como M_{ij} é o supremo do conjunto dos números $f(x, y)$, com $(x, y) \in A_{ij}$, resulta que, para todo $\varepsilon_1 > 0$ dado, existe $(\overline{r}_i, \overline{s}_j)$ em A_{ij} tal que

$$M_{ij} - \varepsilon_1 < f(\overline{r}_i, \overline{s}_j).$$

Daí

$$M_{ij}\Delta x_j \Delta y_j - f(\overline{r}_i, \overline{s}_j)\Delta x_i \Delta y_j < \varepsilon_1 \Delta x_i \Delta y_j$$

para $i = 1, 2, \ldots, n$ e $j = 1, 2, \ldots, m$. Portanto,

① $$0 \leq \sum_{i=1}^{n}\sum_{j=1}^{m} M_{ij}\Delta x_i \Delta y_j - \sum_{i=1}^{n}\sum_{j=1}^{m} f(\overline{r}_i, \overline{s}_j)\Delta x_i \Delta y_j < \varepsilon_1(b-a)(d-c).$$

$\left(\text{Observe que } \sum_{i=1}^{n}\sum_{j=1}^{m}\varepsilon_1 \Delta x_i \Delta y_j = \varepsilon_1(b-a)(d-c), \text{ em que } (b-a)(d-c) \text{ é a área do retângulo } A.\right)$

Nosso objetivo, a seguir, é provar que se $f(x, y)$ for integrável no retângulo A, então

$$\iint_A f(x, y)\,dx\,dy = \lim_{\Delta \to 0}\sum_{i=1}^{n}\sum_{j=1}^{m} M_{ij}\Delta x_i \Delta y_j.$$

(Lembre-se de que Δ é o maior dos números $\Delta x_1, \Delta x_2, \ldots, \Delta x_n, \Delta y_1, \Delta y_2, \ldots, \Delta y_m$.)

De fato, sendo $f(x, y)$ integrável no retângulo A, dado $\varepsilon > 0$ existe $\delta > 0$ (com δ dependendo apenas de ε e não da escolha de (r_i, s_j) em A_{ij}) tal que

② $$\left|\sum_{i=1}^{n}\sum_{j=1}^{m} f(r_i, s_j)\Delta x_i \Delta y_j - \iint_A f(x, y)\,dx\,dy\right| < \frac{\varepsilon}{2}$$

para toda partição P de A, com $\Delta < \delta$.

Tendo em vista ①, para toda partição P de A, tem-se

③ $$0 \leq S(P) - \sum_{i=1}^{n}\sum_{j=1}^{m} f(\overline{r}_i, \overline{s}_j)\Delta x_i \Delta y_j < \frac{\varepsilon}{2}$$

para uma conveniente escolha de (r_i, s_j) em A_{ij}. Segue de ② e ③ que, para toda partição P de A, com $\Delta < \delta$,

$$\left|\sum_{i=1}^{n}\sum_{j=1}^{m} M_{ij}\Delta x_i \Delta y_j - \iint_A f(x, y)\,dx\,dy\right| \leq \left|S(P) - \sum_{i=1}^{n}\sum_{j=1}^{m} f(\overline{r}_i, \overline{s}_j)\Delta x_i \Delta y_j\right|$$

$$+ \left|\sum_{i=1}^{n}\sum_{j=1}^{m} f(\overline{r}_i, \overline{s}_j)\Delta x_i \Delta y_j - \iint_A f(x, y)\,dx\,dy\right| < \frac{\varepsilon}{2} + \frac{\varepsilon}{2} = \varepsilon.$$

Portanto,

$$\lim_{\Delta \to 0}\sum_{i=1}^{n}\sum_{j=1}^{m} M_{ij}\Delta x_i \Delta y_j = \iint_A f(x, y)\,dx\,dy.$$

Da mesma forma, prova-se que

$$\lim_{\Delta \to 0}\sum_{i=1}^{n}\sum_{j=1}^{m} m_{ij}\Delta x_i \Delta y_j = \iint_A f(x, y)\,dx\,dy.$$

A.2 Teorema de Fubini

Teorema de Fubini. Se $f(x, y)$ for integrável no retângulo
$A = \{(x, y) \in \mathbb{R}^2 \mid a \leq x \leq b, c \leq y \leq d\}$ e se, para todo $y \in [c, d]$, $\int_a^b f(x, y)\,dx$
existir (como integral de Riemann), então

$$\iint_A f(x, y)\,dx\,dy = \int_c^d \left[\int_a^b f(x, y)\,dx \right] dy.$$

Demonstração

Sejam

$$P_1 : a = x_0 < x_1 < x_2 < \ldots < x_{i-1} < \ldots < x_n = b$$

uma partição de $[a, b]$ e

$$P_2 : c = y_0 < y_1 < y_2 < \ldots < y_{j-1} < y_j < \ldots < y_m = d$$

uma partição de $[c, d]$. Sejam

$$M_{ij} = \sup\{f(x, y) \mid x_{i-1} \leq x \leq x_i \text{ e } y_{j-1} \leq y \leq y_j\}$$

e

$$m_{ij} = \inf\{f(x, y) \mid x_{i-1} \leq x \leq x_i \text{ e } y_{j-1} \leq y \leq y_j\}.$$

Para todo (x, y) no retângulo A_{ij}, dado por $x_{i-1} \leq x \leq x_i$ e $y_{j-1} \leq y \leq y_j$,

$$m_{ij} \leq f(x, y) \leq M_{ij}.$$

Daí, para todo $y \in [y_{j-1}, y_j]$,

$$m_{ij}\Delta x_i \leq \int_{x_{i-1}}^{x_i} f(x, y)\,dx \leq M_{ij}\Delta x_i.$$

Segue que

$$\sum_{i=1}^n m_{ij}\Delta x_i \leq \int_a^b f(x, y)\,dx \leq \sum_{i=1}^n M_{ij}\Delta x_i,$$

ou seja,

$$\sum_{i=1}^n m_{ij}\Delta x_i \leq \alpha(y) \leq \sum_{i=1}^n M_{ij}\Delta x_i$$

para todo $y \in [y_{j-1}, y_j]$, em que $\alpha(y) = \int_a^b f(x, y)\,dx$. Tomando-se $\overline{y}_j$ em $[y_{j-1}, y_j]$, $j = 1, 2, \ldots, m$, vem

$$\left(\sum_{i=1}^n m_{ij}\Delta x_i \right) \Delta y_j \leq \alpha(\overline{y}_j)\Delta y_j \leq \left(\sum_{i=1}^n M_{ij}\Delta x_i \right) \Delta y_j.$$

Daí

$$\sum_{i=1}^{n}\sum_{j=1}^{m} m_{ij}\Delta x_i \Delta y_j \leq \sum_{j=1}^{m} \alpha(\bar{y}_j)\Delta y_j \leq \sum_{i=1}^{n}\sum_{j=1}^{m} M_{ij}\Delta x_i \Delta y_j.$$

Para $\Delta \to 0$, as somas superior e inferior tendem para $\iint_A f(x, y)\,dx\,dy$; logo, $\alpha(y)$ é integrável em $[c, d]$ e

$$\int_c^d \alpha(y)\,dy = \iint_A f(x, y)\,dx\,dy,$$

ou seja,

$$\iint_A f(x, y)\,dx\,dy = \int_c^d \left[\int_a^b f(x, y)\,dx\right] dy. \quad \blacksquare$$

No próximo apêndice provaremos que se $f(x, y)$ for contínua no retângulo A, então f será integrável neste retângulo. Utilizando este resultado e o teorema de Fubini, vamos dar uma demonstração bastante simples para o teorema de Schwarz (ver Vol. 2).

Vamos provar que se $f(x, y)$ for de classe C^2 no aberto Ω, então

$$\frac{\partial^2 f}{\partial x \partial y} = \frac{\partial^2 f}{\partial y \partial x} \text{ em } \Omega.$$

Suponhamos, por absurdo, que exista $(x_0, y_0) \in \Omega$, com

$$\frac{\partial^2 f}{\partial x \partial y}(x_0, y_0) \neq \frac{\partial^2 f}{\partial y \partial x}(x_0, y_0).$$

Para fixar o raciocínio, podemos supor

$$\frac{\partial^2 f}{\partial x \partial y}(x_0, y_0) - \frac{\partial^2 f}{\partial y \partial x}(x_0, y_0) > 0.$$

Pela hipótese, $\frac{\partial^2 f}{\partial x \partial y} - \frac{\partial^2 f}{\partial y \partial x}$ é contínua em Ω. Pelo teorema da conservação do sinal e pelo fato de Ω ser aberto, existe um retângulo $A = \{(x, y) \in \mathbb{R}^2 \mid a \leq x \leq b, c \leq y \leq d\}$ contido em Ω e contendo (x_0, y_0) tal que, para todo $(x, y) \in A$,

$$\frac{\partial^2 f}{\partial x \partial y}(x, y) - \frac{\partial^2 f}{\partial y \partial x}(x, y) > 0.$$

Daí,

① $$\iint_A \left[\frac{\partial^2 f}{\partial x \partial y} - \frac{\partial^2 f}{\partial y \partial x}\right] dx\,dy > 0.$$

Pelo teorema de Fubini,

$$\iint_A \frac{\partial^2 f}{\partial x \partial y}\,dx\,dy = \int_c^d \left[\int_a^b \frac{\partial}{\partial x}\left(\frac{\partial f}{\partial y}\right) dx\right] dy = \int_c^d \left[\frac{\partial f}{\partial y}(b, y) - \frac{\partial f}{\partial y}(a, y)\right] dy$$
$$= f(b, d) - f(b, c) - f(a, d) + f(a, c).$$

Portanto,

$$\iint_A \frac{\partial^2 f}{\partial x \partial y} dx\, dy = f(b, d) - f(b, c) - f(a, d) + f(a, c).$$

De modo análogo,

$$\iint_A \frac{\partial^2 f}{\partial x \partial y} dx\, dy = \int_a^b \left[\int_c^d \frac{\partial}{\partial y}\left(\frac{\partial f}{\partial y}\right) dy \right] dx = \int_a^b \left[\frac{\partial f}{\partial x}(x, d) - \frac{\partial f}{\partial x}(x, c) \right] dx$$

e, portanto,

$$\iint_A \frac{\partial^2 f}{\partial x \partial y} dx\, dy = f(b, d) - f(a, d) - f(b, c) + f(a, c).$$

Logo,

$$\iint_A \left(\frac{\partial^2 f}{\partial x \partial y} - \frac{\partial^2 f}{\partial y \partial x} \right) dx\, dy = 0$$

que está em contradição com ①.

APÊNDICE B

Existência de Integral Dupla

B.1 Preliminares

Seja X_n, $n \geq 1$, uma sequência de pontos do $\mathbb{R}^2$. Seja m_n, $n \geq 1$, uma sequência estritamente crescente de números naturais não nulos:

$$m_1 < m_2 < \ldots < m_n < \ldots$$

A sequência X_{m_n}, $n \geq 1$, denomina-se subsequência da sequência X_n dada.

Seja $K \subset \mathbb{R}^2$ um conjunto compacto. Seja X_n, $n \geq 1$, uma sequência de pontos de K. Vamos mostrar, a seguir, que a sequência acima admite uma subsequência X_{m_n}, $n \geq 1$, que converge a um ponto $X_0 \in K$.

Como K é compacto, existe um retângulo A que contém K. Dividamos A em quatro retângulos. Em pelo menos um destes retângulos caem infinitos termos da sequência X_n. Seja A_1 este retângulo e seja X_{m_1}, o termo de menor índice que pertence a A_1. Dividamos A_1 em quatro retângulos iguais. Em pelo menos um destes retângulos caem infinitos termos da sequência; seja A_2 este retângulo. Seja m_2 o menor número natural do conjunto $\{n \in \mathbb{R} \mid n > m_1\}$ tal que $X_{m_2} \in A_2$. Dividamos A_2 em quatro retângulos iguais. Em pelo menos um destes retângulos caem infinitos termos da sequência; seja A_3 este retângulo. Seja m_3 o menor natural do conjunto $\{n \in \mathbb{N} \mid n > m_2\}$ tal que $X_{m_3} \in A_3$. Deixamos a seu cargo concluir que a subsequência construída desta forma converge a um ponto $X_0 \in K$. (Utilize a propriedade dos intervalos encaixantes — Seção 1.5, Vol. 1 — e observe que, pelo fato de K ser fechado, todo ponto de acumulação de K pertence a K.)

Teorema. Seja $K \subset \mathbb{R}^2$ um conjunto compacto e seja $f : K \to \mathbb{R}$ uma função. Se f for *contínua* em K, então, para todo $\varepsilon > 0$ dado, existe $\delta > 0$ tal que, quaisquer que sejam X e Y em K,

$$\|X - Y\| < \delta \Rightarrow |f(X) - f(Y)| < \varepsilon.$$

Demonstração

Suponhamos, por absurdo, que exista $\varepsilon > 0$ tal que, para todo $\delta > 0$, existem X e Y em K tais que

$$\|X - Y\| < \delta \text{ e } |f(X) - f(Y)| \geq \varepsilon.$$

Apêndice B

Se assim for, para todo natural $n \geq 1$ existirão pontos X_n e Y_n em K tais que

$$\|X_n - Y_n\| < \frac{1}{n} \text{ e } |f(X_n) - f(Y_n)| \geq \varepsilon.$$

Pelo que vimos acima, a sequência X_n admite uma subsequência X_{m_n}, $n \geq 1$, que converge a um ponto $X_0 \in K$. Como, para todo natural $n \geq 1$,

$$\|X_{m_n} - Y_{m_n}\| < \frac{1}{m_n}$$

resulta que a sequência Y_{m_n}, $n \geq 1$, também converge a X_0. $\Big($Observe que $\lim_{n \to +\infty} m_n = +\infty$; logo, $\lim_{n \to +\infty} \frac{1}{m_n} = 0.\Big)$ Pelo fato de f ser contínua, resulta

$$\lim_{n \to +\infty} |f(X_{m_n}) - f(Y_{m_n})| = 0$$

que está em contradição com

$$|f(X_{m_n}) - f(Y_{m_n})| \geq \varepsilon$$

para $n \geq 1$. ■

Para finalizar a seção, vamos destacar algumas propriedades das somas superior e inferior.

Seja o retângulo $A = \{(x, y) \in \mathbb{R}^2 \,|\, a \leq x \leq b, c \leq y \leq d\}$ e seja $f(x, y)$ definida e limitada em A. Sejam P_1 e P_2 duas partições quaisquer de A. Deixamos a seu cargo verificar que

① $$s(P_1) \leq S(P_2).$$

(Proceda como na demonstração do corolário da Seção D.2 — Apêndice D, Vol. 1.)

Segue que o conjunto

② $$\{S(P)\,|\,P \text{ é partição de } A\}$$

é limitado inferiormente e como é não vazio admite ínfimo L:

$$L = \inf \{S(P)\,|\,P \text{ é partição de } A\}.$$

Ainda de ① segue que, para toda partição P de A, $s(P)$ é cota inferior do conjunto ②. Logo, para toda partição P de A,

③ $$s(P) \leq L \leq S(P).$$

Para toda partição P de A, temos, também,

④ $$s(P) \leq \sum_{i=1}^{n} \sum_{j=1}^{m} f(r_{ij}, s_{ij}) \Delta x_i \, \Delta y_i \leq S(P).$$

No que segue, indicaremos por $d(P)$ a *maior das diagonais* dos retângulos A_{ij} determinados pela partição P. (Observe que se $d(P) \to 0$, então o maior dos lados dos retângulos A_{ij} também tenderá a zero.)

Segue de ③ e ④ que se

$$\lim_{d(P)\to 0}[S(P) - s(P)] = 0$$

então f será integrável em A e

$$\iint_A f(x, y)\,dx\,dy = L.$$

B.2 Uma Condição Suficiente para a Existência de Integral Dupla

Teorema 1. Seja $f(x, y)$ definida e *limitada* no retângulo

$$A = \{(x, y) \in \mathbb{R}^2 \mid a \leq x \leq b, c \leq y \leq d\}.$$

Seja D o conjunto dos pontos de A em que f é descontínua. Nestas condições, se o conteúdo de D for nulo, então f será integrável em A.

Demonstração

Tendo em vista a última propriedade da seção anterior, basta provar que

$$\lim_{d(P)\to 0}[S(P) - s(P)] = 0,$$

ou seja, que, para todo $\varepsilon > 0$, existe $\delta > 0$, tal que

$$S(P) - s(P) < \varepsilon$$

para toda partição P de A, com $d(P) < \delta$.

Seja, então, $\varepsilon > 0$ um real dado. Como D tem conteúdo nulo, para todo $\varepsilon_1 > 0$ dado, existe um número finito de retângulos, com lados paralelos aos eixos coordenados, cuja reunião contém D e tal que a soma das áreas é menor que ε_1. Seja E a reunião dos retângulos acima.

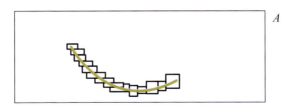

Para cada retângulo acima, consideremos o retângulo obtido deste, aumentando cada lado de $2\delta_1$ "δ_1 de cada lado":

Tomemos δ_1 de modo que a soma destes novos retângulos seja menor que $2\varepsilon_1$. Seja E_1 a reunião destes novos retângulos; a área de E_1 é, então, menor que $2\varepsilon_1$. É claro que $D \subset E \subset E_1$.

Apêndice B

Seja B o conjunto de todos os pontos $(x, y) \in A$, com (x, y) não pertencente a E. Seja B_1 a reunião de B com os seus pontos de fronteira. B_1 é compacto. Os retângulos acima (aqueles cuja reunião é E) podem ser escolhidos de modo que B_1 não contenha pontos de D. (Verifique.) Deste modo, B_1 é compacto e f é contínua em B_1. Pelo teorema da seção anterior, para todo $\varepsilon_2 > 0$ dado, existe $\delta_2 > 0$ tal que, quaisquer que sejam X e Y em B_1,

① $$\|X - Y\| < \delta_2 \Rightarrow |f(X) - f(Y)| < \varepsilon_2$$

Seja $\delta > 0$, com $\delta < \min\{\delta_1, \delta_2\}$. Seja P uma partição qualquer de A, com $d(P) < \delta$. (Lembramos que $d(P)$ é a maior das diagonais dos retângulos que a partição P determina.) Sejam A_{ij}, $i = 1, 2, \ldots, n$ e $j = 1, 2, \ldots, m$, os retângulos determinados pela partição P. Como as diagonais destes retângulos são menores que δ, segue que os lados são menores que δ_1. Deste modo, se A_{ij} intercepta E, então A_{ij} estará contido em E_1. Se A_{ij} não intercepta E, A_{ij} estará contido em B_1.

Seja Λ a coleção dos pares de índices (i, j) tais que A_{ij} intercepta E e seja Λ_1 a coleção dos pares de índices (i, j) que não pertencem a Λ. Temos:

$$S(P) - s(P) = \sum_{i=1}^{n}\sum_{j=1}^{m}(M_{ij} - m_{ij})\Delta x_i \Delta y_j,$$

ou seja,

② $$S(P) - s(P) = \sum_{(i,j)\in\Lambda_1}(M_{ij} - m_{ij})\Delta x_i \Delta y_j + \sum_{(i,j)\in\Lambda}(M_{ij} - m_{ij})\Delta x_i \Delta y_j.$$

Se $(i, j) \in \Lambda_1$, então A_{ij} estará contido em B_1; como a diagonal de A_{ij} é menor que δ e, portanto, menor que δ_2, resulta, tendo em vista ①,

$$M_{ij} - m_{ij} < \varepsilon_2.$$

Daí

③ $$\sum_{(i,j)\in\Lambda_1}(M_{ij} - m_{ij})\Delta x_i \Delta y_j < \alpha \varepsilon_2$$

em que α é a área de A.

Como, por hipótese, f é limitada em A, existe $M > 0$ tal que, para todo $(x, y) \in A$,

$$|f(x, y)| \leq M.$$

Segue que, para todo par (i, j),

$$M_{ij} - m_{ij} < 2M.$$

Daí

$$\sum_{(i,j)\in\Lambda}(M_{ij} - m_{ij})\Delta x_i \Delta y_j < 2M\beta$$

em que β é a soma das áreas dos retângulos A_{ij}, com $(i, j) \in \Lambda$. Mas estes retângulos estão contidos em E_1; logo $\beta < 2\varepsilon_1$. Portanto,

④ $$\sum_{(i,j)\in\Lambda}(M_{ij} - m_{ij})\Delta x_i \Delta y_j < 4M\varepsilon_1.$$

De ②, ③ e ④ resulta

$$S(P) - s(P) < \alpha\varepsilon_2 + 4M\varepsilon_1.$$

Basta, agora, tomar ε_1 e ε_2 de modo que $\alpha\varepsilon_2 + 4M\varepsilon_1 < \varepsilon$. ∎

Seja $B \subset \mathbb{R}^2$ um conjunto limitado, com fronteira de conteúdo nulo. Seja A um retângulo de lados paralelos aos eixos contendo B. Sejam $f : B \to \mathbb{R}$ e $g : A \to \mathbb{R}$, sendo g dada por

$$g(x, y) = \begin{cases} f(x, y) & \text{se } (x, y) \in B \\ 0 & \text{se } (x, y) \notin B. \end{cases}$$

Tendo em vista a definição de integral dupla, f será integrável em B se e somente se g for integrável em A. (Verifique.)

Suponhamos que f seja limitada e contínua em B. Segue que g será limitada em A. Além disso, g só poderá ser descontínua em pontos que estejam na fronteira de B. De fato, se $(x, y) \in A$ não estiver na fronteira de B, (x, y) ou estará no interior de B ou no interior do complementar de B, em ambos os casos g será contínua em (x, y). Segue que o conjunto D dos pontos em que g é descontínua está contido na fronteira de B; logo, D tem conteúdo nulo. Segue do teorema anterior, que g será integrável em A; logo, f será integrável em B.

Provamos assim o seguinte teorema:

Teorema 2. Seja $B \subset \mathbb{R}^2$ um conjunto limitado e seja $f : B \to \mathbb{R}$ uma função contínua e limitada. Nestas condições, se a fronteira de B tiver conteúdo nulo, então f será integrável em B.

Equação da Continuidade

C.1 Preliminares

Consideremos um escoamento bidimensional com campo de velocidade independente do tempo e dado por

$$\vec{v}(x, y) = P(x, y)\vec{i} + Q(x, y)\vec{j}$$

em que P e Q são supostas de classe C^1. Indiquemos por

① $$\begin{cases} x = x(t, u, v) \\ y = y(t, u, v) \end{cases}$$

a posição, no instante t, da partícula que no instante t_0 ocupa a posição (u, v), isto é, para $t = t_0$,

② $$\begin{cases} x(t_0, u, v) = u \\ y(t_0, u, v) = v. \end{cases}$$

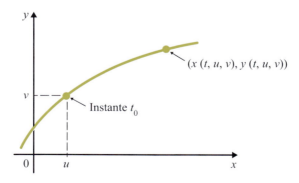

Fixados u e v, ① fornece a posição, no instante t, da partícula que no instante t_0 ocupa a posição (u, v). A velocidade desta partícula no instante t é

$$(\dot{x}, \dot{y}) = \left(\frac{\partial x}{\partial t}(t, u, v), \frac{\partial y}{\partial t}(t, u, v) \right).$$

Como
$$(\dot{x}, \dot{y}) = \vec{v}(x, y)$$
resulta
$$\frac{\partial x}{\partial t}(t, u, v) = P(x(t, u, v), y(t, u, v))$$
e
$$\frac{\partial y}{\partial t}(t, u, v) = Q(x(t, u, v), y(t, u, v)).$$

Observe que no instante t_0 tem-se:

③
$$\begin{cases} \dfrac{\partial x}{\partial t}(t_0, u, v) = P(u, v) \\ \dfrac{\partial y}{\partial t}(t_0, u, v) = Q(u, v). \end{cases}$$

Admitiremos que as funções que ocorrem em ① são de classe C^2 em $\mathbb{R}^3$ e que, para todo $t \in \mathbb{R}$ e todo $(u, v) \in \mathbb{R}^2$,

④
$$\begin{vmatrix} \dfrac{\partial x}{\partial u} & \dfrac{\partial x}{\partial v} \\ \dfrac{\partial y}{\partial u} & \dfrac{\partial y}{\partial v} \end{vmatrix} \neq 0.$$

Tendo em vista ②, resulta:

⑤
$$\frac{\partial x}{\partial u}(t_0, u, v) = 1, \quad \frac{\partial x}{\partial v}(t_0, u, v) = 0,$$

$$\frac{\partial y}{\partial u}(t_0, u, v) = 0, \text{ e } \frac{\partial y}{\partial v}(t_0, u, v) = 1.$$

Segue que, para todo $(u, v) \in \mathbb{R}^2$,

$$\begin{vmatrix} \dfrac{\partial x}{\partial u}(t_0, u, v) & \dfrac{\partial x}{\partial v}(t_0, u, v) \\ \dfrac{\partial y}{\partial u}(t_0, u, v) & \dfrac{\partial y}{\partial v}(t_0, u, v) \end{vmatrix} = 1.$$

Logo, o determinante ④ é estritamente positivo para todo $t \in \mathbb{R}$ e todo (u, v) em $\mathbb{R}^2$. (Por quê?)

Seja $g(t, u, v)$, $t \in \mathbb{R}$ e $(u, v) \in \mathbb{R}^2$ a função dada por

$$g(t, u, v) = \begin{vmatrix} \dfrac{\partial x}{\partial u}(t, u, v) & \dfrac{\partial x}{\partial v}(t, u, v) \\ \dfrac{\partial y}{\partial u}(t, u, v) & \dfrac{\partial y}{\partial v}(t, u, v) \end{vmatrix}$$

Apêndice C

Vamos mostrar, a seguir, que

$$\frac{\partial g}{\partial t}(t_0, u, v) = \frac{\partial P}{\partial x}(u, v) + \frac{\partial Q}{\partial y}(u, v),$$

ou seja,

⑥
$$\boxed{\frac{\partial g}{\partial t}(t_0, u, v) = \operatorname{div} \vec{v}(u, v).}$$

De fato,

$$\frac{\partial g}{\partial t}(t, u, v) = \frac{\partial}{\partial u}\left(\frac{\partial x}{\partial t}(t, u, v)\right)\frac{\partial y}{\partial v}(t, u, v) + \frac{\partial x}{\partial u}(t, u, v)\frac{\partial}{\partial v}\left(\frac{\partial y}{\partial t}(t, u, v)\right)$$
$$- \frac{\partial}{\partial v}\left(\frac{\partial x}{\partial t}(t, u, v)\right)\frac{\partial y}{\partial u}(t, u, v) - \frac{\partial x}{\partial v}(t, u, v)\frac{\partial}{\partial u}\left(\frac{\partial y}{\partial t}(t, u, v)\right).$$

Tendo em vista ⑤, resulta

$$\frac{\partial g}{\partial t}(t_0, u, v) = \frac{\partial}{\partial u}\left(\frac{\partial x}{\partial t}(t_0, u, v)\right) + \frac{\partial}{\partial v}\left(\frac{\partial y}{\partial t}(t_0, u, v)\right).$$

Segue de ③ e da relação acima que

$$\frac{\partial g}{\partial t}(t_0, u, v) = \frac{\partial}{\partial u}(P(u, v)) + \frac{\partial}{\partial v}(Q(u, v)).$$

Como

$$\frac{\partial}{\partial u}(P(u, v)) = \frac{\partial P}{\partial v}(u, v)$$

e

$$\frac{\partial}{\partial v}(Q(u, v)) = \frac{\partial Q}{\partial y}(u, v)$$

resulta ⑥.

OBSERVAÇÃO IMPORTANTE. Se o campo de velocidade $\vec{v}$ depender, também, do tempo t, isto é, se $\vec{v}$ for da forma

$$\vec{v}(t, x, y) = P(t, x, y)\vec{i} + Q(t, x, y)\vec{j}$$

demonstra-se do mesmo modo que

$$\boxed{\frac{\partial g}{\partial t}(t_0, u, v) = \operatorname{div} \vec{v}(t_0, u, v)}$$

em que o divergente é calculado em relação às variáveis x e y, isto é,

$$\operatorname{div} \vec{v}(t_0, u, v) = \frac{\partial P}{\partial x}(t_0, u, v) + \frac{\partial Q}{\partial y}(t_0, u, v).$$

C.2 Interpretação para o Divergente

Sejam

$$\vec{v}(x, y) = P(x, y)\vec{i} + Q(x, y)\vec{j}$$

e

① $\begin{cases} x = x(t, u, v) \\ y = y(t, u, v) \end{cases}$

como na seção anterior. Para cada t fixo, ① é uma transformação de $\mathbb{R}^2$ em $\mathbb{R}^2$. Além das hipóteses da seção anterior, vamos supor que ① é injetora.

Seja B_{t_0} um compacto de $\mathbb{R}^2$ com interior não vazio e fronteira de conteúdo nulo. As partículas do fluido que no instante t_0 ocupam a região B_{t_0}, no instante t, ocuparão a região B_t.

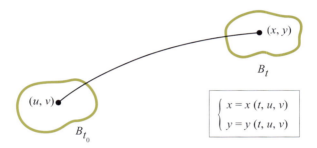

Indiquemos por $V(t)$ a área da região ocupada, no instante t, pelas partículas que, no instante t_0, ocupam a região B_{t_0}. Assim, para todo $t \in \mathbb{R}$,

$$V(t) = \iint_{B_t} dx\, dy.$$

Fazendo a mudança de variáveis

$$\begin{cases} x = x(t, u, v) \\ y = y(t, u, v) \end{cases}$$

e lembrando que o determinante jacobiano é sempre estritamente positivo (veja seção anterior), obtemos

$$V(t) = \iint_{B_{t_0}} \begin{vmatrix} \dfrac{\partial x}{\partial u} & \dfrac{\partial x}{\partial v} \\ \dfrac{\partial y}{\partial u} & \dfrac{\partial y}{\partial v} \end{vmatrix} du\, dv,$$

ou seja,

$$V(t) = \iint_{B_{t_0}} g(t, u, v)\, du\, dv$$

em que $g(t, u, v)$ é a função introduzida na seção anterior. Pelo fato de g ser de classe C^1 resulta

$$V'(t) = \iint_{B_{t_0}} \frac{\partial g}{\partial t}(t, u, v) \, du \, dv$$

e, portanto,

$$V'(t_0) = \iint_{B_{t_0}} \frac{\partial g}{\partial t}(t_0, u, v) \, du \, dv.$$

Tendo em vista ⑥ da seção anterior, obtemos

$$V'(t_0) = \iint_{B_{t_0}} \text{div } \vec{v}(u, v) \, du \, dv.$$

Como t_0 foi fixado arbitrariamente em $\mathbb{R}$, resulta que, para todo $t \in \mathbb{R}$,

$$V'(t_0) = \iint_{B_t} \text{div } \vec{v}(u, v) \, du \, dv.$$

Sejam $t_1 < t_2$, com t_1 e $t_2 \in \mathbb{R}$. Seja B_{t_2} a região ocupada, no instante t_2, pelas partículas que, no instante t_1, ocupam a região B_{t_1}. Teremos:

$$\text{área de } B_{t_2} > \text{área de } B_{t_1} \text{ se div } \vec{v}(u, v) > 0;$$

$$\text{área de } B_{t_2} < \text{área de } B_{t_1} \text{ se div } \vec{v}(u, v) < 0.$$

(Verifique.)

C.3 Equação da Continuidade

Consideremos o escoamento bidimensional com campo de velocidade

$$\vec{v}(t, x, y) = P(t, x, y)\vec{i} + Q(t, x, y)\vec{j}$$

e com densidade superficial (massa por unidade de área) $\rho(t, x, y)$, com v e ρ de classe C^1 em $\mathbb{R}^3$.

Seja

$$\begin{cases} x = x(t, u, v) \\ y = y(t, u, v) \end{cases}$$

como na Seção C.1. Como vimos naquela seção,

$$\frac{\partial x}{\partial t}(t, u, v) = P(t, x(t, u, v), y(t, u, v))$$

e

$$\frac{\partial x}{\partial t}(t, u, v) = Q(t, x(t, u, v), y(t, u, v)).$$

Para $t = t_0$,

① $$\begin{cases} \dfrac{\partial x}{\partial t}(t_0, u, v) = P(t_0, u, v) \\ \dfrac{\partial y}{\partial t}(t_0, u, v) = Q(t_0, u, v). \end{cases}$$

Como na seção anterior as partículas do fluido que no instante t_0 ocupam a região B_{t_0}, no instante t, ocuparão a região B_t.

Indiquemos por $M(t)$ a massa de fluido que no instante t ocupa a região B_t. Assim, para todo $t \in \mathbb{R}$,

$$M(t) = \iint_{B_t} \rho(t, x, y) \, dx \, dy.$$

Fazendo a mudança de variáveis

$$\begin{cases} x = x(t, u, v) \\ y = y(t, u, v) \end{cases}$$

obtemos

$$M(t) = \iint_{B_{t_0}} \rho(t, x(t, u, v), y(t, u, v)) \begin{vmatrix} \dfrac{\partial x}{\partial u} & \dfrac{\partial x}{\partial v} \\ \dfrac{\partial y}{\partial u} & \dfrac{\partial y}{\partial v} \end{vmatrix} du \, dv.$$

Sendo $g(t, u, v)$ a função introduzida na Seção C.1, resulta

$$M(t) = \iint_{B_{t_0}} \rho(t, x(t, u, v), y(t, u, v)) g(t, u, v) \, du \, dv.$$

Pelo "princípio da conservação da massa" $M'(t) = 0$ para todo t. Por outro lado, a derivada, em relação a t, do integrando é igual a:

$$\left[\dfrac{\partial \rho}{\partial t} + \dfrac{\partial \rho}{\partial x} \dfrac{\partial x}{\partial t}(t, u, v) + \dfrac{\partial \rho}{\partial y} \dfrac{\partial y}{\partial t}(t, u, v) \right] g(t, u, v)$$

$$+ \rho(t, x(t, u, v), y(t, u, v)) \dfrac{\partial g}{\partial t}(t, u, v)$$

em que $\dfrac{\partial \rho}{\partial t}, \dfrac{\partial \rho}{\partial x}$ e $\dfrac{\partial \rho}{\partial y}$ são calculados em $(t, x(t, u, v), y(t, u, v))$. Tendo em vista ②, ⑤ e ⑥ da Seção C.1 e ① desta seção, resulta para $t = t_0$:

$$M'(t_0) = 0 = \iint_{B_{t_0}} \left[\dfrac{\partial \rho}{\partial t} + \nabla \rho \cdot \vec{v} + \rho \operatorname{div} \vec{v} \right] du \, dv$$

em que $\dfrac{\partial \rho}{\partial t}$, $\nabla \rho$, $\vec{v}$, ρ e $\operatorname{div} \vec{v}$ são calculados em (t_0, u, v).

Apêndice C

Deixamos a seu cargo concluir que para todo t e todo $(x, y) \in \mathbb{R}^2$,

② $$\frac{\partial \rho}{\partial t}(t, x, y) + \text{div}[\rho(t, x, y)\vec{v}(t, x, y)] = 0$$

em que

$$\text{div}\, \rho\vec{v} = \frac{\partial}{\partial x}(\rho P) + \frac{\partial}{\partial y}(\rho Q).$$

A Equação ② denomina-se *equação da continuidade*.

APÊNDICE D

Teoremas da Função Inversa e da Função Implícita

D.1 Função Inversa

Seja $F : A \subset \mathbb{R}^n \to \mathbb{R}^n$ uma *função injetora* e seja $B = \text{Im } F$. Assim, para cada $Y \in A$ existe um único $X \in B$ tal que

$$F(Y) = X$$

Pois bem, a função G, definida em B, dada por

$$G(X) = Y \Leftrightarrow F(Y) = X$$

denomina-se *função inversa* de F.

Se F for uma função que admite inversa, então diremos que F é uma *função inversível*. Observe que se F for uma função inversível com inversa G então G será, também, inversível, e sua inversa será F. De acordo com a definição acima, para todo $X \in A$, temos

$$G(F(X)) = X$$

e, para todo $X \in B$,

$$F(G(X)) = X.$$

Consideremos a função $F : A \subset \mathbb{R}^2 \to \mathbb{R}^2$ dada por

$$F(x, y) = (f(x, y), g(x, y)).$$

Seja $B = F(A)$. Dizer, então, que F é uma função inversível significa dizer que existem duas funções p e q, a valores reais, tais que, para todo $(x, y) \in A$ e $(u, v) \in B$,

$$\begin{cases} u = f(x, y) \\ v = g(x, y) \end{cases} \Leftrightarrow \begin{cases} x = p(u, v) \\ y = q(u, v) \end{cases}$$

Apêndice D

Observe, ainda, que, para todo $(x, y) \in A$,

$$\begin{cases} p(f(x, y), g(x, y)) = x \\ q(f(x, y), g(x, y)) = y \end{cases}$$

e, para todo $(u, v) \in B$,

$$\begin{cases} f(p(u, v), g(u, v)) = u \\ g(p(u, v), q(u, v)) = v. \end{cases}$$

Para facilitar a escrita, de agora em diante só trabalharemos com funções de duas variáveis reais a valores em $\mathbb{R}^2$. Todos os resultados que iremos provar para tais funções se estenderão sem nenhuma modificação para funções de n variáveis reais a valores em $\mathbb{R}^n$, com $n > 2$.

Seja $F : A \subset \mathbb{R}^2 \to \mathbb{R}^2$ dada por

$$F(x, y) = (f(x, y), g(x, y))$$

e tal que f e g admitam derivadas parciais em $(x_0, y_0) \in A$. A matriz

$$\begin{bmatrix} \dfrac{\partial f}{\partial x}(x_0, y_0) & \dfrac{\partial f}{\partial y}(x_0, y_0) \\ \dfrac{\partial g}{\partial x}(x_0, y_0) & \dfrac{\partial g}{\partial y}(x_0, y_0) \end{bmatrix}$$

denomina-se *matriz jacobiana* de F em (x_0, y_0) e é indicada por $JF(x_0, y_0)$.

Exemplo 1 Calcule a matriz jacobiana de $F(x, y) = (x^2, x^3 + y^2)$ no ponto (x, y).

Solução

$$JF(x, y) = \begin{bmatrix} \dfrac{\partial}{\partial x}(x^2) & \dfrac{\partial}{\partial y}(x^2) \\ \dfrac{\partial}{\partial x}(x^3 + y^2) & \dfrac{\partial}{\partial y}(x^3 + y^2) \end{bmatrix}$$

$$= \begin{bmatrix} 2x & 0 \\ 3x^2 & 2y \end{bmatrix}.$$

Exemplo 2 Seja $F : A \subset \mathbb{R}^2 \to \mathbb{R}^2$, A aberto, dada por $F(x, y) = (f(x, y), g(x, y))$, com f e g diferenciáveis em A. Seja $B = F(A)$, B aberto, e suponha que F seja inversível com inversa G diferenciável em B. Supondo que a matriz jacobiana de F seja inversível em todo $(x, y) \in A$, mostre que a matriz jacobiana de G, no ponto $(u, v) = F(x, y)$, é igual à inversa da matriz jacobiana de F calculada no ponto (x, y).

Solução

Suponhamos $G(x, y) = (p(x, y), q(x, y))$. Assim

$$\begin{cases} u = f(x, y) \\ v = g(x, y) \end{cases} \Leftrightarrow \begin{cases} x = p(u, v) \\ y = q(u, v) \end{cases}$$

Observe que a matriz jacobiana de G, no ponto (u, v), é

$$JG(u, v) = \begin{bmatrix} \dfrac{\partial x}{\partial u} & \dfrac{\partial x}{\partial v} \\ \dfrac{\partial y}{\partial u} & \dfrac{\partial y}{\partial v} \end{bmatrix} = \begin{bmatrix} \dfrac{\partial p}{\partial u}(u, v) & \dfrac{\partial p}{\partial v}(u, v) \\ \dfrac{\partial q}{\partial u}(u, v) & \dfrac{\partial q}{\partial v}(u, v) \end{bmatrix}.$$

Derivando em relação a u os dois membros de $u = f(x, y)$ obtemos:

$$1 = \frac{\partial f}{\partial x}(x, y)\frac{\partial x}{\partial u} + \frac{\partial f}{\partial y}(x, y)\frac{\partial y}{\partial u}.$$

Derivando, agora, em relação a v resulta

$$0 = \frac{\partial f}{\partial x}(x, y)\frac{\partial x}{\partial v} + \frac{\partial f}{\partial y}(x, y)\frac{\partial y}{\partial v}.$$

Derivando em relação a u e depois em relação a v os dois membros de $v = g(x, y)$, obtemos:

$$0 = \frac{\partial g}{\partial x}(x, y)\frac{\partial x}{\partial u} + \frac{\partial g}{\partial y}(x, y)\frac{\partial y}{\partial u}$$

e

$$1 = \frac{\partial g}{\partial x}(x, y)\frac{\partial x}{\partial v} + \frac{\partial g}{\partial y}(x, y)\frac{\partial y}{\partial v}.$$

Das identidades acima e tendo em vista o produto de matrizes, segue que

$$\begin{bmatrix} \dfrac{\partial f}{\partial x}(x, y) & \dfrac{\partial f}{\partial y}(x, y) \\ \dfrac{\partial g}{\partial x}(x, y) & \dfrac{\partial g}{\partial y}(x, y) \end{bmatrix} \cdot \begin{bmatrix} \dfrac{\partial x}{\partial u} & \dfrac{\partial x}{\partial v} \\ \dfrac{\partial y}{\partial u} & \dfrac{\partial y}{\partial v} \end{bmatrix} = \begin{bmatrix} 1 & 0 \\ 0 & 1 \end{bmatrix}$$

e, portanto,

$$\begin{bmatrix} \dfrac{\partial x}{\partial u} & \dfrac{\partial x}{\partial v} \\ \dfrac{\partial y}{\partial u} & \dfrac{\partial y}{\partial v} \end{bmatrix} = \begin{bmatrix} \dfrac{\partial f}{\partial x}(x, y) & \dfrac{\partial f}{\partial y}(x, y) \\ \dfrac{\partial g}{\partial x}(x, y) & \dfrac{\partial g}{\partial y}(x, y) \end{bmatrix}^{-1},$$

ou seja,

$$JG(u, v) = (JF(x, y))^{-1}$$

em que $(x, y) = G(u, v)$.

Apêndice D

Seja $F : \Omega_1 \subset \mathbb{R}^2 \to \mathbb{R}^2$ diferenciável e inversível no aberto Ω_1 com inversa $G : \Omega_2 \subset \mathbb{R}^2 \to \mathbb{R}$, $\Omega_2 = F(\Omega_1)$ aberto. Sejam $(x_0, y_0) \in \Omega_1$ e $(u_0, v_0) = F(x_0, y_0)$. Na próxima seção vamos provar que se $JF(x_0, y_0)$ for inversível e se G for contínua em (u_0, v_0), então G será diferenciável em (u_0, v_0). Observe que este resultado é uma extensão daquele que vimos para funções de uma variável real a valores reais. (Veja teorema da Seção 8.2 do Vol. 1.)

D.2 Diferenciabilidade da Função Inversa

Seja $F : \Omega_1 \subset \mathbb{R}^2 \to \mathbb{R}^2$ diferenciável e inversível no aberto Ω_1, com inversa $G : \Omega_2 \subset \mathbb{R}^2 \to \mathbb{R}^2$, $\Omega_2 = F(\Omega_1)$ aberto. Seja $(x_0, y_0) \in \Omega_1$ e $(u_0, v_0) = F(x_0, y_0)$. Nosso objetivo, a seguir, é provar que se a matriz jacobiana $JF(x_0, y_0)$ for inversível e se G for contínua em (u_0, v_0), então G será diferenciável em (u_0, v_0).

Sejam, então,

$$F(x, y) = (f(x, y), g(x, y))$$

e

$$G(u, v) = (p(u, v), q(u, v))$$

e tais que, para todo $(x, y) \in \Omega_1$ e $(u, v) \in \Omega_2$,

$$\begin{cases} u = f(x, y) \\ v = g(x, y) \end{cases} \Leftrightarrow \begin{cases} x = p(u, v) \\ y = q(u, v). \end{cases}$$

Precisamos provar, então, que existem reais a, b, c e d tais que

① $$\begin{cases} p(u, v) = p(u_0, v_0) + a(u - u_0) + b(v - v_0) + \overline{R}_1(u, v) \\ q(u, v) = q(u_0, v_0) + c(u - u_0) + d(v - v_0) + \overline{R}_2(u, v) \end{cases}$$

com

$$\lim_{(u, v) \to (u_0, v_0)} \frac{\overline{R}_i(u, v)}{\|(u, v) - (u_0, v_0)\|} = 0 \quad (i = 1, 2).$$

(Observe que pelo que vimos na seção anterior deveremos ter

$$\begin{bmatrix} a & b \\ c & d \end{bmatrix} = (JF(x_0, y_0))^{-1}).$$

Como as funções $u = f(x, y)$ e $v = g(x, y)$ são diferenciáveis em (x_0, y_0), temos

② $$\begin{cases} f(x, y) = f(x_0, y_0) + \dfrac{\partial f}{\partial x}(x_0, y_0)(x - x_0) + \dfrac{\partial f}{\partial y}(x_0, y_0)(y - y_0) + R_1(x, y) \\ g(x, y) = g(x_0, y_0) + \dfrac{\partial g}{\partial x}(x_0, y_0)(x - x_0) + \dfrac{\partial g}{\partial y}(x_0, y_0)(y - y_0) + R_2(x, y) \end{cases}$$

com

$$\lim_{(x, y) \to (x_0, y_0)} \frac{R_i(x, y)}{\|(x, y) - (x_0, y_0)\|} = 0 \quad (i = 1, 2).$$

Fazendo

$$M = JF(x_0, y_0) = \begin{bmatrix} \dfrac{\partial f}{\partial x}(x_0, y_0) & \dfrac{\partial f}{\partial y}(x_0, y_0) \\ \dfrac{\partial g}{\partial x}(x_0, y_0) & \dfrac{\partial g}{\partial y}(x_0, y_0) \end{bmatrix}$$

② pode ser colocada na forma matricial

$$M^{-1}\begin{bmatrix} f(x, y) - f(x_0, y_0) \\ g(x, y) - g(x_0, y_0) \end{bmatrix} = \begin{bmatrix} x - x_0 \\ y - y_0 \end{bmatrix} + M^{-1}\begin{bmatrix} R_1(x, y) \\ R_2(x, y) \end{bmatrix}$$

em que M^{-1} é a matriz inversa de M. Fazendo, agora, a mudança de variável

$$\begin{cases} x = p(u, v) \\ y = q(u, v) \end{cases} \left(\Leftrightarrow \begin{array}{l} u = f(x, y) \\ v = g(x, y) \end{array} \right)$$

obtemos

③ $$M^{-1}\begin{bmatrix} u - u_0 \\ v - v_0 \end{bmatrix} = \begin{bmatrix} p(u, v) - p(u_0, v_0) \\ q(u, v) - q(u_0, v_0) \end{bmatrix} - \begin{bmatrix} \overline{R_1}(u, v) \\ \overline{R_2}(u, v) \end{bmatrix}$$

em que

$$\begin{bmatrix} \overline{R_1}(u, v) \\ \overline{R_2}(u, v) \end{bmatrix} = -M^{-1}\begin{bmatrix} R_1(p(u, v), q(u, v)) \\ R_2(p(u, v), q(u, v)) \end{bmatrix}.$$

Observe que ③ é exatamente ① se tomarmos

$$\begin{bmatrix} a & b \\ c & d \end{bmatrix} = M^{-1}.$$

Vamos provar, então, que

$$\lim_{(u, v) \to (u_0, v_0)} \frac{\overline{R_i}(u, v)}{\|(u, v) - (u_0, v_0)\|} = 0 \quad (i = 1, 2).$$

Para isto, é suficiente provar que

④ $$\lim_{(u, v) \to (u_0, v_0)} \frac{R_i(p(u, v), q(u, v))}{\|(u, v) - (u_0, v_0)\|} = 0 \quad (i = 1, 2).$$

Fazendo a mudança de variável,

$$\begin{cases} x = p(u, v) \\ y = q(u, v) \end{cases}$$

Apêndice D

e lembrando que $p(u, v)$ e $q(u, v)$ são contínuas e que $x_0 = p(u_0, v_0)$ e $y_0 = q(u_0, v_0)$ resulta

$$\lim_{(u, v) \to (u_0, v_0)} \frac{R_i(p(u, v), q(u, v))}{\|(u, v) - (u_0, v_0)\|}$$

$$= \lim_{(x, y) \to (x_0, y_0)} \frac{R_i(x, y)}{\|(f(x, y), g(x, y)) - (f(x_0, y_0), g(x_0, y_0))\|}$$

$$= \lim_{(x, y) \to (x_0, y_0)} \frac{R_i(x, y)}{\|(x, y) - (x_0, y_0)\|} \cdot \frac{\|(x, y) - (x_0, y_0)\|}{\|(f(x, y), g(x, y)) - (f(x_0, y_0), g(x_0, y_0))\|}$$

Como já sabemos que

$$\lim_{(x, y) \to (x_0, y_0)} \frac{R_i(x, y)}{\|(x, y) - (x_0, y_0)\|} = 0$$

para concluir que o limite acima é zero basta mostrar que

⑤
$$\frac{\|(x, y) - (x_0, y_0)\|}{\|(f(x, y), g(x, y)) - (f(x_0, y_0), g(x_0, y_0))\|}$$

é limitada numa bola aberta de centro (x_0, y_0). É o que faremos a seguir. Inicialmente, observamos que a norma de um *vetor coluna* $\begin{bmatrix} \alpha \\ \beta \end{bmatrix}$ é igual à do vetor (α, β), isto é,

$$\left\| \begin{bmatrix} \alpha \\ \beta \end{bmatrix} \right\| = \|(\alpha, \beta)\|.$$

Agora podemos continuar. Sabemos que

⑥
$$\begin{bmatrix} f(x, y) - f(x_0, y_0) \\ g(x, y) - g(x_0, y_0) \end{bmatrix} = M \begin{bmatrix} x - x_0 \\ y - y_0 \end{bmatrix} + \begin{bmatrix} R_1(x, y) \\ R_2(x, y) \end{bmatrix}$$

em que

$$\lim_{(x, y) \to (x_0, y_0)} \frac{1}{\|(x, y) - (x_0, y_0)\|} \begin{bmatrix} R_1(x, y) \\ R_2(x, y) \end{bmatrix} = \begin{bmatrix} 0 \\ 0 \end{bmatrix}.$$

De ⑥ segue que

⑦
$$\left\| \begin{bmatrix} f(x, y) - f(x_0, y_0) \\ g(x, y) - g(x_0, y_0) \end{bmatrix} \right\| \geq \left\| M \begin{bmatrix} x - x_0 \\ y - y_0 \end{bmatrix} \right\| - \left\| \begin{bmatrix} R_1(x, y) \\ R_2(x, y) \end{bmatrix} \right\|$$

Antes de continuar, faremos mais uma observação. A matriz M é inversível, pois é a matriz jacobiana

$$M = \begin{bmatrix} \frac{\partial f}{\partial x}(x_0, y_0) & \frac{\partial f}{\partial y}(x_0, y_0) \\ \frac{\partial g}{\partial x}(x_0, y_0) & \frac{\partial g}{\partial y}(x_0, y_0) \end{bmatrix}.$$

Segue que

$$M = \begin{bmatrix} x \\ y \end{bmatrix}$$

é uma transformação linear, portanto contínua e que só se anula em $\begin{bmatrix} 0 \\ 0 \end{bmatrix}$. (Confira!) Seja, agora, A o conjunto

$$A = \{(x, y) \in \mathbb{R}^2 \mid x^2 + y^2 + 1\}.$$

A é compacto e a função $\varphi : A \to \mathbb{R}$ dada por

$$\varphi(x, y) = \left\| M \begin{bmatrix} x \\ y \end{bmatrix} \right\|$$

é contínua. Logo, φ assume valor mínimo em A, e este valor mínimo é diferente de zero. Assim, sendo $k > 0$ este valor mínimo, teremos para todo $(x, y) \in A$,

$$\varphi(x, y) \geqslant k.$$

Por outro lado

$$\left\| \left(\frac{x_0 - y_0}{\|(x, y) - (x_0, y_0)\|}, \frac{y - y_0}{\|(x, y) - (x_0, y_0)\|} \right) \right\| = 1$$

para todo $(x, y) \neq (x_0, y_0)$. Para simplificar um pouco, façamos

$$s = \frac{x - y_0}{\|(x, y) - (x_0, y_0)\|} \text{ e } t = \frac{y - y_0}{\|(x, y) - (x_0, y_0)\|}.$$

Assim, para todo $(x, y) \neq (x_0, y_0)$, o par $(s, t) \in A = \{(x, y) \mid x^2 + y^2 = 1\}$. Temos, então, para todo $(x, y) \neq (x_0, y_0)$,

⑧
$$\left\| M \begin{bmatrix} s \\ t \end{bmatrix} \right\| \geqslant k.$$

De ⑤ e ⑦ segue que, para $(x, y) \neq (x_0, y_0)$,

$$⑤ \leqslant \frac{\|(x, y) - (x_0, y_0)\|}{\left\| M \begin{bmatrix} x - x_0 \\ y - y_0 \end{bmatrix} \right\| - \|(R_1(x, y), R_2(x, y)\|}$$

$$= \frac{1}{\left\| M \begin{bmatrix} s \\ t \end{bmatrix} \right\| - \frac{\|(R_1(x, y), R_2(x, y))\|}{\|(x, y) - (x_0, y_0)\|}}.$$

Apêndice D

Tendo em vista ⑧, obtemos

$$⑤ \leq \frac{1}{k - \frac{\|(R_1(x, y), R_2(x, y))\|}{\|(x, y) - (x_0, y_0)\|}}.$$

Por outro lado, como

$$\lim_{(x, y) \to (x_0, y_0)} \frac{\|(R_1(x, y), R_2(x, y))\|}{\|(x, y) - (x_0, y_0)\|} = 0$$

existe $r_1 > 0$ tal que, para todo $(x, y) \neq (x_0, y_0)$,

$$\|(x, y) - (x_0, y_0)\| < r_1 \Rightarrow \frac{\|(R_1(x, y), R_2(x, y))\|}{\|(x, y) - (x_0, y_0)\|} < \frac{k}{2}.$$

Daí e da desigualdade anterior resulta, para todo $(x, y) \neq (x_0, y_0)$, com $\|(x, y) - (x_0, y_0)\| < r_1$,

$$⑤ \leq \frac{2}{k}.$$

Fica provado assim que o limite ④ é zero. Logo, as funções

$$\begin{cases} x = p(u, v) \\ y = q(u, v) \end{cases}$$

são diferenciáveis em (u_0, v_0).

Seja $F : \Omega \subset \mathbb{R}^2 \to \mathbb{R}^2$ de classe C^1 no aberto Ω e tal que $JF(x_0, y_0)$, $(x_0, y_0) \in \Omega$, seja inversível. Nosso objetivo nas próximas seções é provar que, nestas condições, existe um aberto $\Omega_1 \subset \Omega$, com $(x_0, y_0) \in \Omega_1$ tal que a matriz jacobiana $JF(x, y)$ é inversível em todo $(x, y) \in \Omega_1$, F é uma função inversível em Ω_1, o conjunto $\Omega_2 = F(\Omega_1)$ é aberto e a função inversa $G : \Omega_2 \to \mathbb{R}^2$ é de classe C^1.

D.3 Preliminares

O que dissemos no final da seção anterior pode ser reescrito da seguinte forma. Sejam

$$\begin{cases} u = f(x, y) \\ v = g(x, y) \end{cases} \quad (x, y) \in \Omega$$

funções a valores reais e de classe C^1 no aberto $\Omega \subset \mathbb{R}^2$. Sejam $(x_0, y_0) \in \Omega$, $u_0 = f(x_0, y_0)$ e $v_0 = g(x_0, y_0)$. Suponhamos que o determinante jacobiano

$$\frac{\partial(u, v)}{\partial(x, y)} = \begin{vmatrix} \frac{\partial f}{\partial x}(x, y) & \frac{\partial f}{\partial y}(x, y) \\ \frac{\partial g}{\partial x}(x, y) & \frac{\partial g}{\partial y}(x, y) \end{vmatrix}$$

seja diferente de zero no ponto (x_0, y_0).

Pois bem, nosso objetivo a seguir é provar que existem abertos Ω_1 e Ω_2, com $\Omega_1 \subset \Omega$, $(x_0, y_0) \in \Omega_1$, $(u_0, v_0) \in \Omega_2$ e um *único* par de funções $(p(u, v), q(u, v))$ definidas e de classe C^1 em Ω_2, tais que, para todo $(x, y) \in \Omega_1$ e $(u, v) \in \Omega_2$,

$$\begin{cases} u = f(x, y) \\ v = g(x, y) \end{cases} \Leftrightarrow \begin{cases} x = p(u, v) \\ y = q(u, v) \end{cases}.$$

No fundo, entre outras coisas, o que estamos querendo é estudar a possibilidade de resolver o sistema

① $$\begin{cases} u = f(x, y) \\ v = g(x, y) \end{cases}$$

para (u, v) próximo de (u_0, v_0). Com este objetivo em mente, vamos colocar ① numa forma mais adequada. Observamos, inicialmente, que, sem perda de generalidade, podemos supor

$$(x_0, y_0) = (0, 0) \text{ e } (u_0, v_0) = (0, 0).$$

Como $f(x, y)$ e $g(x, y)$ são de classe C^1, portanto diferenciáveis, temos, conforme aprendemos no Vol. 2,

$$f(x, y) = \frac{\partial f}{\partial x}(0, 0)x + \frac{\partial f}{\partial y}(0, 0)y + R_1(x, y)$$

e

$$g(x, y) = \frac{\partial g}{\partial x}(0, 0)x + \frac{\partial g}{\partial y}(0, 0)y + R_2(x, y)$$

em que

② $$\lim_{(x, y) \to (0, 0)} \frac{R_i(x, y)}{\|(x, y)\|} = 0 \quad (i = 1, 2).$$

Desta forma, ① é equivalente a

$$\begin{cases} u = \dfrac{\partial f}{\partial x}(0, 0)x + \dfrac{\partial f}{\partial y}(0, 0)y + R_1(x, y) \\ v = \dfrac{\partial g}{\partial x}(0, 0)x + \dfrac{\partial g}{\partial y}(0, 0)y + R_2(x, y) \end{cases}$$

que, em forma matricial, se escreve

③ $$\begin{bmatrix} u \\ v \end{bmatrix} = \begin{bmatrix} \dfrac{\partial f}{\partial x}(0, 0) & \dfrac{\partial f}{\partial y}(0, 0) \\ \dfrac{\partial g}{\partial x}(0, 0) & \dfrac{\partial g}{\partial y}(0, 0) \end{bmatrix} \begin{bmatrix} x \\ y \end{bmatrix} + \begin{bmatrix} R_1(x, y) \\ R_2(x, y) \end{bmatrix}.$$

Apêndice D

Como o determinante jacobiano $\dfrac{\partial(u, v)}{\partial(x, y)}$ está sendo suposto diferente de 0 em $(0, 0)$, resulta que a matriz jacobiana

$$M = \begin{bmatrix} \dfrac{\partial f}{\partial x}(0, 0) & \dfrac{\partial f}{\partial y}(0, 0) \\ \dfrac{\partial g}{\partial x}(0, 0) & \dfrac{\partial g}{\partial y}(0, 0) \end{bmatrix}$$

é inversível. Segue que ③ é equivalente a

$$\begin{bmatrix} \overline{u} \\ \overline{v} \end{bmatrix} = \begin{bmatrix} x \\ y \end{bmatrix} + \begin{bmatrix} \overline{R_1}(x, y) \\ \overline{R_2}(x, y) \end{bmatrix}$$

em que

④
$$\begin{bmatrix} \overline{u} \\ \overline{v} \end{bmatrix} = M^{-1} \begin{bmatrix} u \\ v \end{bmatrix}$$

e

⑤
$$\begin{bmatrix} \overline{R_1}(x, y) \\ \overline{R_2}(x, y) \end{bmatrix} = M^{-1} \begin{bmatrix} R_1(x, y) \\ R_2(x, y) \end{bmatrix}.$$

De ④ segue que se $(\overline{u}, \overline{v})$ descreve um aberto então (u, v) também descreverá um aberto (por quê?). De ② e ⑤ segue que

$$\lim_{(x, y) \to (0, 0)} \dfrac{\overline{R_i}(x, y)}{\|(x, y)\|} = 0 \quad (i = 1, 2)$$

conforme se verifica facilmente.

Desta forma, sem perda de generalidade, podemos supor ① da forma

$$\begin{cases} u = x + R_1(x, y) \\ v = y + R_2(x, y) \end{cases}$$

com $R_1(x, y)$ e $R_2(x, y)$ de classe C^1 e

⑥
$$\lim_{(x, y) \to (0, 0)} \dfrac{R_i(x, y)}{\|(x, y)\|} = 0 \quad (i = 1, 2).$$

Vamos então estudar o sistema

⑦
$$\begin{cases} u = f(x, y) \\ v = g(x, y) \end{cases}$$

com $f(x, y) = x + R_1(x, y)$ e $g(x, y) = y + R_2(x, y)$, com $R_1(x, y)$ e $R_2(x, y)$ satisfazendo as condições acima.

Da condição ⑥ segue que $R_1(0,0) = 0$, $R_2(0,0) = 0$, $\dfrac{\partial R_1}{\partial x}(0,0) = 0$, $\dfrac{\partial R_1}{\partial y}(0,0) = 0$, $\dfrac{\partial R_2}{\partial x}(0,0) = 0$ e $\dfrac{\partial R_2}{\partial y}(0,0) = 0$. (Verifique.)

Nosso objetivo, a seguir, é provar que para (u, v) próximo da origem $(0, 0)$ o sistema ⑦ admite solução única. Para este fim, vamos considerar a função

$$F(x, y) = (f(x, y), g(x, y)) = (x + R_1(x, y), y + R_2(x, y))$$

e, portanto,

$$F(x, y) = (x, y) + R(x, y)$$

em que

$$R(x, y) = (R_1(x, y), R_2(x, y)).$$

Inicialmente, vamos provar que existe um aberto Ω_1, com $(0, 0) \in \Omega_1$, tal que F é *injetora* em Ω_1. Para isto vamos precisar provar, primeiro, que $R(x, y)$ é uma *contração* num aberto Ω_1 contendo a origem. É o que faremos na próxima seção.

D.4 Uma Propriedade da Função *R*

Nosso objetivo a seguir é provar que existem $r > 0$ e $0 < \lambda < 1$ tais que, para todo (x, y) e (s, t) na bola aberta de centro $(0, 0)$ e raio r, tem-se

① $$\|R(x, y) - R(s, t)\| \leq \lambda \|(x, y) - (s, t)\|.$$

Inicialmente, observamos que

$$\|R(x, y) - R(s, t)\| = \|(R_1(x, y), R_2(x, y)) - (R_1(s, t), R_2(s, t))\|$$
$$= \|(R_1(x, y) - R_1(s, t), R_2(x, y) - R_2(s, t))\|$$
$$\leq |R_1(x, y) - R_1(s, t)| + |R_2(x, y) - R_2(s, t))|.$$

Ou seja,

② $$\|R(x, y) - R(s, t)\| \leq |R_1(x, y) - R_1(s, t)| + |R_2(x, y) - R_2(s, t)|.$$

(Verifique.)

Consideremos, agora, as funções

$$m(x, y) = \|\nabla R_1(x, y)\|$$

e

$$n(x, y) = \|\nabla R_2(x, y)\|.$$

Como R_1 e R_2 são de classe C^1, as funções $m(x, y)$ e $n(x, y)$ são contínuas e se anulam na origem, pois, como vimos na seção anterior, as derivadas parciais de R_1 e R_2 se anulam na origem. Segue que, dado $\lambda > 0$, com $0 < \lambda < 1$, existe $r > 0$ tal que

$$\|(x, y)\| < r \Rightarrow \|\nabla R_1(x, y)\| < \dfrac{\lambda}{2}$$

e
$$\|(x, y)\| < r \Rightarrow \|\nabla R_2(x, y)\| < \frac{\lambda}{2}.$$

Seja Ω_1 a bola aberta de raio r e centro $(0, 0)$. Sejam (x, y) e (s, t) dois pontos quaisquer de Ω_1. Pelo teorema do valor médio (veja Vol. 2), existem (x_1, y_1) e (x_2, y_2) no segmento de extremidades (x, y) e (s, t) tais que

$$R_1(x, y) - R_1(s, t) = \nabla R_1(x_1, y_1) \cdot ((x, y) - (s, t))$$

e

$$R_2(x, y) - R_2(s, t) = \nabla R_2(x_2, y_2) \cdot ((x, y) - (s, t)).$$

Pela desigualdade de Schwarz, resulta

$$|R_1(x, y) - R_1(s, t)| \leq \|\nabla R_1(x, y)\| \|(x, y) - (s, t)\|$$

e

$$|R_2(x, y) - R_2(s, t)| \leq \|\nabla R_2(x, y)\| \|(x, y) - (s, t)\|.$$

Como (x_1, y_1) e (x_2, y_2) pertencem, também, à bola aberta Ω_1, resulta

$$|R_1(x, y) - R_1(s, t)| \leq \frac{\lambda}{2} \|(x, y) - (s, t)\|$$

e

$$|R_2(x, y) - R_2(s, t)| \leq \frac{\lambda}{2} \|(x, y) - (s, t)\|.$$

De ② e das desigualdades acima resulta ①. Fica provado assim o seguinte importante resultado.

> Seja $R(x, y)$ a função dada na seção anterior. Então existem $r > 0$ e $0 < \lambda < 1$ tais, para todo (x, y) e (s, t) na bola aberta de raio r e centro $(0, 0)$, tem-se
>
> $$\|R(x, y) - R(s, t)\| \leq \lambda \|(x, y) - (s, t)\|.$$

A propriedade acima nos diz que $R(x, y)$ é uma *contração* em Ω_1, em que Ω_1 é a bola aberta de raio r e centro em $(0, 0)$.

D.5 Injetividade de *F* em Ω_1

Nosso objetivo nesta seção é provar que a função

$$F(x, y) = (x, y) + R(x, y)$$

é *injetora* em Ω_1. Isto é, vamos provar que, para todo (x, y) e (s, t) em Ω_1, tem-se

$$(x, y) \neq (s, t) \Rightarrow F(x, y) \neq F(s, t).$$

De fato,
$$\|F(x, y) - F(s, t)\| = \|[(x, y) - (s, t)] + [R(x, y) - R(s, t)]\|$$
$$\geq \|(x, y) - (s, t)\| - \|R(x, y) - R(s, t)\|.$$

Da seção anterior,
$$\|R(x, y) - R(s, t)\| \leq \lambda \|(x, y) - (s, t)\|$$

em que $0 < \lambda < 1$. Segue que
$$\|F(x, y) - F(s, t)\| \geq \|(x, y) - (s, t)\| - \lambda \|(x, y) - (s, t)\|$$

e, portanto,
$$\|F(x, y) - F(s, t)\| \geq (1 - \lambda)\|(x, y) - (s, t)\|$$

Então, para $(x, y) \neq (s, t)$
$$\|F(x, y) - F(s, t)\| > 0,$$

ou seja,
$$F(x, y) \neq F(s, t).$$

Fica provado assim o seguinte importante resultado.

A função
$$F(x, y) = (x, y) + R(x, y)$$
é injetora na bola aberta Ω_1 de raio r e centro $(0, 0)$.

Nosso objetivo a seguir é provar que F transforma o aberto Ω_1 num aberto Ω_2. Ou seja, queremos provar que o conjunto
$$\Omega_2 = F(\Omega 1)$$
é aberto. Para este fim, vamos primeiro provar um *teorema de ponto fixo*.

D.6 Um Teorema de Ponto Fixo

Teorema. Seja $A \subset \mathbb{R}^n$ um conjunto compacto e $H : A \to A$ uma função satisfazendo a seguinte condição: quaisquer que sejam os pontos $X \neq Y$ em A tem-se
$$\|H(X) - H(Y)\| < \|X - Y\|.$$

Nestas condições, existirá um único $S \in A$ tal que
$$H(S) = S.$$

(Tal S denomina-se *ponto fixo* para H.)

Apêndice D

Demonstração

Unicidade
Se $X \neq Y$ são pontos fixos, teremos $\|X-Y\| = \|H(X) - H(Y)\| < \|X - Y\|$, que é impossível. Logo, poderá existir, no máximo, um ponto fixo.

Existência
Consideremos a função

$$k(X) = \|X - H(X)\|, X \in A.$$

A hipótese garante a continuidade de H em A e, portanto, $k(X)$ será contínua em A. Como A é compacto e $k(X)$ contínua, resulta que $k(X)$ assume valor mínimo em A. Seja, então, S um ponto de mínimo de $k(X)$. Assim, para todo X em A temos

① $$\|X - H(X)\| \geq \|S - H(S)\|.$$

Vamos mostrar que

$$S = H(S).$$

Supondo $S \neq H(S)$ e tomando $T = H(S)$ obtemos

$$\|T - H(T)\| = \|H(S) - H(H(S))\| < \|S - H(S)\|$$

que está em desacordo com ①. Logo, $S = H(S)$. ∎

D.7 Prova de que o Conjunto $\Omega_2 = F(\Omega_1)$ É Aberto

Para provar que

$$\Omega_2 = F(\Omega_1)$$

é aberto, precisamos provar que, para todo $(u_1, v_1) \in \Omega_2$, existe $s > 0$ tal que a bola aberta Δ de centro (u_1, v_1) e raio s está contida em Ω_2. Para isto, precisamos provar que, para todo $(u_2, v_2) \in \Delta$, existe (x_2, y_2) em Ω_1 tal que

$$F(x_2, y_2) = (u_2, v_2).$$

Ou seja, precisamos provar que dado (u_2, v_2) em Δ, o sistema

① $$\begin{cases} u_2 = x + R_1(x, y) \\ v_2 = y + R_2(x, y) \end{cases}$$

admite solução em Ω_1. O sistema acima é equivalente a

$$(u_2, v_2) - R(x, y) = (x, y).$$

Assim, provar que ① admite uma solução $(x_2, y_2) \in \Omega_1$ é equivalente a provar que

② $$H(x, y) = (u_2, v_2) - R(x, y)$$

admite um ponto fixo (x_2, y_2).

Vamos então ajeitar as coisas para cair nas condições do teorema do ponto fixo.
Inicialmente, observamos que, para todo (x, y) e $(\overline{x}, \overline{y})$, com $(x, y) \neq (\overline{x}, \overline{y})$, em Ω_1, tem-se

$$\|H(x, y) - H(\overline{x}, \overline{y})\| = \|R(x, y) - R(\overline{x}, \overline{y})\|$$
$$\leq \lambda \|(x, y) - (\overline{x}, \overline{y})\|$$

e como, $0 < \lambda < 1$, resulta

$$\boxed{\|H(x, y) - H(\overline{x}, \overline{y})\| < \|(x, y) - (\overline{x}, \overline{y})\|.}$$

Seja, agora, $(x_1, y_1) \in \Omega_1$ tal que

$$F(x_1, y_1) = (u_1, v_1).$$

Tomemos, agora, uma bola fechada A de centro (x_1, y_1) e raio $\delta > 0$ contida em Ω_1. Vamos mostrar, a seguir, que tomando $\|(u_2, v_2) - (u_1, v_1)\| < s$, com $s = (1 - \lambda)\delta$, teremos

$$H(A) \subset A.$$

Para isto é suficiente mostrar que, para todo $(x, y) \in A$ e, portanto, $\|(x, y) - (x_1, y_1)\| < \delta$, teremos

$$\|H(x, y) - (x_1, y_1)\| < \delta.$$

Vamos lá então!

$$\|H(x, y) - (x_1, y_1)\| = \|(u_2, v_2) - R(x, y) - (x_1, y_1)\|$$
$$= \|(u_2, v_2) - (u_1, v_1) + (u_1, v_1) - R(x, y) - (x_1, y_1)\|$$
$$= \|(u_2, v_2) - (u_1, v_1) + F(x_1, y_1) - R(x, y) - (x_1, y_1)\|$$
$$= \|(u_2, v_2) - (u_1, v_1) + R(x_1, y_1) - R(x, y)\|$$

pois $F(x_1, y_1) = (x_1, y_1) + R(x_1, y_1)$.

Segue que

$$\|H(x, y) - (x_1, y_1)\| \leq \|(u_2, v_2) - (u_1, v_1)\| + \|R(x, y) - R(x_1, y_1)\|$$

e, portanto,

$$\|H(x, y) - (x_1, y_1)\| \leq (1 - \lambda)\delta + \lambda \|(x, y) - (x_1, y_1)\|$$
$$\leq (1 - \lambda)\delta + \lambda\delta$$

ou seja,

$$\|H(x, y) - (x_1, y_1)\| \leq \delta.$$

Temos então

$$\boxed{H(A) \subset A}$$

e, para todo (x, y) e $(\overline{x}, \overline{y})$ em A, com $(x, y) \neq (\overline{x}, \overline{y})$,

$$\|H(x, y) - H(\overline{x}, \overline{y})\| < \|(x, y) - (\overline{x}, \overline{y})\|$$

Apêndice D

Pelo teorema do ponto fixo, existe $(x_2, y_2) \in A$ tal que

$$H(x_2, y_2) = (x_2, y_2),$$

ou seja,

$$\begin{cases} u_2 = x_2 + R_1(x_2, y_2) \\ v_2 = y_2 + R_2(x_2, y_2). \end{cases}$$

Fica provado assim que todo ponto $(u_1, v_1) \in \Omega_2$ é centro de uma bola aberta contida em Ω_2, ou seja, Ω_2 é aberto.

Conclusão

> Para todo (u, v) no aberto Ω_2 existe um único par
>
> $$(x, y) = (p(u, v), q(u, v))$$
>
> no aberto Ω_1, tal que
>
> $$\begin{cases} u = f(x, y) \\ v = g(x, y). \end{cases}$$
>
> Ou seja, para todo (x, y) no aberto Ω_1 e (u, v) no aberto Ω_2 tem-se
>
> $$\begin{cases} u = f(x, y) \\ v = g(x, y). \end{cases} \Leftrightarrow \begin{cases} x = p(u, v) \\ y = q(u, v). \end{cases}$$

Observe que fazendo

$$G(x, y) = (p(x, y), q(x, y))$$

resulta, para todo $(x, y) \in \Omega_2$,

$$F(G(x, y)) = (x, y)$$

e, para todo $(x, y) \in \Omega_1$,

$$G(F(x, y)) = (x, y).$$

De

$$F(x, y) = (x, y) + R(x, y)$$

resulta

$$F(G(x, y)) = G(x, y) + R(G(x, y))$$

e, portanto,

$$\boxed{G(x, y) + R(G(x, y)) = (x, y)}$$

Utilizando esta última identidade, vamos provar a continuidade de $G(x, y)$ em Ω_2.

Teoremas da Função Inversa e da Função Implícita

Sendo (x, y) e (s, t) dois pontos quaisquer de Ω_2, temos

$$\|G(x, y) - G(s, t)\| = \|(x, y) - (s, t) + R(G(x, y)) - R(G(s, t))\|$$
$$\leq \|(x, y) - (s, t)\| + \|R(G(x, y)) - R(G(s, t))\|$$

e, portanto,

$$\|G(x, y) - G(s, t)\| \leq \|(x, y) - (s, t)\| + \lambda \|G(x, y) - G(s, t)\|.$$

Daí resulta que, para todo (x, y) e (s, t) em Ω_2, tem-se

$$\|G(x, y) - G(s, t)\| \leq \frac{1}{1 - \lambda} \|(x, y) - (s, t)\|.$$

Desta desigualdade segue a continuidade de G no aberto Ω_2. (Verifique.)

Observamos que o aberto Ω_1 pode ser tomado de modo que o determinante jacobiano de $F(x, y)$ seja diferente de zero em todo (x, y) de Ω_1. (Para confirmar este fato considere a função

$$\varphi(x, y) = \begin{bmatrix} \frac{\partial f}{\partial x}(x, y) & \frac{\partial f}{\partial y}(x, y) \\ \frac{\partial g}{\partial x}(x, y) & \frac{\partial g}{\partial y}(x, y) \end{bmatrix}$$

definida no aberto Ω. Como f e g são de classe C^1 e $\varphi(x_0, y_0) \neq 0$ segue do teorema da conservação do sinal que...)

Segue, então, de D.2 que $G(x, y)$ é diferenciável em todo $(x, y) \in \Omega_1$.

Por outro lado, da relação

$$JG(u, v) = (JF(x, y))^{-1}$$

em que $(x, y) = G(u, v)$, e pelo fato de F ser de classe C^1 e G contínua, resulta que G é de classe C^1 em Ω_2. (Confira.)

D.8 Teorema da Função Inversa

Do que vimos nas seções anteriores vem o seguinte importante teorema.

Teorema da função inversa. Seja

$$F : \Omega \subset \mathbb{R}^n \to \mathbb{R}^n$$

com Ω aberto e F de classe C^1. Seja $X_0 \in \Omega$ e seja $Y_0 = F(X_0)$. Nestas condições, se o determinante jacobiano de F, em X_0, for diferente de zero então existirá um aberto $\Omega_1 \subset \Omega$, com $X_0 \in \Omega_1$, tal que $\Omega_2 = F(\Omega_1)$ será aberto, a restrição de F a Ω_1 será inversível e a inversa G será de classe C^1 em Ω_2.

O que fizemos nas seções anteriores foi provar o teorema da função inversa para $n = 2$. Na verdade, nada teria mudado se tivéssemos trabalhado com $n \geq 3$.

Apêndice D

D.9 Teorema da Função Implícita

Nesta seção, veremos como obter o teorema da função implícita em alguns casos particulares e deixaremos para o leitor enunciar e demonstrar tal teorema no caso geral.

1º CASO. Suponha $g(x, y)$ de classe C^1 num aberto $\Omega \subset \mathbb{R}^2$, com $(x_0, y_0) \in \Omega$, tal que

$$g(x_0, y_0) = 0 \text{ e } \frac{\partial g}{\partial y}(x_0, y_0) \neq 0.$$

Nestas condições, existe um aberto $\Omega_1 \subset \Omega$, com $(x_0, y_0) \in \Omega_1$, e uma *única* função $y = h(x)$ definida e de classe C^1 num intervalo aberto I, $x_0 \in I$, tal que, para todo $x \in I$, $(x, h(x)) \in \Omega_1$, e

$$g(x, h(x)) = 0.$$

Demonstração

Consideremos o sistema

$$\begin{cases} u = x \\ v = g(x, y) \end{cases} \quad (x, y) \in \Omega.$$

Em (x_0, y_0), o determinante jacobiano

$$\frac{\partial(u, v)}{\partial(x, y)} = \begin{vmatrix} 0 & 1 \\ \frac{\partial g}{\partial x}(x, y) & \frac{\partial g}{\partial y}(x, y) \end{vmatrix}$$

é diferente de zero, pois, em (x_0, y_0) seu valor é $\frac{\partial g}{\partial y}(x_0, y_0)$ que, por hipótese, é diferente de zero. Seja

$$(u_0, v_0) = (f(x_0, y_0), g(x_0, y_0)).$$

Como $f(x, y) = x$ e $g(x_0, y_0) = 0$, resulta $(u_0, v_0) = (x_0, 0)$.

Pelo teorema da função inversa, existem abertos Ω_1 e Ω_2, com

$$(x_0, y_0) \in \Omega_1 \subset \Omega \text{ e } (u_0, v_0) \in \Omega_2,$$

e um único par de funções $(p(u, v), q(u, v))$ tais que, para todo $(x, y) \in \Omega_1$ e $(u, v) \in \Omega_2$,

① $$\begin{cases} u = x \\ v = g(x, y) \end{cases} \Leftrightarrow \begin{cases} x = p(u, v) = u \\ y = q(u, v). \end{cases}$$

Como Ω_2 é aberto e $(x_0, 0) = (u_0, v_0) \in \Omega_2$, existe um intervalo aberto I, $x_0 \in I$ tal que, para todo $u \in I$, $(u, 0) \in \Omega_2$.

Segue de ① que, para todo $u \in I$,

$$\begin{cases} x = u \\ y = q(u, 0) \end{cases} \Leftrightarrow \begin{cases} u = x \\ 0 = g(x, q(u, 0)). \end{cases}$$

Fazendo $h(x) = q(x, 0)$, resulta que, para todo $x \in I$,

$$0 = g(x, h(x)).$$

Assim, a função $y = h(x)$ é de classe C^1 e é dada implicitamente pela equação

$$g(x, y) = 0.$$

Observe que, para todo $u \in I$,

$$(u, q(u, 0)) \in \Omega_1$$

logo, para todo $x \in I$,

$$(x, h(x)) \in \Omega_1.$$

Suponhamos, agora, que $y = h_1(x)$ seja outra função definida e de classe C^1 no intervalo aberto I e tal que, para todo $x \in I$,

$$(x, h_1(x)) \in \Omega_1 \text{ e } 0 = g(x, h_1(x)).$$

De ① segue que, para todo $x \in I$,

$$\begin{cases} u = x \\ 0 = g(x, h_1(x)) \end{cases} \Leftrightarrow \begin{cases} x = u \\ h_1(x) = q(u, 0) \end{cases}$$

ou seja, $h_1(x) = q(x, 0) = h(x)$. ∎

Observação. Para outra demonstração deste caso, veja Vol. 2.

2º CASO. Suponha $g(x, y, z)$ de classe C^1 num aberto $\Omega \subset \mathbb{R}^3$, com $(x_0, y_0, z_0) \in \Omega$, tal que

$$g(x_0, y_0, z_0) = 0 \text{ e } \frac{\partial g}{\partial z}(x_0, y_0, z_0) \neq 0.$$

Nestas condições, existe um aberto $\Omega_1 \subset \Omega$, com $(x_0, y_0, z_0) \in \Omega_1$, e uma *única* função $z = h(x, y)$ definida e de classe C^1 numa bola aberta B do $\mathbb{R}^2$ e de centro (x_0, y_0), tal que, para todo $(x, y) \in B$, $(x, y, h(x, y)) \in \Omega_1$ e

$$g(x, y, h(x, y)) = 0.$$

Demonstração

Consideremos o sistema

$$\begin{cases} u = x \\ v = y \\ w = g(x, y, z) \end{cases} \quad (x, y, z) \in \Omega.$$

Apêndice D

Em (x_0, y_0, z_0), o determinante jacobiano

$$\frac{\partial(u, v, w)}{\partial(x, y, z)} = \begin{vmatrix} 1 & 0 & 0 \\ 0 & 1 & 0 \\ \dfrac{\partial w}{\partial x} & \dfrac{\partial w}{\partial y} & \dfrac{\partial w}{\partial z} \end{vmatrix}$$

tem valor $\dfrac{\partial g}{\partial z}(x_0, y_0, z_0) \neq 0$. Seja

$$(u_0, v_0, w_0) = (x_0, y_0, g(x_0, y_0, z_0)).$$

Assim $(u_0, v_0, w_0) = (x_0, y_0, 0)$. Pelo teorema da função inversa, existem abertos Ω_1 e Ω_2, com

$$(x_0, y_0, z_0) \in \Omega_1 \text{ e } (u_0, v_0, w_0) \in \Omega_2$$

e uma *única* terna de funções

$$(p(u, v, w), q(u, v, w), r(u, v, w))$$

de classe C^1 em Ω_2 e tais que, para todo $(x, y, z) \in \Omega_1$ e $(u, v, w) \in \Omega_2$,

② $\quad \begin{cases} u = x \\ v = y \\ w = g(x, y, z) \end{cases} \Rightarrow \begin{cases} x = p(u, v, w) = u \\ y = q(u, v, w) = v \\ z = r(u, v, w). \end{cases}$

Como Ω_2 é aberto e $(x_0, y_0, 0) = (u_0, v_0, w_0) \in \Omega_2$, existe uma bola aberta B em $\mathbb{R}^2$, de centro (x_0, y_0), tal que, para todo $(u, v) \in B$, $(u, v, 0) \in \Omega_2$. Segue de ② que, para todo $(u, v) \in B$,

$$\begin{cases} x = u \\ y = v \\ z = r(u, v, 0) \end{cases} \Rightarrow \begin{cases} u = x \\ v = y \\ 0 = g(x, y, \overbrace{r(u, v, 0)}^{z}). \end{cases}$$

Fazendo $h(x, y) = r(x, y, 0)$, resulta, para todo $(x, y) \in B$,

$$0 = g(x, y, h(x, y)).$$

Assim, a função $z = h(x, y)$ é de classe C^1 e é dada implicitamente pela equação

$$g(x, y, z) = 0.$$

Observe que, para todo $(u, v) \in B$,

$$(u, v, r(u, v, 0)) \in \Omega_1$$

logo, para todo $(x, y) \in B$,

$$(x, y, h(x, y)) \in \Omega_1.$$

Suponhamos, agora, que $z = h_1(x, y)$ seja outra função definida e de classe C^1 na bola aberta B e tal que, para todo $(x, y) \in B$,

$$(x, y, h_1(x, y)) \in \Omega_1 \text{ e } 0 = g(x, y, h_1(x, y)).$$

De ② segue que, para todo $(x, y) \in B$,

$$\begin{cases} u = x \\ v = y \\ w = g(x, y, h_1(x, y)) \end{cases} \Rightarrow \begin{cases} x = u \\ y = v \\ h_1(x, y) = r(u, v, 0) \end{cases}$$

ou seja, $h_1(x, y) = r(x, y, 0) = h(x, y)$. ∎

3º CASO. Suponha $f(x, y, z)$ e $g(x, y, z)$ de classe C^1 num aberto $\Omega \subset \mathbb{R}^3$, com $(x_0, y_0, z_0) \in \Omega_1$, tais que

$$f(x_0, y_0, z_0) = 0, \, g(x_0, y_0, z_0) = 0$$

e

$$\begin{vmatrix} \dfrac{\partial f}{\partial y}(x_0, y_0, z_0) & \dfrac{\partial f}{\partial z}(x_0, y_0, z_0) \\ \dfrac{\partial g}{\partial y}(x_0, y_0, z_0) & \dfrac{\partial g}{\partial z}(x_0, y_0, z_0) \end{vmatrix} \neq 0.$$

Nestas condições, existe um aberto $\Omega_1 \subset \Omega$, com $(x_0, y_0, z_0) \in \Omega_1$, e um único par de funções $y = h(x)$ e $z = k(x)$ definidas e de classe C^1 num intervalo aberto I, $x_0 \in I$, tal que, para todo $x \in I$,

$$(x, h(x), k(x)) \in \Omega_1$$

e

$$f(x, h(x), k(x)) = 0 \quad \text{e} \quad g(x, h(x), k(x)) = 0.$$

Demonstração

Consideremos o sistema

$$\begin{cases} u = x \\ v = f(x, y, z) \\ w = g(x, y, z) \end{cases} \quad (x, y, z) \in \Omega.$$

Em (x_0, y_0, z_0), o determinante jacobiano

$$\dfrac{\partial(u, v, w)}{\partial(x, y, z)} = \begin{vmatrix} 1 & 0 & 0 \\ \dfrac{\partial f}{\partial x} & \dfrac{\partial f}{\partial y} & \dfrac{\partial f}{\partial z} \\ \dfrac{\partial g}{\partial x} & \dfrac{\partial g}{\partial y} & \dfrac{\partial g}{\partial z} \end{vmatrix}$$

Apêndice D

é diferente de zero. Seja

$$(u_0, v_0, w_0) = (x_0, f(x_0, y_0, z_0), g(x_0, y_0, z_0)).$$

Da hipótese, resulta

$$(u_0, v_0, w_0) = (x_0, 0, 0).$$

Pelo teorema da função inversa, existem abertos Ω_1 e Ω_2, com

$$(x_0, y_0, z_0) \in \Omega_1 \text{ e } (u_0, v_0, w_0) \in \Omega_2$$

e uma única terna de funções

$$(p(u, v, w), q(u, v, w), r(u, v, w))$$

de classe C^1 em Ω_2, tais que, para todo $(x, y, z) \in \Omega_1$ e $(u, v, w) \in \Omega_2$,

③ $\quad\begin{cases} u = x \\ v = f(x, y, z) \\ w = g(x, y, z) \end{cases} \Leftrightarrow \begin{cases} x = u = p(u, v, w) \\ y = q(u, v, w) \\ z = r(u, v, w). \end{cases}$

Como Ω_2 é aberto e $(x_0, 0, 0) = (u_0, v_0, w_0) \in \Omega_2$, existe um intervalo aberto I, $x_0 \in I$, tal que, para todo $u \in I$, $(u, 0, 0) \in \Omega_2$. Segue de ③ que, para todo $u \in I$,

$$\begin{cases} x = u \\ y = q(u, 0, 0) \\ z = r(u, 0, 0) \end{cases} \Rightarrow \begin{cases} u = x \\ 0 = f(x, h(u), k(u)) \\ 0 = g(x, h(u), k(u)) \end{cases}$$

em que $h(u) = q(u, 0, 0)$ e $k(u) = r(u, 0, 0)$. As funções $h(x) = q(x, 0, 0)$ e $k(x) = r(x, 0, 0)$ são de classe C^1 no intervalo aberto I e, para todo x neste intervalo,

$$f(x, h(x), k(x)) = 0 \quad \text{e} \quad g(x, h(x), k(x)) = 0.$$

Fica a seu cargo concluir a unicidade de tais funções. ■

Para encerrar, fica a seu cargo a tarefa de enunciar e demonstrar o teorema da função implícita no caso geral.

APÊNDICE E

Brincando no Mathcad

E.1 Noções Gerais

Para trabalhar no Mathcad é muito simples. A partir do programa instalado, se a sua versão for o Mathcad 2000,* ao abrir o programa verá a seguinte tela:

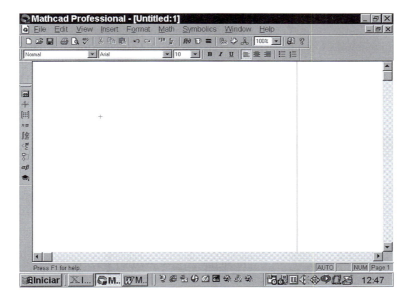

Para iniciar, clique em View na barra de menus e, em seguida, clique em Toolbars: para gráfico, escolha a opção Graph; para cálculo de derivada, integral, limite e somatória, escolha a opção Calculus; para entrar com desigualdades, escolha a opção Boolean; para cálculo simbólico ou exato, escolha a opção Symbolic etc.

---

*Ou versão Mathcad 2001.

Apêndice E

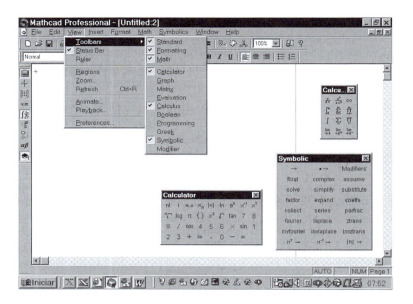

Tudo o que você precisa agora é aprender a digitar uma expressão. Para começar, clique em algum ponto da página; no ponto clicado aparecerá uma cruzetinha vermelha. É exatamente neste ponto que a expressão a ser digitada começará. **Todas as operações deverão ser indicadas**. No Mathcad, o **separador decimal é o ponto**. Para entrar com **expoente**, pressione a tecla ^ (acento circunflexo). Para entrar com **fração**, pressione a tecla / (dividir). O Mathcad trabalha com três sinais para representar o **igual**: um deles é := (para entrar com este símbolo, pressione a tecla : (dois-pontos)); o outro é = (para entrar com este símbolo, pressione **simultaneamente** as teclas Ctrl e =, ou clique no ícone desigualdades e, em seguida, clique em =); e o terceiro é a seta → que aparece na caixa Symbolic.

Quando se usa o símbolo :=

- Utiliza-se := para definir o valor de uma variável. Por exemplo, para entrar com $x = 5$, digitamos $x : 5$ para obter

$$x := 5$$

Nota: Na versão Mathcad 2001, a caixa Calculator apresenta alguma modificação.

- Utiliza-se := quando queremos definir $f(x, y)$. Por exemplo, para entrar com $f(x, y) = x + y$, devemos digitar $f(x, y) : x + y$ para obter

$$f(x, y) := x + y$$

Quando se usa o símbolo =

- Utiliza-se o símbolo = nas equações. Por exemplo, para entrar com a equação $x + y = 5$, digitamos $x + y$ e, em seguida, simultaneamente, Ctrl e = (ou clique no ícone desigualdades e, em seguida, clique em =) e, finalmente, 5 para obter

$$x + y = 5$$

Brincando no Mathcad

- Utiliza-se a seta → para obter valor exato de uma integral, derivada etc., como veremos mais adiante.

Exemplo 1 Entre com a expressão $x^2 + 5xy$.

Solução

Clique no ponto onde você quer começar a expressão. Agora, digite:

$$x \wedge 2 \text{ espaço} + 5 * x * y$$

para obter

$$x^2 + 5 \cdot x \cdot y$$

Com auxílio da tecla espaço, podemos fazer com que o ângulo envolva toda a expressão, pressionando sucessivamente tal tecla:

$$x^2 + 5 \cdot x \cdot y$$

Clicando fora do retângulo, obtém-se: $x^2 + 5 \cdot x \cdot y$. Para voltar ao modo anterior é só clicar à direita do último y e utilizar a tecla espaço. A tela abaixo mostra o estado da expressão após a digitação do acento circunflexo.

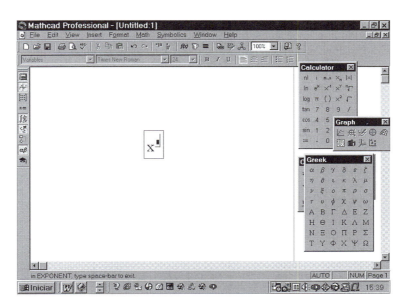

O pequeno retângulo preto envolvido pelo ângulo denomina-se *placeholder* e indica o lugar onde entrará o próximo caractere a ser digitado. Para sair do expoente, após a sua digitação, basta pressionar a tecla espaço.

Apêndice E

Observação. Digamos que você queira trocar o expoente 2 por 3: clique ao lado do 2, apague o 2 e digite 3; em seguida, clique fora do retângulo para obter $x^3 + 5 \cdot x \cdot y$. Para substituir, digamos, o 5 por 6, proceda da mesma forma: clique ao lado do 5, apague o 5, digite 6 e clique fora do retângulo.

Exemplo 2 Calcule o valor de $x^2 + 5xy$ para $x = 3$ e $y = 5$.

Solução

Clique em um ponto da página. Entre com os valores de x e de y; abaixo destes valores entre com a expressão dada e de modo que toda a expressão esteja envolvida pelo ângulo.

$$x := 3 \text{ e } y := 5$$

$$x^2 + 5 \cdot x \cdot y$$

Pressione, agora, a tecla = para obter

$$x^2 + 5 \cdot x \cdot y = 84.$$

Atenção. Substituindo o 3 em x e o 5 em y por outros valores, automaticamente o valor da expressão mudará.

Exemplo 3 Entre com a expressão $\dfrac{5x + \sqrt{x^2 + 3}}{3x^3 + 5x^2}$.

Solução

Primeiro entre com o numerador; digitado o numerador, com o ângulo envolvendo toda a expressão, como mostrado na primeira expressão da tela do Mathcad em seguida, pressione a tecla da divisão (/). Em seguida, digite o denominador. (*Lembre-se*: para entrar com o símbolo $\sqrt{}$ é só clicar neste símbolo na caixa Calculator.)

Atenção. Para entrar com uma expressão do tipo $5x^2 + 10 + \dfrac{x + 3}{x^2 + 2}$, digite

$$5x^2 + 10 + x + 3$$

Em seguida, com o ângulo envolvendo somente a expressão $x + 3$, pressione a tecla da divisão e digite o denominador respectivo e pronto.

Brincando no Mathcad

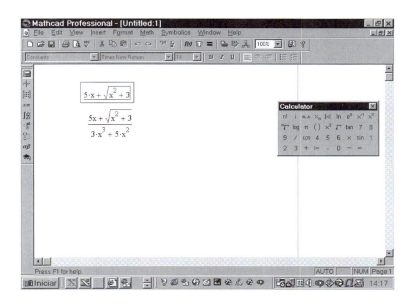

Exemplo 4   Entre com $\int_2^3 (x^2 + 5x\sqrt[3]{x^2 + 1})\,dx$.

Solução

Na caixa Calculus, clique no símbolo da integral definida. Clique no placeholder no extremo inferior da integral e digite 2. Clique no placeholder no extremo superior da integral e digite 3. Para entrar com o integrando, clique no placeholder respectivo e digite, entre parênteses, a função a ser integrada. Finalmente, clique no placeholder à direita do d e digite x.

Procedendo de forma análoga, entra-se com as expressões mostradas na tela a seguir. Para entrar com raiz, módulo etc. é só clicar no respectivo símbolo na caixa Calculator, OK?

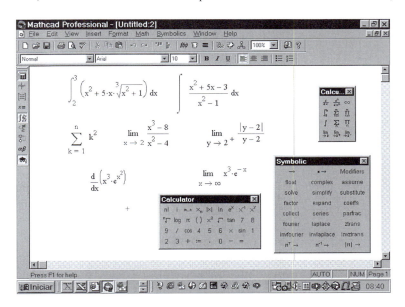

Apêndice E

E.2 Valor Aproximado ou Valor Exato

Para calcular valor aproximado, basta digitar a expressão, envolvê-la pelo ângulo e, em seguida, pressionar a tecla =.

Para calcular valor exato, existem dois modos.

CÁLCULO DE VALOR EXATO OU SIMBÓLICO

PRIMEIRO MODO. Entre com a expressão, envolva-a pelo ângulo, clique na seta → na caixa Symbolic e para visualizar o resultado, pressione Enter.
SEGUNDO MODO. Entre com a expressão, envolva-a pelo ângulo, clique em Symbolics na barra de menus e para visualizar o resultado, clique em **Simplify**.

Digamos que o problema seja o cálculo do limite $\lim_{x \to 0^+} \left(\dfrac{1}{x^2} - \dfrac{1}{\operatorname{sen} x} \right)$. O cálculo de limite só é permitido pelo valor exato. Para calculá-lo pelo primeiro modo, entre com

$$\lim_{x \to 0^+} \left(\frac{1}{x^2} - \frac{1}{\operatorname{sen}(x)} \right) \to \Big|$$

Para visualizar o resultado, basta pressionar Enter.
Para calculá-lo pelo segundo modo, entre com

$$\lim_{x \to 0^+} \left(\frac{1}{x^2} - \frac{1}{\operatorname{sen}(x)} \right)\Big|$$

Para visualizar o resultado, clique em Symbolics na barra de menus e, em seguida, clique na opção Simplify. Os dois modos de visualização estão apresentados na tela a seguir.

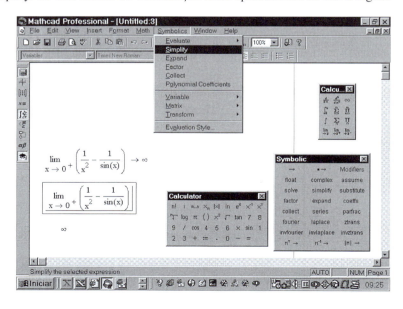

Na tela seguinte, são apresentados o cálculo de uma integral indefinida e a fórmula para a soma dos quadrados dos *n* primeiros números naturais. É mostrado, também, como fatorar uma expressão.

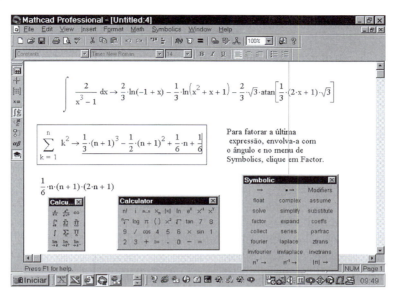

Se a função *f(x)* estiver definida, com a seta calculam-se $\frac{d}{dx}f(x)$, $\frac{d^2}{dx^2}f(x)$, $\int f(x)\,dx$, $\int_a^b f(x)\,dx$ etc. Também calculam-se derivadas parciais com o mesmo símbolo que o da derivada de uma variável. Por exemplo, com $\frac{d}{dx}$ calcula-se a derivada parcial em relação a *x*, $\frac{d}{dy}$ a derivada parcial em relação *y*, ou seja, quando se entra com o símbolo $\frac{d}{dx}$ o Mathcad vê apenas *x* como variável independente, as demais como constantes.

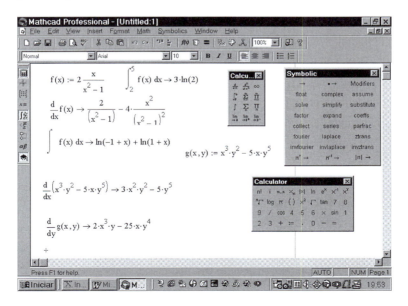

Apêndice E

E.3 Função de uma Variável: Criando Tabela, Gráfico e Cálculo de Raiz

Nesta seção você aprenderá a criar tabela para função de uma variável. Aprenderá, também, a determinar raiz (ou zero) de função, bem como raiz de equação.

Exemplo 1 Construa uma tabela para a função $f(x) = x^2 - 3x + 5$, com x variando de -3 a 4 e com passo 0,5.

Solução

A primeira coisa a fazer é definir a função e, em seguida, definir a variação para o x. Para construir a tabela para a variação do x é só digitar x e pressionar a tecla de igual. Para construir a tabela para os valores da função, digita-se $f(x)$ e pressiona-se a tecla de igual. Para definir a variação para o x proceda assim:

$$x := -3, -2.5\; ..4$$

Para entrar com os **dois pontinhos** abra a caixa Calculator (calculadora) e clique em m..n. Observe: para contar para o Mathcad que x varia com passo 0,5 e de -3 a 4, entra-se com -3 e, em seguida, com -2.5 (lembre-se, no Mathcad o separador decimal é o ponto), -3 e -2.5 devem ser separados por **vírgula**; em seguida, entra-se com os dois pontinhos e, por último, com 4. (**Atenção.** Se quiséssemos passo 0,4, a definição da variação de x ficaria assim: $x := -3, -2.6\; ..4$. OK?)

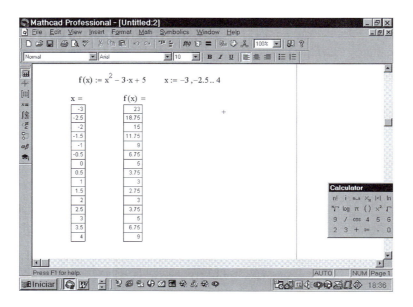

Pela tabela, $x = 1,5$ é uma *estimativa* para o ponto de mínimo da função. (Na verdade, $x = 1,5$ é exatamente o ponto de mínimo e 2,75 o menor valor da função. Confira.)

Exemplo 2 Construa uma tabela para a função $f(x) = 3x - 2^x$, $-3 \leq x \leq 4$, com x variando de -3 a 4 e com passo 0,5. Observando a tabela, dê estimativas para as suas raízes. Dê, também, estimativas para os pontos de máximo e de mínimo locais.

Nota: Na versão Mathcad 2001 abra a caixa Matrix para clicar m..n.

Solução

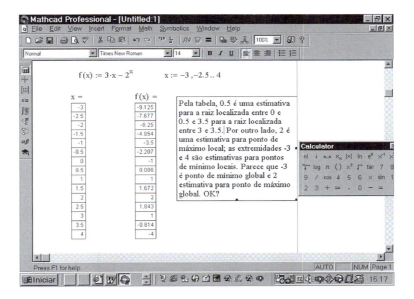

Exemplo 3 Construa o gráfico da função do exemplo anterior.

Solução

Primeiro digite a função e a variação para x, com passo, digamos, 0,5. Entre com a caixa Graph e clique no ícone representando um gráfico (é o primeiro ícone da caixa). Em seguida, no placeholder, na parte de baixo do retângulo, entre com x; no placeholder localizado na lateral esquerda do retângulo entre com $f(x)$. Para visualizar o gráfico dê um clique fora do retângulo maior. Agora, dê dois cliques sobre o gráfico e, na caixa que se abre, clique na opção à esquerda de Crossed para obter o gráfico que aparece na parte inferior da tela mostrada a seguir.

Apêndice E

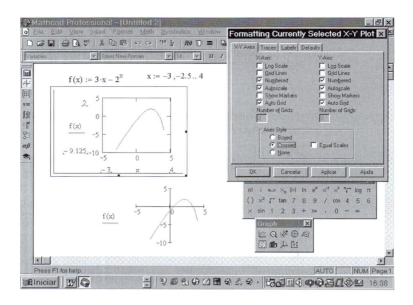

Observação. Para a construção do gráfico não é necessário entrar com a variação para x: basta entrar com a função como mostrado na próxima tela. Caso você queira alterar a variação atribuída automaticamente pelo Mathcad para a variação de x (que no caso em questão foi –10 a 10) é só alterá-la manualmente: para substituir o –10 que aparece na parte inferior esquerda do primeiro gráfico é só apagá-lo e entrar com o valor desejado, de forma análoga com o 10 que aparece do lado direito do –10. Para obter a segunda figura substituímos o –10 por –3 e o 10 por 5.

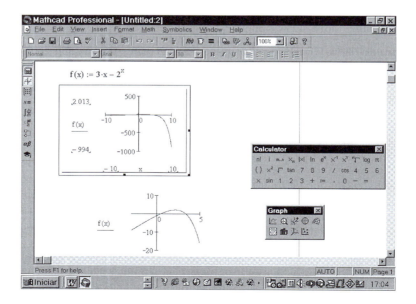

Caso queira que no eixo *x* (ou no eixo *y*) apareçam mais marcas de escala, dê dois cliques sobre o gráfico; na caixa que se abre e na coluna X-Axis dê um clique em Auto Grid e, em Number of Grids, troque o 2, por exemplo, por 4. (Veja a próxima tela.)

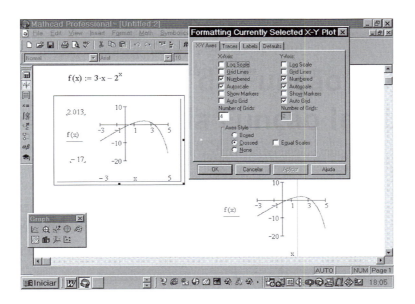

Exemplo 4 Resolva a equação $3x = 2^x$. (Ou determine as raízes ou zeros da função $f(x) = 3x - 2^x$.)

Solução

A equação tem duas raízes: uma entre 0 e 1 e a outra entre 3 e 4. (Veja a tabela do Exemplo 2 ou o gráfico da tela anterior.) Sem a tabela e sem o gráfico, pense assim: para $x = 0$ o primeiro membro é *menor* que o segundo e para $x = 1$, o primeiro é *maior* que o segundo. Pelo teorema de Bolzano, pois a função é contínua, deverá existir uma raiz entre 0 e 1. Para resolver a equação é preciso entrar com *estimativa* para a raiz desejada. Primeiro vamos determinar a raiz que está mais próxima de 0 e depois a que está mais próxima de 4. Para a raiz que está mais próxima de 0 vamos entrar com a estimativa 0. (Nada mudará se entrarmos com a estimativa 0,5.) A sintaxe para resolver o problema é a seguinte:

$$x := 0 \text{ (estimativa)}$$

given

$$3 \cdot x = 2^x$$

(Este = é o que se obtém pressionando simultaneamente as teclas Ctrl e =.)

$$\boxed{\text{Find}(x)}$$

Agora, pressione a tecla = para obter

$$\text{Find }(x) = 0.458.$$

Apêndice E

Trocando a estimativa $x = 0$ por $x = 3,5$ obtemos a outra raiz, que é 3.313. (Caso queira mais casas decimais, clique à direita do algarismo 8, na igualdade acima, e, em seguida, na barra de ferramentas, clique em Format, escolha a opção Result, defina o número de casas decimais e clique em OK para confirmar a escolha.)

Atenção. Não se esqueça: no Mathcad o ponto é o separador decimal. **Não** pode faltar a palavra **given** (given = dada ou dado) entre a estimativa e a equação.

Outro modo mais prático. Entre com a estimativa $x = 0$ e digite

$$\text{root}(3 \cdot x - 2^x, x)$$

e pressione a tecla = para obter root$(3 \cdot x - 2^x, x) = 0.458$. (**Observação.** O x que aparece dentro dos parênteses e após a vírgula é para informar ao Mathcad que ele deverá procurar o valor de x para o qual o valor da expressão seja zero.)

Veja como fica na tela do Mathcad.

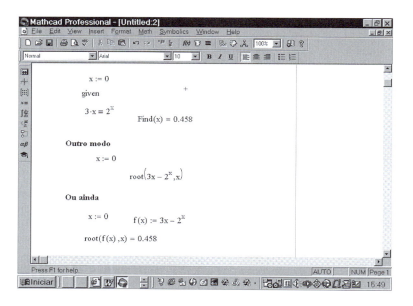

E.4 Gráfico em Coordenadas Polares. Imagem de Curva Parametrizada no Plano

Para construir gráfico em coordenadas polares, digite a função, entre com a variação para a variável independente, clique, na caixa Graph, no ícone das coordenadas polares que é o quarto ícone da primeira linha, ou seja, aquele que apresenta uma espiral. Como estaremos trabalhando sempre em radianos, o passo poderá ser, por exemplo, $\dfrac{\pi}{10}$ ou $\dfrac{\pi}{20}$ etc. Quanto menor o passo, melhor será a apresentação do gráfico. Observamos que a variação para a variável independente é **opcional**.

Exemplo 1 Construa o gráfico da função $r = \text{sen}(3\theta)$, $\theta \geq 0$.

Solução

Para facilitar, em vez de usar θ para a variável independente, vamos usar x mesmo, OK? Para que possamos visualizar várias etapas do gráfico, vamos definir uma variável N e trabalhar com x variando de 0 a N e com passo, digamos, $\dfrac{\pi}{30}$. Vamos lá. Na apresentação que se segue tomamos N = 1, o que significa que x estará variando de 0 a 1 radiano. Em seguida, tomamos N = $\dfrac{\pi}{2}$ e depois N = π. Com a mudança do N, poderemos visualizar, passo a passo, o desenvolvimento da curva.

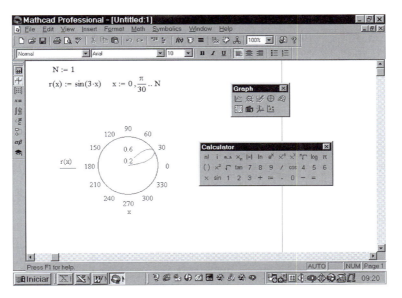

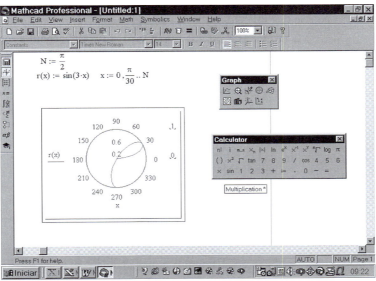

Apêndice E

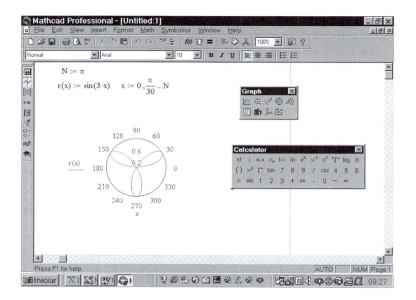

A curva parametrizada no plano é construída no sistema ortogonal de coordenadas cartesianas, ou seja, na primeira opção da caixa Graph. Para construir imagem de curva parametrizada no plano, precisamos definir a curva e entrar com a variação para o parâmetro. Observamos que a variação para o parâmetro é **opcional**. Entramos com a variação para o parâmetro quando queremos visualizar o desenvolvimento da curva.

Exemplo 2 Construa o gráfico da curva $x = 2 \cos t$ e $y = 3 \operatorname{sen} t$, $0 \leq t \leq 2\pi$.

Solução

Observamos que no placeholder inferior entramos com $x(t)$ e, naquele localizado na lateral esquerda, com $y(t)$. Agora, é só olhar para a tela a seguir.

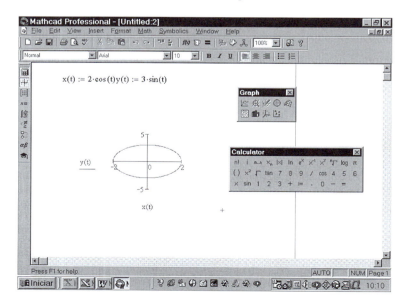

Brinque à vontade!!!

E.5 Máximo e Mínimo de Função

Exemplo 1 Determine o ponto de mínimo da função

$$z = x^2 + 3xy + 4y^2 - 4x - 13y.$$

Solução

O gráfico de $z = z(x, y)$ é um paraboloide elíptico com concavidade voltada para cima. (Concorda?) Logo, a função admite um único ponto de mínimo. Para determiná-lo, proceda da seguinte forma: entre com a função, em seguida com estimativas para tal ponto e, por fim, entre com o comando Minimize(z, x, y). Como $z(0,0) = 0$ e $z(0,1) = -9$, vamos entrar com as estimativas $x = 0$ e $y = 1$. Temos então

$$z(x, y) := x^2 + 3 \cdot x \cdot y + 4 \cdot y^2 - 4 \cdot x - 13 \cdot y$$

$$x := 0 \quad y := 1 \quad \text{(estimativas)}$$

$$\boxed{\text{Minimize}(z, x, y)}$$

Digitando-se = obtém-se o ponto de mínimo:

$$\text{Minimize}(z, x, y) = \begin{pmatrix} -1 \\ 2 \end{pmatrix}.$$

Assim, $(-1, 2)$ é o ponto de mínimo da função.

Exemplo 2 Determine o ponto de máximo local de $f(x) = 3x - 2^x$, $-3 \leq x \leq 4$.

Solução

Pelo Exemplo 2 da seção anterior, 2 é uma estimativa para o ponto de máximo local da função.

$$x := 2 \quad f(x) := 3 \cdot x - 2^x$$

$$\text{maximize}(f, x) = 2{,}114.$$

Apêndice E

Os Exemplos 1 e 2 estão na seguinte tela:

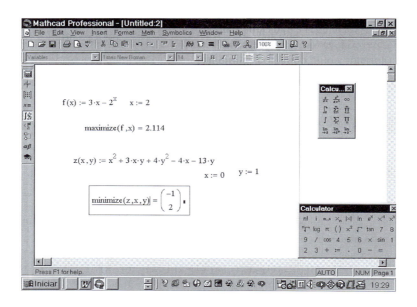

Antes de prosseguir, observamos que para entrar com os sinais de desigualdade abra a caixa Boolean. Para entrar, digamos, com > é só clicar no símbolo >.

Exemplo 3 Determine o ponto de máximo de $z = 2x - y$ com as restrições $x \geq 0$, $x + y \leq 3$ e $y \geq x$.

Solução

$x = 3$ e $y = 3$ são as coordenadas de uma estimativa para o ponto de máximo. Digite:

$$z(x, y) := 2 \cdot x - y$$

$$x := 3 \quad y := 3$$

$$\text{given}$$

$$x \geq 0 \quad x + y \leq 3 \quad y \geq x$$

$$\text{Maximize}(z, x, y) = \begin{pmatrix} 1.5 \\ 1.5 \end{pmatrix}$$

Assim, o valor máximo da função ocorre para $x = 1,5$ e $y = 1,5$.

Atenção. É **indispensável** a palavra **given** após as estimativas e antes das restrições.

Exemplo 4 Resolva o sistema

$$\begin{cases} x^2 + y = 3 \\ x^2 + 2xy + 5y^2 = 4. \end{cases}$$

Solução

Inicialmente, observamos que este sistema admite quatro soluções (veja o Vol. 2). Vamos apenas relembrar como se determina a solução próxima de (2, 1). Digite:

$$x := 2 \quad y := 1 \text{(estimativas)}$$

given

$$x^2 + y = 3$$
$$x^2 + 2 \cdot x \cdot y + 5 \cdot y^2 = 4$$

$$\text{Find}(x, y) = \begin{pmatrix} 1.6514 \\ 0.2727 \end{pmatrix}$$

Assim, $x = 1{,}6514$ e $y = 0{,}2727$ é a solução, com quatro casas decimais, que está próxima de (2, 1). (Caso queira mais casas decimais, clique ao lado de y e, em seguida, na barra de ferramentas, clique em Format, escolha a opção Result, escolha o número de casas decimais e clique em OK.) **Atenção.** O símbolo = que aparece no sistema é o que se obtém pressionando simultaneamente as teclas Ctrl e =.

E.6 Cálculo de Integrais Definidas

Exemplo 1 Calcule $\int_0^a \text{sen}^4 x \, dx$.

Solução

Primeiro, abra as caixas Calculus e Calculator. Não é preciso digitar sin, pois, para entrar com esta função, basta clicar em sin na caixa Calculator. Vamos então ao cálculo da integral. Marque o lugar na folha onde deseja começar a sua expressão. Na caixa Calculus, clique no símbolo da integral definida. Para entrar com o extremo inferior, clique no placeholder que indica o lugar para o extremo inferior e digite 0; clique no placeholder do extremo superior e digite a. Para entrar com o integrando, clique no placeholder respectivo, clique em sin na caixa Calculator e assim por diante de modo a obter

$$\boxed{\int_0^a \sin(x)^4 \, dx}$$

Aqui só é possível calcular o valor exato, pois não foi dado o valor de a. Para obter o valor exato, na barra de ferramentas abra o menu Symbolics e clique em **Simplify** (ou utilize a seta na caixa Symbolic; tanto faz, o que muda é apenas a apresentação, como já foi visto anteriormente) para obter

$$\frac{-5}{8} \cdot \cos(a) \cdot \sin(a) + \frac{3}{8} \cdot a + \frac{1}{4} \cos(a)^3 \cdot \sin(a).$$

Assim

$$\int_0^a \text{sen}^4 x \, dx = \frac{-5}{8} \cos a \, \text{sen} \, a + \frac{3}{8} a + \frac{1}{4} \cos^3 a \, \text{sen} \, a.$$

Apêndice E

Atenção. No Mathcad, sen x cos x, tg$x$, ln x etc. são escritos na seguinte forma: sin(x), cos(x), tan(x), ln(x) etc.

Exemplo 2 Calcule o valor exato da integral $\iint_B \sqrt{x^2+y^2}\,dx\,dy$, em que B é o triângulo de vértices $(0, 0)$, $(1, 0)$ e $(1, 1)$.

Solução

Para calculá-la precisamos transformá-la em uma integral iterada.

$$\iint_B \sqrt{x^2+y^2}\,dx\,dy = \int_0^1 \int_0^x \sqrt{x^2+y^2}\,dy\,dx.$$

Vamos então entrar com a integral na forma iterada e clicar em **Simplify** no menu Symbolics.

$$\int_0^1 \int_0^x \sqrt{x^2+y^2}\,dy\,dx$$

Clicando em Simplify, obtém-se

$$\frac{\sqrt{2}}{6} + \frac{\ln(\sqrt{2}+1)}{6}.$$

Veja como ficam os dois exemplos anteriores no Mathcad.

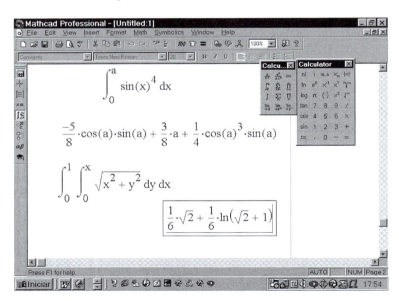

Exemplo 3 Calcule $\iiint_B \sqrt{x^2+y^2+z^2}\,dx\,dy\,dz$, em que B é o conjunto de todos (x, y, z), tais que $x^2+y^2 \leq z \leq \sqrt{x^2+y^2}$.

a) Calcule um valor aproximado.
b) Calcule o valor exato.
c) Determine o valor aproximado da expressão obtida em (*b*) e compare com (*a*).

Solução

a) Para calculá-la precisamos transformá-la em uma integral iterada. Temos

$$\iiint_B \sqrt{x^2 + y^2 + z^2}\, dxdydz = \int_{-1}^{1} \int_{-\sqrt{1-x^2}}^{\sqrt{1-x^2}} \int_{x^2+y^2}^{\sqrt{x^2+y^2}} \sqrt{x^2 + y^2 + z^2}\, dzdydx$$

Por questões de simetria, temos

$$\iiint_B \sqrt{x^2 + y^2 + z^2}\, dxdydz = 4\int_{0}^{1} \int_{0}^{\sqrt{1-x^2}} \int_{x^2+y^2}^{\sqrt{x^2+y^2}} \sqrt{x^2 + y^2 + z^2}\, dzdydx.$$

Vamos, agora, para o Mathcad.

$$\int_{0}^{1} \int_{0}^{\sqrt{1-x^2}} \int_{x^2+y^2}^{\sqrt{x^2+y^2}} \sqrt{x^2 + y^2 + z^2}\, dzdydx$$

Pressionando a tecla =, obtemos o valor aproximado 0,10262 e, portanto,

$$\iiint_B \sqrt{x^2 + y^2 + z^2}\, dxdydz \cong 0{,}41048.$$

b) Vamos, agora, ao cálculo do valor exato. Fica a seu cargo verificar o que acontece se pedir ao Mathcad o valor exato da integral na forma iterada acima. Você perceberá que neste caso vamos precisar dar uma "mãozinha" para o Mathcad. Fazendo a mudança de variáveis para coordenadas esféricas, resulta, como visto no exemplo mencionado,

$$\iiint_B \sqrt{x^2 + y^2 + z^2}\, dxdydz = 2\pi \int_{\pi/4}^{\pi/2} \int_{0}^{\cos\varphi/\operatorname{sen}^2\varphi} \rho^3 \operatorname{sen} \varphi\, d\rho\, d\varphi$$

e, portanto,

$$\iiint_B \sqrt{x^2 + y^2 + z^2}\, dxdydz = \frac{\pi}{2} \int_{\pi/4}^{\pi/2} \frac{\cos^4 \varphi}{\operatorname{sen}^7 \varphi}\, d\varphi.$$

Vamos entrar no Mathcad.

$$\frac{\pi}{2} \cdot \int_{\pi/4}^{\pi/2} \frac{\cos(x)^4}{\sin(x)^7}\, dx$$

Clicando em Simplify obtemos o valor exato da integral

$$\frac{\pi}{2} \left[\frac{7\sqrt{2}}{48} - \frac{\ln(\sqrt{2} - 1)}{16} \right]$$

c) Veja na tela do Mathcad abaixo.

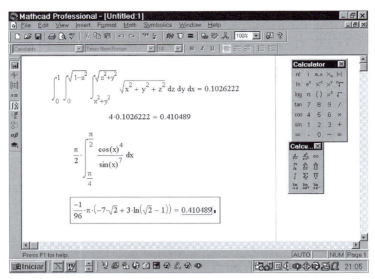

E.7 Gráfico de Função de Duas Variáveis

Existem dois processos para construção de gráfico de função de duas variáveis reais. Se a função $f(x, y)$ for contínua em todo o plano é só definir a função, abrir a caixa Graph, clicar no ícone representado por uma superfície, entrar com o nome da função, no caso f, no placeholder que aparece logo abaixo do sistema de coordenadas e clicar fora do maior retângulo que envolve o sistema de coordenadas. Com o mouse você poderá colocar a figura na posição desejada. Para outras opções, dê dois cliques sobre o gráfico e brinque à vontade.

Exemplo 1 Esboce o gráfico de $f(x, y) = \sqrt{x^2 + y^2}$.

Solução

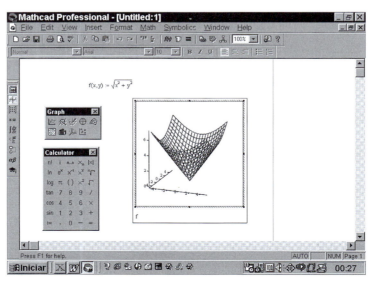

Observação. Caso você queira que apareçam, também, as curvas de nível, na caixa Graph clique no ícone representado por curvas de nível (é o primeiro da segunda linha)* e, no placeholder logo abaixo do sistema de coordenadas, entre com *f, f*.

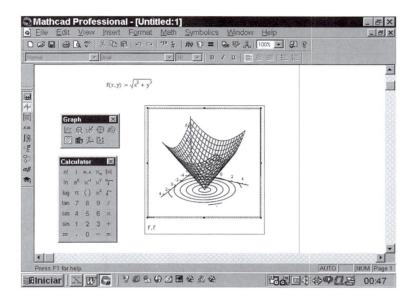

Um segundo processo que funciona sempre consiste em construir o gráfico de $z = f(x, y)$, com (x, y) percorrendo os pontos de uma partição de um retângulo prefixado $a \leqslant x \leqslant b$ e $c \leqslant y \leqslant d$. A sintaxe é a seguinte:

$$N := \ldots$$
$$i := 0, 1 \ldots N \quad j := 0, 1 \ldots N$$
$$f(x, y) := \ldots$$
$$M_{i, j} := f\left(a + \frac{b - a}{N} \cdot i, c + \frac{d - c}{N} \cdot j\right)$$

Agora, clique no ícone superfície na caixa Graph e com *M* no placeholder logo abaixo do sistema de coordenadas. Com o mouse pode-se colocar o gráfico na posição que desejar. Para melhorar a aparência do gráfico, dê dois cliques sobre o gráfico e brinque à vontade.

Atenção. Para entrar com os dois pontinhos é só clicar em m..n na caixa Calculator.** Para entrar com índice, pressione a tecla do colchete [.

---
*Varia de acordo com o formato da caixa Graph.
**Ou na caixa Matrix, no caso de Mathcad 2001.

Exemplo 2 Esboce o gráfico de $f(x, y) = x^2 + y^2$, $-2 \leq x \leq 2$ e $-2 \leq y \leq 2$.

Solução

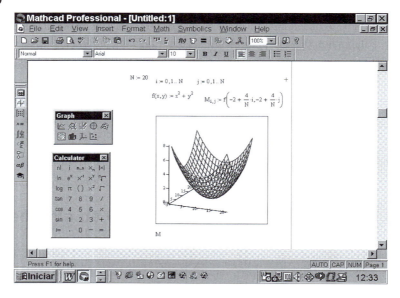

E.8 Imagens de Superfície Parametrizada e de Curva Parametrizada no Espaço

Exemplo 1 Desenhe a imagem da superfície cilíndrica $x = \cos u$, $y = \text{sen } u$ e $z = v$, com $0 \leq u \leq 2\pi$ e v real qualquer.

Solução

É só definir as funções $x = x(u, v)$, $y = y(u, v)$ e $z = z(u, v)$; clicar no ícone superfície e entrar com (x, y, z) no placeholder logo abaixo do sistema de coordenadas.

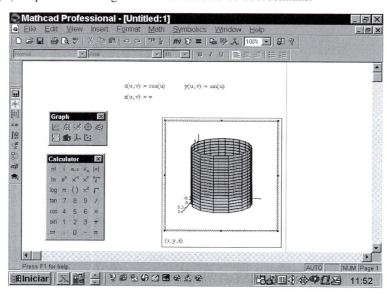

Exemplo 2 Esboce o gráfico do cone $x = v\cos u$, $y = v\,\text{sen}\,u$ e $z = v$, com $0 \leq u \leq 2\pi$ e $0 \leq v \leq 1$.

Solução

Vamos proceder como no Exemplo 2 da seção anterior.

$$N := 20$$

$$i := 0, 1 \,..N \qquad j := 0, 1 \,..N$$

$$x(u, v) := v \cdot \cos(u) \qquad y(u, v) := v \cdot \sin(u) \qquad z(u, v) := v$$

$$x_{i,j} := \frac{j}{N} \cdot \cos\left(\frac{2 \cdot \pi}{N} \cdot i\right) \quad y_{i,j} := \frac{j}{N} \cdot \sin\left(\frac{2 \cdot \pi}{N} \cdot j\right)$$

$$z_{i,j} := \frac{j}{N}$$

Clique no ícone superfície. No placeholder logo abaixo do sistema de coordenadas, entre com (x, y, z) e, para obter o gráfico, proceda como nos exemplos anteriores.

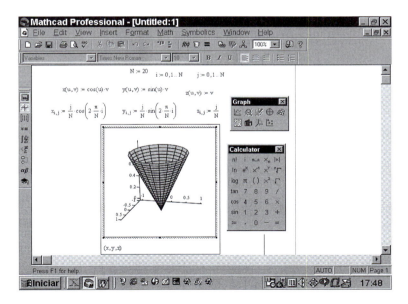

Exemplo 3 Desenhe a faixa de Möbius $x = \left(r + v\,\text{sen}\,\dfrac{u}{2}\right)\cos u$, $y = \left(r + v\,\text{sen}\,\dfrac{u}{2}\right)\text{sen}\,u$ e $z = r + v\cos\dfrac{u}{2}$, com $0 \leq u \leq 2\pi$, $-1 \leq v \leq 1$ e $r = 4$.

Apêndice E

Solução

No Mathcad, devemos entrar da seguinte forma:

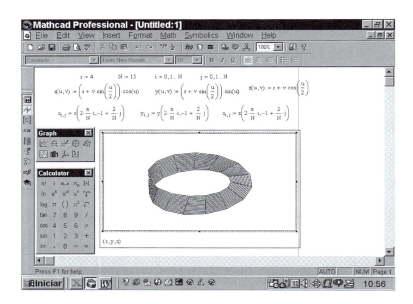

Exemplo 4 Desenhe a imagem da curva $x = \cos u$, $y = \text{sen } u$ e $z = u$, com o parâmetro u variando no intervalo $[0, 4\pi]$.

Solução

No Mathcad, primeiro devemos entrar com as funções dadas.

$$x(u) := \cos(u) \quad y(u) = \sin(u) \quad z(u) := u^2$$

Em seguida, na caixa Graph, clique no 3º ícone da 2ª linha* (scatter plot). No placeholder logo abaixo do sistema de coordenadas entre com (x, y, z). Dê um clique duplo no gráfico e escolha a opção Quick Plot Data. O Start e o End são as extremidades do intervalo onde varia o parâmetro u, no caso 0 e 2π, respectivamente. Entre, então em Start com 0 e em End com 12. Em Grids entre com o valor máximo, que é 200, o que significa que o **passo** com que o parâmetro u está variando é $\dfrac{12}{200}$. Clique em OK para confirmar a escolha.

---

*Dependendo da disposição dos elementos na caixa Graph.

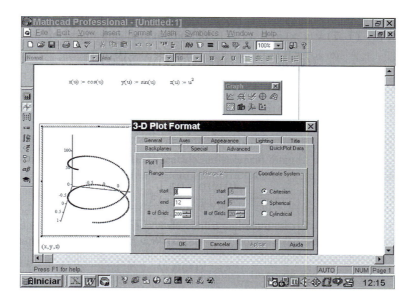

Para mais detalhes, veja Mathcad User's Guide 2000. Veja, também, *Uso Prático do Mathcad*, do Prof. Rubener da Silva Freitas. FEI, 2001.

Respostas, Sugestões ou Soluções

Abaixo as respostas da maioria dos exercícios numerados.

CAPÍTULO 1

1.1 **1.** 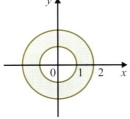 **2.** *a)* 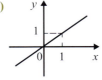 *b)*

4. A cada ponto (u, v) do plano uv, f associa o ponto (x, y, z) em que

$$\begin{cases} x = u + v \\ y = u \\ z = v. \end{cases}$$

A imagem da transformação acima é o plano $x - y - z = 0$. Portanto, f transforma o plano uv no plano $x - y - z = 0$.

5. 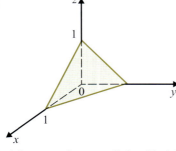 **6.** *c)*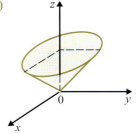

8. A imagem é a superfície cilíndrica $x^2 + y^2 = 1$, $0 \leq z \leq 1$.

9. É a semissuperfície esférica $x^2 + y^2 + z^2 = 1$, $z \geq 0$.

11.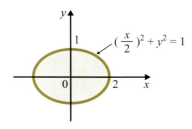

12. É o cilindro $x^2 + y^2 \leq 1$, $0 \leq z \leq 1$.

15. *a)* $\sigma(B)$ é a superfície esférica $x^2 + y^2 + z^2 = \rho_1^2$.

b) $\sigma(B)$ é a esfera $x^2 + y^2 + z^2 \leq 1$.

1.2

1. *a)*

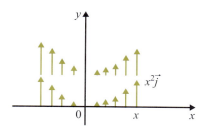

c)

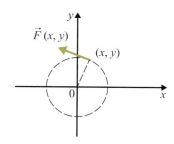

$\vec{F}(x, y)$ é tangente, no ponto (x, y), à circunferência de centro na origem que passa por esse ponto.

e) $\|\vec{F}(x, y)\| = 1$ e $\vec{F}(x, y)$ é normal, no ponto (x, y), à circunferência de centro na origem que passa por esse ponto.

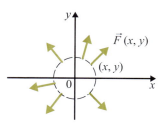

f) $\|\vec{v}(x, y)\| = 1$ e $\vec{v}(x, y)$ é tangente, no ponto (x, y), à circunferência de centro na origem que passa por esse ponto.

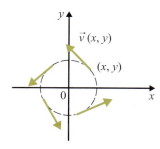

Respostas, Sugestões ou Soluções

g) $\|\vec{v}(x, y)\| = \dfrac{1}{\sqrt{x^2 + y^2}}$ e $\vec{v}(x, y)$ é normal, no ponto (x, y), à circunferência de centro na

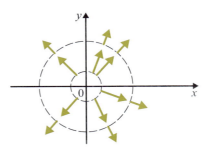

origem que passa por este ponto. Observe que a intensidade do campo no ponto (x, y) é o inverso da distância deste ponto à origem.

2. a) 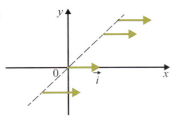 b)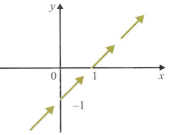

4. $\nabla f(x, y) = (1, 2)$

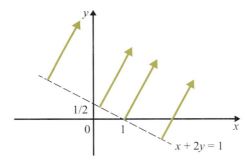

5. $\nabla \varphi(x, y) = (-2x, 1)$ é normal, no ponto (x, y), à curva de nível de φ que passa por esse ponto. Como $y = x^2$ é uma curva de nível de $\varphi(\varphi(x, y)) = 0$, $\nabla \varphi(x, y)$, com $y = x^2$, é normal, no ponto (x, y), à parábola $y = x^2$.

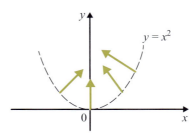

Respostas, Sugestões ou Soluções

6. $\nabla f(x, y, z) = (2x, 2y, 2z)$. Seja (x, y, z) um ponto da superfície esférica $x^2 + y^2 + z^2 = 1$. Nesse ponto, $\nabla f(x, y, z)$ é normal à superfície mostrada na página anterior.

1.3

1. *a)* $2\vec{k}$ *b)* $-z\vec{j}$ *c)* $\vec{0}$
d) $-2y\vec{k}$ *e)* $-3x\vec{k}$

2. $\vec{g}(x, y) = (x f(u), y f(u))$, em que $u = \sqrt{x^2 + y^2}$. Temos:

$$\frac{\partial}{\partial x}[y f(u)] = y f'(u) \frac{\partial u}{\partial x} = \frac{xy\, f'(u)}{\sqrt{x^2 + y^2}}$$

e de forma análoga obtém-se:

$$\frac{\partial}{\partial y}[x f(u)] = \frac{xy\, f'(u)}{\sqrt{x^2 + y^2}}.$$

Portanto, rot $\vec{g} = \vec{0}$.

5. *a)* $\|\vec{v}(x, y)\| = \dfrac{1}{\sqrt{x^2 + y^2}}$; $\vec{v}(x, y)$ é tangente, no ponto (x, y), à circunferência de centro na origem que passa por esse ponto.

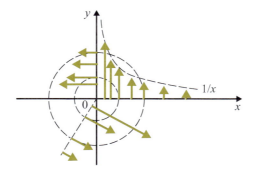

Observe que as trajetórias das partículas do fluido são circunferências de centro na origem. A velocidade angular da partícula que descreve a circunferência de raio $\sqrt{x^2 + y^2}$ é o quociente da velocidade escalar pelo raio, ou seja, $\dfrac{1}{x^2 + y^2}$. Sejam A e B duas partículas do fluido que no instante $t = 0$ encontram-se sobre o eixo Ox. Suponhamos que a distância de A à origem é menor que a de B à origem. Assim, a velocidade angular de A é maior que a de B. Seja $t > 0$ um real suficientemente pequeno. A figura a seguir mostra as posições de A e B nos instantes $t = 0$ e t.

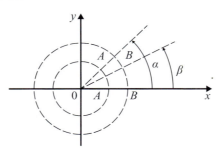

Respostas, Sugestões ou Soluções

β é o ângulo descrito por B no intervalo de tempo t e α descrito por A neste mesmo intervalo de tempo; $\alpha > \beta$, pois, a velocidade angular de A é maior que a de B.

b) rot $\vec{v} = \vec{0}$ o que significa que $\vec{v}$ é irrotacional.

1.4 **1.** a) 0   b) 3   c) $2x + 2y \cos(x^2 + y^2) + \dfrac{1}{1+z^2}$

d) $2z \left[\arctg(x^2 + y^2 + z^2) + \dfrac{x^2 + y^2 + z^2}{1 + (x^2 + y^2 + z^2)^2} \right]$

3. a) Não, pois div $\vec{v}(x, y, z) = 1$.

b) div $\rho \vec{v} = 0$, ou seja, div $(\rho(y) y \vec{j}) = 0$. Daí

$$\dfrac{d}{dy}(\rho(y)y) = 0.$$

Portanto, $\rho(y) y = k$, k constante.

5. a) $\nabla^2 \varphi = \dfrac{\partial^2 \varphi}{\partial x^2} + \dfrac{\partial^2 \varphi}{\partial y^2} = 0$ b) $\nabla^2 \varphi = 0$ d) $(x^2 + y^2) e^{x^2 - y^2}$

9. c) $\varphi \vec{u} = (\varphi P)\vec{i} + (\varphi Q)\vec{j} + (\varphi R)\vec{k}$. Vamos supor que existam as derivadas parciais de φ, P, Q e R.

$$\dfrac{\partial}{\partial x}(\varphi P) = \varphi \dfrac{\partial P}{\partial x} + \dfrac{\partial \varphi}{\partial x} P$$

$$\dfrac{\partial}{\partial y}(\varphi Q) = \varphi \dfrac{\partial Q}{\partial y} + \dfrac{\partial \varphi}{\partial y} Q$$

$$\dfrac{\partial}{\partial z}(\varphi R) = \varphi \dfrac{\partial R}{\partial z} + \dfrac{\partial \varphi}{\partial z} R.$$

Portanto, div $(\varphi \vec{u}) = \varphi$ div $\vec{u} + \nabla \varphi \cdot \vec{u}$

e) Vamos supor P, Q e R de classe C^2 no aberto Ω.

div (rot $\vec{u}$) = div [rot $P\vec{i}$ + rot $Q\vec{j}$ + rot $R\vec{k}$]
= div (rot $P\vec{i}$) + div (rot $Q\vec{j}$) + div (rot $R\vec{k}$).

$$\text{rot } P\vec{i} = \begin{vmatrix} \vec{i} & \vec{j} & \vec{k} \\ \dfrac{\partial}{\partial x} & \dfrac{\partial}{\partial y} & \dfrac{\partial}{\partial z} \\ P & 0 & 0 \end{vmatrix} = \dfrac{\partial P}{\partial z}\vec{j} - \dfrac{\partial P}{\partial y}\vec{k}.$$

Então,

$$\text{div}(\text{rot } P\vec{i}) = \dfrac{\partial}{\partial y}\left(\dfrac{\partial P}{\partial z}\right) + \dfrac{\partial}{\partial z}\left(-\dfrac{\partial P}{\partial y}\right) = 0.$$

Conclua.

Respostas, Sugestões ou Soluções

CAPÍTULO 3

3.1 1. a) $\dfrac{5}{2}$ c) $\dfrac{4}{15}\left[9\sqrt{3}-8\sqrt{2}+1\right]$ d) $\ln\dfrac{27}{16}$ e) 1

g) $\int_0^1\left[\int_1^2 y\cos xy\,dx\right]dy = \int_0^1[\operatorname{sen} xy]_1^2\,dy = \cos 1 - \dfrac{1}{2}[1+\cos 2]$

h) $\ln\dfrac{4}{3}$ l) $\dfrac{3}{\pi}$ m) $3\operatorname{arctg} 3 - 4\operatorname{arctg} 2 - \ln 2 + \dfrac{1}{2}\ln 5 + \dfrac{\pi}{4}$

3. a) $\iint_A xy^2\,dx\,dy = \left(\int_1^2 x\,dx\right)\left(\int_2^3 y^2\,dy\right) = \dfrac{19}{2}$ b) $\dfrac{1}{2}$

c) $2(2\ln 2 - 1)$ d) 0   e) $\dfrac{\pi^2}{32}$ f) $\dfrac{1}{8}\ln 5$

4. a) $\dfrac{3}{2}$ b) $\dfrac{8\sqrt{2}}{9}(2\sqrt{2}-1)$

c) $\left(\int_0^1 xe^{x^2}\,dx\right)\left(\int_0^1 ye^{-y^2}\,dy\right) = \dfrac{1}{4}(e-1)(1-e^{-1})$

d) $\dfrac{4}{3}$ e) 2   f) $e^2 - 2e$

5. a) $\dfrac{1}{6}$ b) $\dfrac{13}{3}$ c) 0   d) $\dfrac{1}{6}$ e) 2   f) $\dfrac{1}{2}$ g) $\dfrac{16}{3}$ h) $-\dfrac{16}{231}$

6. a) -1 b) $-\dfrac{1}{4}$ c) 1   d) $\dfrac{2}{15}(2\sqrt{2}-1)$

e) 4   f) $\ln(\ln 3) - \ln(\ln 2)$ g) $\dfrac{1}{2}\operatorname{sen} 1 - \dfrac{1}{2}\cos 1$ h) $\dfrac{8}{3} - \sqrt{3}$

i) $\dfrac{1}{2}(1+e^2)$ j) $\dfrac{1}{2}(e^4 - e - 3)$ l) 0   m) $\int_{-1}^{2}\left[\int_x^{-x^2+2x+2} x^2\,dy\right]dx = \dfrac{63}{20}$

n) $\int_0^{\pi/3}(2x\cos x - x)\,dx + \int_{\pi/3}^{\pi/2}(x - 2x\cos x)\,dx$; (lembre-se de que $\int x\cos x\,dx = x\operatorname{sen} x + \cos x$).

o) $2 - \dfrac{\pi}{2}$ p) $\dfrac{2}{9}[2\sqrt{2} - 1]$ q) $\dfrac{13}{6}$ r) $\dfrac{3}{2}\ln 2$

7. a) $\int_0^1\left[\int_y^1 f(x,y)\,dx\right]dy$ b) $\int_0^1\left[\int_y^{\sqrt{y}} f(x,y)\,dx\right]dy$

c) $\int_{-1}^1\left[\int_{x^2}^1 f(x,y)\,dy\right]dx$ d) $\int_0^1\left[\int_1^{e^y} f(x,y)\,dx\right]dy + \int_1^e\left[\int_y^1 f(x,y)\,dx\right]dy$

e) $\int_0^1\left[\int_0^x f(x,y)\,dy\right]dx + \int_1^3\left[\int_0^1 f(x,y)\,dy\right]dx + \int_3^4\left[\int_{x-3}^1 f(x,y)\,dy\right]dx$

f) $\int_{-1}^1\left[\int_{-\sqrt{1-y^2}}^{\sqrt{1-y^2}} f(x,y)\,dx\right]dy$

Respostas, Sugestões ou Soluções

g) $\int_0^1 \left[\int_{-\sqrt{y}}^{\sqrt{y}} f(x, y) dx \right] dy + \int_1^{\sqrt{2}} \left[\int_{-\sqrt{2-y^2}}^{\sqrt{2-y^2}} f(x, y) dx \right] dy$

j) $\int_{e^{-1}}^1 \left[\int_0^{1+\ln x} f(x, y) dy \right] dx + \int_1^e \left[\int_{\ln x}^1 f(x, y) dy \right] dx$

n) $\int_0^{\frac{1}{2}} \left[\int_{\frac{y^2}{2}}^{\frac{1}{2} - \sqrt{\frac{1}{4} - y^2}} f(x, y) dx \right] dy + \int_0^{\frac{1}{2}} \left[\int_{\frac{1}{2} + \sqrt{\frac{1}{4} - y^2}}^{1} f(x, y) dx \right] dy$

$+ \int_{\frac{1}{2}}^{\sqrt{2}} \left[\int_{\frac{y^2}{2}}^{1} f(x, y) dx \right] dy$

s) $\int_{-1}^0 \left[\int_{1-\sqrt{1+y}}^{1+\sqrt{1+y}} f(x, y) dx \right] dy + \int_0^3 \left[\int_{\frac{y^2}{3}}^{1+\sqrt{1+y}} f(x, y) dx \right] dy$

8. a) vol $= \iint_A [4 - (x + y + 2)] dx dy$, em que A é o círculo $x^2 + y^2 \leq 1$. Volume $= 2\pi$

b) $\frac{1}{6}$ **c)** $\frac{16}{15}$

d) vol $= \iint_A [4 - (x^2 + y^2 + 3)] dx dy$, em que A é o círculo $x^2 + y^2 \leq 1$. Vol $= \frac{\pi}{2}$

e) 2π **f)** $\frac{1}{2}(e-1)$

g) vol $= 2\iint_A \sqrt{a^2 - y^2} \, dx dy$, em que A é o círculo $x^2 + y^2 \leq a^2$. Vol $= \frac{16a^3}{3}$

h) vol $= \iint_A [(1 - x^2) - (x^2 + y^2)] dx dy$, em que A é a elipse $2x^2 + y^2 \leq 1$.

i) $\frac{1}{6}$

j) $\int_0^1 \left[\int_0^y x\sqrt{2 - x^2 - y^2} \, dx \right] dy = \int_0^1 \left[-\frac{1}{3}(2 - x^2 - y^2)^{3/2} \right]_0^y dy$

$= \int_0^1 -\frac{1}{3}(2 - 2y^2)^{3/2} dy + \int_0^1 \frac{1}{3}(2 - y^2)^{3/2} dy = \frac{\pi(1 - \sqrt{2})}{8} + \frac{1}{3}$

(Faça na penúltima integral $y = \text{sen } \theta$ e na última $y = \sqrt{2} \text{ sen } \theta$ e boa sorte!)

l) vol $= \iint_A [2x - (x^2 + y^2)] dx dy$, em que A é o círculo $(x - 1)^2 + y^2 \leq 1$. Para calcular a integral, fixe x e integre em relação a y; em seguida, faça $x - 1 = \text{sen } \theta$.

m) vol $= \iint_A (1 - y^2 - x) dx dy$, em que A é o conjunto de todos (x, y) tais que $0 \leq x \leq 1 - y^2$. Vol $= \frac{8}{15}$

n) vol $= \iint_A [1 - x - y] dx dy$, em que A é o triângulo $x + y \leq 1$, $x \geq 0$ e $y \geq 0$.

Vol $= \frac{1}{6}$

Respostas, Sugestões ou Soluções

9. a) área = $\iint_B dx\,dy$, em que B é o conjunto $\ln x \leq y \leq 1 + \ln x$, $y \geq 0$ e $x \leq e$.

Área $= e + e^{-1} - 1$

b) $\dfrac{5}{12}$ **c)** $\dfrac{1}{2} + \ln 2$

d) área $= \iint_B dx\,dy = \int_1^2 \left[\dfrac{-3x^2 + 7x}{3} - \dfrac{4}{3x} \right] dx = \dfrac{7 - 8\ln 2}{6}$

CAPÍTULO 4

4.2 1. a) 4π **b)** $\dfrac{15\pi}{2}$

c) $\begin{cases} 2x = \rho\cos\theta,\ 0 \leq \rho \leq 1\ \text{e}\ 0 \leq \theta \leq 2\pi \\ y = \rho\,\text{sen}\,\theta \end{cases}$

$$dx\,dy = \dfrac{1}{2}\rho\,d\rho\,d\theta$$

$\int_0^{2\pi} \left[\int_0^1 \dfrac{1}{8}\rho^3 \cos^2\theta\,d\rho \right] d\theta = \dfrac{\pi}{32}.$

d) $\dfrac{\pi}{4}[1 - \cos 1]$ **e)** $\dfrac{\pi}{4}[e^4 - e]$

f) Faça $u = y - x$ e $v = x + y + 1$ **g)** $\int_0^{2\pi} \left[\int_0^{1-\cos\theta} \rho^2 \cos\theta\,d\rho \right] d\theta = \ldots$

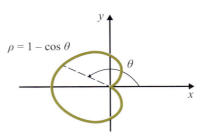

Para cada θ fixo em $[0, 2\pi]$, ρ varia de 0 a $1 - \cos\theta$.

h) $e^2 - e$ (Sugestão: Faça $u = y - x^2$ e $v = x$.)

i) $x^2 + y^2 - x = 0 \Leftrightarrow \left(x - \dfrac{1}{2}\right)^2 + y^2 = \dfrac{1}{4}$. Faça $x - \dfrac{1}{2} = \rho\cos\theta$ e $y = \rho\,\text{sen}\,\theta$.

$$\iint_B x\,dx\,dy = \dfrac{\pi}{8}.$$

$\Big($Outro processo: faça $x = \rho\cos\theta$, $y = \rho\,\text{sen}\,\theta$ e observe que a equação da circunferência $x^2 + y^2 - x = 0$ em coordenadas polares é $\rho = \cos\theta$, $-\dfrac{\pi}{2} \leq \theta \leq \dfrac{\pi}{2}.\Big)$

Respostas, Sugestões ou Soluções

j) $\int_0^{\frac{\pi}{4}}\left[\int_0^{\frac{1}{\cos\theta}} \rho^2\, d\rho\right] d\theta + \int_{\frac{\pi}{4}}^{\frac{\pi}{2}}\left[\int_0^{\frac{1}{\text{sen}\,\theta}} \rho^2\, d\rho\right] d\theta = \frac{2}{3}\int_0^{\frac{\pi}{4}} \sec^3\theta\, d\theta$

$= \frac{1}{3}\left[\sqrt{2} + \ln(1+\sqrt{2})\right]$

l) $\frac{1}{16}\left[1 + \frac{\pi}{2}\right]$ *m)* 0

2. *a)* O que se quer é o valor da integral $\iint_A \sqrt{x^2+y^2}\, dx\, dy$, em que A é o conjunto $x^2+y^2 \leq 2$, $y \geq x^2$ e $0 \leq x \leq 1$. Em coordenadas polares, a equação da parábola $y = x^2$ se escreve

$$\rho = \frac{\text{sen}\,\theta}{\cos^2\theta}.$$

Então,

$$\iint_A \sqrt{x^2+y^2}\, dx\, dy = \int_0^{\frac{\pi}{4}}\left[\int_0^{\frac{\text{sen}\,\theta}{\cos^2\theta}} \rho^2\, d\rho\right] d\theta + \int_{\frac{\pi}{4}}^{\frac{\pi}{2}}\left[\int_0^{\sqrt{2}} \rho^2\, d\rho\right] d\theta.$$

Observe que $\int_0^{\frac{\pi}{4}} \frac{\text{sen}^3\theta}{\cos^6\theta}\, d\theta = \int_0^{\frac{\pi}{4}} \frac{\text{sen}\,\theta(1-\cos^2\theta)}{\cos^6\theta}\, d\theta$; faça, então, $u = \cos\theta$.

b) $\frac{\pi}{16}$ *c)* $\frac{2}{3}$

d) $\int_0^{\frac{\pi}{4}}\left[\int_0^{\frac{a}{\cos\theta}} \rho^2\, d\rho\right] d\theta = \frac{a^3}{6}[\sqrt{2} + \ln(1+\sqrt{2})]$ *e)* $\frac{\pi a^3}{6}$

f) *Sugestão*: $(\cos 3\theta)^3 \cos\theta = (\cos 3\theta)^2 \cos 3\theta \cos\theta = (\cos 3\theta)^2 \left[\frac{1}{2}\cos 4\theta + \cos 2\theta\right]$
$= \frac{1}{2}\cos 3\theta\,[\cos 3\theta \cos 4\theta + \cos 3\theta \cos 2\theta] = \ldots$

g) $\iint_B dx\, dy = \int_{-\frac{\pi}{8}}^{\frac{\pi}{4}}\left[\int_0^{\cos 2\theta} \rho\, d\rho\right] d\theta = \frac{1}{2}\int_{-\frac{\pi}{8}}^{\frac{\pi}{4}} (\cos 2\theta)^2\, d\theta$

$= \frac{1}{2}\int_{-\frac{\pi}{8}}^{\frac{\pi}{4}}\left[\frac{1}{2} + \frac{1}{2}\cos 4\theta\right] d\theta = \ldots$

h) $\frac{2}{3}$

3. Faça $u = y - x$ e $v = y + x$. $\iint_B \sqrt[3]{x^2-y^2}\, dx\, dy = \frac{9}{32}$

4. πab

4.3 **1.** *a)* $\left(\frac{1}{2}, \frac{2}{3}\right)$ *b)* $\left(0, \frac{3\pi}{32}\right)$ $(\delta(x, y) = ky)$

c) $\iint_B x\, dm = \iint_B kx\sqrt{x^2 + y^2}\, dx\, dy = k\int_0^{\frac{\pi}{4}} \left[\int_0^{\sec\theta} \rho^3 \cos\theta\, d\rho\right] d\theta$

$= \frac{k}{4} \int_0^{\frac{\pi}{4}} \sec^3 \theta\, d\theta = \ldots$

d) (0,0)   *f)* $\left(0, \frac{45}{14\pi}\right)$

3. *a)* Volume = $2\pi d$ (área de B), em que d é a distância do centro de massa de B (B sendo olhado como um corpo homogêneo) à reta $y = x + 2$. Vol = $2\pi^2 \sqrt{2}$.

c) $\frac{3}{2} 2\pi^2 \sqrt{2}$

CAPÍTULO 5

5.4 **1.** *a)* $\frac{3}{2}$ *b)* $\frac{1}{2}$ *c)* $\frac{1}{3}$ *d)* $\frac{\pi}{4}$

e) $\iint_B \left[\int_{x^2+y^2}^{2x} dz\right] dx\, dy = \iint_B [2x - x^2 - y^2]\, dx\, dy$, em que A é o círculo $(x-1)^2 + y^2 \leq 1$. Então,

$$\iiint_B dx\, dy\, dz = \frac{\pi}{2}$$

f) $\frac{7\pi}{12}$

g) $\iiint_B dx\, dy\, dz = \iint_A [2x + 2y - x^2 - y^2 - 1]\, dx\, dy$, em que A é o círculo $(x-1)^2 + (y-1)^2 \leq 1$.

h) 0   *i)* $\frac{16}{3}$ *j)* $\frac{7\pi}{2}$ *l)* 0   *m)* $\frac{1}{2}(e-1)$ *n)* $\frac{11}{120}$ *o)* 8π *q)* 2

r) Fixe (x, y) e integre em relação a z; em seguida faça $u = x + y$ e $v = xy$ e boa sorte!

2. *a)* Vol = $\iiint_B dx\, dy\, dz = \frac{11}{3}$ *b)* $\frac{25}{84}$ *c)* 8π

f) $\frac{2\pi}{9}$ *g)* $\frac{4}{3}\pi abc$

h) Vol = $\iint_A [4x + 2y - x^2 - y^2]\, dx\, dy$, em que A é o círculo $(x-2)^2 + (y-1)^2 \leq 5$.

l) $\frac{16}{3} a^3 \left[\frac{\pi}{2} - \frac{2}{3}\right]$ *m)* $\frac{16}{3} a^3$ *n)* $\frac{5\pi a^3}{24}$ *o)* $\frac{4}{15}$

Respostas, Sugestões ou Soluções

3. Massa = $\iiint_B (x+y+z)\,dx\,dy\,dz = \dfrac{3}{2}$

4. $\dfrac{1}{12}\left(\iiint_V (x+y)\,dx\,dy\,dz = \iint_A (x+y)(1-x-y)\,dx\,dy,\text{ em que } A \text{ é o triângulo } x+y \le 1, x \ge 0 \text{ e } y \ge 0;\text{ faça a mudança de variável } u = x+y \text{ e } v = x.\right)$

5. 16π

6. $\iiint_B k(x^2+y^2)\,dx\,dy\,dz = k\iint_A \left[\int_{\sqrt{x^2+y^2}}^{1} (x^2+y^2)\,dz\right] dx\,dy$, em que A é o círculo $x^2+y^2 \le 1$. Massa $= \dfrac{k\pi}{10}$, em que k é a constante de proporcionalidade.

5.5

1. *a)* 4π *b)* $\dfrac{15\pi}{4}$

c) Faça $x = 2\rho\,\text{sen}\,\varphi\,\cos\theta$, $y = 3\rho\,\text{sen}\,\varphi\,\text{sen}\,\theta$ e $z = \rho\cos\varphi$ com $-\dfrac{\pi}{2} \le \theta \le \dfrac{\pi}{2}$, $0 \le \varphi \le \pi$ e $0 \le \rho \le 1$. Tem-se $\iiint_B x\,dx\,dy\,dz = 3\pi$

d) Faça $u = x+y$, $v = x+2y-z$ e $w = z$.

$$\iiint_B \sqrt{x+y}\,\sqrt[3]{x+2y-z}\,dx\,dy\,dz = \iiint_T \sqrt{u}\,\sqrt[3]{v}\,du\,dv\,dw$$

em que T é o paralelepípedo $1 \le u \le 2$, $0 \le v \le 1$ e $0 \le w \le 1$. $\left(\text{Observe que }\dfrac{\partial(x,y,z)}{\partial(u,v,w)} = 1.\right)$

e) $\dfrac{\pi}{8}$ *f)* $\dfrac{\pi}{4}\left[32 - 14\sqrt{3} + \ln(2+\sqrt{3})\right]$

2. $\dfrac{4}{3}\pi abc$

3. Massa $= k\iiint_B z\,dx\,dy\,dz = \dfrac{k\pi}{8}$

4. πa^3

5. *Sugestão:* $\sqrt{2a\rho\cos\theta - \rho^2} = \sqrt{a^2\cos^2\theta - (\rho - a\cos\theta)^2}$. Para calcular a integral

$$\int_0^{a\cos\theta} \rho\sqrt{2a\rho\cos\theta - \rho^2}\,d\rho$$

faça $\rho - a\cos\theta = a\cos\theta\,\text{sen}\,u$ e boa sorte!

5.7

1. $I = \iiint_B k(x^2+y^2)\,dx\,dy\,dz$, em que k é a densidade, k constante. $I = \dfrac{512}{15}k$.

2. $\dfrac{2}{3}L^2 M$, em que M é a massa do cubo.

Respostas, Sugestões ou Soluções

3. a) $I = \iiint_B r^2 \, dm = \iiint_B x(x^2 + y^2) \, dx \, dy \, dz$, em que B é o cubo dado. $I = \dfrac{5}{12}$

   b) $\left(\dfrac{2}{3}, \dfrac{1}{2}, \dfrac{1}{2} \right)$

4. a) $\dfrac{Ma^2}{2}$, em que M é a massa do cilindro. b) $\dfrac{3Ma^2}{2}$

5. Podemos supor que o centro de massa do corpo B seja a origem, e que o eixo que passa pelo centro de massa seja o eixo z. Então $I_{cm} = \iiint_B (x^2 + y^2) \, dm$. Considerederemos, agora, o eixo $x = a$ e $y = b$, com $h^2 = a^2 + b^2$. O momento de inércia com relação a este eixo é $I = \iiint_B [(x - a^2) + (y - b)^2] \, dm$. Tendo em vista que $\iiint_B x \, dm = \iiint_B y \, dm = 0$, resulta $I = I_{cm} + Mh^2$.

8. $\dfrac{2MR^2}{5} + Mh^2$, em que M é a massa da esfera.

9. b) $I = \iiint_B (x^2 + y^2) \, dm$, em que B é o cone $\dfrac{h}{R}\sqrt{x^2 + y^2} \leq z \leq h$. A equação do cone obtém-se por semelhança de triângulos:

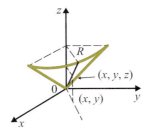

$\dfrac{z}{h} = \dfrac{\sqrt{x^2 + y^2}}{R}$

$I = \dfrac{3MR^2}{10}$, em que M é a massa do cone.

12. $\dfrac{M}{20}(2h^2 + 3R^2)$, em que M é a massa do cone.

CAPÍTULO 6

6.1 1. a) $2\pi^2$ b) $-\dfrac{11}{16}$ c) 0 d) $\dfrac{\pi^3}{3} - 2$ e) $\dfrac{8\pi^3}{3}$

2. 0 3. 1

4. a) $2\pi(1 + \pi)$ b) $\dfrac{9}{2}$ c) 0

5. 0 7. $-\dfrac{1}{2}$

Respostas, Sugestões ou Soluções

6.2 1. $\dfrac{\pi^4}{32} + \dfrac{1}{2}$ 2. $-\dfrac{5}{2}$

3. $(x, y, z) = (1, 2, 1) + t[(0, 0, 0) - (1, 2, 1)]$, $0 \leq t \leq 1$, é uma parametrização para o segmento: $x = 1 - t$, $y = 2 - 2t$ e $z = 1 - t$, $0 \leq t \leq 1$.

$$\int_\gamma x\,dx + y\,dy + z\,dz = -3$$

4. 0

   (**Observação:** A projeção no plano xy da interseção é a circunferência $(x - 1)^2 + (y - 1)^2 = 1$; $x - 1 = \cos t$, $y - 1 = \operatorname{sen} t$ e $z = 3 + 2\cos t + 2\operatorname{sen} t$ é uma parametrização da curva, com a orientação pedida.)

5. Para se ter uma parametrização nas condições exigidas, basta tomar as coordenadas esféricas com $\theta = \dfrac{\pi}{4}$ e $\rho = \sqrt{2}$. O valor da integral é $\dfrac{1}{3}$.

6. -6 7. π

6.4 1. 0 2. 4 3. $\dfrac{e^3}{6} - \dfrac{e}{2} + \dfrac{5}{6}$ 4. -2 5. $\dfrac{5}{6}$ 6. $\dfrac{2}{3}$

6.5 1. a) $\dfrac{4\sqrt{2}}{3}$ b) $-\sqrt{2}$ c) $-\dfrac{\pi\sqrt{2}}{2}$

2. $3\sqrt{14}$ 3. $\pi\sqrt{2}\left[1 + \dfrac{\pi^2}{3}\right]$ 4. $\dfrac{MR^2}{2}$, em que M é a massa do fio.

5. $\dfrac{15\sqrt{14}}{2}$ 6. $\dfrac{ML^2}{3}$ (M = massa do fio)

7. $I = \int_\gamma (y^2 + z^2)\,dm = k\sqrt{2}\int_0^{\frac{\pi}{2}}[\operatorname{sen}^2 t + t^2]\,dt = \ldots$, em que k é a densidade linear do fio, k constante.

CAPÍTULO 7

7.2 1. a) $\dfrac{x^2}{2} + \dfrac{y^2}{2} + \dfrac{z^2}{2}$ é uma primitiva; logo é exata.

b) É exata, sendo $x^2 y$ uma primitiva.

c) xyz é uma primitiva; logo é exata.

d) $\dfrac{x^2}{2} + xy - \dfrac{y^2}{2}$ é uma primitiva; logo é exata.

e) Não é exata, pois $\dfrac{\partial}{\partial y}(x + y) \neq \dfrac{\partial}{\partial x}(y - x)$.

h) $-\operatorname{arctg}\dfrac{x}{y}$, $y > 0$, é uma primitiva; logo é exata. Observe que $\theta(x, y) = \dfrac{\pi}{2} - \operatorname{arctg}\dfrac{x}{y}$, $y > 0$, é também uma primitiva. Sugerimos ao leitor verificar que $\theta(x, y)$ é o ângulo que a semirreta $\{(tx, ty) \mid t \geq 0\}$ forma com o semieixo positivo Ox.

i) Verifique que

$$\theta(x, y) = \begin{cases} \dfrac{\pi}{2} - \text{arctg}\,\dfrac{x}{y} & \text{se } y > 0 \\ \pi & \text{se } y = 0 \text{ e } x < 0 \\ \dfrac{3\pi}{2} - \text{arctg}\,\dfrac{x}{y} & \text{se } y < 0 \end{cases}$$

é uma primitiva.

(**Observação:** Para verificar que $\theta(x, y)$ admite derivadas parciais nos pontos $(x, 0)$, $x < 0$, será útil observar que $\theta(x, y) = \pi + \text{arctg}\,\dfrac{x}{y}$, $x < 0$.)

7.3 **1.** *a)* $\int_{(1,1)}^{(2,2)} y\,dx + x\,dy = [xy]_{(1,1)}^{(2,2)} = 4 - 1 = 3$. Observe que $d(xy) = y\,dx + x\,dy$.

b) $\dfrac{23}{6}$

c) $\left[-\text{arctg}\,\dfrac{x}{y}\right]_{\gamma(0)}^{\gamma(1)} = -\text{arctg}\left(-\dfrac{2}{3}\right) + \text{arctg}\,1 = \dfrac{\pi}{4} + \text{arctg}\,\dfrac{2}{3}$

d) 0   *e)* $[x\,\text{sen}\,xy]_{\gamma(-1)}^{\gamma(1)} = 0$

f) $[\theta(x, y)]_{\gamma(0)}^{\gamma(1)} = \theta(-1, -1) - \theta(1, 1) = \pi$, em que

$$\theta(x, y) = \begin{cases} \dfrac{\pi}{2} - \text{arctg}\,\dfrac{x}{y} & \text{se } y > 0 \\ \pi & \text{se } y = 0 \text{ e } x < 0 \\ \dfrac{3\pi}{2} - \text{arctg}\,\dfrac{x}{y} & \text{se } y < 0 \end{cases}$$

3. $\dfrac{3\pi}{2}$

4. Verifique que $\theta: \Omega \to \mathbb{R}$ dada por

$$\theta(x, y) = \begin{cases} \dfrac{\pi}{2} - \text{arctg}\,\dfrac{x}{y} & \text{se } y > 0 \text{ e } x < \dfrac{3}{2} \\ \pi & \text{se } y = 0 \text{ e } x < 0 \\ \dfrac{3\pi}{2} - \text{arctg}\,\dfrac{x}{y} & \text{se } y < 0 \\ 2\pi & \text{se } y = 0 \text{ e } x > \dfrac{3}{2} \\ \dfrac{5\pi}{2} - \text{arctg}\,\dfrac{x}{y} & \text{se } y > 0 \text{ e } x < \dfrac{3}{2} \end{cases}$$

é uma primitiva em Ω. Isto é,

$$d\theta = \frac{-y}{x^2 + y^2}\,dx + \frac{x}{x^2 + y^2}\,dy, \text{ em } \Omega.$$

Como é o gráfico de θ? O valor da integral é $\theta(2, 2) - \theta(1, 1) = 2\pi$.

7.6 **1. a)** $h'(x) = 2x \operatorname{sen} x^4 - \int_0^1 \dfrac{u^4}{(1 + xu^4)^2}\,du$

b) $h'(x) = \int_0^1 2xt^2 \cos(x^2 t^2)\,dt$ **c)** $h'(x) = \operatorname{sen} x^4 + 2x\int_0^x t^2 \cos(x^2 t^2)\,dt$

d) Considere $\varphi(u, v, w) = \int_u^v \dfrac{1}{1 + wt^4}\,dt$. Segue que $h(x) = \varphi(u, v, w)$, $u = x^2$, $v = \operatorname{sen} x$ e $w = x^4$. Pela regra da cadeia,

$$h'(x) = \frac{\partial \varphi}{\partial u}\frac{du}{dx} + \frac{\partial \varphi}{\partial v}\frac{dv}{dx} + \frac{\partial \varphi}{\partial w}\frac{dw}{dx}.$$

Portanto,

$$h'(x) = -\frac{2x}{1 + x^{12}} + \frac{\cos x}{1 + x^4 (\operatorname{sen} x)^4} + 4x^3 \int_{x^2}^{\operatorname{sen} x} \frac{-t^4}{(1 + x^4 t^4)^2}\,dt$$

2. $h'(x) = f(x, \beta(x))\,\beta'(x) - f(x, \alpha(x))\,\alpha'(x) + \int_{\alpha(x)}^{\beta(x)} \dfrac{\partial f}{\partial x}(x, y)\,dy.$

4. a) Seja $y_0 \in [c, d]$. Precisamos provar que, para todo $\varepsilon > 0$ dado, existe $\delta > 0$ tal que, para todo $y \in [c, d]$,

$$|y - y_0| < \delta \Rightarrow |\varphi(y) - \varphi(y_0)| < \varepsilon.$$

Dado $\varepsilon > 0$, existe $\delta > 0$ tal que, quaisquer que sejam (x, y) e (s, t) no retângulo,

$$\|(x, y) - (s, t)\| < \delta \Rightarrow |f(x, y) - f(s, t)| < \frac{\varepsilon}{b - a}.$$

Então, para todo $x \in [a, b]$,

$$|y - y_0| < \delta \Rightarrow \|(x, y) - (x, y_0)\| < \delta \Rightarrow |f(x, y) - f(x, y_0)| < \frac{\varepsilon}{b - a}.$$

Como

$$|\varphi(y) - \varphi(y_0)| = \left|\int_a^b [f(x, y) - f(x, y_0)]\,dx\right|$$

resulta

$$|y - y_0| < \delta \Rightarrow \int_a^b |(x, y) - (x, y_0)|\,dx < \int_a^b \frac{\varepsilon}{b - a}\,dx = \varepsilon$$

ou seja,

$$|y - y_0| < \delta \Rightarrow |\varphi(y) - \varphi(y_0)| < \varepsilon.$$

b) Seja $y_0 \in I$. Sejam $c, d \in I$, com $c < y_0 < d$. Como $\dfrac{\partial f}{\partial y}$ é contínua no retângulo $a \leqslant x \leqslant b$, $c \leqslant y \leqslant d$, dado $\varepsilon > 0$, existe $\delta > 0$ tal que, quaisquer que sejam (x, y) e (s, t) no retângulo acima,

$$\|(x, y) - (s, t)\| < \delta \Rightarrow \left|\dfrac{\partial f}{\partial y}(x, y) - \dfrac{\partial f}{\partial y}(s, t)\right| < \dfrac{\varepsilon}{b - a}.$$

Temos

$$\dfrac{\varphi(y) - \varphi(y_0)}{y - y_0} = \dfrac{1}{y - y_0} \int_a^b [f(x, y) - f(x, y_0)]\,dx.$$

Pelo teorema do valor médio, para todo $y \in [c, d]$ existe y_1 no intervalo aberto de extremos y_0 e y tal que

$$f(x, y) - f(x, y_0) = \dfrac{\partial f}{\partial y}(x, y_1)(y - y_0).$$

Segue que

$$\left|\dfrac{\varphi(y) - \varphi(y_0)}{y - y_0} - \int_a^b \dfrac{\partial f}{\partial y}(x, y_0)\,dx\right| = \left|\int_a^b \left[\dfrac{\partial f}{\partial y}(x, y_1) - \dfrac{\partial f}{\partial y}(x, y_0)\right] dx\right|$$

e, portanto,

$$\left|\dfrac{\varphi(y) - \varphi(y_0)}{y - y_0} - \int_a^b \dfrac{\partial f}{\partial y}(x, y_0)\,dx\right| \leqslant \left|\int_a^b \left[\dfrac{\partial f}{\partial y}(x, y_1) - \dfrac{\partial f}{\partial y}(x, y_0)\right] dx\right|$$

Para todo $y \in [c, d]$ e para todo $x \in [a, b]$,

$$|y - y_0| < \delta \Rightarrow \|(x, y) - (x, y_0)\| < \delta \Rightarrow \|(x, y_1) - (x, y_0)\| < \delta,$$

pois $|y - y_0| \geqslant |y_1 - y_0|$. Portanto,

$$|y - y_0| < \delta \Rightarrow \int_a^b \left|\dfrac{\partial f}{\partial y}(x, y_1) - \dfrac{\partial f}{\partial y}(x, y_0)\right| dx < \varepsilon.$$

Ou seja,

$$0 < |y - y_0| < \delta \Rightarrow \left|\dfrac{\varphi(y) - \varphi(y_0)}{y - y_0} - \int_a^b \dfrac{\partial f}{\partial y}(x, y_0)\,dx\right| < \varepsilon.$$

Logo,

$$\lim_{y \to y_0} \dfrac{\varphi(y) - \varphi(y_0)}{y - y_0} = \int_a^b \dfrac{\partial f}{\partial y}(x, y_0)\,dx.$$

(**Observação:** Para a demonstração da propriedade enunciada no início do exercício, veja B.1 do Apêndice B.)

Respostas, Sugestões ou Soluções

CAPÍTULO 8

8.1

1. Pelo teorema de Green, $\oint_\gamma P\,dx + Q\,dy = \iint_B \left(\dfrac{\partial Q}{\partial x} - \dfrac{\partial P}{\partial y}\right) dx\,dy$. Pelo teorema do valor médio para integrais, existe $(s, t) \in B$, com

$$\iint_B \left(\dfrac{\partial Q}{\partial x} - \dfrac{\partial P}{\partial y}\right) dx\,dy = \left(\dfrac{\partial Q}{\partial x}(s, t) - \dfrac{\partial P}{\partial y}(s, t)\right) \text{área de } B.$$

2.

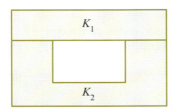

Aplique o teorema de Green aos conjuntos K_1 e K_2 e some membro a membro as igualdades obtidas.

8. Sugestão:

$$\iint_B \dfrac{\partial Q}{\partial x} dx\,dy = \int_{-r}^{r} \left(\int_{-\sqrt{r^2-y^2}}^{\sqrt{r^2-y^2}} \dfrac{\partial Q}{\partial x} dx\right) dy$$
$$= \int_{-r}^{r} \left[Q(\sqrt{r^2-y^2}, y) - Q(-\sqrt{r^2-y^2}, y)\right] dy;$$

faça agora $y = r\,\text{sen}\,\theta$ e boa sorte!

9.

$$\oint_\gamma P(x, y)\,dx + Q(x, y)\,dy = \int_a^b P(t, f(a))\,dt + \int_{f(a)}^{f(b)} Q(b, t)\,dt$$
$$- \int_a^b [P(t, f(t)) + Q(t, f(t))f'(t)]\,dt.$$

$$\iint_K \dfrac{\partial Q}{\partial x} dx\,dy = \int_{f(a)}^{f(b)} \left[\int_{g(y)}^{a} \dfrac{\partial Q}{\partial x}(x, y)\,dx\right] dy = \int_{f(a)}^{f(b)} [Q(a, y) - Q(g(y), y)]\,dy.$$

Fazendo a mudança de variável $y = f(t)$ vem:

$$\iint_K \frac{\partial Q}{\partial x} dx\, dy = \int_a^b [Q(a, f(t)) - Q(t, f(t))] f'(t)\, dt.$$

Por outro lado,

$$\iint_K \frac{\partial P}{\partial y} dx\, dy = \int_a^b [P(x, f(x)) - P(x, f(a))]\, dx.$$

Conclua. (Observe que este raciocínio não se aplica ao setor circular $-r \leq x \leq 0$ e $0 \leq y \leq \sqrt{r^2 - x^2}$, pois $y = \sqrt{r^2 - x^2}$ não é de classe C^1 em $[-r, 0]$.)

8.2   **2.** 3π **3.** πab

4. 2α, em que α é a área de B. (Observe que B tem área, pois sua fronteira tem conteúdo nulo.)

5. 10   **6.** 2π **7.** 2π **8.** -3 **9.** $\dfrac{5}{24}$

8.4   **1.** *a*) Pelo teorema da divergência $\int_\gamma \vec{F} \cdot \vec{n}\, ds = \iint_K \text{div}\, \vec{F}\, dx\, dy$, em que K é o círculo $x^2 + y^2 \leq 1$. Assim, $\int_\gamma \vec{F} \cdot \vec{n}\, ds = 2\pi$.

b) 1

c) $\int_\gamma \vec{F} \cdot \vec{n}\, ds = \iint_K 2x\, dx\, dy$, em que K é a região $\dfrac{x^2}{4} + y^2 \leq 1$. Assim, $\int_\gamma \vec{F} \cdot \vec{n}\, ds = 0$. Olhando só para o campo você seria capaz de prever este resultado? Por quê?

d) *Cuidado*, o teorema da divergência não se aplica. Por quê? Temos:

$$\frac{1}{\|\gamma'(t)\|} (y'(t)\vec{i} - x'(t)\vec{j}) = \frac{\cos t\, \vec{i} + 2\,\text{sen}\, t\, \vec{j}}{\sqrt{4\,\text{sen}^2 t + \cos^2 t}}$$

é normal a γ e tem a componente $y \geq 0$, para $0 \leq t \leq \pi$. Temos, então,

$$\int_\gamma \vec{F} \cdot \vec{n}\, ds =$$

$$= \left[\int_0^\pi \left[(2\cos t)^2\, \vec{i}\, \right] \cdot \frac{\cos t\, \vec{i} + 2\,\text{sen}\, t\, \vec{j}}{\sqrt{4\,\text{sen}^2 t + \cos^2 t}} \|\gamma'(t)\|\, dt = \int_0^\pi 4\cos^3 t\, dt = 0. \right]$$

Observe que bastaria olhar para o campo para se concluir este resultado.

e) $\dfrac{1}{3}$

6. $\alpha = 1$

7. a) $\oint_\gamma \frac{\partial g}{\partial \vec{n}} ds = \int_\gamma \nabla g \cdot \vec{n}\, ds = \iint_K \operatorname{div}(\nabla g)\, dx\, dy$

$= \iint_K \left(\frac{\partial^2 g}{\partial x^2} + \frac{\partial^2 g}{\partial y^2} \right) dx\, dy = \iint_K \nabla^2 g\, dx\, dy$

10. $3a$

11. $\dfrac{3\pi}{4}$

12. $\dfrac{3}{2}$

13. 1

CAPÍTULO 9

9.1

1. a) A imagem é o paraboloide de rotação $z = x^2 + y^2$.

b)

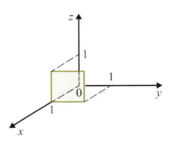

c)

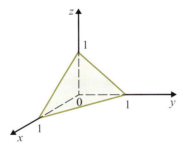

d) A imagem é a semissuperfície esférica $x^2 + y^2 + z^2 = 1$, $y \geq 0$.

e) $x = v \cos u$, $y = v \operatorname{sen} u$ e $z = v \Rightarrow x^2 + y^2 = z^2$. A imagem de σ é a face lateral do cone

$$\sqrt{x^2 + y^2} \leq z \leq h.$$

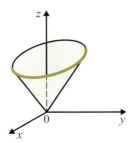

f) A imagem de σ coincide com o gráfico da função $z = \dfrac{1}{x^2 + y^2}$.

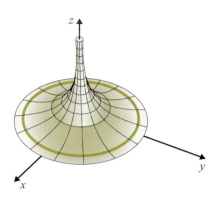

2. $x = (2 + \cos v) \cos u$, $y = (2 + \cos v)\,\text{sen}\,u$ e $z = \text{sen}\,v$ com $0 \leq u \leq 2\pi$ e $0 \leq v \leq 2\pi$.

3. $\dfrac{x}{a} = \text{sen}\,\varphi \cos \theta$, $\dfrac{y}{b} = \text{sen}\,\varphi\,\text{sen}\,\theta$ e $\dfrac{z}{c} = \cos \varphi$, com $0 \leq \theta \leq 2\pi$ e $0 \leq \varphi \leq \pi$.

4. *a*) $x = \cos u$, $y = \dfrac{1}{2}\,\text{sen}\,u$ e $z = v$, $0 \leq u \leq 2\pi$ e $v \in \mathbb{R}$

b) $x = u$, $y = v$ e $z = \dfrac{1}{4}(5 - 2u - v)$, $(u, v) \in \mathbb{R}^2$

c)

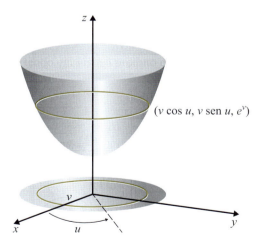

$(x, y, z) = (v \cos u, v\,\text{sen}\,u, e^v)$, $0 \leq u \leq 2\pi$ e $v \geq 0$

Observe que a imagem desta superfície coincide com o gráfico da função $z = e^{\sqrt{x^2 + y^2}}$

d) $(x, y, z) = (1 + \cos u, \text{sen}\,u, v)$, $0 \leq u \leq 2\pi$ e $v \in \mathbb{R}$

Respostas, Sugestões ou Soluções

9.2 **1.** *a)* $(x, y, z) = \sigma(1, 1) + s\dfrac{\partial \sigma}{\partial u}(1, 1) + t\dfrac{\partial \sigma}{\partial v}(1, 1), (s, t) \in \mathbb{R}^2$, ou seja,

$(x, y, z) = (1, 1, 2) + s(1, 0, 2) + t(0, 1, 2), (s, t) \in \mathbb{R}^2$.

e) $(x, y, z) = \left(-\dfrac{\pi}{2}, 1, 2\right) + s\left(-\dfrac{1}{2}, 2, 1\right) + t\left(\dfrac{1}{2}, 2, -1\right), (s, t) \in \mathbb{R}^2$

9.3 **1.** *a)* $\dfrac{\sqrt{3}}{2}$ *b)* $\pi\sqrt{3}$

c) $\dfrac{\pi}{6}[17\sqrt{17} - 1]$

d) $\int_0^\pi \left[\int_0^{e^{-\theta}} \rho\sqrt{4\rho^2 + 1}\, d\rho\right] d\theta = \dfrac{1}{12}\int_0^\pi \left[4e^{-2\theta} + 1\right]^{\frac{3}{2}} d\theta - \dfrac{1}{12}\int_0^\pi 1\, d\theta$.

Faça $u^2 = 4e^{-2\theta} + 1$ e boa sorte!

e) $\dfrac{1}{3}[5\sqrt{5} - 1]$ *f)* $\dfrac{\pi}{2}$

2. $8\pi^2$ **4.** 16

5. $\pi(2 - \sqrt{2})$ **6.** $\dfrac{\pi\sqrt{2}}{2}$

9. $\dfrac{80}{81} - \dfrac{64}{1215}[9\sqrt{3} - 1]$ **12.** $\dfrac{2\pi}{3}[5\sqrt{5} - 2\sqrt{2}]$

13. Área $= \int_0^{\frac{\pi}{4}} \left[\int_0^{\text{tg}\,\theta} \rho\sqrt{1 + \rho^2}\, d\rho\right] d\theta = \dfrac{1}{6}\left[\sqrt{2} + \ln(1 + \sqrt{2})\right] - \dfrac{\pi}{12}$

9.4 **1.** *a)* $\dfrac{\sqrt{2}}{10}(3\sqrt{3} - 2)$ *b)* $\dfrac{\sqrt{14}}{6}$

c) $\dfrac{\pi}{4}\left[\dfrac{5\sqrt{5}}{3} + \dfrac{1}{15}\right]$ *d)* $\dfrac{1}{24}[5\sqrt{5} - 1]$

e) $\dfrac{20\pi}{3}$

f) $\int_0^{\frac{\pi}{2}} \cos\theta\, \text{sen}\,\theta \left[\dfrac{(16\cos^2\theta + 1)^{\frac{5}{2}}}{80} - \dfrac{(16\cos^2\theta + 1)^{\frac{3}{2}}}{48}\right] d\theta + \dfrac{1}{120}\int_0^{\frac{\pi}{2}} \cos\theta \cdot \text{sen}\,\theta$

$d\theta$. Para calcular a 1ª integral faça $u = 16\cos^2\theta + 1$.

2. *a)* $\left(0, 0, \dfrac{25\sqrt{5} + 1}{10(5\sqrt{5} - 1)}\right)$ *b)* $\left(0, 0, \dfrac{14}{9}\right)$

3. *a)* π

b) $\dfrac{28\pi}{3}$

4. $\dfrac{2MR^2}{3}$

6. MR^2

CAPÍTULO 10

10.1 5. O fluxo através da superfície lateral do cilindro é zero. Sejam $\sigma_1(u, v) = (u, v, 0)$, $u^2 + v^2 \leq 1$, a base inferior do cilindro e $\sigma_2(u, v) = (u, v, 1)$, $u^2 + v^2 \leq 1$, a base superior; a normal a σ_1 é $\vec{n}_1 = -\vec{k}$ e a normal a σ_2 é $\vec{n}_2 = \vec{k}$. Segue que

$$\iint_K \vec{F} \cdot \vec{n}\, dS = -\iint_K R(u, v, 0)\, du\, dv + \iint_K R(u, v, 1)\, du\, dv$$

em que K é o círculo $u^2 + v^2 \leq 1$. Ou seja,

① $\qquad \iint_K \vec{F} \cdot \vec{n}\, dS = \iint_K [R(u, v, 1) - R(u, v, 0)]\, du\, dv.$

Por outro lado,

$$\iiint_B \operatorname{div} \vec{F}\, dx\, dy\, dz = \iiint_B \dfrac{\partial R}{\partial z}\, dx\, dy\, dz = \iint_K \left[\int_0^1 \dfrac{\partial R}{\partial z}\, dz\right] dx\, dy$$

ou seja,

② $\qquad \iiint_B \operatorname{div} \vec{F}\, dx\, dy\, dz = \iint_K [R(x, y, 1) - R(x, y, 0)]\, dx\, dy$

em que K é o círculo $x^2 + y^2 \leq 1$. De ① e ② resulta

$$\iint_\sigma \vec{F} \cdot \vec{n}\, dS = \iiint_B \operatorname{div} \vec{F}\, dx\, dy\, dz.$$

6. O fluxo através das bases do cilindro é zero. Seja $\sigma_3(u, v) = (\cos u, \operatorname{sen} u, v)$, $0 \leq u \leq 2\pi$, e $0 \leq v \leq 1$, a superfície lateral do cilindro,

$$\iint_\sigma \vec{F} \cdot \vec{n}\, dS = \iint_{\sigma_3} \vec{F} \cdot \vec{n}_3\, dS = \iint_{K_3} (P\vec{i} + Q\vec{j}) \cdot (\cos u\, \vec{i} + \operatorname{sen} u\, \vec{j})\, du\, dv$$

em que P e Q são calculados em $(\cos u, \operatorname{sen} u, v)$ e K_3 é o retângulo $0 \leq u \leq 2\pi$, $0 \leq v \leq 1$. Segue que

① $\qquad \iint_\sigma \vec{F} \cdot \vec{n}\, dS = \iint_{K_3} [P(\cos u, \operatorname{sen} u, v) \cos u + Q(\cos u, \operatorname{sen} u, v) \operatorname{sen} u]\, du\, dv.$

Por outro lado,

② $\qquad \iiint_B \operatorname{div} \vec{F}\, dx\, dy\, dz = \iiint_B \left(\dfrac{\partial P}{\partial x} + \dfrac{\partial Q}{\partial y}\right) dx\, dy\, dz.$

Temos:

$$\iiint_B \dfrac{\partial P}{\partial x}\, dx\, dy\, dz = \iint_{A_1} \left[\int_{-\sqrt{1-y^2}}^{\sqrt{1-y^2}} \dfrac{\partial P}{\partial x}\, dx\right] dy\, dz$$

em que A_1 é o retângulo $-1 \leq y \leq 1$, $0 \leq z \leq 1$. Assim,

$$\iiint_B \frac{\partial P}{\partial x} dx\, dy\, dz = \iint_{A_1} \left[P\left(\sqrt{1-y^2}, y, z\right) - P\left(-\sqrt{1-y^2}, y, z\right) \right] dy\, dz.$$

Façamos, agora, a mudança de variável

$$\begin{cases} y = \operatorname{sen} u \\ z = v \end{cases} -\frac{\pi}{2} \leq u \leq \frac{\pi}{2},\ 0 \leq v \leq 1;$$

$$\frac{\partial(y, z)}{\partial(u, v)} = \begin{vmatrix} \cos u & 0 \\ 0 & 1 \end{vmatrix} = \cos u > 0 \text{ para } -\frac{\pi}{2} \leq u \leq \frac{\pi}{2}.$$

Assim,

$$\iiint_B \frac{\partial P}{\partial x} dx\, dy\, dz = \iint_{D_1} [P(\cos u, \operatorname{sen} u, v) - P(-\cos u, \operatorname{sen} u, v)] \cos u\, du\, dv$$

em que D_1 é o retângulo $-\frac{\pi}{2} \leq u \leq \frac{\pi}{2}$, $0 \leq v \leq 1$. Vamos mostrar, agora, que

$$\iint_{D_1} -P(-\cos u, \operatorname{sen} u, v) \cos u\, du\, dv = \iint_{D_2} P(\cos u, \operatorname{sen} u, v) \cos u\, du\, dv,$$

em que D_2 é o retângulo $\frac{\pi}{2} \leq u \leq \frac{3\pi}{2}$, $0 \leq v \leq 1$. De fato, fazendo a mudança de variável

$$\begin{cases} u = -\theta + \pi \\ v = s \end{cases} \frac{\pi}{2} \leq \theta \leq \frac{3\pi}{2},\ 0 \leq s \leq 1$$

vem:

$$\iint_{D_1} -P(-\cos u, \operatorname{sen} u, v) \cos u\, du\, dv = \iint_{D_2} P(\cos \theta, \operatorname{sen} \theta, s) \cos \theta\, d\theta\, ds.$$

Portanto,

$$\iiint_B \frac{\partial P}{\partial x} dx\, dy\, dz = \iint_{D_3} P(\cos u, \operatorname{sen} u, v) \cos u\, du\, dv$$

em que D_3 é o retângulo $-\frac{\pi}{2} \leq u \leq \frac{3\pi}{2}$, $0 \leq v \leq 1$. Por outro lado, a integral de $P(\cos u, \operatorname{sen} u, v) \cos u$ no retângulo $-\frac{\pi}{2} \leq u \leq 0$, $0 \leq v \leq 1$ é igual à integral de $P(\cos u, \operatorname{sen} u, v) \cos u$ no retângulo $\frac{3\pi}{2} \leq u \leq 2\pi$, $0 \leq v \leq 1$. (Verifique.) Portanto,

③ $$\iiint_B \frac{\partial P}{\partial x} dx\, dy\, dz = \iint_{K_3} P(\cos u, \operatorname{sen} u, v) \cos u\, du\, dv$$

em que K_3 é o retângulo $0 \leq u \leq 2\pi$, $0 \leq v \leq 1$.

Respostas, Sugestões ou Soluções

Fica a seu cargo verificar que

④ $\iiint_B \frac{\partial Q}{\partial y} dx\, dy\, dz = \iint_{K_3} Q(\cos u, \sin u, v) \sin u\, du\, dv.$

De ①, ②, ③ e ④ segue o que se queria provar.

11. $-4\pi\sqrt{2}$ **13.** 0

10.2

1. 0   **2.** 36π

4. Seja $\sigma_1(u, v) = (u, v, 0)$, $u^2 + v^2 \leq 1$. Seja $\vec{n}_1 = -\vec{k}$. A imagem da cadeia (σ, σ_1) coincide com a fronteira da semiesfera $x^2 + y^2 + z^2 \leq 1$, $z \geq 0$. Pelo teorema da divergência

$$\iint_\sigma \vec{F} \cdot \vec{n}\, dS + \iint_{\sigma_1} \vec{F} \cdot (-\vec{F})\, dS = \iiint_B \text{div } \vec{F}\, dx\, dy\, dz$$

em que B é a semiesfera citada anteriormente. Como

$$\iint_{\sigma_1} \vec{F} \cdot (-\vec{F})\, dS = \iint_{\sigma_1} \left(2z + y^2 z + \frac{1}{2} xz^2\right) dS = 0$$

(por quê?) resulta

$$\iint_\sigma \vec{F} \cdot \vec{n}\, dS = \iiint_B dx\, dy\, dz = \frac{2}{3}\pi.$$

7. a) $\frac{38}{3}$ b) 2π c) $\frac{8\pi}{3}$ d) 4π

8. $-\pi$

10. Zero se a origem não pertence a K; 4π se a origem pertence ao interior de K.

CAPÍTULO 11

11.1

1. a) 0   b) $-\frac{5}{6}$ c) $-\frac{2}{3}$ d) 0   e) 0

  f) $-\pi$ g) $-\pi$ h) π i) 0   j) 4π

4. 0   **5.** $\frac{45\pi}{4}$

9. 2π **10.** 0   **11.** 1

Bibliografia

1. APOSTOL, T. M. *Análisis matemático*. Barcelona: Editorial Reverté, 1960.
2. _____. *Calculus*. 2. ed. v. 2. Barcelona: Editorial Reverté, 1975.
3. ÁVILA, G. *Cálculo*. v. 1, 2 e 3. Rio de Janeiro: LTC, 1995.
4. BARROS, I. Q. *O teorema de Stokes em variedades celuláveis*. Relatório Técnico do MAP — USP (RTMAP — 8304), 1993.
5. BOYER, C. B. *História da matemática*. São Paulo: Edgard Blücher, 1974.
6. BUCK, R. C. *Advanced calculus*, Second Edition. Nova York: McGraw-Hill, 1965.
7. CARAÇA, B. *Conceitos fundamentais da matemática*. Lisboa, 1958.
8. CARTAN, H. *Differential forms*. Paris: Hermann, 1967.
9. CATUNDA, O. *Curso de análise matemática*. Belo Horizonte: Bandeirantes.
10. COURANT, R. *Cálculo diferencial e integral*. v. I e II. Porto Alegre: Globo, 1955.
11. _____; HERBERT, R. *¿Qué es la matemática?* São Paulo: Aguilar, 1964.
12. DEMIDOVICH, B. *Problemas y ejercicios de análisis matemático*. Edições Cardoso.
13. ELSGOLTZ, L. *Ecuaciones diferenciales y cálculo variacional*. Moscou: Mir, 1969.
14. FIGUEIREDO, D. G. de. *Teoria clássica do potencial*. Editora Universidade de Brasília, 1963.
15. FLEMING, W. H. *Funciones de diversas variables*. México: Compañía Editorial Continental S.A., 1969.
16. GURTIN, M. E. *An introduction continuum mechanics*. Cambridge: Academy Press, 1981.
17. KAPLAN, W. *Cálculo avançado*. v. I e II. São Paulo: Edgard Blücher, 1972.
18. KELLOG, O. D. *Foundations of potential theory*. Frederick Ungar Publishing Company, 1929.
19. LANG, S. *Analysis I*. Boston: Addison-Wesley, 1968.
20. _____. *Cálculo*. v. 1 e 2. Ao Livro Técnico S.A., 1970.
21. LIMA, E. L. *Introdução às variedades diferenciáveis*. Porto Alegre: Meridional, 1960.
22. _____. *Curso de análise*. v. 1. Projeto Euclides — IMPA, 1976.
23. _____. *Curso de análise*. v. 2. Projeto Euclides — IMPA, 1981.
24. PISKOUNOV, N. *Calcul différentiel et intégral*. Moscou: Mir, 1966.
25. PROTTER, M. H.; MORREY, C. B. *Modern mathematical analysis*. Boston: Addison-Wesley, 1969.
26. RUDIN, W. *Principles of mathematical analysis*. Nova York: McGraw-Hill, 1964.
27. SPIEGEL, M. R. *Análise vetorial*. Rio de Janeiro: Ao Livro Técnico, 1961.
28. SPIVAK, M. *Calculus*. Boston: Addison-Wesley, 1973.
29. _____. *Cálculo en variedades*. Barcelona: Editorial Reverté, 1970.
30. WILLIAMSON, R. E. et al. *Cálculo de funções vetoriais*. v. 2. Rio de Janeiro: LTC, 1975.

Índice

A
Aplicação (ou transformação), 1

C
Cadeia, 200
Campo
    conservativo, 145
    de força central, 17
    escalar, 18
    não conservativo com rotacional $\vec{0}$,
        exemplo de, 150
    vetorial, 9
        solenoidal, 180
Centro de massa, 91, 124, 193
    de um fio, 144
Classe C^1 por partes, curva de, 38
Compacto de Gauss, 219
Conjunto
    compacto, 41
    conexo por caminhos, 152
    de conteúdo nulo, 36, 96
    estrelado, 163
    fechado, 41
    simplesmente conexo, 163
Conservação da energia mecânica, 151
Conteúdo nulo, 36, 91
Coordenadas
    cilíndricas, 119
    esféricas, 5, 125
    polares, 2, 29, 71, 77
Curva
    fronteira, 224
    regular, 180
        por partes, 183

D
Densidade
    linear, 142
    superficial de massa, 91
    volumétrica de massa, 99
Derivação sob o sinal de integral, 155
Derivadas parciais, 29
Divergente, 19, 22, 211, 214
    em coordenadas polares, 29
Domínio de uma função, 1

E
Elemento
    de área, 192
        orientado, 198
    de massa, 92, 144
Energia
    cinética, 151
    potencial, 151
Equação da continuidade, 26, 210

F
Faixa de Möbius, 184, 232
Fluido incompressível, 27
Fluxo de um campo vetorial, 197
Forma diferencial exata, 147
Fronteira de um conjunto, 38
Função
    contínua, 39
    densidade superficial de massa, 91
    densidade volumétrica de massa, 99
    energia potencial, 151
    injetora, 220
    inversa, 220
    limitada, 39
    potencial, 145

H
Homogênea, 91

I
Imagem
    de uma cadeia, 208
    de uma função, 1
    de uma superfície parametrizada, 182
Incompressível, 27
Independência de caminho de integração, 152
Integral
    de linha, 129
        com relação a comprimento de arco, 141
        de campo conservativo, 149
        sobre curva de classe C^1 por partes, 172
    de superfície, 182
    dupla, 35
    iterada, 47
    tripla, 95, 105

Índice

Interpretação para o divergente, 19, 211
Interpretação para o rotacional, 9, 224
Irrotacional, 28, 150

L

Laplaciano, 28
Limite de função, 30

M

Massa, 91, 99
Mathcad
    expoente, 308
    gráfico de função de duas variáveis, 327
    gráfico de função de uma variável, 315, 316
    gráfico em coordenadas polares, 319
    imagem de curva em coordenadas
      paramétricas, 320, 332
    imagem de superfície parametrizada, 329
    máximo e mínimo de função, 321, 322
    raiz de equação, 317, 318
    resolução de sistema de equações, 323
    símbolos para o sinal de igual, 308, 309
    Simplify, 312
    tabela para função de uma variável, 314
    valor aproximado, 312
    valor exato, 312
Matriz jacobiana, 285
Momento de inércia, 124, 142, 193
Movimento rígido, 17
Mudança de parâmetro, 135

N

Normal, 177
    exterior, 178

P

Partição, 33, 92
Plano tangente a uma superfície, 185
Ponto de fronteira, 38

Porção de superfície regular, 228
Primitiva de uma forma diferencial, 147
Propriedade do valor médio para integrais, 41

R

Rotacional, 9, 228

S

Solenoidal, 180
Soma
    de Riemann, 33
    inferior, 221
    superior, 221
Superfície
    parametrizada, 182
    regular, 192

T

Teorema
    da divergência no plano, 199
    da divergência ou de Gauss, 208
    de Fubini, 45
    de Green, 166, 170, 178
    de mudança de variáveis na integral dupla, 81
    de mudança de variáveis na integral tripla, 105
    de ponto fixo, 263
    de Schwarz, 237
    de Steiner ou dos eixos paralelos, 126
    de Stokes, 222
    de Stokes no plano, 174
Trabalho, 128
Transformação ou aplicação, 1

V

Valor médio para integrais, propriedade do, 41
Velocidade angular, 13
Vetor aplicado, 6
Volume de um conjunto, 46